U0161095

超奇异积分的数值计算及应用

Numerical Calculations and
Applications of Hypersingular Integral

李 金 余德浩 著

科学出版社

北京

内 容 简 介

本书是关于超奇异积分的数值计算及其应用方面的专著,全书共 8 章:第 1 章为引言,简要介绍超奇异积分的由来,使读者可以轻松地阅读本书;第 2 章阐述边界归化方法和典型域上的超奇异积分方程,详细介绍区间上和圆周上超奇异积分方程的引入,以及求解超奇异积分方程的经典方法;第 3 章介绍超奇异积分的定义,并阐述不同的定义在一定条件下是等价的;第 4 章阐述超奇异积分的计算的准确计算方法和常用的数值方法;第 5—7 章分别阐述区间上超奇异积分的超收敛现象、圆周上超奇异积分的超收敛现象以及外推法近似计算区间上和圆周上超奇异积分的高精度算法;第 8 章阐述配置法求解区间上和圆周上的超奇异积分方程. 本书取材新颖,理论分析严谨,算例翔实,所提供的算法计算复杂度低、精度高、易于实现,提出的外推算法拥有后验误差估计.

本书可作为计算数学和应用数学专业的博士研究生、硕士研究生和本科高年级学生的专业教材或参考书,也可作为从事积分方程和边界元计算的科研工作者与工程计算人员的参考资料.

图书在版编目(CIP)数据

超奇异积分的数值计算及应用/李金,余德浩著. —北京:科学出版社,2022.4
ISBN 978-7-03-071579-1

Ⅰ.①超… Ⅱ.①李… ②余… Ⅲ.①奇异积分-数值计算 Ⅳ.①O172.2

中国版本图书馆 CIP 数据核字(2022)第 029987 号

责任编辑:王丽平 李 萍/责任校对:彭珍珍
责任印制:吴兆东/封面设计:无极书装

科学出版社 出版
北京东黄城根北街 16 号
邮政编码:100717
http://www.sciencep.com

北京虎彩文化传播有限公司 印刷
科学出版社发行 各地新华书店经销

*

2022 年 4 月第 一 版 开本:720 × 1000 B5
2022 年 4 月第一次印刷 印张:22 1/4
字数:450 000
定价:168.00 元
(如有印装质量问题,我社负责调换)

前　言

　　超奇异积分及其数值计算方法是伴随着边界元方法, 特别是自然边界元方法的发展而迅速发展起来的崭新的研究方向. 由于边界元方法已广泛应用于包括弹性力学、断裂力学、流体力学、电磁场、热传导、计算生物学等许多领域的科学与工程问题的数值求解, 因此这一研究方向越来越显示其重要性, 迄今已涌现出大量的研究成果.

　　与经典的黎曼积分相比, 超奇异积分是 "非正常" 的. 直接应用经典的数值积分公式进行计算, 通常得不到收敛的结果. 柯西主值积分便是对经典积分的一次推广, 超奇异积分则是对积分概念的又一次推广. 可以把经典黎曼积分看成是柯西主值积分的特例, 柯西主值积分又可视为超奇异积分的特例. 因此超奇异积分的概念更为广泛. 在将积分算子纳入拟微分算子的范畴时, 经典的积分算子正是负数阶的拟微分算子, 而超奇异积分算子则包括了正数阶的拟微分算子.

　　科学和工程中的许多问题可归结为数值求解区域上的微分方程边值问题. 这些问题往往又可通过多种途径归化为边界上的积分方程. 这些积分方程可能是弱奇异的, 可能是柯西型奇异的, 也可能是超奇异的. 但是由于超奇异积分的超强奇异性带来了理论上及计算上的困难, 因此长期以来在应用边界元方法求解科学与工程问题时总是回避超奇异积分方程, 只将注意力集中于求解第一类及第二类Fredholm 积分方程, 这就是数十年来流行的直接边界元法和间接边界元法. 其中的边界积分方程只包含经典积分、弱奇异积分和柯西主值积分.

　　我的导师冯康院士最早注意到研究超奇异积分及其数值计算方法的重要性. 他认为将边值问题归化为边界上的超奇异积分方程更能反映问题的本质特性, 从而提出了自然边界归化的思想. 这一归化方法特别对求解无界区域问题更有意义. 20 世纪 70 年代后期, 我师从冯康先生攻读研究生. 正是在此期间, 我开始研究自然边界归化和超奇异积分的数值计算. 由于通过自然边界归化得到的都是超奇异积分方程, 因此在应用自然边界元方法求解科学和工程问题时, 必须求解真实边界上或者人工边界上的超奇异积分方程.

　　圆周是二维边值问题边界归化中最常使用的人工边界, 为此就要解决圆周上的超奇异积分方程的求解问题. 在 20 世纪 80 年代初, 基于广义函数理论, 我提出了超奇异积分核的级数展开法, 通过将超奇异积分核转化为无穷级数, 成功地实现了圆周上超奇异积分方程的数值求解. 此后经过四十余年的努力, 我和我的学生们在自然边界元和超奇异积分的近似计算研究中已取得一系列成果, 开辟了相关的研究领域.

在超奇异积分方程的求解过程中, 由于积分核的超奇异性, 其离散化刚度矩阵具有许多优良的性质, 例如具有某种循环性、为 M 矩阵等. 这为超奇异积分方程的数值求解带来了方便. 超奇异积分的超收敛性质也在近十年得到了深入研究. 由于积分核的超奇异性, 其数值方法的收敛阶要比经典黎曼积分的收敛阶低, 但基于超收敛点配置法求解则可提高其收敛阶, 当然这一研究目前尚处于起步阶段.

鉴于超奇异积分的数值计算在科学与工程领域有广泛的应用背景, 国内许多相关专业的研究生、高校教师和研究人员迫切需要有一本介绍超奇异积分的近似计算方法及其应用方面的专著. 作者正是以适合研究生学习和研究人员参考为宗旨, 将作者研究团队在这一方向四十余年的研究成果和其他相关资料系统整理, 撰写成本书. 希望本书能带动更多的学者进入超奇异积分计算及其应用的领域, 进而推动该领域的发展.

本书详细介绍了超奇异积分的近似计算及其应用, 其内容包括: 边界归化方法和典型域上的超奇异积分方程、超奇异积分的定义、超奇异积分的计算、区间上超奇异积分的超收敛现象、圆周上超奇异积分的超收敛现象、外推法近似计算区间上和圆周上的超奇异积分、配置法求解区间上和圆周上的超奇异积分方程. 本书同时讨论了上述数值方法的稳定性和收敛性, 并给出了数值算例.

本书共 8 章. 第 1 章为引言. 第 2 章为边界归化方法和典型域上的超奇异积分方程, 介绍了间接边界归化方法、直接边界归化方法、边界积分方程的数值解法、自然边界归化的基本思想; 也介绍了典型域上的 Poisson 积分公式和超奇异积分方程, 包括上半平面、圆内区域、圆外区域的 Poisson 积分公式和超奇异积分方程, 球内外区域的 Poisson 积分公式和超奇异积分方程等. 第 3 章讲述超奇异积分, 介绍了柯西主值积分的定义、Hilbert 型奇异积分的定义和多奇异核积分的定义、Hadamard 有限部分积分的定义、超奇异积分的奇异部分分离、超奇异积分核的级数展开、正则化方法及间接计算法, 并介绍超奇异积分的性质、超奇异积分的推广, 包括推广到整数阶的超奇异积分、实数阶的超奇异积分、二维奇异积分与超奇异积分等. 第 4 章为超奇异积分的计算, 在简要介绍其准确计算方法后, 介绍了超奇异积分的几类近似计算方法, 包括牛顿-科茨积分公式、高斯积分公式、基于辛普森公式的三阶超奇异积分的近似计算、自适应近似计算和其他数值计算方法. 第 5 章为区间上超奇异积分的超收敛现象, 包括梯形公式的超收敛、辛普森公式的超收敛、任意阶牛顿-科茨公式近似计算区间上二阶超奇异积分、复化辛普森公式近似计算区间上三阶超奇异积分、任意阶牛顿-科茨公式近似计算区间上三阶超奇异积分、牛顿-科茨公式近似计算任意阶超奇异积分的误差估计, 证明了方法的稳定性和收敛性, 并给出相应的数值算例. 第 6 章为圆周上超奇异积分的超收敛现象, 介绍了梯形公式近似计算圆周上的二阶超奇异积分及其应用、任意阶牛顿-科茨公式近似计算圆周上的二阶超奇异积分、梯形公式近似计算圆周上的三阶超奇异积分、复化辛普森公式近似计算圆周上的三阶超奇异积分, 证明了方法的稳定性和收敛性, 并给出相应的数值算例. 第 7 章为外推法近似计算区间上和圆周上的超奇异积分, 主要包括基于梯形公式外推法近似计算区间上超奇异积分和基于梯形公式外推法近似计算圆周上的超奇异积分. 第 8 章为配置法求解区间上及圆周上的超奇异积分方程.

　　我从事自然边界元及超奇异积分计算研究几十年, 很早就有撰写一本以超奇异积分的数值计算为题的专著的计划, 但因忙于其他事务, 迟迟没有动笔. 幸而我的很多学生不仅先后参加了我的研究团队, 而且在我退休后仍继续进行了这一方向的相关研究, 取得了很多有意义的成果. 其中胡齐芽、郑权、邬吉明、杜其奎、康彤、贾祖朋、杨菊娥、黄红英、刘阳、刘东杰、张晓平、李金等的许多论文都被列入了本书的参考文献. 这些文献为本书提供了很多素材, 大大充实了本书的内容. 尤其需要指出的是, 本书的初稿也正是由我培养的最后一名博士生、"关门弟子" 李金教授完成的.

　　在超奇异积分的数值计算及其应用的研究及本书撰写出版的过程中, 作者得到了中国科学院对国家自然科学奖获得者提供的匹配经费的支持, 也得到了国家自然科学基金项目 (2005CB321701, 11471195, 11101247)、山东省自然科学基金省属高校优秀青年人才联合基金项目 (ZR2016JL006) 及河北省自然科学基金项目 (A2019209533) 的资助.

　　本书的撰写和出版从一开始就得到科学出版社的关心、支持和帮助, 特别是王丽平编辑为此做了大量的工作, 付出了辛勤劳动, 在此谨表谢忱.

　　由于作者水平有限, 资料积累不够充分, 敬请读者批评和指正.

余德浩

2020 年 12 月 30 日于北京

目　　录

第 1 章 引 言

超奇异积分是比反常积分更为广义的一类积分. 众所周知, 反常积分是相对于经典的黎曼积分而言的, 常见的反常积分包括无限区间上有界函数的积分和有限区间上无界函数的积分, 如

$$I_1 = \int_1^\infty \frac{1}{x^2} dx = \lim_{b \to \infty} \int_1^b \frac{1}{x^2} dx = \lim_{b \to \infty} \left[-\frac{1}{b} + 1 \right] = 1 \tag{1.1}$$

和

$$I_2 = \int_0^1 \frac{1}{\sqrt{x}} dx = \lim_{a \to 0^+} \int_a^1 \frac{1}{\sqrt{x}} dx = \lim_{a \to 0^+} \left[2 - 2\sqrt{a} \right] = 2. \tag{1.2}$$

我们常见的柯西主值积分的奇异性要比 I_2 的奇异性高. 其表达式为

$$\text{p.v.} \int_a^b \frac{f(x)}{x-s} dx, \quad s \in (a, b). \tag{1.3}$$

对柯西主值积分的奇异点 s 求导数就可以得到超奇异积分

$$\frac{d}{ds} \text{p.v.} \int_a^b \frac{f(x)}{x-s} dx = \text{f.p.} \int_a^b \frac{f(x)}{(x-s)^2} dx. \tag{1.4}$$

尽管形如 (1.4) 式的超奇异积分早已出现在文献 [60] 中, 但是由于其积分核的超奇异性, 一直没有得到工程师和数学家的重视. 直到 20 世纪后三十年, 随着奇异积分方程和边界元方法尤其是自然边界元方法的发展, 超奇异积分的理论和数值计算才再次进入工程师和数学家的视野.

科学与工程中的大量问题可以归结为无界区域上偏微分方程的数值求解问题[3-11], 如弹性力学、断裂力学、空气和流体力学、电磁场、热传导和计算生物等. 在这些问题中物理区域的无界性给问题的求解带来了本质性的困难, 而已有的成熟的数值方法[12-13] 如有限差分法和有限元方法等都不能直接用于该类问题的数值求解. 解决这类问题的一个办法是引进一个人工边界将无界物理区域分为两部分: 有界的计算区域和余下的无界区域. 新引进的人工边界成为有界计算区域的边界. 在人工边界上得到原问题的解满足准确的边界条件或构造的近似边界条件. 准确的人工边界元方法也称为自然边界元法或 Dirichlet to Neumann (DtN) 方

法. 在该方向, 我国的冯康、韩厚德、余德浩等对该方法的理论发展与实际工程应用做出了开创性的工作, 随后 Keller, Givoli, Chen 等也对该方法的发展与应用做出重要贡献.

在积分方程理论方面, 一些学者如 Kress[113-115], Lifanov 和 Poltavskii[131-133], Vainikko[175] 等对积分方程尤其是奇异积分方程的理论做了深入的研究, 后来随着高速大型计算机的出现及其迅猛发展, 离散求解积分方程成为可能, 但当时由于有限元法的出现并迅速发展, 加上其广泛的适应能力, 边界元方法在一段时间内并未受到足够的重视. 随着有限元法逐渐成熟, 其缺点也逐渐暴露, 为寻求能够弥补有限元法不足的新方法, 边界元法脱颖而出, 成为工程分析中的一种新的有效工具之一.

边界元方法 (boundary element method, BEM) 的应用具有广泛的工程背景[273-277,286,287], 在最近的四五十年中得到迅速的发展. 国际上许多学者对这一方法的理论和应用作了很大的贡献, 如英国的 Brebbia[7-9], 美国的 Hsiao[69-83], 德国的 Wendland[177-179], 法国的 Nedelec[152-155] 以及我国的冯康[49-51]、杜庆华[36-39]、余德浩[11-13,20,21-28,30-34,42-45,84-87,89-92,97-99,103-111,117-125,127,129,134-137,139, 180,182-189,197-244,246-261,266-270,272-275]、韩厚德[62-68]、祝家麟[282-285]、Chen[14-16] 等. 文献 [302] 详细介绍了自然边界元方法的最新研究进展.

由不同的边界归化方法得到不同类型的边界积分方程, 它们可能是非奇异的, 可能是弱奇异的, 可能是柯西型[60] 奇异的, 也可能是超奇异[41,163,164] 的. 而由自然边界归化得到的积分方程都是超奇异的. 相应的超奇异积分在通常黎曼意义下是发散的, 没有意义的. 由于其超奇异性带来的数值计算的困难以及对这类积分的定义和性质没有足够的理解, 在很长的一段时间内人们都极力避免去计算超奇异积分. 直到 20 世纪七八十年代, 随着科技的进步和计算机技术的发展, 关于超奇异积分计算的研究工作才开始重新得到关注.

随着人们对超奇异积分的深入研究, 适用于计算超奇异积分的相应的数值求积公式渐渐出现, 主要包括高斯型求积公式[17,94,95,100,101,164,168,173,174]、复化牛顿-科茨公式[19,118-124,137,138,141,182,190-194,262,263,302]、整体插值型公式[54,55,61,157,164,167,171,172]、基于 Sigmoidal 变换的求积公式[46-48]、离散涡法[131,132] 等. 当密度函数充分光滑时, 高斯求积方法和 S 型变换法非常有效. 当解函数的光滑性较低时, 上述两种方法就失去了其优越性, 而复化牛顿-科茨法基于分片插值适合解函数光滑性较低的情况. 另外, 复化牛顿-科茨公式在数值上更加容易实现, 并且它对网格的选取相对灵活和宽松.

超奇异积分的复化牛顿-科茨公式最早由美国学者 Linz[141] 提出, 他给出二阶超奇异积分的复化梯形公式和辛普森公式以及相应的误差估计, 其中特别强调了网格选取的重要性; 如果奇异点位于节点附近, 该方法将失效, 并提出了近似取中点法来克服这一难点. 随后余德浩[213,219] 对该方法做了推广, 首次给出了奇异点与剖分节点重合的梯形公式, 后来也对圆周上的超奇异积分给出了梯形公式的计算方法. 他还提出了在奇异点附近节点几何加密以提高计算精度的方法. 近年来, 超奇异积分的超收敛现象也得到了关注. 文献 [194] 研究了区间上二阶超奇异积分任意阶复化牛顿-科茨公式的超收敛现象, 证明超收敛现象出现在某个函数零点, 从本质上揭示了超收敛现象产生的原因. 对于圆周上的超奇异积分, 文献 [260] 给出了复化牛顿-科茨公式的计算公式和相应的超收敛现象, 发现了圆周上超收敛现象出现在某些 Clausen 函数[176] 的线性组合的零点, 并找到了圆周上与区间上二阶超奇异积分的某种关系.

使用外推法来加速收敛的技巧已经被广泛应用到计算数学的各个领域[40,130,142,144,166,280,286,287], 但研究超奇异积分的外推算法理论还相对较少, 文献 [117, 122] 研究了区间上和圆周上梯形公式近似计算二阶超奇异积分误差展开式, 当密度函数足够光滑时, 在有限部分积分定义下, 仅离散密度函数给出了误差泛函中奇异部分的显式表达式; 提出了超奇异积分基于有限部分积分定义的外推算法.

目前, 对于已有的奇异积分的超收敛的结论仅局限于一维奇异积分和超奇异积分的情况. 在工程计算应用广泛的配置法中, 一般配置点取为节点, 这在计算时是简单有效的; 而对奇异积分在已有超收敛现象的基础之上, 一个自然的想法是把配置点取为超收敛点, 以此来提高奇异积分方程或超奇异积分方程的计算精度. 在这方面, 对于特殊的配置点法, 将详细介绍基于中点公式的求解区间上[196] 和圆周上[52] 的超奇异积分方程的理论分析.

第 2 章　边界归化方法和典型域上的
超奇异积分方程

边界元方法是将区域内的偏微分方程的边值问题归化到边界上, 然后在边界上离散化求解的一种数值计算方法, 其基础在于边界归化, 即将区域内的微分方程边值问题归化为在数学上等价的边界上的积分方程. 边界归化的途径很多, 可以从同一边值问题得到许多不同的边界积分方程. 不同的边界归化途径可能导致不同的边界元方法. 本章主要由两部分构成, 包括边界归化方法的介绍和典型域上的 Poisson 积分公式及超奇异积分方程.

2.1　边界归化方法

这一部分简要介绍通用的两种边界归化方法 (间接边界归化方法和直接边界归化方法)、边界积分方程的数值解法 (包括配置法和 Galerkin 方法) 以及自然边界归化的基本思想.

2.1.1　间接边界归化方法

间接边界归化是从基本解及位势理论出发得到 Fredholm 积分方程的. 这是经典的边界归化方法. 此时积分方程的未知量不是原问题的解的边值, 而是引入的新变量, 因此这种归化被称为间接边界归化. 下面以二维调和方程的边值问题为例进行说明.

考察以逐段光滑的简单 (无自交点) 闭曲线 Γ 为边界的平面有界区域 $\Omega \subset \mathbb{R}^2$ 内的调和方程第一边值问题:

$$\begin{cases} \Delta u = 0, & \Omega \ \text{内}, \\ u = u_0, & \Gamma \ \text{上} \end{cases} \tag{2.1.1}$$

及第二边值问题

$$\begin{cases} \Delta u = 0, & \Omega \ \text{内}, \\ \dfrac{\partial u}{\partial n} = g, & \Gamma \ \text{上}, \end{cases} \tag{2.1.2}$$

其中, $\Delta = \dfrac{\partial^2}{\partial x^2} + \dfrac{\partial^2}{\partial y^2}$ 表示拉普拉斯算子, n 为 Γ 上的外法线方向. 边值问题 (2.1.1) 存在唯一解, 而边值问题 (2.1.2) 在满足相容性条件

$$\int_\Gamma g ds = 0$$

时, 在差一个任意常数的意义下有唯一解.

类似地, 考察 Ω 的补集的内部 Ω' 上的调和方程第一边值问题:

$$\begin{cases} \Delta u = 0, & \Omega' \text{ 内}, \\ u = u_0, & \Gamma \text{ 上} \end{cases} \tag{2.1.3}$$

及第二边值问题

$$\begin{cases} \Delta u = 0, & \Omega' \text{ 内}, \\ \dfrac{\partial u}{\partial n} = g, & \Gamma \text{ 上}, \end{cases} \tag{2.1.4}$$

边值问题 (2.1.3) 与 (2.1.4) 解的唯一性依赖于 u 在无穷远处的性态, 即必须对解在无穷远处的性态做一定的限制才能保证解的唯一性.

为了建立解的积分表达式, 要用到如下 Green 公式

$$\iint\limits_\Omega v\Delta u dx_1 dx_2 = \int_\Gamma v\frac{\partial u}{\partial n} ds - \iint\limits_\Omega \nabla v \cdot \nabla u dx_1 dx_2, \tag{2.1.5}$$

其中 $\nabla = \dfrac{\partial}{\partial x} + \dfrac{\partial}{\partial y}$ 表示梯度算子, 以及由此推导出的 Green 第二公式

$$\iint\limits_\Omega (v\Delta u - u\Delta v)\, dx_1 dx_2 = \int_\Gamma \left(v\frac{\partial u}{\partial n} - u\frac{\partial v}{\partial n} \right) ds, \tag{2.1.6}$$

今后简记 $x = (x_1, x_2)$, $dx = dx_1 dx_2$. 又已知二维调和方程的基本解为

$$E = -\frac{1}{2\pi} \ln r, \tag{2.1.7}$$

其中 $r = |x - y| = \sqrt{(x_1 - y_1)^2 + (x_2 - y_2)^2}$, $y = (y_1, y_2)$ 为平面上的某定点. 基本解 E 满足

$$-\Delta E = \delta(x - y).$$

这里 $\delta(\cdot)$ 为二维 Dirac-δ 函数, 其定义如下:

$$\delta(x) = \begin{cases} 0, & x \neq 0, \\ \infty, & x = 0 \end{cases}$$

且

$$\iint\limits_{\mathbb{R}^2} \delta(x)\, dx = 1,$$

它是一个广义函数, 对任意连续函数 $\varphi(x)$, 满足

$$\iint\limits_{\mathbb{R}^2} \delta(x)\phi(x)\, dx = \phi(0). \tag{2.1.8}$$

详见文献 [2, 53].

下面的定理给出了上述边值问题的解的积分表达式.

定理 2.1.1   设 u 为 Ω 和 Ω' 中二次可微函数, 分别有边值

$$u|_{\text{int}\Gamma}, \quad u|_{\text{ext}\Gamma}, \quad \frac{\partial u}{\partial n}\bigg|_{\text{int}\Gamma}, \quad \frac{\partial u}{\partial n}\bigg|_{\text{ext}\Gamma}$$

且满足

$$\begin{cases} \Delta u = 0, & \Omega \cup \Omega' \text{ 内}, \\ |x| \to \infty, \quad u(x) = O\left(\dfrac{1}{|x|}\right), \quad |\text{grad}\, u(x)| = O\left(\dfrac{1}{|x|^2}\right), \end{cases} \tag{2.1.9}$$

若 $y \in \Omega \cup \Omega'$, 则

$$u(y) = \frac{1}{2\pi} \int_\Gamma \left\{ u(x) \frac{\partial}{\partial n_x} \ln|x-y| - \left[\frac{\partial u(x)}{\partial n}\right] \ln|x-y| \right\} ds(x), \tag{2.1.10}$$

若 $y \in \Gamma$, 则

$$\frac{1}{2} \left\{ u(y)|_{\text{int}\Gamma} + u(y)|_{\text{ext}\Gamma} \right\}$$

$$= \frac{1}{2\pi} \int_\Gamma \left\{ [u(x)] \frac{\partial}{\partial n_x} \ln|x-y| - \left[\frac{\partial u(x)}{\partial n}\right] \ln|x-y| \right\} ds(x), \tag{2.1.11}$$

其中规定法线方向总是指向 Ω 的外部, 即由 Ω 指向 Ω', $\text{int}\Gamma$ 及 $\text{ext}\Gamma$ 分别表示 Γ 的内侧及外侧,

$$\left[\frac{\partial u}{\partial n}\right] = \frac{\partial u}{\partial n}\bigg|_{\text{int}\Gamma} - \frac{\partial u}{\partial n}\bigg|_{\text{ext}\Gamma},$$

$$[u] = u|_{\mathrm{int}\,\Gamma} - u|_{\mathrm{ext}\,\Gamma},$$

分别表示 $\dfrac{\partial u}{\partial n}$ 及 u 越过 Γ 的跃度.

定理 2.1.1 的证明见文献 [278, 282, 285].

上述结果是对光滑边界而言的. 若边界 Γ 上有角点 y_0, 则 (2.1.10) 式依然成立, 而对于 (2.1.11) 式, 左边在 y_0 处应作改变, 代之以

$$\frac{\theta}{2\pi} u(y_0)|_{\mathrm{int}\,\Gamma} + \frac{2\pi - \theta}{2\pi} u(y_0)|_{\mathrm{ext}\,\Gamma}$$

$$= \frac{1}{2\pi} \int_{\Gamma} \left\{ [u(x)] \frac{\partial}{\partial n_x} \ln|x - y_0| - \left[\frac{\partial u(x)}{\partial n} \right] \ln|x - y_0| \right\} ds(x), \qquad (2.1.12)$$

其中 θ 为在 y_0 点 Γ 的两条切线在 Ω 内的夹角的弧度数.

若分别考虑 Ω 内及 Ω' 内的调和方程边值问题, 可以从 (2.1.10)—(2.1.12) 得到

$$- \int_{\Gamma} \left\{ u(x)|_{\mathrm{int}\,\Gamma} \frac{\partial}{\partial n} \ln|x - y| - \left. \frac{\partial u(x)}{\partial n} \right|_{\mathrm{int}\,\Gamma} \ln|x - y| \right\} ds(x)$$

$$= \begin{cases} 2\pi u(y), & y \in \Omega, \\ \theta u(y)|_{\mathrm{int}\,\Gamma}, & y \in \Gamma, \\ 0, & y \in \Omega', \end{cases} \qquad (2.1.13)$$

以及

$$\int_{\Gamma} \left\{ u(x)|_{\mathrm{ext}\,\Gamma} \frac{\partial}{\partial n} \ln|x - y| - \left. \frac{\partial u(x)}{\partial n} \right|_{\mathrm{int}\,\Gamma} \ln|x - y| \right\} ds(x)$$

$$= \begin{cases} 2\pi u(y), & y \in \Omega', \\ (2\pi - \theta) u(y)|_{\mathrm{ext}\,\Gamma}, & y \in \Gamma, \\ 0, & y \in \Omega. \end{cases} \qquad (2.1.14)$$

下面讨论如何得到边界积分方程, 引入两个辅助变量

$$\phi = [u] = u|_{\mathrm{int}\,\Gamma} - u|_{\mathrm{ext}\,\Gamma}, \qquad (2.1.15)$$

以及

$$q = \left[\frac{\partial u}{\partial n} \right] = \left. \frac{\partial u}{\partial n} \right|_{\mathrm{int}\,\Gamma} - \left. \frac{\partial u}{\partial n} \right|_{\mathrm{ext}\,\Gamma}, \qquad (2.1.16)$$

这里, 当调和方程的解 u 被理解为物理学中静电场的电位分布时, φ 表示在 Γ 两侧的电位的跃度, 相当于在 Γ 内侧分布着负电荷, 而在 Γ 外侧分布着等量的正电

荷, 从而形成电偶子的矩在 Γ 上的分布密度; q 则表示 Γ 两侧电场强度法向量的跃度, 相当于在 Γ 上分布的电荷密度.

在 u 连续通过 Γ 的情况下, 即当 $[u(x)] = 0$ 时, 解的积分表达式 (2.1.10) 变为

$$u(y) = -\frac{1}{2\pi} \int_\Gamma q(x) \ln|x-y|\, ds(x), \quad y \in \mathbb{R}^2, \tag{2.1.17}$$

该表达式称为单层位势, 其物理意义为在 Γ 上分布密度为 q 的电荷在空间产生的电磁场.

现在利用单层位势做边界归化. 对 Ω 内的或者 Ω' 内的第一边值问题, 边值 $u|_{\mathrm{int}\Gamma}$ 或 $u|_{\mathrm{ext}\Gamma}$ 为已知函数 u_0. 若 u 解可用单层位势 (2.1.17) 表示, 则 $q(x)$ 应为如下第一类 Fredholm 积分方程的解

$$-\frac{1}{2\pi} \int_\Gamma q(x) \ln|x-y|\, ds(x) = u_0(y), \quad y \in \Gamma. \tag{2.1.18}$$

由 (2.1.18) 解出 $q(x)$ 后再代入 (2.1.17) 便可得到 Ω 内的或者 Ω' 内的解 u. 这里需要指出的是, 由于定理 2.1.1 对 u 在无穷远的性态做了较强的限制, 实际上对 u 的边值也有了某种限制. 于是并非所有的解函数 u 都可用单层位势 (2.1.17) 表示. 但是可以证明, 若 u 不能用单层位势表示, 则可以表示为

$$u(y) = -\frac{1}{2\pi} \int_\Gamma q(x) \ln|x-y|\, ds(x) + C, \tag{2.1.19}$$

其中 C 为某常数. 由 (2.1.19) 同样可以得到第一类 Fredholm 积分方程

$$-\frac{1}{2\pi} \int_\Gamma q(x) \ln|x-y|\, ds(x) = u_0(y) - C, \quad y \in \Gamma, \tag{2.1.20}$$

由 (2.1.20) 解出 $q(x)$ 后再代入 (2.1.19) 便可得到解函数 u.

对第二类边值问题, 假定满足如下相容性条件

$$\int_\Gamma g(x) ds(x) = 0,$$

则有如下定理.

定理 2.1.2 若 u 满足定理 2.1.1 的假设, 且 $[u] = 0$, 则对 $y \in \Gamma$, 有

$$\left.\frac{\partial u(y)}{\partial n}\right|_{\mathrm{ext}\Gamma} = -\frac{1}{2} q(y) - \frac{1}{2\pi} \int_\Gamma q(x) \frac{\partial}{\partial n_y} \ln|x-y|\, ds(x), \tag{2.1.21}$$

$$\left.\frac{\partial u\left(y\right)}{\partial n}\right|_{\mathrm{int}\varGamma} = \frac{1}{2}q\left(y\right) - \frac{1}{2\pi}\int_{\varGamma} q\left(x\right)\frac{\partial}{\partial n_y}\ln\left|x-y\right|ds\left(x\right). \tag{2.1.22}$$

其证明过程参见文献 [278, 282, 285], 根据此定理, 可得到第二边值外问题的 $\varGamma$ 上的积分方程

$$-\frac{1}{2}q\left(y\right) - \frac{1}{2\pi}\int_{\varGamma} q\left(x\right)\frac{\partial}{\partial n_y}\ln\left|x-y\right|ds\left(x\right) = g\left(y\right), \tag{2.1.23}$$

这是一个第二类 Fredholm 积分方程. 而对于第二边值内问题, 则有如下第二类 Fredholm 积分方程:

$$\frac{1}{2}q\left(y\right) - \frac{1}{2\pi}\int_{\varGamma} q\left(x\right)\frac{\partial}{\partial n_y}\ln\left|x-y\right|ds\left(x\right) = g\left(y\right), \tag{2.1.24}$$

解出 $q\left(y\right)$ 后仍可由单层位势表达式 (2.1.17) 得到原问题的解 u.

今假设 $\dfrac{\partial u}{\partial n}$ 在边界上连续, 即 $\left[\dfrac{\partial u}{\partial n}\right] = 0$, 并利用辅助变量 $\varphi = [u]$, 此时由定理 2.1.1 给出

$$u\left(y\right) = \frac{1}{2\pi}\int_{\varGamma} \varphi\left(x\right)\frac{\partial}{\partial n_x}\ln\left|x-y\right|ds\left(x\right), \quad y \in \varOmega \cup \varOmega', \tag{2.1.25}$$

由于它对应于在 $\varGamma$ 上分布密度为 φ 的电偶子矩时在 $\mathbb{R}^2$ 中产生的电场, 因此被称为双层位势.

考虑第一边值内问题 $u|_{\mathrm{int}\varGamma} = u_0$, 作 u 在 $\varOmega'$ 的延拓使得 $\left[\dfrac{\partial u}{\partial n}\right] = 0$. 于是 u 有双层位势表达式 (2.1.25). 可由定理 2.1.1 的 (2.1.11) 式得到联系 φ 和 u_0 的方程

$$\frac{1}{2}\varphi\left(y\right) + \frac{1}{2\pi}\int_{\varGamma} \varphi\left(x\right)\frac{\partial}{\partial n_x}\ln\left|x-y\right|ds\left(x\right) = u_0\left(y\right), \tag{2.1.26}$$

这是 $\varGamma$ 上的第二类 Fredholm 积分方程. 由 (2.1.26) 解出 $\varphi\left(x\right)$ 后即可由 (2.1.25) 得到解函数解 u. 对于第一边值外问题, 同样可得

$$-\frac{1}{2}\varphi\left(y\right) + \frac{1}{2\pi}\int_{\varGamma} \varphi\left(x\right)\frac{\partial}{\partial n_x}\ln\left|x-y\right|ds\left(x\right) = u_0\left(y\right), \tag{2.1.27}$$

这也是 $\varGamma$ 上的第二类 Fredholm 积分方程.

综上所述, 对于二维区域 $\varOmega$ 或 $\varOmega'$ 内的调和方程的边值问题, 有如下结果:

(1) 用单层位势表示

$$u\left(y\right) = -\frac{1}{2\pi}\int_{\Gamma}q\left(x\right)\ln\left|x - y\right|ds\left(x\right), \quad y \in \mathbb{R}^2.$$

对第一边值问题即 Dirichlet 问题, 得到含 log 型弱奇异核的第一类 Fredholm 积分方程

$$-\frac{1}{2\pi}\int_{\Gamma}q\left(x\right)\ln\left|x - y\right|ds\left(x\right) = u_0\left(y\right), \quad y \in \Gamma,$$

对第二边值问题即 Neumann 问题, 得到含柯西型奇异核的第二类 Fredholm 积分方程

$$\pm\frac{1}{2}q\left(y\right) - \frac{1}{2\pi}\int_{\Gamma}q\left(x\right)\frac{\partial}{\partial n_y}\ln\left|x - y\right|ds\left(x\right) = g\left(y\right), \quad y \in \begin{array}{c}\text{int}\Gamma \\ \text{ext}\Gamma\end{array},$$

上式的左端第一项+号及−号分别对应于内问题及外问题.

(2) 用双层位势表示

$$u\left(y\right) = \frac{1}{2\pi}\int_{\Gamma}\varphi\left(x\right)\frac{\partial}{\partial n_x}\ln\left|x - y\right|ds\left(x\right), \quad y \in \Omega \cup \Omega'.$$

对第一边值问题即 Dirichlet 问题, 得到含柯西型弱奇异核的第二类 Fredholm 积分方程

$$\pm\frac{1}{2}\varphi\left(y\right) + \frac{1}{2\pi}\int_{\Gamma}\varphi\left(x\right)\frac{\partial}{\partial n_x}\ln\left|x - y\right|ds\left(x\right) = u_0\left(y\right), \quad y \in \begin{array}{c}\text{int}\Gamma \\ \text{ext}\Gamma\end{array},$$

上式的左端第一项+号及−号分别对应于内问题及外问题.

上述边界归化方法同样可应用于三维问题. 对于三维区域 Ω 或 Ω' 内的调和方程的边值问题, 有类似结果:

(1) 用单层位势表示

$$u\left(y\right) = \frac{1}{4\pi}\int_{\Gamma}\frac{q\left(x\right)}{\left|x - y\right|}ds\left(x\right), \quad y \in \mathbb{R}^3.$$

对第一边值问题即 Dirichlet 问题, 得到含弱奇异核的第一类 Fredholm 积分方程

$$\frac{1}{4\pi}\int_{\Gamma}\frac{q\left(x\right)}{\left|x - y\right|}ds\left(x\right) = u_0\left(y\right), \quad y \in \Gamma,$$

对第二边值问题即 Neumann 问题, 得到含柯西型奇异核的第二类 Fredholm 积分方程

$$\pm\frac{1}{2}q\left(y\right)+\frac{1}{4\pi}\int_{\Gamma}q\left(x\right)\frac{\partial}{\partial n_{y}}\left(\frac{1}{\left|x-y\right|}\right)ds\left(x\right)=g\left(y\right),\quad y\in\begin{array}{l}\mathrm{int}\Gamma\\\mathrm{ext}\Gamma\end{array},$$

上式的左端第一项+号及−号分别对应于内问题及外问题.

(2) 用双层位势表示

$$u\left(y\right)=-\frac{1}{4\pi}\int_{\Gamma}\phi\left(x\right)\frac{\partial}{\partial n_{x}}\left(\frac{1}{\left|x-y\right|}\right)ds\left(x\right),\quad y\in\Omega\cup\Omega'.$$

对第一边值问题即 Dirichlet 问题, 得到含柯西型弱奇异核的第二类 Fredholm 积分方程

$$\pm\frac{1}{2}\phi\left(y\right)-\frac{1}{4\pi}\int_{\Gamma}\phi\left(x\right)\frac{\partial}{\partial n_{x}}\left(\frac{1}{\left|x-y\right|}\right)ds\left(x\right)=u_{0}\left(y\right),\quad y\in\begin{array}{l}\mathrm{int}\Gamma\\\mathrm{ext}\Gamma\end{array},$$

上式的左端第一项+号及−号分别对应于内问题及外问题.

可以看出, 三维情况与二维情况的差别仅在于三维调和方程的基本解

$$E\left(x,y\right)=\frac{1}{4\pi\left|x-y\right|}$$

代替二维调和方程的基本解

$$E\left(x,y\right)=\frac{1}{2\pi}\ln\frac{1}{\left|x-y\right|},$$

当然, 在 Ω 或 Ω' 为三维区域时, 其边界 Γ 为二维曲面.

无论对二维问题还是对三维问题, 经典的边界积分方程法常用双层位势表示 Dirichlet 问题的解而用单层位势表示 Neumann 问题的解. 这样导致第二类 Fredholm 积分方程. 对这类积分方程迄今为止已有大量研究及成熟的数值方法. 然而这种边界归化失去了原问题的自伴性等有用的性质. 于是近年来越来越多的研究转向利用单层位势表示 Dirichlet 问题的解及利用双层位势表示 Neumann 问题的解, 从而得到含有弱奇异核或者超奇异核的第一类积分方程的归化方法.

2.1.2 直接边界归化方法

直接边界归化方法则是从基本解和 Green 公式出发将微分方程边值问题化为边界上的积分方程. 工程界常用的所谓 "加权余量法" 也可归入这一类型. 这种

归化也失去了原问题的自伴性等性质. 与间接法不同的是, 直接法并不引入新的变量, 积分方程的未知量就是原问题未知量的边值或边界上的法向导数值, 由于这一方法在使用上比较方便且易于理解, 更受工程界欢迎.

仍考察以逐段光滑简单闭曲线 Γ 为边界的二维区域 Ω 内的调和方程的边值问题. Green 第二公式为

$$\int_{\Omega} (v\Delta u - u\Delta v)\, dx = \int_{\Gamma} \left(v\frac{\partial u}{\partial n} - u\frac{\partial v}{\partial n} \right) ds, \qquad (2.1.28)$$

取 u 为所考察边值问题的解, $v = E(x, y)$ 为调和方程的基本解, 通常取为

$$E(x, y) = -\frac{1}{2\pi} \ln|x - y|.$$

由于

$$-\Delta E = \delta(x - y),$$

其中 $\delta(\cdot)$ 仍为二维 Dirac-δ 函数, 由 (2.1.28) 即得解的积分表达式:

$$u(y) = \frac{1}{2\pi} \int_{\Gamma} \left\{ u(x)\frac{\partial}{\partial n_x}\ln|x - y| - \frac{\partial u(x)}{\partial n}\ln|x - y| \right\} ds(x), \quad y \in \Omega,$$
$$(2.1.29)$$

以及

$$-\frac{1}{2\pi} \int_{\Gamma} u_n(x)\ln|x - y|\, ds(x)$$
$$= \frac{1}{2} u_0(y) - \frac{1}{2\pi} \int_{\Gamma} u_0(x)\frac{\partial}{\partial n_x}\ln|x - y|\, ds(x), \quad y \in \Gamma. \qquad (2.1.30)$$

这里以 $u_n = \left.\dfrac{\partial u}{\partial n}\right|_{\Gamma}$ 为未知量的含 log 型弱奇异核的第一类 Fredholm 积分方程是调和方程的 Dirichlet 问题归化得到的积分方程. 而对 Neumann 问题, u_n 已知, 则可将此式改写为以 u_0 为变量的含柯西型奇异核的第二类 Fredholm 积分方程:

$$\frac{1}{2} u_0(y) + \int_{\Gamma} u_0(x)\frac{\partial}{\partial n_x}\left(-\frac{1}{2\pi}\ln|x - y| \right) ds(x)$$
$$= -\frac{1}{2\pi} \int_{\Gamma} u_n(x)\ln|x - y|\, ds(x), \quad y \in \Gamma. \qquad (2.1.31)$$

对 (2.1.29) 两边求法向导数可得

$$\frac{\partial u(y)}{\partial n} = \frac{1}{2\pi} \int_{\Gamma} \left\{ u(x)\frac{\partial^2}{\partial n_y \partial n_x}\ln|x - y| \right.$$

$$-\frac{\partial u\left(x\right)}{\partial n}\frac{\partial}{\partial n_y}\ln|x-y|\Bigg\}\,ds\left(x\right),\quad y\in\varOmega, \tag{2.1.32}$$

由此出发并注意到单层位势法向导数趋向边界时的跳跃性, 则对 Dirichlet 问题得如下含柯西型奇异核的第二类 Fredholm 积分方程:

$$\frac{1}{2}u_n\left(y\right)+\frac{1}{2\pi}\int_\varGamma u_n\left(x\right)\frac{\partial}{\partial n_y}\ln|x-y|\,ds\left(x\right)$$
$$=\frac{1}{2\pi}\int_\varGamma u_0\left(x\right)\frac{\partial^2}{\partial n_y\partial n_x}\ln|x-y|\,ds\left(x\right),\quad y\in\varGamma. \tag{2.1.33}$$

对 Neumann 问题则为以 u_0 为变量的含超奇异积分核的第一类 Fredholm 积分方程:

$$\frac{1}{2\pi}\int_\varGamma u_0\left(x\right)\frac{\partial^2}{\partial n_y\partial n_x}\ln|x-y|\,ds\left(x\right)$$
$$=\frac{1}{2}u_n\left(y\right)+\frac{1}{2\pi}\int_\varGamma u_n\left(x\right)\frac{\partial}{\partial n_y}\left(\ln|x-y|\right)ds\left(x\right),\quad y\in\varGamma. \tag{2.1.34}$$

由于调和方程的基本解 $E\left(x,y\right)$ 并不唯一, 例如 $E\left(x,y\right)$ 加上任意一个调和函数仍为基本解, 故可以从任意一个基本解出发实现边界归化, 这样便可得到无穷多个不同的边界积分方程. 当然, 我们希望得到的边界积分方程能较好地保持原问题的性质, 有尽可能简单的形式, 并易于数值求解. 自然边界归化方法正是沿着这一方向进行探索而获得的研究成果.

2.1.3 边界积分方程的数值解法

在通过边界归化得到边界上的积分方程后, 接下来的问题便是如何求解该积分方程. 下面简要介绍两种最常用的方法.

1. 配置法

首先把边界剖分为单元, 在二维情况下取直线段或者弧段单元. 在每个单元上根据插值约束条件确定一定数目的节点, 然后在节点上配置插值, 得到一个以节点处有关量为未知量的线性代数方程组. 这样得到的方程组的系数矩阵是不对称的满矩阵.

例如, 对边界积分方程

$$\int_\varGamma K\left(x,y\right)q\left(x\right)ds\left(x\right)=f\left(y\right),\quad y\in\varGamma, \tag{2.1.35}$$

设 $\{L_i(x)\}_{i=1,\cdots,N}$ 为 Γ 上的插值基函数的全体,

$$q(x) = \sum_{j=1}^{N} L_j(x) q_j,$$

可以用配置法将上述方程离散化为如下线性方程组:

$$\sum_{j=1}^{N} \left\{ \int_{\Gamma} K(x,y_i) L_j(x) q(x) ds(x) \right\} q_j = f(y_i), \quad i = 1, 2, \cdots, N, \quad (2.1.36)$$

在求得边界上未知量 $q(x)$ 的节点值 $q_j, j = 1, 2, \cdots, N$ 后, 将其代入解的积分表达式的离散化公式, 便可求得区域内任意点处的解函数值.

配置法简单易行, 计算量小, 因此常被工程界使用, 但是对它不便于进行理论分析.

2. Galerkin 方法

将边界积分方程写成等价的变分形式, 便可用 Galerkin 方法即有限元方法来求解. 由于 Galerkin 方法的收敛性及误差估计已有成熟的理论, 容易对此方法进行理论分析. 不过在使用这一方法时求线性方程组的每个系数都需要在边界上计算二重积分, 所以一般来说要花费较多的计算时间, 以致解线性代数方程组所用的时间与计算矩阵系数的时间相比都显得微不足道. 当然用 Galerkin 方法求解典型域上自然积分方程是一个例外, 此时只需要计算很少的部分系数, 且每个系数的计算量也很小.

考察由间接边界归化导出的第一类 Fredholm 积分方程

$$-\frac{1}{2\pi} \int_{\Gamma} q(x) \ln|x - y| ds(x) = u_0(y), \quad y \in \Gamma, \quad (2.1.37)$$

令

$$Q(q,p) = -\frac{1}{2\pi} \int_{\Gamma} q(x) p(y) \ln|x - y| ds(x) ds(y).$$

于是 (2.1.37) 等价于变分问题

$$\begin{cases} \text{求 } q(x) \in H^{-\frac{1}{2}}(\Gamma), \text{ 使得} \\ Q(q,p) = \int_{\Gamma} u_0 p ds, \quad \forall p \in H^{-\frac{1}{2}}(\Gamma), \end{cases} \quad (2.1.38)$$

其相应的离散化变分问题为

$$\begin{cases} 求 \ q_h(x) \in S_h, \ 使得 \\ Q(q_h, p_h) = \displaystyle\int_\Gamma u_0 p_h ds, \quad \forall p_h \in S_h, \end{cases} \tag{2.1.39}$$

其中 $S_h \subset H^{-\frac{1}{2}}(\Gamma)$, 例如, 空间可取为 Γ 上分段常数函数空间或分段线性函数空间. 设 $\{L_j(s)\}_{j=1,2,\cdots,N}$ 为 S_h 的基函数, 令

$$q_h(x) = \sum_{j=1}^N q_j L_j(s(x)),$$

便可由 (2.1.39) 得到如下线性代数方程组:

$$\sum_{j=1}^N q_j Q(L_j, L_i) = \int_\Gamma u_0 L_i ds, \tag{2.1.40}$$

这里每一个系数 $Q(L_j, L_i)$ 是一个二重积分. 由于积分算子为非局部算子, 系数 $Q(L_j, L_i)$ 均非零, 故 Galerkin 边界元刚度矩阵也是满矩阵.

此外, 萧家驹 (G. C. Hsiao) 和 W. L. Wendland 提出了 Galerkin 配置法, 有兴趣的读者可参见文献 [76—83], 这里不再介绍.

2.1.4 自然边界归化的基本思想

这一部分我们首先介绍椭圆型微分方程边值问题的自然边界归化的基本思想, 这一思想的明确提出至今不过五十余年的时间. 但是最早注意到的调和方程边值问题可以归化为超奇异积分方程却可以追溯到 J. Hadamard[60]. 由于这一原因, 超奇异积分方程也被称为 Hadamard 型积分方程. 由于积分核不是正则的, 很长时间以来都没有引起人们的重视, 直到 20 世纪 70 年代中后期, 我国学者冯康院士又注意到这一类超奇异积分方程及其相应的变分形式, 并从数值计算及其应用的角度开始进行研究, 提出了自然边界归化的基本思想. 这一思想最早发表在论文 [49] 中, 当时称这种边界归化为正则边界归化. 后来在专著 [217] 及与专著 [212] 中这一思想又得到了较详尽阐述和较系统的研究.

设 Ω 为以逐片光滑简单闭曲线 Γ 为边界的 n 维有界区域. 考察 Ω 上 $2m$ 阶正常椭圆型微分算子

$$Au = A(x, \partial) u = \sum_{|p|, |q| \leqslant m} (-1)^{|p|} \partial^p (a_{pq}(x) \partial^p u), \tag{2.1.41}$$

其中 $a_{pq}(x) \in C^{\infty}(\bar{\Omega})$ 为实函数, $x = (x_1, \cdots, x_n) \in \Omega, p, q$ 均为多重指标, $p = (p_1, \cdots, p_n), |p| = p_1 + \cdots + p_n, \partial^p = \dfrac{\partial^{|p|}}{\partial x_1^{p_1} \cdots \partial x_n^{p_n}}, A : H^s(\Omega) \to H^{s-2m}(\Omega)$.

易见算子 A 关联于如下双线性泛函:

$$D(u, v) = \sum_{|p|, |q| \leqslant m} \int_{\Omega} a_{pq}(x) \partial^q u \partial^p v dx. \tag{2.1.42}$$

设 n 为 Γ 上单位外法线矢量, 定义如下微分边值算子:

$$\gamma = (\gamma_0, \gamma_1, \cdots, \gamma_{m-1}), \quad \gamma_i u = (\partial_n)^i u \big|_{\Gamma}, \quad i = 0, 1, \cdots, m-1, \tag{2.1.43}$$

通常称 γ 为 $2m$ 阶微分方程的 Dirichlet 微分边值算子, 或 Dirichlet 迹算子, 而称微分方程边值问题

$$\begin{cases} Au = 0, & \Omega \text{ 内}, \\ \gamma u = u_0, & \Gamma \text{ 上} \end{cases} \tag{2.1.44}$$

为 Dirichlet 边值问题, 或第一类边值问题. 由微分方程的基本解理论, 存在唯一的一组与 Dirichlet 边值算子相对应的, 并与之互补的微分边值算子

$$\beta = (\beta_0, \beta_1, \cdots, \beta_{m-1}), \quad \beta_i u = \beta_i(x, n(x), \partial) u \big|_{\Gamma}, \quad i = 0, 1, \cdots, m-1, \tag{2.1.45}$$

β_i 的阶为 $2m - 1 - i$, 使得如下 Green 公式对所有的 $u, v \in C^{\infty}(\Omega)$ 成立:

$$D(u, v) = \int_{\Omega} v Au dx + \sum_{i=0}^{m-1} \int_{\Gamma} \beta_i u \cdot \gamma_i v ds, \tag{2.1.46}$$

β 被称为 Neumann 微分边值算子, 或者 Neumann 迹算子. $\beta_i u$ 是与 Dirichlet 边值 $\gamma_i u$ 互补的 Neumann 边值. Green 公式 (2.1.46) 可以毫无困难地被推广到对所有 $u, v \in H^{2m}(\Omega)$ 成立. 称微分方程边值问题

$$\begin{cases} Au = 0, & \Omega \text{ 内}, \\ \beta u = g, & \Gamma \text{ 上} \end{cases} \tag{2.1.47}$$

为 Neumann 边值问题, 或第二类边值问题.

考察如下 Sobolev 空间及其迹空间:

$$V(\Omega) = H^m(\Omega), \quad V_0(\Omega) = \{u \in V(\Omega) |_{\gamma u = 0}\} = H_0^m(\Omega),$$

$$V_A(\Omega) = \{u \in V(\Omega)|_{Au=0}\}, \quad T(\Gamma) = \prod_{i=0}^{m-1} H^{m-i-\frac{1}{2}}(\Gamma),$$

并将线性算子 A, γ, β 连续延拓为

$$A : V(\Omega) \to H^{-m}(\Omega) = V_0(\Omega)',$$

$$\gamma : V(\Omega) \to T(\Gamma), \quad \gamma_i : V(\Omega) \to H^{m-i-\frac{1}{2}}(\Gamma),$$

$$\beta : V(\Omega) \to T(\Gamma)',$$

$$\beta_i : V(\Omega) \to H^{-\left(m-i-\frac{1}{2}\right)}(\Gamma) = H^{m-i-\frac{1}{2}}(\Gamma)'.$$

今对边值问题 (2.1.44) 作如下基本假设：当 $u_0 \in T(\Gamma)$ 时，Dirichlet 边值问题 (2.1.44) 在 $V(\Omega)$ 中存在唯一解，且解 $u \in V(\Omega)$ 连续依赖于给定边值 $u_0 \in T(\Gamma)$.

从上述基本假设出发，迹算子 $\gamma : V_A(\Omega) \to T(\Gamma)$ 是一个同构映射，它存在逆算子

$$\gamma^{-1} = P = (P_0, P_1, \cdots, P_{m-1}) : T(\Gamma) \to V_A(\Omega),$$

$$P_j : H^{m-i-\frac{1}{2}}(\Gamma) \to V_A(\Omega),$$

算子 P 被称为 Poisson 积分算子，它将 Γ 上的解函数的边值映为 Ω 中的解函数，给出了 $T(\Gamma) \to V_A(\Omega)$ 间的同构. 于是积分算子 βP 定义了如下连续线性算子：

$$K = \beta P : T(\Gamma) \to T(\Gamma)', \quad K = [K_{ij}],$$

$$K_{ij} = \beta_i P_j : H^{m-j-\frac{1}{2}}(\Gamma) \to H^{-\left(m-i-\frac{1}{2}\right)}(\Gamma),$$

$$i, j = 0, 1, \cdots, m-1,$$

算子 $K = K(A)$ 称为由 Ω 上微分算子 A 导出的 Γ 上的自然积分算子. 由于算子 K_{ij} 至少降低了边值函数一阶光滑性，因此均为超奇异积分算子. 事实上，K_{ij} 实际上是边界 Γ 上的 $2m-i-j-1$ 阶的微分算子或拟微分算子. 由算子 K 及 P 的定义立即得到自然边界归化理论中的两个基本关系

$$\beta u = K\gamma u, \quad \forall u \in V_A(\Omega), \tag{2.1.48}$$

即

$$\beta_i u = \sum_{j=0}^{m-1} K_{ij} \gamma_j u, \quad i = 0, 1, \cdots, m-1,$$

以及

$$u = P\gamma u, \quad \forall u \in V_A(\Omega), \tag{2.1.49}$$

即

$$u = \sum_{i=0}^{m-1} P_i \gamma_i u, \quad i = 0, 1, \cdots, m-1.$$

它们分别称为 Ω 中微分方程 $Au = 0$ 的边值问题的自然积分方程及 Poisson 积分公式, 于是椭圆微分方程的自然积分方程正是该方程或方程组的解的 Neumann 边值通过其 Dirichlet 边值表示的一组积分表达式, 而其 Poisson 积分公式则是该方程或方程组的解通过其 Dirichlet 边值表示的一组积分表达式.

自然积分算子 K 导出如下迹空间 $T(\Gamma)$ 上的连续双线性型:

$$\hat{D}(\varphi, \phi) = (K\varphi, \phi), \quad \varphi, \phi \in T(\Gamma), \tag{2.1.50}$$

其中 $(\cdot, \cdot)$ 表示 $T(\Gamma)'$ 与 $T(\Gamma)$ 间的对偶积,

$$(K\phi, \varphi) = \sum_{i,j=0}^{m-1} \int_\Gamma \varphi_i K_{ij} \phi_j ds.$$

下面给出的两个定理是自然边界归化的重要性质, 也是其区别于其他类型的边界归化的主要特征.

定理 2.1.3 若在自然边界归化下区域 Ω 上的微分算子 A 化为边界 Γ 上的自然积分算子 K, 则由 K 导出的 $T(\Gamma)$ 上的双线性泛函与由 A 导出的原问题的双线性泛函有相同的值, 即

$$\hat{D}(\gamma u, \gamma v) = D(u, v), \quad \forall u \in V_A(\Omega), \quad \forall v \in V(\Omega). \tag{2.1.51}$$

证明: 对任意的 $u \in V_A(\Omega), v \in V(\Omega)$, 由 Green 公式 (2.1.46) 即得

$$D(u, v) = \int_\Omega vAudx + \int_\Gamma \beta u \cdot \gamma uds = \int_\Gamma \beta u \cdot \gamma uds,$$

其中

$$\int_\Gamma \beta u \cdot \gamma uds = \sum_{i=0}^{m-1} \beta_i u \gamma_i uds.$$

又由自然积分方程 (2.1.48), 便有

$$D(u, v) = \int_\Gamma K\gamma u \cdot \gamma uds = \hat{D}(\gamma u, \gamma v).$$

命题得证.

设 $J(v)$ 及 $\hat{J}(\phi)$ 分别为区域 Ω 上及边界 Γ 上的能量泛函, 即

$$J(v) = \frac{1}{2}D(v,v) - (g,v),$$

$$\hat{J}(\varphi) = \frac{1}{2}\hat{D}(\varphi,\varphi) - (g,\varphi).$$

于是由定理 2.1.3 可直接得到, 命题得证.

推论 2.1.1 在自然边界归化下, 能量泛函值保持不变, 即

$$\hat{J}(\gamma v) = J(v), \quad \forall v \in V_A(\Omega).$$

今设 A^* 为 A 的伴随算子, 即满足

$$\int_\Omega Au \cdot v dx = \int_\Omega u A^* v dx, \quad \forall u,v \in V(\Omega),$$

$K(A)$ 及 $K(A^*)$ 分别为在同一区域 Ω 上算子 A 及 A^* 经过自然边界归化得到的自然积分算子, D^* 为关联于 A^* 的双线性型, $\hat{D}^*$ 及 $\widehat{D}^*$ 分别为关联于 $K(A^*)$ 及 $K(A)^*$ 的双线性型. 易知

$$A^*u = \sum_{|p|,|q|\leqslant m} (-1)^p \partial^p (a_{qp}(x)\partial^q u),$$

$$D^*(u,v) = \sum_{|p|,|q|\leqslant m} \int_\Omega a_{qp}(x)\partial^q u \partial^p v dx = D(u,v),$$

A^* 为正常椭圆型算子当且仅当 A 为正常椭圆型算子. 由定理 2.1.3 可进一步得到, 在自然边界归化下, A 的自伴性及强制性等重要的基本性质均被保持.

定理 2.1.4

(1) $K(A^*) = K(A)^*, \hat{D}^* = \widehat{D}^*$;

(2) $A^* = A$ 当且仅当 $K(A^*) = K(A)$;

(3) $D(u,v)$ 为 $V_A(\Omega)$-椭圆双线性型, 当且仅当 $\hat{D}(\phi,\varphi)$ 为椭圆双线性型.

证明见文献 [65, 69].

2.2 典型域上的 Poisson 积分公式及超奇异积分方程

这一节以简单的椭圆型偏微分方程即调和方程, 又称为 Laplace 方程为例推导典型域上的 Poisson 积分公式及超奇异积分方程; 自然边界归化原理见文献 [212] 和 [217]. 下面我们给出典型域上, 包括 Ω 上半平面、Ω 圆外区域、球内外区域上的 Poisson 积分方程及超奇异积分方程, 并分别介绍之.

2.2.1　Ω 为上半平面

上半平面区域 Ω 的边界 Γ 为 x 轴, 即直线 $y = 0$. Γ 上的外法线方向即 y 轴的负向. 这里以 Green 函数法为例推导超奇异积分方程, Fourier 变换方法和复变函数方法的介绍见文献 [212, 169].

由熟知的二维调和方程的基本解

$$E\left(p, p'\right) = -\frac{1}{4\pi} \ln\left[\left(x - x'\right)^2 + \left(y - y'\right)^2\right],$$

容易得到调和方程关于上半平面区域的 Green 函数为

$$G\left(p, p'\right) = \frac{1}{4\pi} \ln \frac{\left(x - x'\right)^2 + \left(y + y'\right)^2}{\left(x - x'\right)^2 + \left(y - y'\right)^2}, \tag{2.2.1}$$

由此可得

$$\begin{aligned}
-\left.\frac{\partial}{\partial n'} G\left(p, p'\right)\right|_{y'=0} &= \left.\frac{\partial}{\partial y'} G\left(p, p'\right)\right|_{y'=0} \\
&= \frac{y}{\pi\left[\left(x - x'\right)^2 + y^2\right]}, \quad y > 0,
\end{aligned}$$

以及

$$\begin{aligned}
\left[\frac{\partial^2}{\partial n \partial n'} G\left(p, p'\right)\right]_{y'=0}^{(-0)} &= \lim_{y \to 0+} \left.\frac{\partial^2}{\partial n \partial n'} G\left(p, p'\right)\right|_{y'=0} \\
&= \lim_{y \to 0+} \frac{\partial}{\partial y} \frac{y}{\pi\left[\left(x - x'\right)^2 + y^2\right]} \\
&\doteq \lim_{y \to 0+} \frac{1}{\pi\left[\left(x - x'\right)^2 + y^2\right]} = \frac{1}{\pi\left(x - x'\right)^2}.
\end{aligned}$$

于是得到上半平面内调和方程边值问题的 Poisson 积分方程为

$$u\left(x, y\right) = \frac{1}{\pi} \int_{-\infty}^{\infty} \frac{y}{\left(x - x'\right)^2 + y^2} u\left(x', 0\right) dx', \quad y > 0, \tag{2.2.2}$$

以及自然积分方程为

$$\frac{\partial u\left(x, 0\right)}{\partial n} = -\frac{1}{\pi} \text{f.p.} \int_{-\infty}^{\infty} \frac{u\left(x', 0\right)}{\left(x - x'\right)^2} dx', \tag{2.2.3}$$

或者可以写为

$$u\left(x,y\right) = -\frac{y}{\pi\left(x^2+y^2\right)} * u_0\left(x\right), \quad y > 0 \tag{2.2.4}$$

及

$$u_n\left(x\right) = -\frac{1}{\pi x^2} * u_0\left(x\right), \tag{2.2.5}$$

这里 $*$ 表示关于变量 x 的卷积, 由于上式的卷积积分 (2.2.3) 的积分核含有超奇异积分核, 因此这一积分应在广义函数意义下理解为 Hadamard 有限部分积分. 事实上, 在前面由 Poisson 积分核求自然积分核的过程中出现的极限正是广义函数意义下的极限. 详见文献 [2, 53].

若函数 $u_0\left(x\right)$ 有紧支集, 则广义函数卷积满足结合律, 于是自然积分方程也可以化为

$$\begin{aligned}
u_n\left(x\right) &= -\frac{1}{\pi x^2} * u_0\left(x\right) = \left[\frac{1}{\pi x} * \delta'\left(x\right)\right] * u_0\left(x\right) \\
&= \frac{1}{\pi x} * \delta'\left(x\right) * u_0\left(x\right) = \frac{1}{\pi x} * u_0'\left(x\right),
\end{aligned} \tag{2.2.6}$$

其右端积分核仅含柯西型奇异积分.

2.2.2 $\varOmega$ 为圆内区域

半径为 R 的圆内部区域 $\varOmega$ 的边界在极坐标 (r,θ) 下即为 $\varGamma = \{(r,\theta)\,|_{r=R}\}$, 而 $\varGamma$ 上的外法线方向正是 r 方向,

$$\frac{\partial}{\partial n} = \frac{\partial}{\partial r},$$

当 $R = 1$ 时, 为单位圆的内部区域.

(1) 单位圆的情况.

由基本解出发容易求得调和方程关于单位圆内部区域的 Green 函数为

$$G\left(p,p'\right) = \frac{1}{4\pi}\ln\frac{1+r^2 r'^2 - 2rr'\cos\left(\theta-\theta'\right)}{r^2+r'^2-2rr'\cos\left(\theta-\theta'\right)}, \tag{2.2.7}$$

其中 (r,θ) 及 (r',θ') 分别为 p 及 p' 点的极坐标. 由 (2.2.7) 可得

$$-\left.\frac{\partial G}{\partial n'}\right|_{r'=1} = \frac{1-r^2}{2\pi\left[1+r^2-2r\cos\left(\theta-\theta'\right)\right]}$$

及

$$-\left[\frac{\partial^2 G}{\partial n \partial n'}\right]_{r'=1}^{(-0)} = \lim_{r \to 1-0}\left[-\frac{\partial^2 G}{\partial n \partial n'}\right]_{r'=1} = -\frac{1}{4\pi \sin^2 \dfrac{\theta - \theta'}{2}}.$$

于是便得到单位圆内调和方程问题的 Poisson 积分方程

$$u(r, \theta) = \frac{1}{2\pi}\int_0^{2\pi}\frac{\left(1 - r^2\right)u\left(1, \theta'\right)d\theta'}{1 + r^2 - 2r\cos\left(\theta - \theta'\right)}, \quad 0 \leqslant r < 1 \tag{2.2.8}$$

及自然积分方程

$$u_n\left(1, \theta\right) = -\frac{1}{4\pi}\text{f.p.}\int_0^{2\pi}\frac{u\left(1, \theta'\right)d\theta'}{\sin^2 \dfrac{\theta - \theta'}{2}}, \tag{2.2.9}$$

或写成卷积形式

$$u(r, \theta) = \frac{1 - r^2}{2\pi\left(1 + r^2 - 2r\cos\theta\right)} * u_0\left(\theta\right), \quad 0 \leqslant r < 1 \tag{2.2.10}$$

及

$$u_n\left(\theta\right) = -\frac{1}{4\pi\sin^2 \dfrac{\theta}{2}} * u_0\left(\theta\right), \tag{2.2.11}$$

其中 $*$ 表示关于变量 θ 的卷积. 卷积积分 (2.2.9) 的积分核为超奇异积分核, 故这一积分定义为广义函数意义下的 Hadamard 有限部分积分.

由于

$$-\frac{1}{4\pi\sin^2 \dfrac{\theta}{2}} = \frac{d}{d\theta}\left(\frac{1}{2\pi}\cot\frac{\theta}{2}\right) = \frac{1}{2\pi}\cot\frac{\theta}{2} * \delta'\left(\theta\right),$$

利用卷积的结合律, 强奇异积分 (2.2.9) 可以化为

$$\begin{aligned} u_n\left(\theta\right) &= \left[\frac{1}{2\pi}\cot\frac{\theta}{2} * \delta'\left(\theta\right)\right] * u_0\left(\theta\right) \\ &= \frac{1}{2\pi}\cot\frac{\theta}{2} * \left[\delta'\left(\theta\right) * u_0\left(\theta\right)\right] \\ &= \frac{1}{2\pi}\cot\frac{\theta}{2} * u_0'\left(\theta\right), \end{aligned} \tag{2.2.12}$$

其右端的积分核仅含柯西型奇异性.

(2) 半径为 R 时的结果.

可以很容易地把单位圆区域的结果推广到半径为 R 的圆内部区域. 此时有 Poisson 积分公式

$$u(r,\theta) = \frac{R^2 - r^2}{2\pi} \int_0^{2\pi} \frac{u_0(\theta')\,d\theta'}{R^2 + r^2 - 2Rr\cos(\theta - \theta')}, \quad 0 \leqslant r < R \qquad (2.2.13)$$

及自然积分方程

$$u_n(\theta) = -\frac{1}{4R\pi}\text{f.p.} \int_0^{2\pi} \frac{u_0(\theta')\,d\theta'}{\sin^2 \dfrac{\theta - \theta'}{2}}. \qquad (2.2.14)$$

2.2.3 Ω 为圆外区域

圆外区域的边界仍为圆周 $\Gamma = \{(r,\theta)\,|\,r = R\}$. 但是注意, 此时 Γ 上的外法向导数为 $\dfrac{\partial}{\partial n} = -\dfrac{\partial}{\partial r}$. 先设 $R = 1$, 即考察单位圆外部区域, 同样可以通过上述方法得到单位圆外调和方程边值问题的 Poisson 积分方程

$$u(r,\theta) = \frac{r^2 - 1}{2\pi(1 + r^2 - 2r\cos\theta)} * u_0(\theta), \quad r > 1 \qquad (2.2.15)$$

及

$$u_n(\theta) = -\frac{1}{4\pi \sin^2 \dfrac{\theta}{2}} * u_0(\theta), \qquad (2.2.16)$$

后者与关于单位圆区域的相应结果 (2.2.13) 有完全相同的表达式.

当 Ω 为半径是 $R = 1$ 的圆外区域时, 则 Poisson 积分方程为

$$u(r,\theta) = \frac{r^2 - 1}{2\pi} \int_0^{2\pi} \frac{u_0(\theta')\,d\theta'}{1 + r^2 - 2r\cos(\theta - \theta')}, \quad r > 1, \qquad (2.2.17)$$

自然积分方程为

$$u_n(\theta) = -\frac{1}{4\pi}\text{f.p.} \int_0^{2\pi} \frac{u_0(\theta')\,d\theta'}{\sin^2 \dfrac{\theta - \theta'}{2}}. \qquad (2.2.18)$$

当 Ω 为半径是 R 的圆外区域时, 则 Poisson 积分方程为

$$u(r,\theta) = \frac{r^2 - R^2}{2\pi} \int_0^{2\pi} \frac{u_0(\theta')\,d\theta'}{R^2 + r^2 - 2Rr\cos(\theta - \theta')}, \quad r > R, \qquad (2.2.19)$$

自然积分方程为

$$u_n(\theta) = -\frac{1}{4R\pi}\text{f.p.} \int_0^{2\pi} \frac{u_0(\theta')\,d\theta'}{\sin^2 \dfrac{\theta - \theta'}{2}}. \qquad (2.2.20)$$

2.2.4　Ω 为球内外区域

设 Ω 为空间 $\mathbb{R}^3$ 内的有界区域时, 其中边界 Γ 适度光滑. 考虑如下的 Neumann 内问题

$$
\begin{cases}
\Delta u = 0, & \text{在 } \Omega \text{ 内}, \\
\dfrac{\partial u}{\partial n} = u_n(x, y, z), & \text{在 } \Gamma \text{ 内}
\end{cases}
\tag{2.2.21}
$$

及 Neumann 外问题

$$
\begin{cases}
\Delta u = 0, & \text{在 } \Omega^c \text{ 内}, \\
\dfrac{\partial u}{\partial n} = u_n(x, y, z), & \text{在 } \Gamma \text{ 内},
\end{cases}
\tag{2.2.22}
$$

这里 u_n 为 Γ 上的已知函数, 而 $\Omega^c = \mathbb{R}^3 \backslash \bar{\Omega}$. 为保证上述问题可解, 对问题 (2.2.21), 要求必须满足相容性条件

$$
\int_\Gamma u_n ds = 0.
\tag{2.2.23}
$$

对问题 (2.2.22), 则不需要满足条件 (2.2.23), 但是要附加无穷远边界条件, 即 u 在无穷远处趋于零.

首先考虑 (2.2.21) 内问题, 其解可表示为

$$
u(r, \theta, \phi) = \sum_{l=0}^{\infty} \sum_{m=-l}^{l} a_{ml} r^l P_l^m(\cos\theta) e^{im\phi}, \quad 0 \leqslant r \leqslant R,
\tag{2.2.24}
$$

其中 (r, θ, φ) 为球坐标, $P_l^m(x)$ 为连带勒让德函数 (见文献 [1, 2, 53]), 于是有

$$
u_0(\theta, \phi) = \sum_{l=0}^{\infty} \sum_{m=-l}^{l} a_{ml} R^l P_l^m(\cos\theta) e^{im\phi},
\tag{2.2.25}
$$

$$
u_n(\theta, \phi) = \sum_{l=0}^{\infty} \sum_{m=-l}^{l} a_{ml} R^{l-1} P_l^m(\cos\theta) e^{im\phi},
\tag{2.2.26}
$$

(2.2.25) 为函数 $u_0(\theta, \varphi)$ 的球函数展开式, 当 u_0 为 Γ 上的连续函数时, 它在平均意义下成立 (如果 u_0 在 Γ 上二次连续可微, (2.2.25) 式右端的级数还是绝对且一致收敛的), 且有

$$
a_{ml} R^l = \frac{2l+1}{4\pi} \frac{(l-m)!}{(l+m)!} \int_0^{2\pi} \int_0^{\pi} u_0(\theta', \phi') P_l^m(\cos\theta') e^{-im\phi'} \sin\theta' d\theta' d\phi'.
\tag{2.2.27}
$$

首先, 将 (2.2.27) 代入 (2.2.24), 有

$$u\left(r,\theta,\phi\right) = \sum_{l=0}^{\infty} \sum_{m=-l}^{l} \frac{2l+1}{4\pi} \frac{(l-m)!}{(l+m)!} \left(\frac{r}{R}\right)^l \int_0^{2\pi} \int_0^{\pi} u_0\left(\theta',\phi'\right) P_l^m\left(\cos\theta\right)$$

$$\times P_l^m\left(\cos\theta'\right) e^{im\left(\phi-\phi'\right)} \sin\theta' d\theta' d\phi', \tag{2.2.28}$$

利用加法公式[185,187]

$$\begin{cases} P_l\left(\cos\gamma\right) = \sum_{m=-l}^{l} \frac{(l-m)!}{(l+m)!} P_l^m\left(\cos\theta\right) P_l^m\left(\cos\theta'\right) e^{im\left(\phi-\phi'\right)}, \\ \cos\gamma = \cos\theta\cos\theta' + \sin\theta\sin\theta'\cos\left(\phi-\phi'\right), \end{cases} \tag{2.2.29}$$

于是 (2.2.28) 式可以简写为

$$u\left(r,\theta,\phi\right) = \sum_{l=0}^{\infty} \frac{2l+1}{4\pi} \left(\frac{r}{R}\right)^l \int_0^{2\pi} \int_0^{\pi} P_l\left(\cos\gamma\right) u_0\left(\theta',\phi'\right) \sin\theta' d\theta' d\varphi'. \tag{2.2.30}$$

再由勒让德多项式 $P_l\left(x\right)$ 的母函数关系[1]

$$\left(1 - 2xt + t^2\right)^{-\frac{1}{2}} = \sum_{l=0}^{\infty} P_l\left(x\right) t^l, \quad |t| < 1$$

可得

$$\frac{1-t^2}{\left(1-2xt+t^2\right)^{3/2}} = \sum_{l=0}^{\infty} \left(2l+1\right) P_l\left(x\right) t^l, \quad |t| < 1.$$

于是有

$$\sum_{l=0}^{\infty} \left(2l+1\right) P_l\left(\cos\gamma\right) \left(\frac{r}{R}\right)^l = \frac{R\left(R^2-r^2\right)}{\left(R^2+r^2-2Rr\cos\gamma\right)^{3/2}}, \quad 0 \leqslant r < R. \tag{2.2.31}$$

将 (2.2.31) 代入 (2.2.30), 有

$$u\left(r,\theta,\phi\right) = \frac{R}{4\pi} \int_0^{2\pi} \int_0^{\pi} \frac{\left(R^2-r^2\right) u_0\left(\theta',\phi'\right) \sin\theta'}{\left(R^2+r^2-2Rr\cos\gamma\right)^{3/2}} d\theta' d\phi', \quad 0 \leqslant r < R, \tag{2.2.32}$$

(2.2.32) 式即为 Poisson 积分公式 (2.2.30) 在球内区域 Ω 上的具体表达式.

其次, 将 (2.2.27) 代入 (2.2.26), 得到

$$u_n\left(\theta,\phi\right)=\sum_{l=0}^{\infty}\sum_{m=-l}^{l}\frac{l\left(2l+1\right)}{4\pi R}\frac{\left(l-m\right)!}{\left(l+m\right)!}\left(\frac{r}{R}\right)^l\int_0^{2\pi}\int_0^{\pi}u_0\left(\theta',\phi'\right)P_l^m\left(\cos\theta\right)$$

$$\times P_l^m\left(\cos\theta'\right)e^{im\left(\phi-\phi'\right)}\sin\theta'd\theta'd\phi',\tag{2.2.33}$$

(2.2.33) 式为自然积分方程在球内区域 Ω 上的具体表达式. 根据 (2.2.29) 的加法公式, 可将 (2.2.33) 式化简为

$$u_n\left(\theta,\phi\right)=\sum_{l=0}^{\infty}\frac{l\left(2l+1\right)}{4\pi R}\int_0^{2\pi}\int_0^{\pi}P_l\left(\cos\gamma\right)u_0\left(\theta',\phi'\right)\sin\theta'd\theta'd\phi'.\tag{2.2.34}$$

若 (2.2.31) 式的两边对 r 求导并让 $r\to R^-$, 则有

$$\sum_{l=0}^{\infty}l\left(2l+1\right)P_l\left(\cos\gamma\right)=-\frac{1}{4\sin^3\dfrac{\gamma}{2}},\tag{2.2.35}$$

将 (2.2.35) 代入 (2.2.34), 有

$$u_n\left(\theta,\phi\right)=-\frac{1}{16\pi R}\text{f.p.}\int_0^{2\pi}\int_0^{\pi}\frac{u_0\left(\theta',\phi'\right)\sin\theta'}{\sin^3\dfrac{\gamma}{2}}d\theta'd\phi'.\tag{2.2.36}$$

对于球外区域的问题 (2.2.22), 其解表示为

$$u\left(r,\theta,\phi\right)=\sum_{l=0}^{\infty}\sum_{m=-l}^{l}a_{ml}r^{-l-1}P_l^m\left(\cos\theta\right)e^{im\phi},\quad r>R.\tag{2.2.37}$$

类似于上面的推导, 可得外问题的 Poisson 积分公式

$$u\left(r,\theta,\phi\right)=\frac{R}{4\pi}\int_0^{2\pi}\int_0^{\pi}\frac{\left(r^2-R^2\right)u_0\left(\theta',\phi'\right)\sin\theta'}{\left(R^2+r^2-2Rr\cos\gamma\right)^{3/2}}d\theta'd\phi',\quad r>R,\tag{2.2.38}$$

以及自然积分方程

$$u_n\left(\theta,\phi\right)=\sum_{l=0}^{\infty}\sum_{m=-l}^{l}\frac{\left(l+1\right)\left(2l+1\right)}{4\pi R}\frac{\left(l-m\right)!}{\left(l+m\right)!}\left(\frac{r}{R}\right)^l\int_0^{2\pi}\int_0^{\pi}u_0\left(\theta',\phi'\right)P_l^m\left(\cos\theta\right)$$

$$\times P_l^m\left(\cos\theta'\right)e^{im\left(\phi-\phi'\right)}\sin\theta'd\theta'd\phi'.\tag{2.2.39}$$

类似地, 根据加法公式 (2.2.29), 可将 (2.2.39) 简写为

$$u_n(\theta, \phi) = \sum_{l=0}^{\infty} \frac{(l+1)(2l+1)}{4\pi R} \int_0^{2\pi} \int_0^{\pi} P_l(\cos\gamma) u_0(\theta', \phi') \sin\theta' d\theta' d\phi'. \quad (2.2.40)$$

由 (2.2.31) 式, 有

$$\sum_{l=0}^{\infty} (2l+1) P_l(\cos\gamma) \left(\frac{r}{R}\right)^{l+1} = \frac{R(r^2 - R^2)}{(R^2 + r^2 - 2Rr\cos\gamma)^{3/2}}, \quad r > R, \quad (2.2.41)$$

若 (2.2.41) 式的两边对 r 求导并让 $r \to R^+$, 则有

$$\sum_{l=0}^{\infty} (l+1)(2l+1) P_l(\cos\gamma) = -\frac{1}{4\sin^3 \frac{\gamma}{2}}, \quad (2.2.42)$$

于是可将 (2.2.40) 式表示成如下超奇异积分形式

$$u_n(\theta, \phi) = -\frac{1}{16\pi R} \text{f.p.} \int_0^{2\pi} \int_0^{\pi} \frac{u_0(\theta', \phi') \sin\theta'}{\sin^3 \frac{\gamma}{2}} d\theta' d\phi', \quad (2.2.43)$$

需要指出的是, 如果在 (2.2.41) 中令 $r \to R^+$, 则有

$$\sum_{l=0}^{\infty} (l+1) P_l(\cos\gamma) = 0.$$

第 3 章 超奇异积分定义

所谓奇异积分是指其积分核属于这样的函数类, 它使得该积分不可能在通常的黎曼或勒贝格意义下有定义. 在一维的情况下, 常见的积分核有 $\log|x-s|$ 型、$\dfrac{1}{x-s}$ 型、$\dfrac{1}{(x-s)^2}$ 型等. 带有 $\log|x-s|$ 型核的积分为弱奇异型积分, 该类积分在广义黎曼积分的意义下仍是可积的. 带有 $\dfrac{1}{x-s}$ 型核的积分为柯西型奇异积分, 该类积分在广义的黎曼意义下是无定义的, 但是可定义为柯西主值. 例如当积分核为 $\dfrac{1}{x-s}$, 函数 $f(x) \in C^1(a,b)$ 时, 则对 $s \in (a,b)$, 柯西主值积分定义为

$$\text{p.v.} \int_a^b \frac{f(x)}{x-s} dx = \lim_{\varepsilon \to 0} \left\{ \int_a^{s-\varepsilon} \frac{f(x)}{x-s} dx + \int_{s+\varepsilon}^b \frac{f(x)}{x-s} dx \right\}.$$

带有 $\dfrac{1}{(x-s)^2}$ 型核的积分则为 Hadamard 型超奇异积分. 例如, 当区域为半平面时, 自然边界归化导致计算直线上的带 $-\dfrac{1}{(x-s)^2}$ 核的超奇异积分, 而当区域为圆域时, 则导致计算圆周上的带有 $-\dfrac{1}{4\pi \sin^2 \dfrac{\theta - \theta'}{2}}$ 核的超奇异积分. 这一类积分无论在广义黎曼积分意义下还是在柯西主值积分意义下都是发散的. 事实上, 在边界归化中得到的这类超奇异积分应该在广义函数意义下理解为有限部分积分.

这一章主要介绍柯西型奇异积分的定义、超奇异积分的定义、超奇异积分的推广, 包括柯西主值积分和 Hadamard 型奇异积分的定义、性质和它们之间的相互关系, 并且简要介绍超奇异积分的推广.

3.1 柯西型奇异积分定义

在介绍超奇异积分的定义之前, 我们先介绍柯西主值积分的定义和性质, 主要包括一维和二维柯西主值积分的定义.

3.1.1 柯西主值积分定义

一维柯西主值积分的定义为

$$\text{p.v.} \int_a^b \frac{f(x)}{x-s} dx = \lim_{\varepsilon \to 0} \left[\int_a^{s-\varepsilon} + \int_{s+\varepsilon}^b \right] \frac{f(x)}{x-s} dx, \quad a < s < b, \tag{3.1.1}$$

这里 p.v. $\int_a^b$ 表示柯西主值积分, $f(x)$ 为密度函数. 该积分存在的充分条件是密度函数 $f(x) \in L^1(a,b)$ 在点 $x = s$ 处 Hölder 连续. 该条件可以减弱, 详细的介绍见文献 [163].

与之等价的有如下奇异分离定义:

$$\text{p.v.} \int_a^b \frac{f(x)}{x-s} dx = \int_a^b \frac{f(x) - f(s)}{x-s} dx + f(s) \lim_{\varepsilon \to 0} \left[\int_a^{s-\varepsilon} + \int_{s+\varepsilon}^b \right] \frac{1}{x-s} dx$$

$$= \int_a^b \frac{f(x) - f(s)}{x-s} dx + f(s) \ln \frac{b-s}{s-a}. \tag{3.1.2}$$

另外, 通过对弱奇异积分求导也可以得到柯西主值积分, 即

$$\text{p.v.} \int_a^b \frac{f(x)}{x-s} dx = \frac{d}{ds} \int_a^b \ln|x-s| f(x) dx.$$

在上述定义中, 我们采用的是在奇异点 s 周围的对称 ε 邻域; 假如我们用 $\varepsilon_i = \varepsilon_i(\varepsilon)$ (当 $\varepsilon \to 0$ 时, $\varepsilon_i \to 0$) 代替对称邻域 ε, 有

$$\text{p.v.} \int_a^b \frac{f(x)}{x-s} dx = \int_a^b \frac{f(x) - f(s)}{x-s} dx + f(s) \lim_{\varepsilon \to 0} \left[\int_a^{s-\varepsilon_1} + \int_{s+\varepsilon_2}^b \right] \frac{1}{x-s} dx$$

$$= \int_a^b \frac{f(x) - f(s)}{x-s} dx + f(s) \ln \frac{b-s}{s-a} + f(s) \lim_{\varepsilon \to 0} \ln \frac{\varepsilon_1}{\varepsilon_2}, \tag{3.1.3}$$

该积分存在的充要条件为当且仅当

$$\lim_{\varepsilon \to 0} \ln \frac{\varepsilon_1}{\varepsilon_2} = c \neq 0, \infty, \tag{3.1.4}$$

如果常数 $c = 1$, 奇异点 s 非对称邻域的情况退化为奇异点 s 对称邻域的情况.

注：对如下柯西主值积分,

$$\text{p.v.} \int_{c_1}^{c_2} \frac{f(x)}{x} dx = \int_{c_1}^{c_2} \frac{f(x) - f(0)}{x} dx + f(0) \lim_{\varepsilon \to 0} \log \frac{c_2}{c_1}, \tag{3.1.5}$$

这里 $c_i = c_i(h) > 0$ (当 $h \to 0$ 时, $c_i \to 0$). 于是有

$$\lim_{h \to 0} \int_{c_1}^{c_2} \frac{f(x)}{x} dx = f(0) \lim_{h \to 0} \ln \frac{c_2}{c_1} = \begin{cases} 0, & \ln \dfrac{c_2}{c_1} = 1, \\ f(0) \ln c, & \ln \dfrac{c_2}{c_1} = c \neq 1, \\ \pm\infty, & \ln \dfrac{c_2}{c_1} = 0, \infty. \end{cases} \qquad (3.1.6)$$

对于势能理论中的边界积分方程, 其极限依赖于如下正常积分:

$$I = \lim_{t \to 0} \int_a^b \frac{f(x)(x-s)}{(x-s)^2 + t^2} dx, \quad a < s < b, \qquad (3.1.7)$$

此时, 我们有

$$I = \int_a^b \frac{f(x) - f(s)}{x - s} dx + f(s) \lim_{t \to 0} \int_a^b \frac{x - s}{(x-s)^2 + t^2} dx$$

$$= \int_a^b \frac{f(x) - f(s)}{x - s} dx + f(s) \ln \frac{b - s}{s - a} \equiv \int_a^b \frac{f(x)}{x - s} dx.$$

对于非对称的情况, 类似地, 我们有

$$I = \left(\int_a^{s-\varepsilon_1} + \int_{s+\varepsilon_2}^b \right) \frac{f(x)}{x - s} dx + f(s) \lim_{t \to 0} \int_{s-\varepsilon_1}^{s+\varepsilon_2} \frac{x - s}{(x-s)^2 + t^2} dx, \qquad (3.1.8)$$

这里 $\varepsilon_1, \varepsilon_2$ 是相互独立的. 根据前面的知识, 有

$$I = \left(\int_a^{s-\varepsilon_1} + \int_{s+\varepsilon_2}^b \right) \frac{f(x)}{x - s} dx + \int_{s-\varepsilon_1}^{s+\varepsilon_2} \frac{f(x)}{x - s} dx$$

$$+ \frac{f(s)}{2} \lim_{t \to 0} \int_{s-\varepsilon_1}^{s+\varepsilon_2} \frac{2(x - s)}{(x-s)^2 + t^2} dx$$

$$= \left(\int_a^{s-\varepsilon_1} + \int_{s+\varepsilon_2}^b \right) \frac{f(x)}{x - s} dx + \int_{s-\varepsilon_1}^{s+\varepsilon_2} \frac{f(x)}{x - s} dx + f(s) \ln \frac{\varepsilon_2}{\varepsilon_1}$$

$$= \left(\int_a^{s-\varepsilon_1} + \int_{s+\varepsilon_2}^b \right) \frac{f(x)}{x - s} dx + f(s) \ln \frac{b - s}{s - a} \equiv \int_a^b \frac{f(x)}{x - s} dx. \qquad (3.1.9)$$

在边界元方法中经常遇到定义在闭曲线或开曲线 l 上的柯西主值积分如下:

$$\int_l \frac{f(x, y)}{r} dl_x = \lim_{\varepsilon \to 0} \int_{l - l_\varepsilon} \frac{f(x, y)}{r} dl_x, \quad y \in l, \qquad (3.1.10)$$

这里 $r = \|x - y\|$ 以及 l_x 为关于奇异点的对称邻域. 上述极限存在的条件为函数 $f(x, y)$ Hölder 连续.

假如曲线 l 是光滑的, 具体来说, 对 $l \in C^2$, 作变量代换

$$x = \varphi(t), \quad y = \varphi(s),$$ (3.1.11)

积分 (3.1.10) 可以写成

$$\int_l \frac{f(x, y)}{r} dl_x = \int_a^b \frac{g(t, s)}{t - s} dt.$$ (3.1.12)

3.1.2 二维柯西主值积分定义

已知 $D \subset \mathbb{R}^2$ 是有界 (无界或者凸) 区域, $y \in D$ 是一个给定的点. 区域 D 的边界由函数 $A(\theta), 0 \leqslant \theta < 2\pi$ 定义. 考虑函数 $F(y, x), x \in D$ 由如下形式确定:

$$F(y; x) = \frac{f(y; \theta)}{r^2} + F_1(y; x),$$ (3.1.13)

其中 $r = \|x - y\|, x = y + re, e = (\cos\theta, \sin\theta)^{\mathrm{T}}$, $f(y, \theta)$ 关于 θ 是可积的而且 $F_1 \in L^1(D)$. 去掉点 y 的邻域 $\sigma \subset D$, 定义为 $\alpha(\varepsilon, \theta)$, 当 $\varepsilon \to 0$ 时, 关于 θ 一致的有 $\alpha(\varepsilon, \theta) \to 0$.

考虑如下积分:

$$I_\sigma = \int_{D-\sigma} F(y; x) dx = \int_{D-\sigma} F_1(y; x) dx + \int_0^{2\pi} f(y; \theta) \int_{\alpha(\varepsilon;\theta)}^{A(\theta)} \frac{dr}{r} d\theta,$$ (3.1.14)

我们有

$$\lim_{\varepsilon \to 0} I_\sigma = \int_D F_1(y; x) dx + \int_0^{2\pi} f(y; \theta) \log A(\theta) d\theta$$
$$- \lim_{\varepsilon \to 0} \int_0^{2\pi} f(y; \theta) \ln \alpha(\varepsilon; \theta) d\theta.$$ (3.1.15)

如果

$$\lim_{\varepsilon \to 0} \frac{\alpha(\varepsilon; \theta)}{\varepsilon} = \alpha_0(\theta),$$ (3.1.16)

我们有

$$\lim_{\varepsilon \to 0} \int_0^{2\pi} f(y; \theta) \ln \frac{\alpha(\varepsilon; \theta)}{\varepsilon} d\theta = \int_0^{2\pi} f(y; \theta) \ln \alpha_0(\theta) d\theta.$$ (3.1.17)

等式 (3.1.15) 的极限存在的充分必要条件是

$$\int_0^{2\pi} f(y;\theta)\, d\theta = 0. \tag{3.1.18}$$

此时, 我们有

$$\lim_{\varepsilon \to 0} I_\sigma = \int_D F_1(y;x)\, dx + \int_0^{2\pi} f(y;\theta) \ln \frac{A(\theta)}{\alpha_0(\theta)}\, d\theta. \tag{3.1.19}$$

定义 3.1.1 在上面的假设下, 当 (3.1.19) 中的 $\alpha_0(\theta) = 1$ 时, 我们有

$$\int_D F(y;x)\, dx = \lim_{\varepsilon \to 0} I_\sigma. \tag{3.1.20}$$

设

$$D \equiv C_\delta = \{(r,\theta), 0 < r \leqslant \lambda_\delta(\theta) \leqslant \delta, 0 \leqslant \theta < 2\pi\},$$

若对二维柯西主值积分

$$\int_{C_\delta} F(y;x)\, dx, \tag{3.1.21}$$

上述定义 (3.1.18) 的极限存在. 即

$$\int_0^{2\pi} \int_\varepsilon^{\lambda_\delta(\theta)} \frac{f(y;\theta)\, dr}{r}\, d\theta = \int_0^{2\pi} f(y;\theta) \ln \lambda_\delta(\theta)\, d\theta, \tag{3.1.22}$$

其中 $f(y;\theta)$ 定义为 (3.1.13). 于是有

$$\lim_{\delta \to 0} \int_{C_\delta} F(y;x) dx = \int_0^{2\pi} f(y;\theta) \ln \lambda_\delta(\theta)\, d\theta. \tag{3.1.23}$$

如果 $\lambda_\delta(\theta) = \delta$, 则有

$$\lim_{\delta \to 0} \int_{C_\delta} F(y;x) dx = 0. \tag{3.1.24}$$

如果 $\lambda_\delta(\theta) = \delta g(\theta)$, 则有

$$\lim_{\delta \to 0} \int_{C_\delta} F(y;x) dx = \int_0^{2\pi} f(y;\theta) \ln g(\theta) d\theta. \tag{3.1.25}$$

定义 3.1.2 对于定义在三维闭球面 (开球面) $\mathbb{R}^3$ 上 S 的二维柯西主值积分, 此时, 删掉奇异点的半径为 ε、中心在 y 点单位球, 我们有

$$\int_S F(y;x)\, dS_x = \lim_{\varepsilon \to 0} \int_{S-S_x} F(y;x)\, dS_x. \tag{3.1.26}$$

3.1.3 Hilbert 型奇异积分定义

如下形式的积分

$$I\left(\theta_0\right) = \int_0^{2\pi} \cot \frac{\theta - \theta_0}{2} \varphi_1\left(\theta\right) d\theta, \tag{3.1.27}$$

其中 $\varphi_1\left(\theta\right)$ 是关于 θ 的以 2π 为周期的函数.

对于区间上柯西主值积分和圆周上的 Hilbert 型奇异积分, 有

$$\int_l \frac{\phi\left(t\right)}{t - t_0} dt = \frac{1}{2} \int_0^{2\pi} \cot \frac{\theta - \theta_0}{2} \phi_1\left(\theta\right) d\theta + \frac{i}{2} \int_0^{2\pi} \phi_1\left(\theta\right) d\theta, \tag{3.1.28}$$

这里

$$t = \exp\left(i\theta\right), \quad t_0 = \exp\left(i\theta_0\right), \quad \varphi_1\left(\theta\right) = \varphi\left[\exp\left(i\theta\right)\right]. \tag{3.1.29}$$

3.1.4 多奇异核积分定义

设 $L_1, \cdots, L_n$ 为平面上的光滑曲线. 定义 $L = L_1 \times L_2 \times \cdots \times L_n$. 考虑定义在 L 上的函数 $\phi\left(x\right) = \phi\left(x^1, \cdots, x^n\right)$. 假如 x^k 不是 $L_k, k = 1, \cdots, n$ 的节点, 点 $x = \left(x^1, \cdots, x^n\right)$ 称为 L 的内点, 极限

$$\Phi\left(x_0\right) = \lim_{\varepsilon_1, \cdots, \varepsilon_n \to 0} \int_{L \cdot} \frac{\phi\left(x^1, \cdots, x^n\right) dx^1 \cdots dx^n}{\left(x^1 - x_0^1\right) \cdots \left(x^n - x_0^n\right)}, \tag{3.1.30}$$

$$L \cdot = \left(L_1 \backslash l_1\right) \times \cdots \times \left(L_n \backslash l_n\right),$$

其中 $\varepsilon_1, \cdots, \varepsilon_n$ 单独的趋向于零, 称为函数 $\phi\left(x^1, \cdots, x^n\right)$ 在 L 上关于点 $x_0 = \left(x_0^1, \cdots, x_0^n\right)$ 的多核柯西主值积分.

极限可表示为

$$\Phi\left(x_0\right) = \int_{L_1 \times \cdots \times L_n} \frac{\varphi\left(x^1, \cdots, x^n\right) dx^1 \cdots dx^n}{\left(x^1 - x_0^1\right) \cdots \left(x^n - x_0^n\right)} = \int_L \frac{\varphi\left(x\right) dx}{\left(\left(x - x_0\right)\right)}, \tag{3.1.31}$$

其中

$$\left(\left(x - x_0\right)\right) = \left(x^1 - x_0^1\right) \cdots \left(x^n - x_0^n\right). \tag{3.1.32}$$

下面以两个变量的情况为例说明. 设函数 $\varphi\left(x^1, x^2\right)$ 在 $L_1 \times L_2$ 上满足 $H\left(\mu_1, \mu_2\right)$, 详见 [131],

$$\phi_1 = \phi\left(x^1, x_0^2\right) - \phi\left(x_0^1, x_0^2\right), \quad \phi_2 = \phi\left(x_0^1, x^2\right) - \phi\left(x_0^1, x_0^2\right),$$
$$\phi_{12} = \phi\left(x^1, x^2\right) - \phi\left(x_0^1, x_0^2\right) - \phi\left(x^1, x^2\right) + \phi\left(x_0^1, x_0^2\right). \tag{3.1.33}$$

于是有

$$
|\phi_1| \leqslant A_1 \left|x^1 - x_0^1\right|^{\mu_1}, \quad |\phi_2| \leqslant A_2 \left|x^2 - x_0^2\right|^{\mu_2},
$$

$$
|\phi_{12}| \leqslant 2A_1 \left|x^1 - x_0^1\right|^{\mu_1}, \quad |\phi_{12}| \leqslant 2A_1 \left|x^2 - x_0^2\right|^{\mu_2}, \tag{3.1.34}
$$

则有

$$
|\phi_{12}| \leqslant A_{12} \left|x^1 - x_0^1\right|^{\alpha\mu_1} \left|x^2 - x_0^2\right|^{(1-\alpha)\mu_1}, \quad 0 \leqslant \alpha \leqslant 1. \tag{3.1.35}
$$

由于

$$
\phi_1 = \phi\left(x^1, x^2\right) - \phi\left(x_0^1 - x_0^2\right) = \phi_1 + \phi_2 + \phi_{12}, \tag{3.1.36}
$$

于是我们有

$$
\iint\limits_{L_1 \times L_2} \frac{\phi\left(x^1, x^2\right) dx^1 dx^2}{\left(x^1 - x_0^1\right)\left(x^2 - x_0^2\right)}
$$

$$
= \int_{L_2} \frac{dx^2}{x^2 - x_0^2} \int_{L_1} \frac{\phi_1 dx^1}{x^1 - x_0^1} + \int_{L_1} \frac{dx^1}{x^1 - x_0^1} \int_{L_1} \frac{\phi_2 dx^2}{x^2 - x_0^2}
$$

$$
+ \iint\limits_{L_1 \times L_2} \frac{\phi_{12} dx^1 dx^2}{\left(x^1 - x_0^1\right)\left(x^2 - x_0^2\right)} + \phi\left(x_0^1, x_0^2\right) \int_{L_2} \frac{dx^2}{x^2 - x_0^2} \int_{L_1} \frac{dx^1}{x^1 - x_0^1}.
$$

1952 年, Muskhclishvili 得到了 Poincaré-Bertrand 公式[133]

$$
\int_L \frac{dx}{x - x_0} \int_L \frac{\phi\left(x, \tau\right) d\tau}{\tau - x} = \int_L d\tau \int_L \frac{\phi\left(x, \tau\right) dx}{\left(x - x_0\right)\left(\tau - x\right)} - \pi^2 \phi\left(x_0, x_0\right), \tag{3.1.37}
$$

这里 L 为光滑曲线. 函数 $\varphi\left(x, \tau\right)$ 的表达式为

$$
\varphi\left(x, \tau\right) = \frac{\varphi^*\left(x, \tau\right)}{\Pi\left(x, \tau\right)},
$$

其中 $\varphi^*\left(x, \tau\right)$ 为函数属于 H_0, 而且

$$
\Pi\left(x, \tau\right) = \prod_{k=1}^n \left|x - c_k\right|^{\alpha_k} \left|\tau - c_k\right|^{\beta_k}, \tag{3.1.38}
$$

$c_k, k = 1, \cdots, n$ 为曲线上的点 $L, \alpha_k, \beta_k \geqslant 0, \alpha_k + \beta_k < 1.$

3.2　超奇异积分定义

这一部分, 我们介绍超奇异积分的有限部分积分定义、奇异分离定义、积分核级数展开法、求导定义、正则化方法和超奇异积分的性质等, 并证明不同定义之间的等价性.

3.2.1 Hadamard 有限部分积分定义

当积分核为 $\dfrac{1}{(x-s)^2}$, 函数 $f(x) \in C^2(a,b)$ 时, 则对 $s \in (a,b)$, Hadamard 有限部分积分定义为

$$\text{f.p.} \int_a^b \frac{f(x)}{(x-s)^2} dx = \lim_{\varepsilon \to 0} \left\{ \int_a^{s-\varepsilon} \frac{f(x)}{(x-s)^2} dx + \int_{s+\varepsilon}^b \frac{f(x)}{(x-s)^2} dx - \frac{2f(s)}{\varepsilon} \right\},$$

$$(3.2.1)$$

这一积分是有意义的. 据此可以计算出确定的积分值. 例如, 当 $f(x) = 1$ 时有

$$\text{f.p.} \int_a^b \frac{f(x)}{(x-s)^2} dx = \lim_{\varepsilon \to 0} \left\{ \int_a^{s-\varepsilon} \frac{1}{(x-s)^2} dx + \int_{s+\varepsilon}^b \frac{1}{(x-s)^2} dx - \frac{2}{\varepsilon} \right\}$$

$$= -\lim_{\varepsilon \to 0} \left\{ \left(-\frac{1}{\varepsilon} + \frac{1}{s-a} \right) + \left(\frac{1}{s-b} - \frac{1}{\varepsilon} \right) + \frac{2}{\varepsilon} \right\}$$

$$= -\left(\frac{1}{b-s} + \frac{1}{s-a} \right).$$

若 $f(x) \notin C^2(a,b)$, 但是 $f(x) \in C^2(a,s^-) \cup C^2(s^+,b)$, 则 Hadamard 有限部分积分的定义应该修改为

$$\text{f.p.} \int_a^b \frac{f(x)}{(x-s)^2} dx = \lim_{\varepsilon \to 0} \left\{ \int_a^{s-\varepsilon} \frac{f(x)}{(x-s)^2} dx - \frac{f(s^-)}{\varepsilon} - f'(s^-) \ln \varepsilon \right.$$

$$\left. + \int_{s+\varepsilon}^b \frac{f(x)}{(x-s)^2} dx - \frac{f(s^+)}{\varepsilon} + f'(s^+) \ln \varepsilon \right\}. \quad (3.2.2)$$

当 $f(x) \in C^2(a,b)$ 时, (3.2.2) 化为 (3.2.1). 当奇异点 s 位于积分区间端点时, (3.2.2) 式化为

$$\text{f.p.} \int_a^b \frac{f(x)}{(x-s)^2} dx = \lim_{\varepsilon \to 0} \left\{ \int_a^{s-\varepsilon} \frac{f(x)}{(x-s)^2} dx - \frac{f(s^-)}{\varepsilon} - f'(s^-) \ln \varepsilon \right\}, \quad (3.2.3)$$

或者

$$\text{f.p.} \int_a^b \frac{f(x)}{(x-s)^2} dx = \lim_{\varepsilon \to 0} \left\{ \int_{s+\varepsilon}^b \frac{f(x)}{(x-s)^2} dx - \frac{f(s^+)}{\varepsilon} + f'(s^+) \ln \varepsilon \right\}. \quad (3.2.4)$$

上面的 $f\left(s^{+}\right)$ 及 $f\left(s^{-}\right)$ 分别表示 $x \to s$ 时的右极限和左极限. 特别地, 当 $f\left(x\right)=1$ 时, 有

$$\text{f.p.} \int_a^b \frac{dx}{\left(x-s\right)^2} = \lim_{\varepsilon \to 0} \left\{ \int_a^{s-\varepsilon} \frac{1}{\left(x-s\right)^2} dx - \frac{1}{\varepsilon} \right\},$$

$$= \lim_{\varepsilon \to 0} \left\{ \frac{1}{\varepsilon} - \frac{1}{s-a} - \frac{1}{\varepsilon} \right\} = -\frac{1}{s-a}, \tag{3.2.5}$$

以及

$$\text{f.p.} \int_a^b \frac{dx}{\left(x-s\right)^2} = \lim_{\varepsilon \to 0} \left\{ \int_{s+\varepsilon}^b \frac{dx}{\left(x-s\right)^2} - \frac{1}{\varepsilon} \right\}$$

$$= \lim_{\varepsilon \to 0} \left\{ \frac{1}{\varepsilon} - \frac{1}{b-s} - \frac{1}{\varepsilon} \right\} = -\frac{1}{b-s}. \tag{3.2.6}$$

又有

$$\text{f.p.} \int_a^b \frac{dx}{x-s} = \lim_{\varepsilon \to 0} \left\{ \int_a^{s-\varepsilon} \frac{1}{x-s} dx - \ln \varepsilon \right\},$$

$$= \lim_{\varepsilon \to 0} \left\{ \ln \varepsilon - \ln\left(s-a\right) - \ln \varepsilon \right\} = -\ln\left(s-a\right), \tag{3.2.7}$$

以及

$$\text{f.p.} \int_a^b \frac{dx}{x-s} = \lim_{\varepsilon \to 0} \left\{ \int_{s+\varepsilon}^b \frac{1}{x-s} dx + \ln \varepsilon \right\}$$

$$= \lim_{\varepsilon \to 0} \left\{ -\ln \varepsilon + \ln\left(b-s\right) + \ln \varepsilon \right\} = \ln\left(b-s\right). \tag{3.2.8}$$

若 $f\left(x\right) \notin C^2\left(a,b\right)$, 但是 $f\left(x\right) \in C^2\left(a,s^-\right) \cap C^2\left(s^+,b\right)$, 则 Hadamard 有限部分积分的定义应该修改为

$$\text{f.p.} \int_a^b \frac{f\left(x\right)}{\left(x-s\right)^2} dx = -\frac{1}{s-a} f\left(s^-\right) - \frac{1}{b-s} f\left(s^+\right) + \ln \frac{\left(b-s\right) f\left(s^+\right)}{\left(s-a\right) f\left(s^-\right)}$$

$$+ \int_a^s \frac{1}{\left(x-s\right)^2} \left[f\left(x\right) - f\left(s^-\right) - f'\left(s^-\right)\left(x-s\right) \right] dx$$

$$+ \int_s^b \frac{1}{\left(x-s\right)^2} \left[f\left(x\right) - f\left(s^+\right) - f'\left(s^+\right)\left(x-s\right) \right] dx, \tag{3.2.9}$$

其右端第二项已经不是奇异积分, 当 $f\left(s^{-}\right)=f\left(s^{+}\right), f^{\prime}\left(s^{-}\right)=f^{\prime}\left(s^{+}\right)$ 时, (3.2.9) 化为 (3.2.1).

3.2.2 奇异部分分离定义

对于一般的 $f\left(x\right)\in C^{2}\left(a,b\right)$, 由泰勒展开式

$$f\left(x\right)=f\left(s\right)+f^{\prime}\left(s\right)\left(x-s\right)+\frac{1}{2}f^{\prime\prime}\left(s+\theta\left(x-s\right)\right)\left(x-s\right)^{2}, \tag{3.2.10}$$

其中 $0<\theta<1$, 有

$$\text{f.p.} \int_{a}^{b}\frac{f\left(x\right)}{\left(x-s\right)^{2}}dx=f\left(s\right)\text{f.p.}\int_{a}^{b}\frac{dx}{\left(x-s\right)^{2}}+f^{\prime}\left(s\right)\text{p.v.}\int_{a}^{b}\frac{dx}{x-s}$$

$$+\int_{a}^{b}\frac{1}{\left(x-s\right)^{2}}\left[f\left(x\right)-f\left(s\right)-f^{\prime}\left(s\right)\left(x-s\right)\right]dx, \tag{3.2.11}$$

其右端第一项为 Hadamard 有限部分积分, 第二项为柯西主值积分, 第三项进一步简化为经典的黎曼积分, 其被积函数已经不含奇异性. 于是在一定意义上可以说, 有限部分积分是经典黎曼积分与柯西主值积分的推广, 而经典黎曼积分与柯西主值积分则是有限部分积分 (3.2.11) 式中 $f\left(s\right)=f^{\prime}\left(s\right)=0$ 或者 $f\left(s\right)=0$ 时的特例.

由于有限部分积分

$$\text{f.p.}\int_{a}^{b}\frac{dx}{\left(x-s\right)^{2}}=-\left(\frac{1}{b-s}+\frac{1}{s-a}\right) \tag{3.2.12}$$

及柯西主值积分

$$\text{p.v.}\int_{a}^{b}\frac{dx}{x-s}=\ln\frac{b-s}{s-a}, \tag{3.2.13}$$

于是有

$$\text{f.p.}\int_{a}^{b}\frac{f\left(x\right)}{\left(x-s\right)^{2}}dx=-f\left(s\right)\left(\frac{1}{b-s}+\frac{1}{s-a}\right)+f^{\prime}\left(s\right)\ln\frac{b-s}{s-a}$$

$$+\int_{a}^{b}\frac{1}{\left(x-s\right)^{2}}\left[f\left(x\right)-f\left(s\right)-f^{\prime}\left(s\right)\left(x-s\right)\right]dx. \tag{3.2.14}$$

右端的最后一项可以通常的黎曼积分的数值积分公式进行计算, 注意到根据分部积分我们有

$$\int_{s}^{x}\left(x-y\right)f^{\prime\prime}\left(y\right)dy=f\left(x\right)-f\left(s\right)-f^{\prime}\left(s\right)\left(x-s\right), \tag{3.2.15}$$

所以 (3.2.14) 也可以写作

$$\text{f.p.} \int_a^b \frac{f(x)}{(x-s)^2} dx = -f(s)\left(\frac{1}{b-s}+\frac{1}{s-a}\right)+f'(s)\ln\frac{b-s}{s-a}$$

$$+\int_a^b \frac{1}{2(x-s)^2}\int_s^x (x-y)f''(y)\,dy\,dx. \qquad (3.2.16)$$

上述方法是将函数 $f(x)$ 用泰勒公式在奇异点 s 处展开, 分离出被积函数 $\frac{f(x)}{(x-s)^2}$ 的奇异部分, 根据此定义计算出奇异部分的有限部分积分的准确值, 再对剩余的非奇异积分应用通常的数值方法进行计算, 根据此定义可以得到超奇异积分的奇异部分积分分离计算法.

3.2.3 积分核级数展开法

为了发展自然边界元方法, 克服积分核超奇异性产生的困难以落实自然积分方程的数值解法, 本书作者余德浩教授首次提出了积分核级数展开法, 并且在论文 [201] 中首次应用了此方法.

当 Ω 为圆内或者圆外区域时, 二维调和方程、重调和方程、平面弹性方程及 Stokes 方程组等典型方程或方程组通过自然边界归化得到含超奇异积分核的自然积分方程, 且这些积分核都含有且仅含有 $-1\Big/\left(4\pi\sin^2\frac{\theta-\theta'}{2}\right)$ 这样的超奇异项. 设边界上的基函数为 $L_i(\theta), i=1,2,\cdots,N$, 则只需计算

$$q_{ij} = \int_\Gamma \int_\Gamma \left(-\frac{1}{4\pi\sin^2\dfrac{\theta-\theta'}{2}}\right) L_i(\theta') L_j(\theta)\, d\theta' d\theta$$

$$= \left(-\frac{1}{4\pi\sin^2\dfrac{\theta-\theta'}{2}} * L_i(\theta), L_j(\theta)\right) \qquad (3.2.17)$$

形式的积分, 其中卷积 $*$ 可通过 Fourier 级数定义, $(\cdot,\cdot)$ 为基函数 $\{L_i(\theta)\}$ 所属函数空间与其对偶空间之间的对偶积. 利用广义函数论[1,2,53] 中的重要公式

$$\frac{1}{\pi}\ln\left|2\sin\frac{\theta}{2}\right| = -\frac{1}{2\pi}\sum_{\substack{-\infty\\n\neq 0}}^{\infty}\frac{1}{|n|}e^{in\theta} = -\frac{1}{\pi}\sum_{\substack{-\infty\\n\neq 0}}^{\infty}\frac{1}{n}\cos n\theta, \qquad (3.2.18)$$

$$\frac{1}{2\pi}\cot\frac{\theta}{2} = \frac{1}{2\pi i}\sum_{-\infty}^{\infty}(\operatorname{sign} n)e^{in\theta} = \frac{1}{\pi}\sum_{n=1}^{\infty}\sin n\theta, \qquad (3.2.19)$$

$$- \frac{1}{4\pi} \frac{1}{\sin^2 \dfrac{\theta}{2}} = \frac{1}{2\pi} \sum_{-\infty}^{\infty} |n| e^{in\theta} = \frac{1}{\pi} \sum_{n=1}^{\infty} n \cos n\theta, \tag{3.2.20}$$

其中 (3.2.18) 式为收敛的 Fourier 级数 $-\dfrac{1}{\pi} \sum_{n=1}^{\infty} \dfrac{1}{n^2} \sin n\theta$, 其和是一个 $[-\pi, \pi]$ 上的连续函数的广义导数, (3.2.19) 式可以由 (3.2.18) 式逐项微分得到, 则有

$$q_{ij} = \frac{1}{\pi} \sum_{n=1}^{\infty} n \int_0^{2\pi} \int_0^{2\pi} \cos n (\theta - \theta') L_i (\theta') L_j (\theta) \, d\theta' d\theta, \tag{3.2.21}$$

求和号下的每一项积分都可以准确算出. 例如, 当 $L_i (\theta), i = 1, 2, \cdots, N$ 为分段线性函数时, $L_i (\theta) \subset H^{\frac{1}{2}} (\Gamma)$. 插值节点在 Γ 上均匀分布, 则有

$$q_{ij} = \frac{4N^2}{\pi^3} \sum_{n=1}^{\infty} \frac{1}{n^3} \sin^4 \frac{n\pi}{N} \cos \frac{i-j}{N} 2n\pi, \quad i, j = 1, 2, \cdots, N, \tag{3.2.22}$$

或记作

$$q_{ij} = a_{|i-j|}, \quad i, j = 1, 2, \cdots, N, \tag{3.2.23}$$

其中

$$a_k = \frac{4N^2}{\pi^3} \sum_{n=1}^{\infty} \frac{1}{n^3} \sin^4 \frac{n\pi}{N} \cos \frac{nk}{N} 2\pi, \quad k = 1, 2, \cdots, N - 1, \tag{3.2.24}$$

这显然是一个收敛级数. 于是尽管积分核有超奇异性, 其级数展开形式也为发散级数, 但是积分 (3.2.21) 确实可以算出. 其值是一个收敛级数的和, 是一个确定的实数. 从而自然边界元的刚度矩阵可以利用该方法计算得到. 例如, 对于单位圆内调和问题, 采用上述分段线性基函数, 自然边界元的刚度矩阵是由 $a_0, a_1, \cdots, a_{N-1}$ 生成的循环矩阵

$$Q = (q_{ij})_{N \times N} = \begin{bmatrix} a_0 & a_1 & \cdots & a_{N-2} & a_{N-1} \\ a_{N-1} & a_0 & \cdots & a_{N-3} & a_{N-2} \\ \vdots & \vdots & & \vdots & \vdots \\ a_2 & a_3 & \cdots & a_0 & a_1 \\ a_1 & a_2 & \cdots & a_{N-1} & a_0 \end{bmatrix}$$

$$= ((a_0, a_1, \cdots, a_{N-1})). \tag{3.2.25}$$

对于分段二次元及三次元, 也可以得到刚度矩阵系数的收敛级数表达式, 但是对于分段常数元则不然, 得到的系数表达式 $|i-j| \leqslant 1$ 时是一个发散级数

$$\frac{4}{\pi} \sum_{n=1}^{\infty} \frac{1}{n} \sin^2 \frac{n\pi}{N} \cos \frac{i-j}{N} 2n\pi, \quad i,j = 1,2,\cdots,N. \tag{3.2.26}$$

此时刚度矩阵无法通过计算得到. 这是因为卷积算子

$$-\frac{1}{4\pi \sin^2 \dfrac{\theta}{2}} * : H^s(\Gamma) \to H^{s-1}(\Gamma) \tag{3.2.27}$$

为 1 阶拟微分算子, 若 $L_i, L_j \in H^s(\Gamma)$, 为使对偶积 (3.2.27) 有意义, 必须有 $H^{s-1}(\Gamma) \subset H^t(\Gamma)' \subset H^{-s}(\Gamma)$, 从而必有 $s-1 \geqslant -s$, 即 $s \geqslant 1/2$. 由于分段常数基函数不属于 $H^{\frac{1}{2}}(\Gamma)$, 对偶积 (3.2.27) 无意义, 因此分段常数单元作为基函数不可用.

对于积分核级数展开方法求解含有 $-1 \big/ \left(4\pi \sin^2 \dfrac{\theta}{2}\right)$ 型超奇异核的超奇异积分方程是切实可行的, 而且对于奇异型积分方程也同样有效, 只要该积分方程的积分核有适当的级数展开式. 例如, 计算

$$q_{ij} = -\frac{1}{\pi} \sum_{n=1}^{\infty} \int_0^{2\pi} \int_0^{2\pi} \ln \left| 2\sin \frac{\theta-\theta'}{2} \right| L_i(\theta') L_j(\theta) d\theta' d\theta, \tag{3.2.28}$$

其中 $L_i(\theta), i = 1,2,\cdots,N$ 为分段线性函数. 这里的积分核是弱奇异的, 该积分当然可以利用 Gauss 积分法进行计算. 但是若要得到高精度的结果, 则可应用积分核级数展开法, 利用公式 (3.2.18), 经过简单演算有

$$q_{ij} = \sum_{n=1}^{\infty} \frac{1}{\pi} \int_0^{2\pi} \int_0^{2\pi} \frac{1}{n} \cos n(\theta-\theta') L_i(\theta') L_j(\theta) d\theta' d\theta$$

$$= \sum_{n=1}^{\infty} \frac{4N^2}{\pi^4 n^5} \sin^4 \frac{n\pi}{N} \cos \frac{i-j}{N} 2n\pi, \quad i,j = 1,\cdots,N. \tag{3.2.29}$$

3.2.4   求导定义

首先考虑如下柯西主值积分

$$\text{p.v.} \int_a^b \frac{dx}{x-s} = \ln \frac{b-s}{s-a}, \quad -\infty < a < s < b < \infty, \tag{3.2.30}$$

等式的右端对任意的奇异点 s 求导, 我们有

$$\frac{d}{ds}\text{p.v.}\int_a^b \frac{dx}{x-s} = -\left[\frac{1}{b-s} + \frac{1}{s-a}\right]. \tag{3.2.31}$$

于是我们记

$$\text{f.p.}\int_a^b \frac{dx}{(x-s)^2} = -\left[\frac{1}{b-s} + \frac{1}{s-a}\right]. \tag{3.2.32}$$

对于奇异点 s 的邻域不是对称的情况, 我们有

$$\left(\int_a^{s-\varepsilon_1} + \int_{s+\varepsilon_2}^b\right)\frac{dx}{(x-s)^2} = -\left[\frac{1}{b-s} + \frac{1}{s-a}\right] + \frac{1}{\varepsilon_1} + \frac{1}{\varepsilon_2}. \tag{3.2.33}$$

对于 $p \geqslant 2$ 的情况, 我们有

$$\text{f.p.}\int_a^b \frac{dx}{(x-s)^{p+1}} = \frac{1}{p}\frac{d}{ds}\text{f.p.}\int_a^b \frac{dx}{(x-s)^p}, \tag{3.2.34}$$

则有

$$\left(\int_a^{s-\varepsilon_1} + \int_{s+\varepsilon_2}^b\right)\frac{dx}{(x-s)^{p+1}}$$

$$= -\frac{1}{p}\left[\frac{-1}{(b-s)^p} + \frac{(-1)^p}{(s-a)^p} + \frac{(-1)^{p+1}}{\varepsilon_1^p} + \frac{1}{\varepsilon_2^p}\right]. \tag{3.2.35}$$

对于一般的情况, 密度函数为 $f(x)$ 时, 若 $f(x) \in C^{1,\mu}(a,b), \mu > 0$, 则有

$$\text{f.p.}\int_a^b \frac{f(x)\,dx}{(x-s)^2} = \frac{d}{ds}\text{p.v.}\int_a^b \frac{f(x)\,dx}{x-s}$$

$$= \frac{d}{ds}\left[\int_a^b \frac{f(x)-f(s)}{x-s}dx + f(s)\log\frac{b-s}{s-a}\right]$$

$$= \text{f.p.}\int_a^b \frac{f(x)-f(s)}{(x-s)^2}dx + f(s)\,\text{f.p.}\int_a^b \frac{1}{(x-s)^2}dx. \tag{3.2.36}$$

有限部分积分与柯西主值积分之间存在如下关系.

定理 3.2.1　若 $f(x) \in C^2(a,b), s \in (a,b)$, 则

$$\text{f.p.}\int_a^b \frac{f(x)\,dx}{(x-s)^2} = \frac{d}{ds}\text{p.v.}\int_a^b \frac{f(x)}{x-s}dx. \tag{3.2.37}$$

若 $f(x)$ 为有限部分可积且 $f(x) \in C^1(a,b)$, $s \in (a,b)$, 则

$$\text{f.p.} \int_a^b \frac{f(x)\,dx}{(x-s)^2} = -\frac{f(b)}{b-s} - \frac{f(a)}{a-s} + \text{p.v.} \int_a^b \frac{f'(x)}{x-s}dx. \tag{3.2.38}$$

证明：由柯西主值积分及 Hadamard 有限部分的定义即得

$$\frac{d}{ds}\text{p.v.} \int_a^b \frac{f(x)}{x-s}dx$$

$$= \frac{d}{ds}\lim_{\varepsilon\to 0}\left\{ \int_a^{s-\varepsilon} \frac{f(x)}{x-s}dx + \int_{s+\varepsilon}^b \frac{f(x)}{x-s}dx \right\}$$

$$= \lim_{\varepsilon\to 0}\left\{ -\frac{f(s-\varepsilon)}{\varepsilon} + \int_a^{s-\varepsilon} \frac{f(x)}{(x-s)^2}dx + \int_{s+\varepsilon}^b \frac{f(x)}{(x-s)^2}dx - \frac{f(s+\varepsilon)}{\varepsilon} \right\}$$

$$= \lim_{\varepsilon\to 0}\left\{ \int_a^{s-\varepsilon} \frac{f(x)}{(x-s)^2}dx + \int_{s+\varepsilon}^b \frac{f(x)}{(x-s)^2}dx - \frac{2f(s)}{\varepsilon} \right\}$$

$$\quad + \lim_{\varepsilon\to 0}\left\{ \frac{f(s)-f(s-\varepsilon)}{\varepsilon} - \frac{f(s+\varepsilon)-f(s)}{\varepsilon} \right\}$$

$$= \text{f.p.} \int_a^b \frac{f(x)}{(x-s)^2}dx + [f'(s)-f'(s)]$$

$$= \text{f.p.} \int_a^b \frac{f(x)}{(x-s)^2}dx, \tag{3.2.39}$$

以及

$$-\frac{f(b)}{b-s} - \frac{f(a)}{a-s} + \text{p.v.} \int_a^b \frac{f'(x)}{x-s}dx$$

$$= -\frac{f(b)}{b-s} - \frac{f(a)}{a-s} + \lim_{\varepsilon\to 0}\left\{ \int_a^{s-\varepsilon} \frac{f'(x)}{x-s}dx + \int_{s+\varepsilon}^b \frac{f'(x)}{x-s}dx \right\}$$

$$= -\frac{f(b)}{b-s} - \frac{f(a)}{a-s} + \lim_{\varepsilon\to 0}\left\{ \frac{f(x)}{(x-s)^2}dx + \frac{f(a)}{a-s} - \frac{f(s-\varepsilon)}{\varepsilon} \right.$$

$$\left. \quad + \frac{f(b)}{b-s} - \frac{f(s+\varepsilon)}{\varepsilon} + \int_{s+\varepsilon}^b \frac{f(x)}{(x-s)^2}dx \right\}$$

$$= \lim_{\varepsilon\to 0}\left\{ \int_a^{s-\varepsilon} \frac{f(x)}{(x-s)^2}dx + \int_{s+\varepsilon}^b \frac{f(x)}{(x-s)^2}dx - \frac{2f(s)}{\varepsilon} \right\}$$

$$+ \lim_{\varepsilon \to 0} \left\{ \frac{f(s) - f(s - \varepsilon)}{\varepsilon} - \frac{f(s + \varepsilon) - f(s)}{\varepsilon} \right\}$$

$$= \text{f.p.} \int_a^b \frac{f(x)}{(x - s)^2} dx + [f'(s) - f'(s)]$$

$$= \text{f.p.} \int_a^b \frac{f(x)}{(x - s)^2} dx. \tag{3.2.40}$$

命题得证.

从形式上看, (3.2.38) 相当于直接对左端进行分部积分, 并主动略去在 $x = s$ 时导致无穷大的那些项.

此外需要指出的是, 由于积分核的超奇异性, 有限部分又有完全不同于通常黎曼积分及柯西主值积分的性质. 几乎令人无法相信的最奇特的现象是, 即使被积函数在积分区间内恒为正值 (或为负值), 其有限部分积分却可以是负值 (或为正值). 例如, 前面已得到

$$\text{f.p.} \int_a^s \frac{dx}{(x - s)^2} = -\frac{1}{s - a}, \tag{3.2.41}$$

以及

$$\text{f.p.} \int_s^b \frac{dx}{(x - s)^2} = -\frac{1}{b - s}. \tag{3.2.42}$$

这两个被积函数均为正值, 但是积分值却为负数. 这一现象在圆周上的 Hadamard 型超奇异积分的计算中也已见到, 例如基函数为分段线性函数时,

$$q_{00} = \int_\Gamma \int_\Gamma \left(-\frac{1}{4\pi \sin^2 \dfrac{\theta - \theta'}{2}} \right) L_0(\theta') L_0(\theta) \, d\theta' d\theta, \tag{3.2.43}$$

其被积函数处处为负数或者零, 但是其积分值为

$$a_0 = \frac{4N^2}{\pi^3} \sum_{n=1}^\infty \frac{1}{n^3} \sin^4 \frac{n\pi}{N}, \tag{3.2.44}$$

却为正值.

奇异部分分离计算的思想也可用于将积分核级数展开法中带有

$$-1 \bigg/ \left(4\pi \sin^2 \frac{\theta - \theta'}{2} \right)$$

的超奇异核推广到更一般的情况. 例如, 超奇异积分核 $K(s,t)$ 与 $K_0(s,t)$ 有相同的奇异部分, 即

$$K(s,t) = K_1(s,t) + K_0(s,t),\qquad(3.2.45)$$

其中 $K_1(s,t)$ 为没有奇异性的积分核, 从而以 $K_0(s,t)$ 为核的超奇异积分则可以用积分核级数展开法得到准确的、易于计算的级数表达式.

3.2.5 正则化方法及间接计算法

边界元研究中处理超奇异积分的另一种常用的方法便是通过广义函数意义下的分部积分或其他途径将超奇异积分化为较低奇异性的积分, 然后用通常的数值求积公式进行计算. 这时求导运算往往被加到被积式中的光滑函数上. 这一方法被称为奇异积分正则化方法.

例如, 单位圆内或圆外区域的调和方程 Neumann 边值问题在自然边界归化下导致以 $u_0(\theta)$ 为未知量的如下超奇异积分方程:

$$\text{f.p.} \int_0^{2\pi} \left(-\frac{1}{4\pi \sin^2 \dfrac{\theta - \theta'}{2}} \right) u_0(\theta')d\theta' = g(\theta),\qquad(3.2.46)$$

或写作

$$\left(-\frac{1}{4\pi \sin^2 \dfrac{\theta - \theta'}{2}} \right) * u_0(\theta') = g(\theta),\qquad(3.2.47)$$

其中 $*$ 表示在 $[0, 2\pi]$ 上关于变量 θ 的卷积, 积分算子

$$\left(-\frac{1}{4\pi \sin^2 \dfrac{\theta - \theta'}{2}} \right) *$$

为 $+1$ 阶拟微分算子. 由于在广义函数意义下成立

$$\left(-\frac{1}{4\pi \sin^2 \dfrac{\theta}{2}} \right) * u_0(\theta) = \frac{d}{d\theta}\left(\frac{1}{2\pi}\cot\frac{\theta}{2} \right) * u_0(\theta) = \frac{1}{2\pi}\cot\frac{\theta}{2} * u_0'(\theta),\quad(3.2.48)$$

故超奇异积分方程 (3.2.46) 可以化为柯西型奇异积分方程

$$\int_0^{2\pi} \left(\frac{1}{2\pi}\cot\frac{\theta - \theta'}{2} \right) u_0'(\theta')d\theta' = g(\theta),\qquad(3.2.49)$$

其中 $\left(\dfrac{1}{2\pi}\cot\dfrac{\theta}{2}\right)*$ 积分算子为 0 阶拟微分算子.

这一结果也可以看作通过分部积分将 Hadamard 有限部分积分化成了柯西主值积分. 若进一步注意到

$$\left(\frac{1}{2\pi}\cot\frac{\theta}{2}\right)*u_0'(\theta) = \frac{d}{d\theta}\left(\frac{1}{\pi}\ln\left|2\sin\frac{\theta}{2}\right|\right)*u_0'(\theta)$$

$$= \left(\frac{1}{\pi}\ln\left|2\sin\frac{\theta}{2}\right|\right)*u_0''(\theta), \tag{3.2.50}$$

故超奇异积分方程 (3.2.46) 可以化为柯西型奇异积分方程

$$\int_0^{2\pi}\left(\frac{1}{\pi}\ln\left|2\sin\frac{\theta-\theta'}{2}\right|\right)u_0''(\theta')d\theta' = g(\theta). \tag{3.2.51}$$

与 (3.2.46) 相比, (3.2.51) 的积分算子已经由 $+1$ 阶拟微分算子变为 -1 阶拟微分算子. 但是光滑函数 $u_0(\theta)$ 也被两次求导变为 $u_0''(\theta)$.

又如, 解三维调和方程 Neumann 边值问题导出如下积分方程:

$$-\frac{1}{4\pi}\int_\Gamma \phi(x)\frac{\partial^2}{\partial n_x \partial n_y}\left(\frac{1}{|x-y|}\right)ds_x = g(y), \tag{3.2.52}$$

其积分核有 $\dfrac{1}{|x-y|^3}$ 的超奇异性, 相应的积分算子为 $+1$ 阶拟微分算子. 仍可以用 Galerkin 边界元方法求解. 其关联的双线性型为

$$a(\phi,\varphi) = -\frac{1}{4\pi}\int_\Gamma\int_\Gamma \varphi(y)\phi(x)\frac{\partial^2}{\partial n_x \partial n_y}\left(\frac{1}{|x-y|}\right)ds_x ds_y. \tag{3.2.53}$$

应用正则化方法将 (3.2.53) 化为等价的双线性型

$$a(\phi,\varphi) = \frac{1}{8\pi}\int_\Gamma\int_\Gamma (\varphi(y)-\varphi(x))(\phi(y)-\phi(x))\frac{\partial^2}{\partial n_x \partial n_y}\left(\frac{1}{|x-y|}\right)ds_x ds_y. \tag{3.2.54}$$

后者由于在 x 与 y 很接近时, 有

$$[\phi(y)-\phi(x)][\varphi(y)-\varphi(x)] \approx -\phi'(y)\varphi'(x)|x-y|^2,$$

使得积分仅含有 $\dfrac{1}{|x-y|}$ 型的弱奇异核, 于是可用通常的数值积分方法处理.

　　由于在某些情况下, 边界元刚度矩阵中只有对角线上的系数涉及奇异积分的计算, 且每一行的系数间又因原问题的物理力学特性满足某个已知的关系, 于是利用通常的数值积分公式计算出非对角线上的系数, 然后利用系数间这一已知的关系便可得到对角线上的系数, 而完全不必计算奇异积分. 例如, 当采取分片常数基函数时, 便只有在对角线的系数涉及奇异积分的计算, 至于矩阵每一行的系数间存在某种关系则是经常遇到的. 如在求解 Neumann 问题时, 由均匀场或刚性位移为齐次线性代数方程组的解, 便可导出刚度矩阵的每一行的系数和为零, 此时对角线上的系数等于同一行中所有其系数的和的反号.

3.2.6　超奇异积分性质

　　上述定义下的有限部分积分显然满足如下一些通常的运算规则:

$$\text{f.p.} \int_a^b \frac{f(x)+g(x)}{(x-s)^2}dx = \text{f.p.} \int_a^b \frac{f(x)}{(x-s)^2}dx + \text{f.p.} \int_a^b \frac{g(x)}{(x-s)^2}dx, \qquad (3.2.55)$$

$$\text{f.p.} \int_a^b \frac{Cf(x)}{(x-s)^2}dx = C\, \text{f.p.} \int_a^b \frac{f(x)}{(x-s)^2}dx, \qquad (3.2.56)$$

$$\text{f.p.} \int_a^b \frac{f(x)}{(x-s)^2}dx = \text{f.p.} \int_a^s \frac{f(x)}{(x-s)^2}dx + \text{f.p.} \int_s^b \frac{g(x)}{(x-s)^2}dx, \qquad (3.2.57)$$

$$\text{f.p.} \int_a^b \frac{f(x)}{(x-s)^2}dx = \text{f.p.} \int_a^c \frac{f(x)}{(x-s)^2}dx + \int_c^b \frac{g(x)}{(x-s)^2}dx, \quad a<s<c\leqslant b,$$
$$\qquad (3.2.58)$$

等等.

　　有限部分积分与通常的黎曼积分的另一个显著的差别表现在积分变量的替换上, 当奇异点位于积分上限或者下限时, 即使只对变量作简单的线性替换, 换算公式也应作修正, 例如, 作替换 $y=(b-s)x+s$, 并令 $g(x)=f[(b-s)x+s]$, 则根据有限部分积分的定义可得

$$\text{f.p.} \int_s^b \frac{f(x)}{(x-s)^2}dx = \lim_{\varepsilon\to 0}\left\{\int_{s+\varepsilon}^b \frac{f(x)}{(x-s)^2}dx - \frac{f(s)}{\varepsilon} + f'(s)\ln\varepsilon\right\}$$

$$= \lim_{\varepsilon\to 0}\left\{\int_{s+\varepsilon}^b \frac{f[(b-s)x+s]}{(b-s)x^2}dx - \frac{f(s)}{\varepsilon} + f'(s)\ln\varepsilon\right\}$$

$$= \lim_{\delta\to 0}\left\{\int_\delta^1 \frac{g(y)}{(b-s)y^2}dy - \frac{g(0)}{(b-s)\delta} + \frac{g'(0)}{b-s}\left[\ln\delta+\ln|b-s|\right]\right\}$$

$$= \frac{1}{b-s}\text{f.p.} \int_0^1 \frac{g(y)}{y^2}dy + \frac{g'(0)}{b-s}\ln|b-s|$$

和

$$\text{f.p.} \int_s^b \frac{f(x)}{x-s} dx = \lim_{\varepsilon \to 0} \left\{ \int_{s+\varepsilon}^b \frac{f(x)}{x-s} dx + f(s) \ln \varepsilon \right\}$$

$$= \lim_{\varepsilon \to 0} \left\{ \int_{\frac{\varepsilon}{b-s}}^b \frac{f[(b-s)x+s]}{(b-s)x} dx + f(s) \ln \varepsilon \right\}$$

$$= \lim_{\delta \to 0} \left\{ \int_\delta^1 \frac{g(y)}{(b-s)y} dy + g(0)[\ln \delta + \ln|b-s|] \right\}$$

$$= \frac{1}{b-s} \text{f.p.} \int_0^1 \frac{g(y)}{y} dy + g(0) \ln|b-s|,$$

或写作

$$\text{f.p.} \int_s^b \frac{f(x)}{(x-s)^2} dx = \frac{1}{b-s} \text{f.p.} \int_0^1 \frac{g(y)}{y^2} dy + \frac{g'(0)}{b-s} \ln|b-s|, \tag{3.2.59}$$

以及

$$\text{f.p.} \int_s^b \frac{f(x)}{x-s} dx = \frac{1}{b-s} \text{f.p.} \int_0^1 \frac{f[(b-s)x+s]}{x} dx + f(s) \ln|b-s|.$$

与通常的变量替换相比, 右端多了一项. 但是若积分变量仅作为平移或者奇异点位于积分区间的内部, 则并无附加项, 仍保持通常的积分变量替换规则.

3.3 超奇异积分的推广

在这一节主要介绍整数阶超奇异积分的推广、实数阶超奇异积分的定义和二维超奇异积分的定义等内容.

3.3.1 整数阶超奇异积分的推广

当奇异积分的奇异性高于 2 时, 有如下有限部分积分定义:

$$\text{f.p.} \int_a^b \frac{f(x)}{(x-s)^{p+1}} dx = \lim_{\varepsilon \to 0} \left\{ \left(\int_a^{s-\varepsilon} + \int_{s+\varepsilon}^b \right) \frac{f(x)}{(x-s)^{p+1}} dx + \frac{1}{p!} \frac{d^{p-1}}{ds^{p-1}} \left(-\frac{2f(s)}{\varepsilon} \right) \right.$$

$$\left. + \sum_{k=2}^{p-1} \left(\prod_{j=0}^{p-k-1} \frac{1}{p-j} \right) \frac{d^{p-k} S_k}{ds^{p-k}} + S_p, \tag{3.3.1}$$

其中 $S_2 = -\dfrac{f'(s)}{\varepsilon}$.

特别地, 有

$$\text{f.p.} \int_a^b \frac{f(x)}{(x-s)^3} dx = \lim_{\varepsilon \to 0} \left\{ \left(\int_a^{s-\varepsilon} + \int_{s+\varepsilon}^b \right) \frac{f(x)}{(x-s)^3} dx - \frac{2f'(s)}{\varepsilon} \right\},$$

$$\text{f.p.} \int_a^b \frac{f(x)}{(x-s)^4} dx = \lim_{\varepsilon \to 0} \left\{ \left(\int_a^{s-\varepsilon} + \int_{s+\varepsilon}^b \right) \frac{f(x)}{(x-s)^4} dx - \frac{f''(s)}{\varepsilon} - \frac{2f(s)}{3\varepsilon^3} \right\}.$$

类似地, 相应的奇异分离定义有

$$\text{f.p.} \int_a^b \frac{f(x)}{(x-s)^{p+1}} dx = \int_a^b \frac{1}{(x-s)^{p+1}} \left[f(x) - \sum_{j=0}^r \frac{f^{(j)}(s)(x-s)^j}{j!} \right] dx$$

$$+ \sum_{j=0}^r \frac{f^{(j)}(s)}{j!} \int_a^b \frac{dx}{(x-s)^{p+1-j}},$$

其中 $p \geqslant 0, r > p, s \in (a,b)$.

类似地, 任意阶超奇异积分的求导定义

$$\frac{d}{ds} \text{f.p.} \int_a^b \frac{f(x)}{(x-s)^p} dx = p \, \text{f.p.} \int_a^b \frac{f(x)}{(x-s)^{p+1}} dx, \quad s \in (a,b) \tag{3.3.2}$$

和

$$\frac{1}{p} \frac{d}{ds} \text{f.p.} \int_a^b \frac{f(x)}{(x-s)^p} dx = \text{f.p.} \int_a^b \frac{f(x)}{(x-s)^{p+1}} dx, \quad s \in (a,b). \tag{3.3.3}$$

进而我们有

$$\text{f.p.} \int_a^b \frac{f(x)}{(x-s)^{p+1}} dx = \frac{1}{p!} \frac{d^p}{ds^p} \text{p.v.} \int_a^b \frac{f(x)}{x-s} dx, \quad s \in (a,b). \tag{3.3.4}$$

对 $s \in (a,b)$, 超奇异积分满足线性性质, 即

$$\text{f.p.} \int_a^b \frac{\alpha f(x) + \beta g(x)}{(x-s)^{p+1}} dx = \alpha \, \text{f.p.} \int_a^b \frac{f(x)}{(x-s)^{p+1}} dx + \beta \, \text{f.p.} \int_a^b \frac{g(x)}{(x-s)^{p+1}} dx. \tag{3.3.5}$$

特别地, $a = s, s = 0, p \geqslant 0$ 为整数, 则有

$$\text{f.p.} \int_0^b \frac{f(x)}{x^{p+1}} dx = \text{f.p.} \int_0^b \frac{1}{x^{p+1}} \left[f(x) - \sum_{j=0}^r \frac{f^{(j)}(0) x^j}{j!} \right] dx$$

$$+ \sum_{j=0}^{r} \frac{f^{(j)}(0)}{j!} \frac{b^{-p+j}}{-p+j} + \frac{f^{(p)}(0)}{p!} \ln b. \tag{3.3.6}$$

类似地, $a = s, s = 0, p \geqslant 0, k > p$ 为实数, 则有

$$\text{f.p.} \int_0^b \frac{f(x)}{x^{p+1}} dx = \int_0^b \frac{1}{x^{p+1}} \left[f(x) - \sum_{j=0}^{r} \frac{f^{(j)}(0)x^j}{j!} \right] dx$$

$$+ \sum_{j=0}^{r} \frac{f^{(j)}(0)}{j!} \frac{b^{-p+j}}{-p+j}. \tag{3.3.7}$$

当 $a = s, s = 0, p \geqslant 0$ 时, 有

$$\text{f.p.} \int_a^b \frac{f(x)}{x^{p+1}} dx = \int_0^b \frac{1}{x^{p+1}} \left[f(x) - \sum_{j=0}^{p} \frac{f^{(j)}(0)x^j}{j!} \right] dx$$

$$+ \sum_{j=0}^{p-1} \frac{f^{(j)}(0)}{j!} \frac{b^{-p+j}}{-p+j} + \frac{f^{(p)}(0)}{p!} \ln b. \tag{3.3.8}$$

当 $s = a, p > 0$ 为正数时,

$$\text{f.p.} \int_a^b \frac{f(x)}{(x-s)^{p+1}} dx = \text{f.p.} \int_a^b \frac{f(x)}{(x-s)^{p+1}} dx - \frac{f^{(p)}(s)}{p!}. \tag{3.3.9}$$

当 $a < s < b$ 时,

$$\text{f.p.} \int_a^b \frac{f(x)}{(x-s)^{p+1}} dx = -\frac{1}{p} \left[\frac{f(b)}{(b-s)^p} - \frac{f(a)}{(a-s)^p} \right] + \frac{1}{p} \text{f.p.} \int_a^b \frac{f(x)}{(x-s)^p} dx. \tag{3.3.10}$$

当 $x = a, p > 0$ 为整数时,

$$\text{f.p.} \int_a^b \frac{f(x)}{(x-s)^{p+1}} dx = \frac{1}{p!} \frac{d^p}{ds^p} \text{p.v.} \int_a^b \frac{f(x)}{x-s} dx. \tag{3.3.11}$$

对任意阶超奇异积分, 有线性变换

$$\text{f.p.} \int_a^b \frac{f(x)}{(x-s)^{p+1}} dx = \left(\frac{2}{b-a} \right)^p \text{f.p.} \int_{-1}^{1} \frac{g(u)}{(u-X)^{p+1}} du, \tag{3.3.12}$$

其中 $X = \dfrac{2x-b-a}{b-a}, g(u) = f\left(\dfrac{1}{2}(b-a)u + \dfrac{1}{2}(b+a) \right).$

对于 $s = a, p$ 为整数时, 有

$$\text{f.p.} \int_a^b \frac{f(x)}{(x-s)^{p+1}} dx = \left(\frac{2}{b-a}\right)^p \text{f.p.} \int_{-1}^1 \frac{g(u)}{(u-X)^{p+1}} du + \frac{f^{(p)}(a)}{p!} \ln\left[\frac{b-a}{2}\right],$$
(3.3.13)

其中 $X = \dfrac{2x-b-a}{b-a}, g(u) = f\left(\dfrac{1}{2}(b-a)u + \dfrac{1}{2}(b+a)\right).$

3.3.2　实数阶超奇异积分

我们可以将超奇异积分推广到任意实数阶的情况, 其表达式为

$$\text{f.p.} \int_a^b \frac{f(x)}{|x-s|^{\alpha+1}} dx, \quad 0 < \alpha \leqslant 1, \quad s \in (a,b),$$
(3.3.14)

对于实数阶奇异积分, 我们有

$$\text{f.p.} \int_s^b \frac{1}{(x-s)^\alpha} dx = \frac{(b-s)^{1-\alpha}}{1-\alpha}, \quad 0 < \alpha < 1.$$
(3.3.15)

于是定义

$$\text{f.p.} \int_s^b \frac{1}{(x-s)^{\alpha+1}} dx = \frac{d}{ds} \text{f.p.} \int_s^b \frac{1}{(x-s)^\alpha} dx = \frac{1}{\alpha(b-s)^\alpha},$$
(3.3.16)

该定义中允许交换微分与积分的顺序. 对应地, 我们有

$$\int_{s+\varepsilon}^b \frac{1}{(x-s)^{\alpha+1}} dx = -\frac{1}{\alpha}\left[\frac{1}{(b-s)^\alpha} - \frac{1}{\varepsilon^\alpha}\right].$$
(3.3.17)

更一般的情况, 假设函数 $f(x) \in C^1$, 我们有

$$\text{f.p.} \int_s^b \frac{f(x)}{(x-s)^{\alpha+1}} dx = \frac{1}{\alpha}\frac{d}{ds} \text{f.p.} \int_s^b \frac{f(x)}{(x-s)^\alpha} dx,$$
(3.3.18)

与之等价的有

$$\int_{s+\varepsilon}^b \frac{f(x)}{(x-s)^{\alpha+1}} dx = \int_{s+\varepsilon}^b \frac{f(x)-f(s)}{(x-s)^{\alpha+1}} dx + f(s) \int_{s+\varepsilon}^b \frac{1}{(x-s)^{\alpha+1}} dx, \quad (3.3.19)$$

于是有

$$\text{f.p.} \int_s^b \frac{f(x)}{(x-s)^{\alpha+1}} dx = \text{f.p.} \int_s^b \frac{f(x)-f(s)}{(x-s)^{\alpha+1}} dx + f(s)\text{f.p.} \int_s^b \frac{dx}{(x-s)^{\alpha+1}}.$$
(3.3.20)

3.3.3　二维奇异积分与超奇异积分的定义

设 $D \subset \mathbb{R}^2$ 是一个有界 (开区域、凸区域) 闭区域, $y \in D$ 是一个给定的点. 设区域 D 的边界定义为函数 $A(\theta), 0 \leqslant \theta < 2\pi$, 考虑固定点 $y \in D$ 的极坐标形式. 假如函数具有如下形式

$$F(y;x) = \frac{f(y;\theta)}{r^2} + F_1(y;x), \qquad (3.3.21)$$

其中 $r = \|x - y\|, x = y + re, e = (\cos\theta, \sin\theta)^{\mathrm{T}}, f(y;\theta)$ 关于 θ 和 $F_1 \in L^1(D)$ 可积. 删掉包含固定点 $y \in D$ 的区域 $\sigma \subset D$, 定义为 $\alpha(\varepsilon;\theta)$, 当 $\varepsilon \to 0$ 时, 有 $\alpha(\varepsilon;\theta) \to 0$, 则有

$$I_\sigma = \int_{D-\sigma} F(y;x)dx = \int_{D-\sigma} F_1(y;x)dx + \int_0^{2\pi} f(y;\theta) \int_{a(\varepsilon;\theta)}^{A(\theta)} \frac{dr}{r} d\theta. \quad (3.3.22)$$

于是有

$$\lim_{\varepsilon \to 0} I_\sigma = \int_D F_1(y;x)dx - \lim_{\varepsilon \to 0} \int_0^{2\pi} f(y;\theta) \log a(\varepsilon;\theta)d\theta. \qquad (3.3.23)$$

如果

$$\lim_{\varepsilon \to 0} \frac{a(\varepsilon;\theta)}{\varepsilon} = a_0(\theta), \qquad (3.3.24)$$

则有

$$\lim_{\varepsilon \to 0} \int_0^{2\pi} f(y;\theta) \log a(\varepsilon;\theta)d\theta = \int_0^{2\pi} f(y;\theta) \log a_0(\theta)d\theta. \qquad (3.3.25)$$

对于 (3.3.25) 式, 极限存在的充分必要条件为

$$\int_0^{2\pi} f(y;\theta)d\theta = 0. \qquad (3.3.26)$$

此时, 我们有

$$\lim_{\varepsilon \to 0} I_\sigma = \int_D F_1(y;x)dx + \int_0^{2\pi} f(y;\theta) \log \frac{A(\theta)}{a_0(\theta)} d\theta. \qquad (3.3.27)$$

定义 3.3.1　在上述假设下, 当 (3.3.25) 中 $a_0(\theta) = 1$ 时, 有

$$\int_D F(y;x)\,dx = \lim_{\varepsilon \to 0} I_\sigma. \qquad (3.3.28)$$

设 $D \equiv C_\delta = \{(r, \theta), 0 < r \leqslant \lambda_\delta(\theta), 0 \leqslant \theta < 2\pi\}$, 上述二维柯西主值积分

$$\int_{C_\delta} F(y; x) \, dx \tag{3.3.29}$$

存在. 于是对于右端后面的积分有

$$\int_0^{2\pi} \int_\varepsilon^{\lambda_\delta(\theta)} \frac{f(y; \theta)}{r} dr d\theta = \int_0^{2\pi} f(y; \theta) \log \lambda_\delta(\theta) \, d\theta, \tag{3.3.30}$$

其中 $f(y; \theta)$ 定义为 (3.3.21). 因此有

$$\lim_{\delta \to 0} \int_{C_\delta} F(y; x) \, dx = \int_0^{2\pi} f(y; \theta) \log \lambda_\delta(\theta) d\theta.$$

若 $\lambda_\delta(\theta) = \delta$, 我们有

$$\int_{C_\delta} F(y; x) \, dx = 0.$$

若 $\lambda_\delta(\theta) = \delta g(\theta)$, 我们有

$$\lim_{\delta \to 0} \int_{C_\delta} F(y; x) \, dx = \int_0^{2\pi} f(y; \theta) \log \lambda_\delta(\theta) d\theta.$$

定义 3.3.2   二维柯西主值积分也可以定义在 $\mathbb{R}^3$ 中闭区域或者开区域上. 此时有

$$\int_S F(y; x) \, dS_x = \lim_{\varepsilon \to 0} \int_{S - S_\varepsilon} F(y; x) dS_x$$

为定义在曲线或者曲面上的二维超奇异积分.

前面介绍的一维有限部分积分的奇异分离定义可以推广到 $\mathbb{R}^2$ 上的开曲线或者闭曲线, 或者 $\mathbb{R}^3$ 中闭区域或者开区域上.

例如, 在 $l \in \mathbb{R}^2$ 上我们定义有限部分积分

$$\int_l \frac{f(x, y)}{r^2} dl_x, \quad r = \|x - y\|, \quad y \in l. \tag{3.3.31}$$

根据奇异分离定义, 有

$$\int_l \frac{f(x, y)}{r^2} dl_x = \int_a^b \frac{g(t, s) - g(s, s)}{(t - s)^2} dt + g(s, s) \int_a^b \frac{dt}{(t - s)^2}. \tag{3.3.32}$$

类似地, 定义在曲面上的有限部分积分有

$$\int_S \frac{f(x,y)}{r^3} dS_x, \quad r = \|x - y\|, \quad y \in S, \tag{3.3.33}$$

于是相应的奇异分离定义为

$$\int_S \frac{f(x,y)}{r^3} dS_x = \int_{S-S_\varepsilon} \frac{f(x,y)}{r^3} dS_x$$

$$= \int_{S-S_\varepsilon} \frac{g(t,s) - g(s,s)}{\bar{r}^3} dt + g(s,s) \int_{S-S_\varepsilon} \frac{dt}{\bar{r}^3}.$$

第 4 章　超奇异积分的计算

前一章, 我们给出了超奇异积分的定义, 根据不同的定义可以得到不同的计算方法; 这一章, 我们介绍超奇异积分的计算方法, 包括超奇异积分的准确计算和数值计算方法, 这里介绍的数值计算方法包括超奇异积分的牛顿-科茨积分公式、高斯积分公式、自适应计算方法、S 型变换法等数值方法.

4.1　超奇异积分的准确计算

当超奇异积分的密度函数为常数函数、多项式函数、三角函数、指数函数时, 超奇异积分可以准确地计算. 这一节我们介绍柯西主值积分和超奇异积分的准确计算, 并对推广的超奇异积分的准确计算也做简要介绍.

4.1.1　柯西主值积分的准确计算

根据柯西主值积分的定义有

$$\text{p.v.} \int_a^b \frac{dx}{x-s} = \ln \frac{b-s}{s-a}, \quad s \in (a,b), \tag{4.1.1}$$

特别地,

$$\text{p.v.} \int_{-1}^1 \frac{dx}{x} = 0. \tag{4.1.2}$$

对于奇异点 $0 < s < 1$ 的情况, 我们有

$$\text{p.v.} \int_0^1 \frac{dx}{x-s} = \ln \frac{1-s}{s}. \tag{4.1.3}$$

当 $f(x) = x$ 和 $f(x) = x^2$ 时, 有

$$\text{p.v.} \int_a^b \frac{x}{x-s} dx = (b-a) + s \ln \frac{b-s}{s-a}, \quad s \in (a,b) \tag{4.1.4}$$

和

$$\text{p.v.} \int_a^b \frac{x^2}{x-s} dx = \frac{1}{2}\left(b^2 - a^2\right) + s(b-a) + s^2 \ln \frac{b-s}{s-a}, \quad s \in (a,b). \tag{4.1.5}$$

当 $f(x) = x^3$ 时, 有

$$\text{p.v.} \int_a^b \frac{x^3}{x-s} dx = \frac{1}{3} \left[(b-s)^3 - (s-a)^3 \right] + \frac{3}{2} s \left[(b-s)^2 - (s-a)^2 \right]$$

$$+ 3s^2 (b-a) + s^3 \ln \frac{b-s}{s-a}, \tag{4.1.6}$$

或者

$$\text{p.v.} \int_a^b \frac{x^3}{x-s} dx = \frac{1}{3} \left(b^3 - a^3 \right) + \frac{1}{2} s \left(b^2 - a^2 \right) + s^2 (b-a) + s^3 \ln \frac{b-s}{s-a}. \tag{4.1.7}$$

对于任意大于零的有理数 ν, 有

$$\text{p.v.} \int_a^b \frac{x^\nu}{x-s} dx = s \int_a^b \frac{x^{\nu-1}}{x-s} dx + \frac{1}{\nu} \left(b^v - a^v \right). \tag{4.1.8}$$

见文献 [41, 145].

证明: 由 $x = x - s + s$, 有

$$\text{p.v.} \int_a^b \frac{x^\nu}{x-s} dx = \int_a^b \frac{x^{\nu-1} (x-s+s)}{x-s} dx$$

$$= s \int_a^b \frac{x^{\nu-1}}{x-s} dx + \frac{1}{\nu} \left(b^v - a^v \right). \tag{4.1.9}$$

另外, 对于 $\nu = n$, 有

$$\text{p.v.} \int_a^b \frac{x^n}{x-s} dx = s^n \ln \frac{b-s}{s-a} + \sum_{k=0}^{n-1} \frac{x^{n-k}}{n-k} \left(b^{n-k} - a^{n-k} \right), \tag{4.1.10}$$

或者

$$\text{p.v.} \int_a^b \frac{x^n}{x-s} dx = s^n \ln \frac{b-s}{s-a} + \sum_{k=1}^{n-1} x^{n-k} C_n^k \frac{(b-s)^k - (a-s)^k}{k}. \tag{4.1.11}$$

对于 $-1 < s < 1$, 有

$$\text{p.v.} \int_{-1}^1 \frac{P_n(x)}{x-s} dx = -2Q_n(x), \quad n \geqslant 0, \tag{4.1.12}$$

这里 $P_n(x)$ 和 $Q_n(x)$ 分别为第一类与第二类勒让德多项式[1,2,53,59].

对于 $a < s < b, \alpha = a - s, \beta = b - s, \alpha < 0 < \beta$, 有

$$\text{p.v.} \int_a^b \frac{e^{kx}}{x-s}dx = e^{ks}\left[\ln\frac{-\beta}{\alpha} + \sum_{i=1}^{\infty}\frac{k^i(\beta^i - \alpha^i)}{i * i!}\right]. \tag{4.1.13}$$

特别地, 我们有

$$\text{p.v.} \int_a^b \frac{e^x}{x-s}dx = e^s\left[\ln\frac{-\beta}{\alpha} + \sum_{i=1}^{\infty}\frac{\beta^i - \alpha^i}{i * i!}\right], \tag{4.1.14}$$

$$\text{p.v.} \int_a^b \frac{e^{-x}}{x-s}dx = e^{ks}\left[\ln\frac{-\beta}{\alpha} + \sum_{i=1}^{\infty}\frac{(-1)^i(\beta^i - \alpha^i)}{i * i!}\right], \tag{4.1.15}$$

$$\text{p.v.} \int_{-1}^1 \frac{e^{-x}}{x}dx = 2.114501751, \tag{4.1.16}$$

$$\text{p.v.} \int_0^{\infty} \frac{e^{-x}}{x-s}dx = e^{-s}\left(\ln\frac{1}{s} - \gamma - \sum_{i=1}^{\infty}\frac{s^i}{i * i!}\right), \tag{4.1.17}$$

其中 $\gamma = 0.5772156649\cdots$ 为欧拉常数.

当密度函数为指数函数时, 有

$$\begin{aligned}
\text{p.v.} \int_a^b \frac{e^{ix}}{x-s}dx &= \cos s\left[\ln\frac{-\beta}{\alpha} + \sum_{i=1}^{\infty}(-1)^i\frac{\beta^{2i} - \alpha^{2i}}{(2i) * (2i)!}\right] \\
&\quad - \sin s\left(\sum_{i=1}^{\infty}(-1)^{i-1}\frac{\beta^{2i-1} - \alpha^{2i-1}}{(2i-1) * (2i-1)!}\right) \\
&\quad + i\cos s\left[\sum_{i=1}^{\infty}(-1)^{i-1}\frac{\beta^{2i-1} - \alpha^{2i-1}}{(2i-1) * (2i-1)!}\right] \\
&\quad + i\sin s\left[\ln\frac{-\beta}{\alpha} + \sum_{i=1}^{\infty}(-1)^i\frac{\beta^{2i} - \alpha^{2i}}{(2i) * (2i)!}\right].
\end{aligned} \tag{4.1.18}$$

特别地, 当 $a = -b = -1$ 时, 有

$$\text{p.v.} \int_{-1}^1 \frac{e^{ix}}{x}dx = 2.107833859i. \tag{4.1.19}$$

类似地, 当密度函数为正弦函数时, 有

$$\text{p.v.} \int_a^b \frac{\sin x}{x-s}dx = \cos s\left[\sum_{i=1}^{\infty}(-1)^{i-1}\frac{\beta^{2i-1} - \alpha^{2i-1}}{(2i-1) * (2i-1)!}\right]$$

$$+ \sin s \left[\ln \frac{-\beta}{\alpha} + \sum_{i=1}^{\infty} (-1)^i \frac{\beta^{2i} - \alpha^{2i}}{(2i) * (2i)!} \right]. \qquad (4.1.20)$$

特别地, 当 $a = -b = -1$ 时, 有

$$\text{p.v.} \int_{-1}^{1} \frac{\sin x}{x} dx = 2.107833859.$$

当密度函数为余弦函数时, 有

$$\text{p.v.} \int_{a}^{b} \frac{\cos x}{x - s} dx = -\sin s \left[\sum_{i=1}^{\infty} (-1)^{i-1} \frac{\beta^{2i-1} - \alpha^{2i-1}}{(2i-1) * (2i-1)!} \right]$$

$$+ \cos s \left[\ln \frac{-\beta}{\alpha} + \sum_{i=1}^{\infty} (-1)^i \frac{\beta^{2i} - \alpha^{2i}}{(2i) * (2i)!} \right]. \qquad (4.1.21)$$

特别地, 当 $a = -b = -1$ 时, 有

$$\text{p.v.} \int_{-1}^{1} \frac{\cos x}{x} dx = 0.$$

对于

$$\text{p.v.} \int_{a}^{b} \frac{\sin kx}{x - s} dx = \cos ks \left[\sum_{i=1}^{\infty} (-1)^{i-1} k^{2i-1} \frac{\beta^{2i-1} - \alpha^{2i-1}}{(2i-1) * (2i-1)!} \right]$$

$$+ \sin ks \left[\ln \frac{-\beta}{\alpha} + \sum_{i=1}^{\infty} (-1)^i k^{2i} \frac{\beta^{2i} - \alpha^{2i}}{(2i) * (2i)!} \right], \qquad (4.1.22)$$

特别地, 当 $a = 0, b = 1$ 时, 有

$$\text{p.v.} \int_{0}^{1} \frac{\sin \pi x}{x - s} dx = \cos \pi s \left[\sum_{i=1}^{\infty} (-1)^{i-1} \pi^{2i-1} \frac{(1-s)^{2i-1} - s^{2i-1}}{(2i-1) * (2i-1)!} \right]$$

$$+ \sin \pi s \left[\ln \frac{1-s}{s} + \sum_{i=1}^{\infty} (-1)^i \pi^{2i} \frac{(1-s)^{2i} - s^{2i}}{(2i) * (2i)!} \right]$$

$$= \cos \pi s \left[Si \left(\pi \left(1 - s \right) \right) + Si \left(\pi s \right) \right]$$

$$+ \sin \pi s \left[-Ci \left(\pi \left(1 - s \right) \right) + Ci \left(\pi s \right) \right], \qquad (4.1.23)$$

其中

$$Si\left(x\right) = \int_0^x \frac{\sin u}{u}du = \sum_{i=1}^\infty \left(-1\right)^{i-1}\frac{x^{2i-1}}{\left(2i-1\right)*\left(2i-1\right)!},$$

$$Ci\left(x\right) = \int_x^\infty \frac{\cos u}{u}du = -\gamma - \ln x + \sum_{i=1}^\infty \left(-1\right)^i\frac{x^{2i}}{\left(2i\right)*\left(2i\right)!}. \quad (4.1.24)$$

对于

$$\text{p.v.}\int_a^b \frac{\cos kx}{x-s}dx = -\sin ks\left[\sum_{i=1}^\infty \left(-1\right)^{i-1}k^{2i-1}\frac{\beta^{2i-1}-\alpha^{2i-1}}{\left(2i-1\right)*\left(2i-1\right)!}\right]$$

$$+\cos ks\left[\ln\frac{-\beta}{\alpha} + \sum_{i=1}^\infty \left(-1\right)^i k^{2i}\frac{\beta^{2i}-\alpha^{2i}}{\left(2i\right)*\left(2i\right)!}\right], \quad (4.1.25)$$

特别地, 当 $a = 0, b = 1$ 时, 有

$$\text{p.v.}\int_0^1 \frac{\cos \pi x}{x-s}dx = -\sin \pi s\left[\sum_{i=1}^\infty \left(-1\right)^{i-1}\pi^{2i-1}\frac{\left(1-s\right)^{2i-1}-s^{2i-1}}{\left(2i-1\right)*\left(2i-1\right)!}\right]$$

$$+\cos \pi s\left[\ln\frac{1-s}{s} + \sum_{i=1}^\infty \left(-1\right)^i\pi^{2i}\frac{\left(1-s\right)^{2i}-s^{2i}}{\left(2i\right)*\left(2i\right)!}\right]$$

$$= -\sin \pi s\left[Si\left(\pi\left(1-s\right)\right) + Si\left(\pi s\right)\right]$$

$$+\cos \pi s\left[-Ci\left(\pi\left(1-s\right)\right) + Ci\left(\pi s\right)\right]. \quad (4.1.26)$$

对于 $a < x < b \leqslant 1$, 有

$$\text{p.v.}\int_a^b \frac{\sqrt{1-x}}{x-s}dx = 2\sqrt{1-b} - 2\sqrt{1-a} + \sqrt{1-s}\ln|B^*|, \quad (4.1.27)$$

其中 $B^* = \dfrac{\sqrt{-a+1}+\sqrt{1-s}}{\sqrt{-a+1}-\sqrt{1-s}}\dfrac{\sqrt{-b+1}-\sqrt{1-s}}{\sqrt{-b+1}+\sqrt{1-s}}$.

特别地, 当 $a = -b = -1$ 时, 有

$$\text{p.v.}\int_{-1}^1 \frac{\sqrt{1-x}}{x-s}dx = -2\sqrt{2} + \sqrt{1-s}\ln|B|, \quad (4.1.28)$$

其中 $B = (1 + \sqrt{1-s/2})/(1 - \sqrt{1-s/2})$.

对于 $a < s < b \leqslant 1$, 当 $f(x) = x$ 时, 有

$$\text{p.v.} \int_a^b \frac{x\sqrt{1-x}}{x-s} dx = -\frac{2}{3} \left[\left(\sqrt{1-b}\right)^3 - \left(\sqrt{1-a}\right)^3 \right]$$

$$+ s\left[2\sqrt{1-b} - 2\sqrt{1-a} + \sqrt{1-s}\ln|B^*|\right], \quad (4.1.29)$$

其中 $B^* = \dfrac{\sqrt{-a+1}+\sqrt{1-s}}{\sqrt{-a+1}-\sqrt{1-s}} \dfrac{\sqrt{-b+1}-\sqrt{1-s}}{\sqrt{-b+1}+\sqrt{1-s}}$.

当 $f(x) = x^2$ 时, 有

$$\text{p.v.} \int_a^b \frac{x^2\sqrt{1-x}}{x-s} dx = -\frac{2}{15} \left[(3b+2)\left(\sqrt{1-b}\right)^3 - (3a+2)\left(\sqrt{1-a}\right)^3 \right]$$

$$- \frac{2}{3} s \left[\left(\sqrt{1-b}\right)^3 - \left(\sqrt{1-a}\right)^3 \right]$$

$$+ s^2 \left[2\sqrt{1-b} - 2\sqrt{1-a} + \sqrt{1-s}\ln|B^*|\right]. \quad (4.1.30)$$

对于任意的正整数 n, 当 $f(x) = x^n$ 时, 有

$$\text{p.v.} \int_a^b \frac{x^n\sqrt{1-x}}{x-s} dx = \sum_{i=0}^{n-1} s^i \left[\int_a^b x^{n-1-i}\sqrt{1-x}\,dx \right]$$

$$+ s^n \left[2\sqrt{1-b} - 2\sqrt{1-a} + \sqrt{1-s}\ln|B^*|\right], \quad (4.1.31)$$

其中

$$\text{p.v.} \int_a^b x^{n-1-i}\sqrt{1-x}\,dx = -\frac{2x^m\left(1-x^3\right)^{3/2}}{2m+3}\bigg|_a^b + \frac{2m}{2m+3} \int_a^b x^{n-1-i}\sqrt{1-x}\,dx.$$

$$(4.1.32)$$

对于 $-1 \leqslant a < s < b \leqslant 1$,

$$\text{p.v.} \int_a^b \frac{\sqrt{1-x^2}}{x-s} dx = \sqrt{1-b^2} - \sqrt{1-a^2} - s\sin^{-1}b + s\sin^{-1}a + C^*, \quad (4.1.33)$$

其中 $C^* = -\sqrt{1-s^2}\ln\left|\dfrac{2\sqrt{1-s^2}\sqrt{1-x^2} + 2(1-sx)}{x-s}\right|\bigg|_a^b$.

特别地, 当 $a = -b = -1$ 时, 有

$$\text{p.v.} \int_{-1}^1 \frac{\sqrt{1-x^2}}{x-s} dx = -\pi s,$$

$$\text{p.v.} \int_{-1}^{1} \frac{x\sqrt{1-x^2}}{x-s} dx = \left[\left(\frac{1}{2}x + s \right)\sqrt{1-x^2} + \left(\frac{1}{2} - x^2 \right) \right]\bigg|_{a}^{b} + sC^*.$$

对于 $-1 < x < 1$, 我们有

$$\text{p.v.} \int_{-1}^{1} \frac{U_n(x)\sqrt{1-x^2}}{x-s} dx = -\pi T_{n+1}(s), \quad n \geqslant 0. \tag{4.1.34}$$

U_n 和 T_n 分别为第一类与第二类 Chebyshev 多项式[1,2,53,59].

类似地, 有

$$\text{p.v.} \int_{-1}^{1} \frac{T_n(x)}{(x-s)\sqrt{1-x^2}} dx = -\pi U_{n-1}(s), \quad n \geqslant 1. \tag{4.1.35}$$

$$\text{p.v.} \int_{a}^{b} \frac{e^x \sqrt{1-x^2}}{(x-s)} dx = \sum_{j=1}^{\infty} \frac{1}{j!} \sum_{i=1}^{j-1} \left[s^i \int_{a}^{b} x^{j-1-i}\sqrt{1-x^2} dx \right]$$
$$+ s^j \left[\left(\sqrt{1-x^2} - s^{-1}\sin x \right)\bigg|_{a}^{b} + C^* \right]. \tag{4.1.36}$$

4.1.2　有限部分积分的准确计算

根据有限部分积分的定义, 当密度函数为常数时, 有

$$\text{f.p.} \int_{a}^{b} \frac{1}{(x-s)^2} dx = -\frac{1}{b-s} - \frac{1}{s-a}. \tag{4.1.37}$$

特别地, 当 $a = 0, b = 1$ 时, 有

$$\text{f.p.} \int_{0}^{1} \frac{1}{(x-s)^2} dx = -\frac{1}{1-s} - \frac{1}{s},$$

以及

$$\text{f.p.} \int_{0}^{1} \frac{1}{x^2} dx = -1.$$

当密度函数为多项式函数时, 有

$$\text{f.p.} \int_{a}^{b} \frac{x}{(x-s)^2} dx = \frac{b}{s-b} - \frac{a}{s-a} + \ln\frac{b-s}{s-a},$$

$$\text{f.p.} \int_{a}^{b} \frac{x^2}{(x-s)^2} dx = \frac{b^2}{s-b} - \frac{a^2}{s-a} + 2(b-a) + 2s\ln\frac{b-s}{s-a},$$

$$\text{f.p.} \int_a^b \frac{x^3}{(x-s)^2} dx = \frac{b^3}{s-b} - \frac{a^3}{s-a} + \frac{3}{2}\left[(b-s)^2 - (a-s)^2\right]$$

$$+ 6s(b-a) + 3s^2 \ln \frac{b-s}{s-a}.$$

对任意的正整数 n, 有

$$\text{f.p.} \int_a^b \frac{x^n}{(x-s)^2} dx = ns^{n-1} \ln \frac{b-s}{s-a} + s^n \frac{a-b}{(s-b)(s-a)}$$

$$+ \sum_{k=2}^n \frac{C_n^k s^{n-k}}{k-1} \left[(b-s)^{k-1} - (a-s)^{k-1}\right]$$

或者

$$\text{f.p.} \int_a^b \frac{x^n}{(x-s)^2} dx = ns^{n-1} \ln \frac{b-s}{s-a} + s^n \frac{a-b}{(s-b)(s-a)}$$

$$+ \sum_{k=2}^n \frac{ks^{k-1}}{n-k} \left(b^{n-k} - a^{n-k}\right).$$

对于任意大于零的有理数 ν, 有

$$\text{f.p.} \int_a^b \frac{x^v}{(x-s)^2} dx = \frac{1}{v-1}\left(b^{v-1} - a^{v-1}\right) + 2s \int_a^b \frac{x^{v-1}}{(x-s)^2} dx$$

$$- s^{n2} \int_a^b \frac{x^{v-2}}{(x-s)^2} dx.$$

特别地, 当 $a=0, b=1$ 时, 有

$$\text{f.p.} \int_0^1 \frac{x^v}{(x-s)^2} dx = -\frac{1}{1-s} - v\pi s^{v-1} \cot v\pi - v \sum_{n=0}^\infty \frac{s^n}{n-v+1},$$

$$\text{f.p.} \int_0^1 \frac{x^n}{(x-s)^2} dx = -\frac{s^{n-1}}{1-s} + ns^{n-1} \ln \frac{1-s}{s} + \sum_{j=2}^n \frac{(j-1)s^{j-2}}{n-j+1},$$

$$\text{f.p.} \int_0^1 \frac{x^n}{(x-s)^2} dx = \frac{s^{n-1}}{s-1} + ns^{n-1} \ln \frac{1-s}{s} + \sum_{j=2}^n \frac{C_n^j s^{n-j}\left[(1-s)^{j-1} - (-s)^{j-1}\right]}{j-1}.$$

对于 $-1 < s < 1$, 我们有

$$\text{f.p.} \int_{-1}^1 \frac{P_n(x)}{(x-s)^2} dx = -\frac{2(n+1)}{1-s^2}\left[sQ_n(s) - Q_{n+1}(s)\right], \quad n \geqslant 0. \tag{4.1.38}$$

这里 $P_n(x)$ 和 $Q_n(x)$ 分别为第一类与第二类勒让德多项式.

当密度函数为指数函数时, 对于 $a < s < b, \alpha = a - s, \beta = b - s, \alpha < 0 < \beta$, 有

$$\text{f.p.} \int_a^b \frac{e^{kx}}{(x-s)^2} dx = e^{ks} \left[\frac{\beta - \alpha}{\alpha\beta} + k\ln\left(\frac{-\beta}{\alpha}\right) + \sum_{j=1}^{\infty} \frac{k^{j+1}(\beta^j - \alpha^j)}{j(j+1)!} \right]. \quad (4.1.39)$$

特别地, 当 $k = 1$ 和 $k = -1$ 时, 有

$$\text{f.p.} \int_a^b \frac{e^{x}}{(x-s)^2} dx = e^{s} \left[\frac{\beta - \alpha}{\alpha\beta} + \ln\left(\frac{-\beta}{\alpha}\right) + \sum_{j=1}^{\infty} \frac{\beta^j - \alpha^j}{j(j+1)!} \right], \quad (4.1.40)$$

$$\text{f.p.} \int_a^b \frac{e^{-x}}{(x-s)^2} dx = e^{-s} \left[\frac{\beta - \alpha}{\alpha\beta} + k\ln\left(\frac{-\beta}{\alpha}\right) + \sum_{j=1}^{\infty} \frac{(-1)^{j+1}(\beta^j - \alpha^j)}{j(j+1)!} \right], \quad (4.1.41)$$

以及当 $a = -b = -1$ 时, 有

$$\text{f.p.} \int_{-1}^{1} \frac{e^{x}}{x^2} dx = -0.971659519.$$

对于 $a < s < b, \alpha = a - s, \beta = b - s, \alpha < 0 < \beta$, 有

$$\text{f.p.} \int_a^b \frac{e^{ix}}{(x-s)^2} dx = e^{is} \left[\frac{\beta - \alpha}{\alpha\beta} + i\left(\frac{-\beta}{\alpha}\right) + \sum_{j=1}^{\infty} \frac{i^{j+1}(\beta^j - \alpha^j)}{j(j+1)!} \right]. \quad (4.1.42)$$

当密度函数为正弦函数时, 对于 $a < s < b, \alpha = a - s, \beta = b - s, \alpha < 0 < \beta$, 有

$$\text{f.p.} \int_a^b \frac{\sin x}{(x-s)^2} dx = \cos s \left[\ln\left(\frac{-\beta}{\alpha}\right) + \sum_{j=1}^{\infty} \frac{(-1)^j(\beta^{2j} - \alpha^{2j})}{2j(2j+1)!} \right]$$
$$+ \sin s \left[\frac{\beta - \alpha}{\beta\alpha} + \sum_{j=1}^{\infty} \frac{(-1)^j(\beta^{2j-1} - \alpha^{2j-1})}{(2j-1)(2j)!} \right]. \quad (4.1.43)$$

特别地, 当 $a = -b = -1$ 时, 有

$$\text{f.p.} \int_{-1}^{1} \frac{\sin x}{x^2} dx = 0.$$

当密度函数为余弦函数时, 对 $a < s < b, \alpha = a - s, \beta = b - s, \alpha < 0 < \beta$, 有

$$\text{f.p.} \int_a^b \frac{\cos x}{(x-s)^2} dx = -\sin s \left[\ln\left(\frac{-\beta}{\alpha}\right) + \sum_{j=1}^{\infty} \frac{(-1)^j(\beta^{2j} - \alpha^{2j})}{2j(2j+1)!} \right]$$

$$+\cos s\left[\frac{\beta-\alpha}{\beta\alpha}+\sum_{j=1}^{\infty}\frac{(-1)^{j}\left(\beta^{2j-1}-\alpha^{2j-1}\right)}{(2j-1)(2j)!}\right]. \qquad (4.1.44)$$

特别地, 当 $a=-b=-1$ 时, 有

$$\text{f.p.} \int_{-1}^{1}\frac{\cos x}{x^{2}}dx = -2.972770753.$$

对于 $a<s<b, \alpha=a-s, \beta=b-s, \alpha<0<\beta$, 有

$$\text{f.p.} \int_{a}^{b}\frac{\sin kx}{(x-s)^{2}}dx = k\cos ks\left[\ln\left(\frac{-\beta}{\alpha}\right)+\sum_{j=1}^{\infty}k^{2j}\frac{(-1)^{j+1}\left(\beta^{2j}-\alpha^{2j}\right)}{2j(2j+1)!}\right]$$

$$+k\sin ks\left[\frac{\beta-\alpha}{\beta\alpha}+\sum_{j=1}^{\infty}k^{2j-1}\frac{(-1)^{j}\left(\beta^{2j-1}-\alpha^{2j-1}\right)}{(2j-1)(2j)!}\right].$$

$$(4.1.45)$$

特别地, 当 $a=0, b=1$ 时, 有

$$\text{f.p.} \int_{0}^{1}\frac{\sin\pi x}{(x-s)^{2}}dx = -\pi\sin\pi s\left[Si\left(\pi\left(1-s\right)\right)+Si\left(\pi s\right)\right]$$

$$+\pi\cos\pi s\left[-Ci\left(\pi\left(1-s\right)\right)+Ci\left(\pi s\right)\right], \qquad (4.1.46)$$

其中, $Si\left(y\right)=\int_{0}^{y}\frac{\sin u}{u}du, Ci\left(y\right)=\int_{y}^{\infty}\frac{\sin u}{u}du.$

对于 $a<s<b, \alpha=a-s, \beta=b-s, \alpha<0<\beta$, 有

$$\text{f.p.} \int_{a}^{b}\frac{\cos kx}{(x-s)^{2}}dx = -k\sin ks\left[\ln\left(\frac{-\beta}{\alpha}\right)+\sum_{j=1}^{\infty}\frac{(-1)^{j}k^{2j}\left(\beta^{2j}-\alpha^{2j}\right)}{2j(2j+1)!}\right]$$

$$+k\cos ks\left[\frac{\beta-\alpha}{\beta\alpha}+\sum_{j=1}^{\infty}\frac{(-1)^{j}k^{2j-1}\left(\beta^{2j-1}-\alpha^{2j-1}\right)}{(2j)(2j-1)!}\right].$$

$$(4.1.47)$$

特别地, 当 $a=0, b=1$ 时, 有

$$\text{f.p.} \int_{0}^{1}\frac{\cos\pi x}{(x-s)^{2}}dx = -\pi\cos\pi s\left[Si\left(\pi\left(1-s\right)\right)+Si\left(\pi s\right)\right]$$

$$-\pi\sin\pi s\left[-Ci\left(\pi\left(1-s\right)\right)+Ci\left(\pi s\right)\right]+\frac{1}{1-s}-\frac{1}{s},$$

$$(4.1.48)$$

以及

$$\text{f.p.} \int_a^b \frac{x^n \sqrt{1-x}}{(x-s)^2} dx = \sum_{i=0}^{n-1} \left(i s^{i-1} \int_a^b x^{n-1-i}\sqrt{1-x}dx \right)$$

$$+ n s^{n-1} \left[\sqrt{1-s}\ln|B^*| + 2\sqrt{1-s}\Big|_a^b \right]$$

$$+ s^n \left(-\frac{\ln|B^*|}{2\sqrt{1-s}} + \sqrt{1-s}\frac{1}{B^*}\frac{dB^*}{ds} \right), \qquad (4.1.49)$$

其中 $\int_a^b x^m\sqrt{1-x}dx = -\dfrac{2x^m(1-x)^{3/2}}{2m+3}\Big|_a^b + \dfrac{2m}{2m+3}\int_a^b x^m\sqrt{1-x}dx.$

对于 $-1 < x < 1$, 有

$$\text{f.p.} \int_{-1}^1 \frac{U_n(x)\sqrt{1-x^2}}{(x-s)^2} dx = -\pi(n+1)U_n(s), \quad n \geqslant 0 \qquad (4.1.50)$$

和

$$\text{f.p.} \int_{-1}^1 \frac{T_n(x)}{(x-s)^2\sqrt{1-x^2}} dx = -\pi\frac{nT_n(s)-sU_{n-1}(s)}{s^2-1}, \quad n \geqslant 1, \qquad (4.1.51)$$

或者

$$\text{f.p.} \int_{-1}^1 \frac{T_n(x)}{(x-s)^2\sqrt{1-x^2}} dx$$

$$= \begin{cases} 0, & n=0,1, \\ -\dfrac{\pi}{s^2-1}\left[-\dfrac{n-1}{2}U_n(s) + \dfrac{n+1}{2}U_{n-2}(s)\right], & n \geqslant 2 \end{cases} \qquad (4.1.52)$$

和

$$\text{f.p.} \int_{-1}^1 \frac{\sqrt{1-x^2}e^x}{(x-s)^2} dx$$

$$= \sum_{j=0}^\infty \frac{1}{j!}\frac{d}{ds}\left[\sum_{i=0}^{j-1} s^i \int_a^b x^{j-1-i}\sqrt{1-x^2}dx + s^j\left[\sqrt{1-x^2}-s\sin^{-1}x\right]\Big|_a^b + s^jC^*\right],$$

$$\qquad (4.1.53)$$

其中, $C^* = -\sqrt{1-s^2}\ln\left|\dfrac{2\sqrt{1-s^2}\sqrt{1-x^2}+2(1-sx)}{x-s}\right|\Big|_a^b.$

特别地, 当 $a = -b = -1$ 时, 有

$$\text{f.p.} \int_{-1}^{1} \frac{\sqrt{1-x^2}e^x}{x^2} dx = -2.339556253339.$$

对于带有权函数 $\sqrt{1-x^2}$、密度函数为 $f(x) = \sin x$ 的情况, 有

$$\text{f.p.} \int_{a}^{b} \frac{\sqrt{1-x^2}\sin x}{(x-s)^2} dx = \sum_{j=0}^{\infty} \frac{(-1)^j}{(2j+1)!} \frac{d}{ds}\left[\sum_{i=0}^{2j} s^i \int_{a}^{b} x^{2j-1}\sqrt{1-x^2}dx \right.$$
$$\left. + s^{2j+1}\left[\sqrt{1-x^2}-s\sin^{-1}x\right]\Big|_{a}^{b} + s^{2j+1}C^*\right].$$

当密度函数为 $f(x) = x^6$ 时, 有

$$\text{f.p.} \int_{0}^{1} \frac{x^6}{(x-s)^2} dx = \frac{6}{5} + \frac{3}{2}s + 2s^2 + 3s^3 + 6s^4 + \frac{1}{s-1} + 6s^5 \ln\frac{1-s}{s}.$$

当密度函数为 $f(x) = x^4 + |x|^{4+\alpha}$ 时, 有

$$\text{f.p.} \int_{-1}^{1} \frac{x^4 + |x|^{4+\alpha}}{x^2} dx = \frac{12+2\alpha}{9+3\alpha}.$$

当密度函数为 $f(x) = x^4 + |x|^{3+\alpha}$ 时, 有

$$\text{f.p.} \int_{-1}^{1} \frac{x^4 + |x|^{3+\alpha}}{x^2} dx = \frac{10+2\alpha}{6+3\alpha}.$$

4.1.3 任意阶超奇异积分的准确计算

当 p 为任意自然数时, 有

$$\text{f.p.} \int_{a}^{b} \frac{dx}{(x-s)^{p+1}} = \begin{cases} \ln\dfrac{b-s}{s-a}, & p = 0, \\[3mm] -\dfrac{1}{p}\left[\dfrac{1}{(b-s)^p} - \dfrac{1}{(a-s)^p}\right], & p = 1, 2, \cdots. \end{cases} \tag{4.1.54}$$

特别地, 当 $a = -b = -1$ 时, 有

$$\text{f.p.} \int_{-1}^{1} \frac{dx}{(x-s)^{p+1}} = -\frac{1}{p}\left[\frac{(-1)^p}{(1+s)^p} - \frac{1}{(1-s)^p}\right], \quad p > 0. \tag{4.1.55}$$

当奇异点为 0 时, 有

$$\text{f.p.} \int_{-1}^{1} \frac{dx}{x^{p+1}} = -\frac{1}{p} \left[(-1)^p - 1 \right], \quad p > 0.$$

当密度函数为 $f(x) = x$ 时, 有

$$\text{f.p.} \int_{a}^{b} \frac{x dx}{(x-s)^{p+1}} = \begin{cases} b - a + s \ln \dfrac{b-s}{s-a}, & p = 0, \\[3mm] \dfrac{-b}{b-s} + \dfrac{a}{a-s} + \ln \dfrac{b-s}{s-a}, & p = 1, \\[3mm] -\dfrac{1}{p} \left[\dfrac{1}{(b-s)^p} - \dfrac{1}{(a-s)^p} \right] & \\[3mm] \quad - \dfrac{1}{p(p-1)} \left[\dfrac{b}{(b-s)^{p-1}} - \dfrac{a}{(a-s)^{p-1}} \right], & p = 2, 3, \cdots. \end{cases}$$

$$(4.1.56)$$

当密度函数为 $f(x) = x^2$ 时, 有

$$\text{f.p.} \int_{a}^{b} \frac{x^2 dx}{(x-s)^{p+1}}$$

$$= \begin{cases} \dfrac{1}{2} \left[(b-s)^2 - (s-a)^2 \right] + 2s(b-a) + s^2 \ln \dfrac{b-s}{s-a}, & p = 0, \\[3mm] \dfrac{-b^2}{b-s} + \dfrac{a^2}{a-s} + 2(b-a) + 2s \ln \dfrac{b-s}{s-a}, & p = 1, \\[3mm] -\dfrac{1}{2} \left[\dfrac{-b^2}{b-s} + \dfrac{a^2}{a-s} \right] & \\[3mm] \quad + \left(\dfrac{-b}{b-s} + \dfrac{a}{a-s} \right) + \ln \dfrac{b-s}{s-a}, & p = 2, \\[3mm] -\dfrac{1}{p} \left[\dfrac{b^2}{(b-s)^p} - \dfrac{a^2}{(a-s)^p} \right] & \\[3mm] \quad - \dfrac{2}{p(p-1)} \left[\dfrac{b}{(b-s)^{p-1}} - \dfrac{a}{(a-s)^{p-1}} \right] & \\[3mm] \quad - \dfrac{2}{p(p-1)(p-2)} \left[\dfrac{1}{(b-s)^{p-2}} - \dfrac{1}{(a-s)^{p-2}} \right], & p = 3, \cdots. \end{cases}$$

$$(4.1.57)$$

特别地, 当密度函数为 $f(x) = x^3$ 时, 我们有

$$\text{f.p.} \int_a^b \frac{x^3 dx}{(x-s)^{p+1}} = \begin{cases} \dfrac{3}{2} + 3s + \dfrac{1}{s-1} + 3s^2 \ln \dfrac{1-s}{s}, & p = 1, \\[4mm] 1 + \dfrac{s}{2} - \dfrac{s^3 - 6s^2 + 6s}{2(s-1)^2} + 3s \ln \dfrac{1-s}{s}, & p = 2. \end{cases} \tag{4.1.58}$$

对于 $-1 < s < 1$, 有

$$\text{f.p.} \int_{-1}^1 \frac{P_n(x) \, dx}{(x-s)^{p+1}} = \frac{1}{p!} \frac{d^p}{ds^p} \int_{-1}^1 \frac{P_n(x) \, dx}{x-s}, \tag{4.1.59}$$

$$\text{f.p.} \int_{-1}^1 \frac{P_n(x) \, dx}{(x-s)^{p+1}} = \frac{2}{p!} \frac{d^{p-1}}{ds^{p-1}} \left(\frac{ns Q_n(s) - n Q_{n-1}(s)}{1 - s^2} \right), \tag{4.1.60}$$

更一般地, 有

$$\text{f.p.} \int_{-1}^1 \frac{P_n(x) \, dx}{(x-s)^3} = \frac{2ns[s Q_n(s) - Q_{n-1}(s)]}{(1-s^2)^2} + \frac{n(n+1) Q_n(s)}{1-s^2}. \tag{4.1.61}$$

对于 $a < s < b, \alpha = a - s, \beta = b - s, \alpha < 0 < \beta$, 密度函数为指数函数时, 有

$$\text{f.p.} \int_a^b \frac{e^{kx}}{(x-s)^{p+1}} dx = \frac{e^{ks}}{p!} \left[k^p \ln \left(\frac{-\beta}{\alpha} \right) + \sum_{j=1}^p \frac{k^{p-j}}{j} \left(\prod_{l=0}^{j-1} (p-l) \right) \frac{\beta^j - \alpha^j}{(\alpha\beta)^j} \right]$$

$$+ \frac{e^{ks}}{p!} \left[\sum_{j=1}^\infty \frac{k^{p+j} p!}{j(j+p)!} (\beta^j - \alpha^j) \right].$$

对于 $a < s < b, \alpha = a - s, \beta = b - s, \alpha < 0 < \beta$, 有

$$\text{f.p.} \int_a^b \frac{e^{ix}}{(x-s)^{p+1}} dx = \frac{e^{is}}{p!} \left[i^p \ln \left(\frac{-\beta}{\alpha} \right) + \sum_{j=1}^p \frac{i^{p-j}}{j} \left(\prod_{l=0}^{j-1} (p-l) \right) \frac{\beta^j - \alpha^j}{(\alpha\beta)^j} \right]$$

$$+ \frac{e^{is}}{p!} \left[\sum_{j=1}^\infty \frac{k^{p+j} p!}{j(j+p)!} (\beta^j - \alpha^j) \right]. \tag{4.1.62}$$

对于 $a < s < b, \alpha = a - s, \beta = b - s, \alpha < 0 < \beta$, 有

$$\text{f.p.} \int_a^b \frac{\cos kx + i \sin kx}{(x-s)^{p+1}} dx$$

$$= \frac{\cos ks}{p \cdot p!} \left(\prod_{l=0}^{p-j} (p-l) \right) \frac{\beta^p - \alpha^p}{(\alpha\beta)^p}$$

$$+ \sum_{j=1}^{p-1} i^j \left[\frac{\sin ks}{p!} \frac{k^{j-1}}{p+1-j} \left(\prod_{l=0}^{p-j} (p-l) \right) \frac{\beta^{p+1-j} - \alpha^{p+1-j}}{(\alpha\beta)^{p+1-j}} \right.$$

$$\left. + \frac{\cos ks}{p!} \frac{k^j}{k-j} \left(\prod_{l=0}^{p-1-j} (p-l) \right) \frac{\beta^{p-j} - \alpha^{p-j}}{(\alpha\beta)^{p-j}} \right]$$

$$+ i^p \left[\frac{\cos ks}{p!} k^p \ln \left(-\frac{\beta}{\alpha} \right) + \frac{\sin ks}{p!} k^{p-1} \left(\frac{\beta - \alpha}{\alpha\beta} \right) \right]$$

$$+ i^{p+1} \left[\frac{\sin ks}{p!} k^p \ln \left(-\frac{\beta}{\alpha} \right) + \frac{\cos ks}{p!} k^{p+1} \frac{\beta - \alpha}{(1+p)!} \right]$$

$$+ \sum_{j=1}^{\infty} i^{p+1+j} \left[\frac{\sin ks}{p!} k^{p+j} \frac{(\beta^j - \alpha^j)}{j(j+p)!} + \cos ks \frac{k^{p+j+1}(\beta^{j+1} - \alpha^{j+1})}{(j+1)(j+1+p)!} \right], \quad (4.1.63)$$

其中

$$\sum_{j=1}^{q(<1)} \cdots = 0, \qquad \prod_{j=1}^{q(<1)} \cdots = 0.$$

特别地, 当 $0 < s < 1, a = 0, b = 1$ 时,

$$\text{f.p.} \int_0^1 \frac{\sin \pi x}{(x-s)^{p+1}} dx$$

$$= \cos \pi s \left[\frac{\pi}{s(s-1)} + \sum_{j=0}^{\infty} (-1)^{j+1} \frac{\pi^{2j+3} \left[(1-s)^{2j+1} - (-s)^{2j+1} \right]}{(2j+1) \cdot (2j+3)!} \right]$$

$$+ \sin \pi s \left[\frac{(1-s)^2 - s^2}{2s^2(s-1)^2} - \frac{\pi^2}{2} \ln \frac{1-s}{s} \right.$$

$$\left. + \sum_{j=0}^{\infty} (-1)^{j+1} \frac{\pi^{2j+2} \left[(1-s)^{2j} - (-s)^{2j} \right]}{(2j) \cdot (2j+2)!} \right]. \quad (4.1.64)$$

特别地, 当 $0 < s < 1, a = 0, b = 1$ 时, 有

$$\text{f.p.} \int_0^1 \frac{\cos \pi x}{(x-s)^{p+1}} dx$$

$$= \sin \pi s \left[\frac{\pi}{s\,(s-1)} + \sum_{j=0}^{\infty} (-1)^{j+1} \frac{\pi^{2j+1} \left[(1-s)^{2j-1} - (-s)^{2j-1} \right]}{(2j-1) \cdot (2j+1)!} \right]$$

$$+ \cos \pi s \left[\frac{(1-s)^2 - s^2}{2s^2\,(s-1)^2} - \frac{\pi^2}{2} \ln \frac{1-s}{s} \right.$$

$$\left. + \sum_{j=0}^{\infty} (-1)^{j+1} \frac{\pi^{2j+2}}{(2j) \cdot (2j+2)!} \left[(1-s)^{2j} - (-s)^{2j} \right] \right]. \tag{4.1.65}$$

特别地, 当 $p = 1, 2$ 时, 有

$$\text{f.p.} \int_{-1}^{1} \frac{x^2 + \left(2 + \text{sgn}\,(x)\,|x|^{p+1+1/2} \right)}{x^{p+1}} dx = \frac{24 - 10p}{3}, \quad s = 0. \tag{4.1.66}$$

$$\text{f.p.} \int_{-1}^{1} \frac{x^2 + \left(2 + \text{sgn}\,(x)\,|x|^{p+1/2} \right)}{x^{p+1}} dx = 16 - 6p, \quad s = 0. \tag{4.1.67}$$

4.2　牛顿-科茨积分公式

由经典的数值分析[271] 可知, 对于通常的黎曼积分, 当 k 为奇数时, k 阶牛顿-科茨公式的收敛阶为 $O\left(h^{k+1}\right)$, 而 k 为偶数时, 其收敛阶可以到达 $O\left(h^{k+2}\right)$, 相关结论详见数值计算的著作或教材. 然而对于超奇异积分, 由于其积分核的超收敛性, 经典的牛顿-科茨积分公式不能直接用于计算这类积分, 直接计算会导致发散的结果.

早在 1985 年, Linz[141] 给出了计算区间上二阶超奇异积分的复化梯形公式与复化辛普森公式, 并且给出了相应的误差估计. 在这些求积公式中, 奇异点不能与求积节点重合, 在计算时需要选取合适的网格. 邬和余[182,183] 基于梯形公式和辛普森公式提出了一种简单的计算方法, 在计算量增加一倍的情况下, 克服了奇异点位置的限制.

下面简要介绍牛顿-科茨积分公式近似计算区间上二阶超奇异积分的主要结论:

考虑区间上的 $p+1$ 阶超奇异积分,

$$I_p\,(a, b; s, f) = \text{f.p.} \int_a^b \frac{f\,(x)}{(x-s)^{p+1}} dx, \tag{4.2.1}$$

其中 $f(x)$ 为密度函数. 特别地, 当 $p = 1$ 时, 称为二阶超奇异积分, 当 $p = 2$ 时, 称为三阶超奇异积分.

设区间 $[a, b]$ 上步长 $h = (b - a)/n$ 的一致剖分为 $a = x_0 < x_1 < \cdots < x_{n-1} < x_n = b$, 在每一个子区间 $[x_i, x_{i+1}]$ 上再进行 k 次一致剖分 $x_i = x_{i0} < x_{i1} < \cdots < x_{ik} = x_{i+1}$.

定义线性变换

$$x = x_i(\tau) := \frac{(\tau + 1)(x_{i+1} - x_i)}{2} + x_i, \quad \tau \in [-1, 1], \tag{4.2.2}$$

将每一个子区间 $[x_i, x_{i+1}]$ 变换到参考单元 $[-1, 1]$.

在每一个子区间上定义 k 次拉格朗日插值

$$F_{kn}(x) = \sum_{j=0}^{k} \frac{l_{ki}(x)}{(x - x_{ij}) l'_{ki}(x_{ij})}, \quad x \in [x_i, x_{i+1}], \tag{4.2.3}$$

其中

$$l_{ki}(x) = \prod_{j=0}^{k} (x - x_{ij}).$$

在 (4.2.1) 中, 用 $F_{kn}(x)$ 代替 $f(x)$, 有

$$Q_{kn}^{p}(s, f) = \text{f.p.} \int_a^b \frac{F_{kn}(x)}{(x - s)^{p+1}} dx = \sum_{i=0}^{n-1} \sum_{j=0}^{k} w_{ij}^{(k)} f(x_{ij})$$

$$= I_p(a, b; s, f) - E_{kn}(f, s), \tag{4.2.4}$$

其中, $E_{kn}(f, s)$ 为误差函数. 当 $p = 1$ 时, $Q_{kn}^{1}(s, f)$ 表示二阶超奇异积分的数值近似公式, 在不区别二阶超奇异积分与三阶超奇异积分近似公式的情况下, 将 $Q_{kn}^{1}(s, f)$ 简记为 $Q_{kn}(s, f)$. 当 $p = 1$ 时, 有

$$w_{ij}^{(k)} = \frac{1}{l'_{ki}(x_{ij})} \text{f.p.} \int_{x_i}^{x_{i+1}} \frac{1}{(x - s)^2} \prod_{m=0, m \neq j}^{k} (x - x_{im}) dx \tag{4.2.5}$$

为科茨系数.

定义

$$\gamma(\tau) = \gamma(h, s) = \min_{0 \leqslant i \leqslant n} \left| \frac{s - x_i}{h} \right| = \frac{1 - |\tau|}{2}. \tag{4.2.6}$$

4.2.1 梯形公式和辛普森公式近似计算二阶超奇异积分

当 $k = 1$ 时, $F_{1n}(x)$ 为梯形公式的插值基函数

$$\varphi_i(x) = \begin{cases} \dfrac{1}{h_i}(x - x_i), & x_{i-1} \leqslant x \leqslant x_i, \\ \dfrac{1}{h_{i+1}}(x_{i+1} - x), & x_i \leqslant x \leqslant x_{i+1}, \\ 0, & \text{其他}, \end{cases} \tag{4.2.7}$$

$$\varphi_0(x) = \begin{cases} \dfrac{1}{h_1}(x_1 - x), & x_0 \leqslant x \leqslant x_1, \\ 0, & \text{其他}, \end{cases} \tag{4.2.8}$$

$$\varphi_n(x) = \begin{cases} \dfrac{1}{h_n}(x - x_{n-1}), & x_{n-1} \leqslant x \leqslant x_n, \\ 0, & \text{其他}, \end{cases} \tag{4.2.9}$$

其中 $i = 1, 2, \cdots, n-1$, 当 $s \neq x_j, j = 0, 1, \cdots, n$ 时, 根据有限部分积分的定义得到科茨系数为

$$\omega_i(s) = \frac{1}{h_i} \ln \left| \frac{x_i - s}{x_{i-1} - s} \right| - \frac{1}{h_{i+1}} \ln \left| \frac{x_{i+1} - s}{x_i - s} \right|, \tag{4.2.10}$$

$$\omega_0(s) = -\frac{1}{h_1} \ln \left| \frac{x_1 - s}{x_0 - s} \right| - \frac{1}{s - x_0}, \tag{4.2.11}$$

$$\omega_n(s) = \frac{1}{h_n} \ln \left| \frac{x_n - s}{x_{n-1} - s} \right| + \frac{1}{s - x_n}. \tag{4.2.12}$$

当 $k = 2$ 时, $F_{2n}(x)$ 为辛普森公式的插值基函数

$$\varphi_{2j}(x) = \begin{cases} \dfrac{(x - x_{2j-1})(x - x_{2j-2})}{h_{2j}(h_{2j} + h_{2j-1})}, & x_{2j-2} \leqslant x \leqslant x_{2j}, \\ \dfrac{(x - x_{2j+1})(x - x_{2j+2})}{h_{2j+1}(h_{2j+1} + h_{2j+2})}, & x_{2j} \leqslant x \leqslant x_{2j+2}, \\ 0, & \text{其他}, \end{cases} \tag{4.2.13}$$

$$\varphi_{2i+1}(x) = \begin{cases} -\dfrac{(x - x_{2i})(x - x_{2i+2})}{h_{2i+1}h_{2i+2}}, & x_{2i} \leqslant x \leqslant x_{2i+2}, \\ 0, & \text{其他}, \end{cases} \tag{4.2.14}$$

$$\varphi_0\left(x\right)=\begin{cases}\dfrac{\left(x-x_1\right)\left(x-x_2\right)}{h_1\left(h_1+h_2\right)}, & x_0\leqslant x\leqslant x_2,\\[2mm]0, & 其他,\end{cases}\tag{4.2.15}$$

$$\varphi_{2n}\left(x\right)=\begin{cases}\dfrac{\left(x-x_{2n-2}\right)\left(x-x_{2n-1}\right)}{h_{2n}\left(h_{2n}+h_{2n-1}\right)}, & x_{2n-2}\leqslant x\leqslant x_{2n},\\[2mm]0, & 其他,\end{cases}\tag{4.2.16}$$

其中 $i=0,1,\cdots,n-1, j=1,2,\cdots,n; h_k=x_k-x_{k-1}, k=0,1,\cdots,2n.$ 当 $s\neq x_{2i}$ 时, 有

$$\omega_{2i+1}\left(s\right)=-\frac{1}{h_{2i+1}h_{2i+2}}\left[2\left(x_{2i+2}-x_{2i}\right)+\left(2s-x_{2i}-x_{2i+2}\right)\right]\ln\left|\frac{x_{2i+2}-s}{x_{2i}-s}\right|,$$
$$i=0,1,2,\cdots,n-1,\tag{4.2.17}$$

$$\omega_{2i}\left(s\right)=\frac{1-\delta_{i0}}{h_{2i}\left(h_{2i}+h_{2i-1}\right)}\left[\frac{\left(x_{2i}-x_{2i-2}\right)\left(2s-x_{2i}-x_{2i-1}\right)}{s-x_{2i}}\right.$$
$$+\left.\left(2s-x_{2i-2}-x_{2i-1}\right)\ln\left|\frac{x_{2i}-s}{x_{2i-2}-s}\right|\right]$$
$$+\frac{1-\delta_{in}}{h_{2i+1}\left(h_{2i+1}+h_{2i+2}\right)}\times\left[\frac{\left(x_{2i+2}-x_{2i}\right)\left(2s-x_{2i}-x_{2i+1}\right)}{s-x_{2i}}\right.$$
$$+\left.\left(2s-x_{2i}-x_{2i+1}\right)\ln\left|\frac{x_{2i+2}-s}{x_{2i}-s}\right|\right],\tag{4.2.18}$$

其中 $i=0,1,\cdots,n,$

$$\delta_{ij}=\begin{cases}1, & i=j,\\0, & i\neq j.\end{cases}\tag{4.2.19}$$

美国学者 Linz[141] 最早研究了复化梯形公式与复化辛普森公式近似计算区间上二阶超奇异积分, 即 $Q_{kn}\left(s,f\right), k=1,2$ 对于区间上一致剖分的情况下, 有如下结论. 该结论可以推广到非一致剖分的情况.

定理 4.2.1 对于 $f\left(x\right)\in C^2\left[a,b\right]$, 当 $k=1$ 时的梯形公式 (4.2.4), 科茨系数由 (4.2.10)—(4.2.12) 给出, 对 $Q_{kn}\left(s,f\right)$, 存在正常数 C, 有

$$\left|E_{1n}\left(f,s\right)\right|\leqslant C\gamma^{-2}\left(\tau\right)h,\tag{4.2.20}$$

其中 $\gamma\left(\tau\right)$ 定义为 (4.2.6).

证明: 对于奇异点 s 位于区间 $\left[x_m,x_{m+1}\right]$ 的情况, 我们有

$$\text{f.p.}\int_{x_m}^{x_{m+1}}\frac{f\left(x\right)}{\left(x-s\right)^2}dx=\frac{f\left(s\right)}{s-x_{m+1}}-\frac{f\left(s\right)}{s-x_m}+f\left(s\right)\ln\frac{x_{m+1}-s}{s-x_m}$$

$$+ \int_{x_m}^{x_{m+1}} \frac{f(x)}{(x-s)^2} \int_s^t f''(x)(t-s)dsdt. \qquad (4.2.21)$$

在区间 $[x_m, x_{m+1}]$ 上的数值逼近值为

$$\text{f.p.} \int_{x_m}^{x_{m+1}} \frac{(x_{m+1}-x)f(x_m)+(x-x_m)f(x_{m+1})}{h(x-s)^2} dx$$

$$= \frac{(s-x_{m+1})f(x_m)-(s-x_m)f(x_{m+1})}{(s-x_{m+1})(s-x_m)}$$

$$+ \frac{1}{h}f'(s)\ln \frac{x_{m+1}-s}{s-x_m}[f(x_m)-f(x_{m+1})], \qquad (4.2.22)$$

于是有

$$\left| \text{f.p.} \int_{x_m}^{x_{m+1}} \frac{f(x)}{(x-s)^2} dx - \int_{x_m}^{x_{m+1}} \frac{(x_{m+1}-x)f(x_m)+(x-x_m)f(x_{m+1})}{h(x-s)^2} dx \right|$$

$$\leqslant C |\ln \gamma(\tau)| h. \qquad (4.2.23)$$

对于奇异点不属于区间 $s \notin [x_m, x_{m+1}]$ 的情况, 我们有

$$\int_{x_i}^{x_{i+1}} \frac{f(x)}{(x-s)^2} dx - \int_{x_i}^{x_{i+1}} \frac{(x_{i+1}-x)f(x_i)+(x-x_i)f(x_{i+1})}{h(x-s)^2} dx$$

$$= \int_{x_i}^{x_{i+1}} \frac{f(x)-F_{1n}(x)}{(x-s)^2} dx. \qquad (4.2.24)$$

根据经典的插值理论有

$$|f(x)-F_{1n}(x)| \leqslant Ch^2, \qquad (4.2.25)$$

以及

$$\frac{1}{(x-s)^2} \leqslant \frac{1}{h^2}[|i-k|-1+\gamma(\tau)]^{-2}, \qquad (4.2.26)$$

所以我们有

$$\left| \text{f.p.} \int_a^b \frac{f(x)-F_{1n}(x)}{(x-s)^2} dx \right|$$

$$\leqslant \left| \sum_{i=0, i\neq m}^{n} \int_{x_i}^{x_{i+1}} \frac{f(x)-F_{1n}(x)}{(x-s)^2} dx \right| + \left| \text{f.p.} \int_{x_m}^{x_{m+1}} \frac{f(x)-F_{1n}(x)}{(x-s)^2} dx \right|$$

$$\leqslant \left| \sum_{i=0, i\neq m}^{n} \int_{x_i}^{x_{i+1}} \frac{f(x) - F_{1n}(x)}{(x-s)^2} dx \right| + C\left|\ln \gamma(\tau)\right| h$$

$$\leqslant Ch \sum_{i=0}^{n} \left[i + \gamma(\tau)\right]^{-2} + C\left|\ln \gamma(\tau)\right| h$$

$$\leqslant C\gamma^{-2}(\tau) h + C\left|\ln \gamma(\tau)\right| h \leqslant C\gamma^{-2}(\tau) h. \tag{4.2.27}$$

命题得证.

定理 4.2.2　对于 $f(x) \in C^3[a,b]$, 已知当 $k=2$ 时的辛普森公式 (4.2.4), 科茨系数由 (4.2.17)—(4.2.19) 给出, 对 $Q_{2n}(s,f)$, 存在正常数 C, 有

$$|E_{2n}(f,s)| \leqslant C\gamma^{-2}(\tau) h^2, \tag{4.2.28}$$

其中 $\gamma(\tau)$ 定义为 (4.2.6).

定理 4.2.2 的证明与定理 4.2.1 类似, 感兴趣的读者可以自己推导.

定理 4.2.2 中的误差泛函 $|E_{2n}(f,s)| \leqslant C\gamma^{-2}(\tau) h^k, k = 1, 2$, 相对于梯形公式和辛普森公式近似计算黎曼积分, 以及梯形公式和辛普森公式近似计算超奇异积分的收敛阶都要低; 误差泛函中的 $\gamma(\tau)$ 表示奇异点所在子区间与剖分节点的距离, 当奇异点 s 位于某个子区间的中点时, 收敛阶可以达到最优为 $O(h^k), k = 1, 2$, 但是其精度依赖于因子 $\gamma^{-2}(\tau)$, 当奇异点 s 接近剖分节点时, 误差由于 $\gamma^{-2}(\tau)$ 的影响将会趋于无穷大. 由于奇异点 s 在计算时是固定的, Linz 提出了一种近似取中法使奇异点在每次计算时都位于某一个子区间的中点.

4.2.2　二阶超奇异积分近似计算的改进算法

当奇异点与剖分节点不重合时, 使用该方法, 应选取节点使得奇异点 s 落在一个子区间的中心附近, 否则结果不理想. 当节点与奇异点 s 重合或者当舍入误差使得 s 与其相邻节点难以显著区分时, 此算法的收敛性便无法保障. 为了解决这一矛盾, 在适当增加条件的情况下, 给出以下新算法.

首先, 根据有限部分积分与柯西主值积分的关系

$$\text{f.p.} \int_a^b \frac{f(x)}{(x-s)^2} dx = -\frac{f(b)}{b-s} - \frac{f(a)}{a-s} + \text{p.v.} \int_a^b \frac{f'(x)}{x-s} dx \tag{4.2.29}$$

给出如下结论.

引理 4.2.1　若 $f \in C^k[a,b], k \geqslant 2$, 则有 $I_1(a,b;s,f) \in C^{k-2}(a,b)$.

证明: 当 $k=2$ 时,

$$\text{p.v.} \int_a^b \frac{f'(x)}{x-s} dx = \text{p.v.} \int_a^b \frac{f'(s)}{x-s} dx + \int_a^b \frac{f'(x) - f'(s)}{x-s} dx$$

$$= f'(s) \ln \frac{b-s}{s-a} + \int_a^b F(x,s)dx, \tag{4.2.30}$$

其中

$$F(x,s) = \begin{cases} \dfrac{f'(x) - f'(s)}{x-s}, & x \neq s, \\ f''(s), & x = s, \end{cases} \quad (x,s) \in [a,b] \times [a,b], \tag{4.2.31}$$

显然 $F(x,s)$ 在 $[a,b] \times [a,b]$ 上连续, 所以 $\displaystyle\int_a^b F(x,s)dx$ 在 $[a,b]$ 上连续, 根据 (4.2.29) 和 (4.2.30), 则有 $I_1(a,b;s,f) \in C^0(a,b)$.

于是有

$$\frac{d^m}{ds^m} I_k(a,b;s,f) = \sum_{i=0}^{m} \frac{d^{im}}{ds^i} \left[-\frac{f^{(m-i)}(b)}{b-s} - \frac{f^{(m-i)}(a)}{s-a} \right] + \int_a^b \frac{f^{(m+1)}(x)}{x-s} dx,$$

其中 $m = 1, 2, \cdots, k-2$, 命题得证.

根据 (4.2.29) 和 (4.2.32), 我们有如下结论.

引理 4.2.2 假设 $f \in C^k[a,b], k \geqslant 2$, 记

$$\eta(s) = \max\{1/(s-a), 1/(b-s)\}.$$

则存在与 f, a, b, m 有关的正常数 $C(f,a,b,m)$, 有

$$\left| \frac{d^m}{ds^m} I_k(a,b;s,f) \right| \leqslant C(f,a,b,m) [\eta(s)]^{m+1}, \tag{4.2.32}$$

其中 $s \in (a,b), m = 0, 1, \cdots, k-2$.

1. $O(h)$ 阶近似求积法

定理 4.2.3 假设 $f(x) \in C^3[a,b]$, 剖分为一致剖分. s^* 为与奇异点 s 最靠近的子区间中点 (当有两种选择时, 任选其一). 二阶超奇异积分的科茨系数由 (4.2.10)—(4.2.12) 给出, $h < \eta(s) = \max\{1/(s-a), 1/(b-s)\}$. 利用 s^* 作为二阶超奇异积分的近似值, 则存在仅与 f, a, b 有关的正常数 C, 使得

$$|E_{1n}(f,s)| \leqslant C\eta^2(s)h. \tag{4.2.33}$$

证明: 当 $s = s^*$ 时, 由引理 4.2.1 知 (4.2.33) 成立. 假设 $s \neq s^*$, 由于 $f(x) \in C^3[a,b]$, 由引理 4.2.1 知 $I_1(a,b;s,f) \in C^1[a,b]$, 于是有

$$\left| \text{f.p.} \int_a^b \frac{f(x)}{(x-s)^2} dx - \text{f.p.} \int_a^b \frac{f(x)}{(x-s^*)^2} dx \right|$$

$$\leqslant \left| \frac{d}{ds} \text{p.v.} \int_a^b \frac{f(x)}{x-s} dx \bigg|_{s=s'} \right| \leqslant C\eta^2(s') h, \tag{4.2.34}$$

其中 s' 介于 s 与 s^* 之间. 易知, 当 $h < \eta(s)$ 时, 恒有 $\eta(s') > \frac{1}{2}\eta(s)$ 成立. 所以有

$$\left| \text{f.p.} \int_a^b \frac{f(x)}{(x-s)^2} dx - \text{f.p.} \int_a^b \frac{f(x)}{(x-s^*)^2} dx \right| \leqslant C\eta^2(s) h. \tag{4.2.35}$$

由引理 4.2.1 可知

$$\left| \text{f.p.} \int_a^b \frac{f(x)}{(x-s)^2} dx - \text{f.p.} \int_a^b \frac{F_{1n}(x)}{(x-s^*)^2} dx \right| \leqslant C\gamma^{-2}(h,s^*) h \leqslant Ch. \tag{4.2.36}$$

命题得证.

定理 4.2.3 表明, 如果不用 $Q_{1n}(s,f)$ 而是用 $Q_{1n}(s^*,f)$ 逼近 $I_1(a,b;s,f)$, 可以获得 $O(h)$ 阶收敛率. 特别地, 当 s 为剖分节点时, 同样可以获得 $O(h)$ 阶收敛率. 更重要的是, 这种算法几乎不受奇异点位置的制约, 对区间 $[a,b]$ 进行剖分时, 无须担心奇异点 s 靠近剖分节点, 对于不同的奇异点 s 可采取同一网格 (当不知道密度函数 $f(x)$ 的具体表达式时, 这一点尤为重要). 当 $\eta(s)$ 较小时, 充分增加剖分节点, 算法的收敛性恒有保障. 此外, 由于选取子区间的中点 s^* 进行计算, 大大简化了科茨系数的计算量, 所有这些优点使得本算法更具有实用性.

2. $O(h^2)$ 阶近似求积法

易见, 该算法仍受奇异点位置的制约, 我们必须十分小心地选择网格才能保证有比较理想的精度. 实际上, 只要条件适当加强, 则有如下新算法.

定理 4.2.4　假设 $f(x) \in C^4[a,b], h < \frac{1}{2}\eta(s), s \in [s_1,s_2]$, 其中, $s_1 = x_{2k-1}, s_2 = x_{2k+1}$, 在满足引理 4.2.2 的条件下, 记

$$Q_{2n}^*(s,f) = \frac{1}{h}[(s-s_1)Q_{2n}(s_2,f) + (s_2-s)Q_{2n}(s_1,f)], \tag{4.2.37}$$

那么 $Q_{2n}(s^*,f)$ 作为 $I_1(a,b;s,f)$ 的近似值, 有如下误差估计:

$$|I_1(a,b;s,f) - Q_{2n}^*(s,f)| \leqslant C\eta^3(s) h^2, \tag{4.2.38}$$

其中 $\eta(s) = \max\{1/(s-a), 1/(b-s)\}$.

证明: 当 $s = s_1, s = s_2$ 时, (4.2.38) 式显然成立. 假定 $s_1 < s < s_2$, 记

$$Q_{2n}^* (s, f) = \frac{1}{h} \left[(s - s_1) Q_{2n} (s_2, f) + (s_2 - s) Q_{2n} (s_1, f) \right].$$

一方面, 由引理 4.2.2 得

$$|Q_{2n}^* (s, f) - I_1^* (a, b; s, f)|$$

$$\leqslant \frac{s - s_1}{h} \left[Q_{2n} (s_2, f) - I_1 (a, b; s_2, f) \right] + \frac{s_2 - s}{h} \left[Q_{2n} (s_1, f) - I_1 (a, b; s_1, f) \right]$$

$$\leqslant C \frac{s - s_1}{h} \gamma^{-2} (\tau) h^2 + C \frac{s_2 - s}{h} \gamma^{-2} (h, s_1) h^2$$

$$\leqslant 8 C h^2. \tag{4.2.39}$$

另一方面, 由于 $f(x) \in C^4 [a, b]$, 由引理 4.2.2 可知, $I_1 (a, b; s, f) \in C^2 (a, b)$, 于是有

$$|I_1 (a, b; s, f) - I_1^* (a, b; s, f)| \leqslant \left| \frac{d^2}{ds^2} I_1 (a, b; s, f) \big|_{s=s'} \right| h^2, \tag{4.2.40}$$

其中 $s, s' \in [s_1, s_2]$, 再根据引理 4.2.3, 有

$$|I_1 (a, b; s, f) - I_1^* (a, b; s, f)| \leqslant C \eta^3 (s') h^2, \tag{4.2.41}$$

此外, 当 $h < \frac{1}{2} \eta (s)$ 时, 恒有 $\eta (s') > \frac{1}{2} \eta (s)$, 于是有

$$|I_1 (a, b; s, f) - I_1^* (a, b; s, f)| \leqslant C \eta^3 (s) h^2. \tag{4.2.42}$$

由 (4.2.39), (4.2.42), 命题得证.

该定理得到 $O(h^2)$ 阶近似求积法. 较之定理 4.2.3 的 $O(h)$ 阶近似求解方法具有很大的优越性. 但是本算法中需要计算 $Q_{2n} (s_1, f)$ 和 $Q_{2n} (s_2, f)$ 才能得到 $I_1 (a, b, s, f)$ 的近似值, 总的计算量要比计算 $Q_{2n} (s, f)$ 多一倍.

定理 4.2.5 (文献 [190] 定理 3) 在定理 4.2.1 的条件下, 对于 $f(x) \in C^2 [a, b]$, 有

$$|E_{1n} (f, s)| \leqslant C \min \left\{ \gamma^{-1} (\tau), |\ln \gamma (\tau)| + |\ln h| \right\} h, \tag{4.2.43}$$

其中 $\gamma (\tau)$ 定义为 (4.2.6).

定理 4.2.6 (文献 [190] 定理 4) 在定理 4.2.1 的条件下, 对于 $f(x) \in C^3 [a, b]$, 有

$$|E_{2n} (f, s)| \leqslant C \min \left\{ \gamma^{-1} (\tau), |\ln \gamma (\tau)| + |\ln h| \right\} h^2, \tag{4.2.44}$$

其中 $\gamma (\tau)$ 定义为 (4.2.6).

定理 4.2.5 和定理 4.2.6 给出了更准确的误差估计, 将 $\gamma^{-2} (\tau)$ 改进为 $\gamma^{-1} (\tau)$, 详细的证明见文献 [190], 这里不再详细介绍.

4.2.3　数值算例

例 4.2.1　计算超奇异积分

$$I_1\left(-1,1;s,f\right) := \text{f.p.} \int_a^b \frac{x^3}{(x-s)^2}dx.$$

下面给出 Linz 的算法与本节的算法, 结果如表 4.2.1—表 4.2.3 所示.

表 4.2.1　两种 $O(h)$ 阶近似求积 $E_{1n}(f,s)$ 方法的比较, $s = 0.36$

节点数	子区间长度	$E_{1n}(f,s)$	$E_{1n}(f,s)$ 新
11	0.20000	-0.06339	-0.34130
21	0.10000	-0.14273	-0.10244
31	0.06667	-0.09790	-0.10244
41	0.05000	-0.02183	-0.07514
51	0.04000	2.73589	-0.07195
61	0.03333	-0.01147	-0.05542
71	0.02857	-0.03999	-0.04458
81	0.02500	-0.03547	-0.03702

表 4.2.2　两种 $O(h)$ 阶近似求积方法的比较, $s = -2/3$

节点数	子区间长度	$E_{1n}(f,s)$	$E_{1n}(f,s)$ 新
31	0.06667	-0.857533	-0.24959
41	0.05000	0.11649	0.27083
61	0.03333	-4.19747	-0.13723
71	0.02857	0.06494	0.15214
91	0.02222	-2.76277	-0.09443
101	0.02000	0.04500	0.10578
121	0.01667	-2.05308	-0.07195
131	0.01538	0.03443	0.08107

表 4.2.3　两种 $O(h^2)$ 阶近似求积方法的比较, $s = 0.4$

节点数	子区间长度	$E_{2n}(f,s)$	$E_{2n}(f,s)$ 新
21	0.20000	1.31543	0.13277
41	0.10000	-0.00739	0.03279
61	0.06667	3.82400	0.01454
81	0.05000	5.20860	0.00817
101	0.04000	6.34042	0.00523
121	0.03333	7.75885	0.00363
141	0.02857	-0.05435	0.00267
161	0.02500	-0.03607	0.00204
181	0.02222	11.51503	0.00161
201	0.02000	12.94240	0.00131

其中 $E_{1n}(f,s)$ 和 $E_{1n}(f,s)$ 新与 $E_{2n}(f,s)$ 和 $E_{2n}(f,s)$ 新分别表示由 Linz[141] 和 4.2.2 节新算法的误差. 由表 4.2.1—表 4.2.3 可知, 当奇异点靠近剖分节点时, 文献 [141] 的算法失效, 而新算法在增加计算量一倍的情况下, 可以保证其收敛性, 收敛阶与理论分析一致.

4.3 高斯积分公式

对于黎曼积分, 常用的各种数值积分方法中, 高斯求积法由于其精度高而成为应用最广泛的一种数值求积方法. 事实上, 高斯求积法是一种特殊的插值求积方法.

对于超奇异积分, 高斯积分公式较早地用于超奇异积分的数值计算[167]; 这里考虑一类带权 $\omega(x)$ 的超奇异积分, 首先我们给出在给定点 $\{x_{ni}\}_{i=1}^{n}$ 上基于拉格朗日插值的一类插值积分公式, 将插值函数 f_L 替代密度函数 f, 得到

$$\text{f.p.} \int_a^b \frac{\omega(x) f(x)}{(x-s)^2} dx \approx \text{f.p.} \int_a^b \frac{\omega(x) f_L(x)}{(x-s)^2} dx = \sum_{i=1}^n \omega_i f(x_{ni}), \qquad (4.3.1)$$

其中 $\{x_{ni}\}$ 常被称作求积节点或者插值点. 对于黎曼积分, 当插值点 $\{x_{ni}\}_{i=1}^{n}$ 为某类正交多项式零点时, 插值积分公式对次数 $\leqslant 2n-1$ 的多项式精确成立. 然而对于 Hadamard 有限部分积分, 由于积分核的奇异性, 基于这些正交多项式零点的插值求积公式不一定对任意次数 $\leqslant 2n-1$ 的多项式精确成立. 如果某个积分公式对于任意次数 $\leqslant 2n-1$ 的多项式精确成立, 则称它是 "高斯型" 的. 为了得到 Hadamard 有限部分积分的高斯型求积公式, 需要将奇异点 s 也当作是求积节点. 在构造 Hadamard 有限部分高斯求积公式这一研究方向上有过大量的工作[17,94,95,168,191], 其中大部分工作根据奇异分离定义 (3.2.11) 或者求导定义 (3.2.37). 前者用经典的高斯求积公式逼近奇异分离定义的黎曼积分, 后者通过对柯西主值积分的求积公式而得到.

4.3.1 公式的提出

假设 $s \neq x_{ni} (1 \leqslant i \leqslant n)$, 以及

$$\phi_n(x) = \prod_{i=1}^n (x - x_{ni}), \quad l_{ni}(x) = \frac{\phi_n(x)}{\phi_n'(x_{ni})(x - x_{ni})}, \qquad (4.3.2)$$

其中 $i = 1, 2, \cdots, n$, 以及

$$\varphi_n(x) = \text{p.v.} \int_a^b \frac{\omega(t) \phi_n(t)}{t - x} dt. \qquad (4.3.3)$$

由求导定义 (3.2.37) 可知

$$\varphi_n'(x) = \text{f.p.} \int_a^b \frac{\omega(t)\phi_n(t)}{(t-x)^2} dt. \tag{4.3.4}$$

定义在点 $\{x_{ni}\}_{i=1}^n$ 上插值的拉格朗日多项式

$$L_n(f;x) = \sum_{i=1}^n l_{ni}(x) f(x_{ni}) \tag{4.3.5}$$

与在点 $\{x_{ni}\}_{i=1}^n$ 和奇异点 s 上插值的拉格朗日多项式

$$L_{n,s}(f;x) = \sum_{i=1}^n \frac{l_{ni}(x)(x-s)}{x_{ni}-s} f(x_{ni}) + f(s) \frac{\phi_n(x)}{\phi_n(s)}. \tag{4.3.6}$$

再定义在点 $\{x_{ni}\}_{i=1}^n$ 和奇异点 s 上插值并且其关于 x 的导数在 $x=s$ 处等于 $f'(s)$ 的次数最低的多项式

$$H_{n,s}(f;x) = L_{n,s}(f;x) + \alpha(x-s)\phi_n(x), \tag{4.3.7}$$

其中

$$\alpha = \frac{f'(s) - (L_{n,s})_x'(f;x)}{\phi_n(s)}$$

$$= \sum_{i=1}^n \frac{f(x_{ni})}{\phi_n'(x_{ni})(x_{ni}-s)^2} + \frac{\phi_n(s)f'(s) - \phi_n'(s)f(s)}{\phi_n^2(s)}. \tag{4.3.8}$$

下面通过这三类插值多项式给出不同的插值求积公式.

(1) 途径 I:

$$Q_n^{(1)}(s,f) := \text{f.p.} \int_a^b \frac{\omega(x) L_n(f;x)}{(x-s)^2} dx. \tag{4.3.9}$$

通过直接计算, 有

$$\text{p.v.} \int_a^b \frac{\omega(x) l_{ni}(x)}{x-s} dx$$

$$= \frac{1}{\phi_n'(x_{ni})} \text{p.v.} \int_a^b \frac{\omega(x)\phi_n(x)}{(x-s)(x-x_{ni})} dx$$

$$= \frac{1}{\phi_n'(x_{ni})(x_{ni}-s)} \left\{ \text{p.v.} \int_a^b \frac{\omega(x)\phi_n(x)dx}{x-x_{ni}} - \text{p.v.} \int_a^b \frac{\omega(x)\phi_n(x)dx}{x-s} \right\}$$

$$= \frac{\varphi_n\left(x_{ni}\right) - \varphi_n\left(s\right)}{\phi_n'\left(x_{ni}\right)\left(x_{ni} - s\right)}.$$

由定义 (3.2.37), 有

$$\text{f.p.} \int_a^b \frac{\omega\left(x\right) l_{ni}\left(x\right)}{\left(x - s\right)^2} dx = \frac{\varphi_n\left(x_{ni}\right) - \varphi_n\left(s\right) - \varphi_n'\left(s\right)\left(x_{ni} - s\right)}{\phi_n'\left(x_{ni}\right)\left(x_{ni} - s\right)^2},$$

于是

$$Q_n^{(1)}\left(s, f\right) := \sum_{i=1}^n \frac{\varphi_n\left(x_{ni}\right) - \varphi_n\left(s\right) - \varphi_n'\left(s\right)\left(x_{ni} - s\right)}{\phi_n'\left(x_{ni}\right)\left(x_{ni} - s\right)^2} f\left(x_{ni}\right). \tag{4.3.10}$$

列出如下三种特殊情况:

(1a) $a = -b = -1, \omega\left(x\right) = \sqrt{1 - x^2}, x_{ni} = \cos\left[i\pi/(n + 1)\right]$ 为第二类 Chebyshev 多项式 $U_n\left(x\right)$ 的零点,

$$\phi_n\left(x\right) = \frac{1}{2^n} U_n\left(x\right), \quad \phi_n'\left(x\right) = \frac{x U_n\left(x\right) - \left(n + 1\right) T_{n+1}\left(x\right)}{2^n\left(1 - x^2\right)},$$
$$\varphi_n\left(x\right) = -\frac{\pi}{2^n} T_{n+1}\left(x\right), \quad \varphi_n'\left(x\right) = \frac{\pi\left(n + 1\right) U_n\left(x\right)}{2^n}, \tag{4.3.11}$$

其中 T_n 和 U_n 分别是次数为 n 的第一类和第二类 Chebyshev 多项式. 将这些等式代入式 (4.3.10) 可得

$$\text{f.p.} \int_{-1}^1 \frac{\sqrt{1 - x^2} L_n\left(f; x\right)}{\left(x - s\right)^2} dx$$
$$= \frac{\pi}{n + 1} \sum_{i=1}^n \frac{\left(1 - x_{ni}\right)^2 \left[T_{n+1}\left(x_{ni}\right) - T_{n+1}\left(s\right) - \left(n + 1\right) U_n\left(s\right)\left(x_{ni} - s\right)\right]}{T_{n+1}\left(x_{ni}\right)\left(x_{ni} - s\right)^2} f\left(x_{ni}\right), \tag{4.3.12}$$

(1b) $a = -b = -1, \omega\left(x\right) = \sqrt{1 - x^2}, x_{ni} = \cos\left[(2i - 1)\pi/(2n)\right]$ 为第一类 Chebyshev 多项式 $T_n\left(x\right)$ 的零点,

$$\phi_n\left(x\right) = \frac{1}{2^{n-1}} T_n\left(x\right), \quad \phi_n'\left(x\right) = \frac{n U_{n-1}\left(x\right)}{2^{n-1}},$$
$$\varphi_n\left(x\right) = -\frac{\pi}{2^{n-1}} U_{n-1}\left(x\right), \quad \varphi_n'\left(x\right) = \frac{\pi\left[x U_{n-1}\left(x\right) - n T_n\left(x\right)\right]}{2^{n-1}\left(1 - x^2\right)}, \tag{4.3.13}$$

将这些等式代入式 (4.3.10) 可得

$$\text{f.p.} \int_{-1}^{1} \frac{L_n(f;x)}{\sqrt{1-x^2}(x-s)^2} dx$$

$$= \frac{\pi}{n} \sum_{i=1}^{n} \frac{U_{n-1}(x_{ni}) - U_{n-1}(s)}{U_{n-1}(x_{ni})(x_{ni}-s)^2} f(x_{ni})$$

$$- \frac{\pi [sU_{n-1}(s) - sT_n(s)]}{n(1-s)^2} \sum_{i=1}^{n} \frac{f(x_{ni})}{U_{n-1}(x_{ni})(x_{ni}-s)}. \qquad (4.3.14)$$

(1c) $a = -b = -1, \omega(x) = -1$, x_{ni} 为勒让德多项式 $P_n(x)$ 的零点,

$$\phi_n(x) = \frac{2^n(n!)^2}{(2n)!} P_n(x), \quad \phi_n'(x) = \frac{2^n(n!)^2}{(2n)!} \frac{n[P_{n-1}(x) - xP_n(x)]}{1-x^2},$$

$$\varphi_n(x) = -\frac{2^{n+1}(n!)^2}{(2n)!} Q_n(x), \quad \varphi_n'(x) = -\frac{2^{n+1}(n!)^2}{(2n)!} \frac{n[Q_{n-1}(x) - xQ_n(x)]}{1-x^2}.$$

$$(4.3.15)$$

将这些等式代入式 (4.3.10) 可得

$$\text{f.p.} \int_{-1}^{1} \frac{L_n(f;x)}{(x-s)^2} dx = \frac{2}{n} \sum_{i=1}^{n} \frac{(1-x_{ni})^2 [Q_n(s) - Q_n(x_{ni})]}{P_{n-1}(x_{ni})(x_{ni}-s)^2} f(x_{ni})$$

$$+ \frac{2[Q_{n-1}(s) - sQ_n(s)]}{1-s^2} \sum_{i=1}^{n} \frac{(1-x_{ni}^2) f(x_{ni})}{P_{n-1}(x_{ni})(x_{ni}-s)}.$$

$$(4.3.16)$$

(2) 途径 II:

$$Q_n^{(2)}(s,f) := \text{f.p.} \int_a^b \frac{\omega(x) L_n(f;x)}{(x-s)^2} dx$$

$$= \sum_{i=1}^{n} \frac{\varphi_n(x_{ni}) - \varphi_n(s)}{\phi_n'(x_{ni})(x_{ni}-s)^2} f(x_{ni}) + \frac{\varphi_n'(s)}{\phi_n(s)} f(s). \qquad (4.3.17)$$

类似上述三种情况, 有

$$\text{f.p.} \int_{-1}^{1} \frac{\sqrt{1-x^2} L_n(f;x)}{(x-s)^2} dx$$

$$= \frac{\pi}{n+1} \sum_{i=1}^{n} \frac{(1-x_{ni}^2)\left[T_{n+1}(x_{ni}) - T_{n+1}(s)\right]}{T_{n+1}(x_{ni})(x_{ni}-s)^2} f(x_{ni}) - \pi(n+1)f(s),$$

$$\text{f.p.} \int_{-1}^{1} \frac{L_n(f;x)}{\sqrt{1-x^2}(x-s)^2} dx$$

$$= \frac{\pi}{n} \sum_{i=1}^{n} \frac{U_{n-1}(x_{ni}) - U_{n-1}(s)}{U_{n-1}(x_{ni})(x_{ni}-s)^2} f(x_{ni}) + \frac{\pi\left[sU_{n-1}(s) - sT_n(s)\right]}{n(1-s^2)T_n(s)} f(s),$$

$$\text{f.p.} \int_{-1}^{1} \frac{L_n(f;x)}{(x-s)^2} dx = \frac{2}{n} \sum_{i=1}^{n} \frac{(1-x_{ni}^2)\left[Q_n(s) - Q_n(x_{ni})\right]}{P_{n-1}(x_{ni})(x_{ni}-s)^2} f(x_{ni})$$

$$- \frac{2n\left[Q_{n-1}(s) - sQ_n(s)\right]}{(1-s^2)P_n(s)} f(s). \tag{4.3.18}$$

(3) 途径 III:

$$Q_n^{(3)}(s,f) := \text{f.p.} \int_a^b \frac{\omega(x)H_{n,s}(f;x)}{(x-s)^2} dx$$

$$= \sum_{i=1}^{n} \frac{\varphi_n(x_{ni})}{\phi'_n(x_{ni})(x_{ni}-s)^2} f(x_{ni}) + \frac{d}{ds}\left[\frac{\varphi_n(s)f(s)}{\phi_n(s)}\right]. \tag{4.3.19}$$

类似于前面三种情况有

$$\text{f.p.} \int_{-1}^{1} \frac{\sqrt{1-x^2}H_{n,s}(f;x)}{(x-s)^2} dx$$

$$= \frac{\pi}{n+1} \sum_{i=1}^{n} \frac{(1-x_{ni}^2)}{(x_{ni}-s)^2} f(x_{ni}) - \pi\frac{d}{ds}\left[\frac{T_{n+1}(s)f(s)}{U_n(s)}\right],$$

$$\text{f.p.} \int_{-1}^{1} \frac{H_{n,s}(f;x)}{\sqrt{1-x^2}(x-s)^2} dx$$

$$= \frac{\pi}{n} \sum_{i=1}^{n} \frac{f(x_{ni})}{(x_{ni}-s)^2} + \pi\frac{d}{ds}\left[\frac{U_{n-1}(s)f(s)}{T_n(s)}\right], \tag{4.3.20}$$

$$\text{f.p.} \int_{-1}^{1} \frac{H_{n,s}(f;x)}{(x-s)^2} dx$$

$$= -\frac{2}{n} \sum_{i=1}^{n} \frac{(1-x_{ni}^2)Q_n(x_{ni})}{P_{n-1}(x_{ni})(x_{ni}-s)^2} f(x_{ni}) - 2\frac{d}{ds}\left[\frac{Q_n(s)f(s)}{P_n(s)}\right].$$

(4) 途径 IV:

$$Q_n^{(4)}(s,f) := \frac{d}{ds}\left\{\text{p.v.}\int_a^b \frac{\omega(x) L_{n,s}(f;x)}{x-s}dx\right\}. \tag{4.3.21}$$

(5) 途径 V:

$$Q_n^{(5)}(s,f) := \int_a^b \omega(x) L_n(h_s;x)\, dx$$

$$+ f(s)\,\text{f.p.}\int_a^b \frac{\omega(x)\, dx}{(x-s)^2} + f'(s)\,\text{f.p.}\int_a^b \frac{\omega(x)\, dx}{x-s}, \tag{4.3.22}$$

其中 $L_n(h_s;x)$ 为如式 (4.3.6) 所定义的函数

$$h_s = \frac{f(x) - f(s) - f'(s)(x-s)}{(x-s)^2}$$

在节点 $\{x_{ni}\}_{i=1}^n$ 以及 s 插值的次数最低的多项式.

4.3.2　主要结论

下面两个定理给出这五个公式之间的联系.

定理 4.3.1　设 $x_{n1}, x_{n2}, \cdots, x_{nn}$ 是 $[a,b]$ 中 n 个不同的点, 且 $s \neq x_{ni}$, 则有

$$Q_n^{(2)}(s,f) = Q_n^{(1)}(s,f) + \frac{\varphi_n'(s)[f(s) - L_n(f;s)]}{\phi_n(s)}, \tag{4.3.23}$$

以及

$$Q_n^{(3)}(s,f) = Q_n^{(2)}(s,f) + \varphi_n(s)\frac{d}{ds}\left[\frac{f(s) - L_n(f;s)}{\phi_n(s)}\right]. \tag{4.3.24}$$

证明: 根据 $L_n(f;x)$ 定义, 有

$$\frac{L_n(f;s)}{\phi_n(s)} = -\sum_{i=1}^n \frac{f(x_{ni})}{\phi_n'(x_{ni})(x_{ni}-s)}.$$

于是有

$$\frac{d}{ds}\left[\frac{L_n(f;s)}{\phi_n(s)}\right] = -\sum_{i=1}^n \frac{f(x_{ni})}{\phi_n'(x_{ni})(x_{ni}-s)^2}.$$

命题得证.

定理 4.3.2　在定理 4.3.1 的条件假设下, 有

$$Q_n^{(3)}(s,f) = Q_n^{(4)}(s,f) = Q_n^{(5)}(s,f). \tag{4.3.25}$$

证明：根据奇异分离定义

$$\text{p.v.} \int_a^b \frac{\omega(x) L_{n,i}(f;x)\, dx}{x-s} = \sum_{i=1}^n \frac{\varphi(x_{ni}) f(x_{ni})}{\phi_n'(x_{ni})(x_{ni}-s)} + \frac{\varphi_n(s) f(s)}{\phi_n(s)},$$

第一个等式显然成立.

下面证明第二个等式 $Q_n^{(4)}(s,f) = Q_n^{(5)}(s,f)$.

根据 (4.3.4), 有

$$L_n(h_s;x) = \sum_{i=1}^n \frac{f(x_{ni}) - f(s) - f'(s)(x_{ni}-s)}{(x_{ni}-s)^2} \frac{\phi_n(x)}{\phi_n'(x_{ni})(x-x_{ni})}.$$

于是得到

$$\int_a^b \omega(x) L_n(h_s;x)\, dx$$

$$= \sum_{i=1}^n \frac{f(x_{ni}) - f(s) - f'(s)(x_{ni}-s)}{\phi_n'(x_{ni})(x_{ni}-s)^2} \text{p.v.} \int_a^b \frac{\omega(x) \phi_n(x)\, dx}{x-x_{ni}}$$

$$= \sum_{i=1}^n \frac{\varphi_n(x_{ni})}{\phi_n'(x_{ni})(x_{ni}-s)^2} [f(x_{ni}) - f(s) - f'(s)(x_{ni}-s)].$$

由于 $L_n(1;x) = 1$, 则有

$$\text{p.v.} \int_a^b \frac{\omega(x)\, dx}{x-s} = \sum_{i=1}^n \frac{\varphi(x_{ni})}{\phi_n'(x_{ni})(x_{ni}-s)} + \frac{\varphi_n(s)}{\phi_n(s)},$$

对上式求导有

$$\text{f.p.} \int_a^b \frac{\omega(x)\, dx}{(x-s)^2} = \sum_{i=1}^n \frac{\varphi_n(x_{ni}) - \varphi_n(s)}{\phi_n'(x_{ni})(x_{ni}-s)^2} + \frac{\varphi_n'(s)}{\phi_n(s)}.$$

由于

$$\sum_{i=1}^n \frac{\phi_n(s)}{\phi_n'(x_{ni})(s-x_{ni})} = 1,$$

则有

$$\sum_{i=1}^n \frac{-1}{\phi_n'(x_{ni})(x_{ni}-s)^2} = \frac{d}{ds}\left[\frac{1}{\phi_n(s)}\right].$$

于是有

$$
\text{f.p.} \int_a^b \frac{\omega(x)\, dx}{(x-s)^2} = -\sum_{i=1}^n \frac{\varphi_n(x_{ni})}{\phi_n'(x_{ni})(x_{ni}-s)^2} + \frac{d}{ds}\left[\frac{\varphi_n(s)}{\phi_n(s)}\right].
$$

联立上式有

$$
\int_a^b \omega(x) L_n(h_s; x)\, dx
$$

$$
= \sum_{i=1}^n \frac{\varphi_n(x_{ni})}{\phi_n'(x_{ni})(x_{ni}-s)^2} f(x_{ni}) - f(s)\left\{ \text{f.p.} \int_a^b \frac{\omega(x)\, dx}{(x-s)^2} - \frac{d}{ds}\left[\frac{\varphi_n(s)}{\phi_n(s)}\right] \right\}
$$

$$
- f'(s)\left\{ \text{p.v.} \int_a^b \frac{\omega(x)\, dx}{x-s} - \frac{\varphi_n(s)}{\phi_n(s)} \right\}.
$$

则有 $Q_n^{(3)}(s,f) = Q_n^{(5)}(s,f)$. 命题得证.

由定理 4.3.2 可知, 对于积分 (4.3.25), $Q_n^{(i)}(s,f)$, $i = 3,4,5$ 实际上具有相同的插值求积公式. 特别地, 由这个结论可以找出已有的一些高斯求积公式之间的联系. 如通过途径 V 并选取 x_{ni} 为某个正交多项式的零点, 文献 [94] 得到了一类计算带有任意阶奇异核有限部分积分的高斯求积公式. 通过途径 IV 并选取同样的节点, 文献 [88] 得到了一种计算积分 (4.3.25) 的高斯求积公式. 定理 4.3.2 表明, 虽然通过这两种途径给出的求积公式形式不同, 但实际上都是如 $Q_n^{(3)}(s,f)$ 的高斯求积公式.

以下将给出这些公式的一些误差结果. 对于任意多项式 $p_m \in \mathbf{P}_m \, (m \geqslant n)$, 有如下分解

$$
p_m(x) = \phi_n(x) \sum_{i=0}^{m-n} \alpha_i (x-s)^i + r_{n-1}(x), \tag{4.3.26}
$$

其中 $r_{n-1} \in \mathbf{P}_{n-1}$, $\phi_n(x)$ 如式 (4.3.26) 定义, $\alpha_i \,(0 \leqslant i \leqslant m-n)$ 为某些依赖于 p_m 和 s 的常数. 由式 (4.3.3), (4.3.4) 以及如下事实

$$
\text{f.p.} \int_a^b \frac{\omega(x)\, r_{n-1}(x)\, dx}{(x-s)^2} = Q_n^{(1)}(s, r_{n-1}) = Q_n^{(1)}(s, p_m), \tag{4.3.27}
$$

可知

$$
\text{f.p.} \int_a^b \frac{\omega(x)\, p_m(x)\, dx}{(x-s)^2}
$$

$$
= \alpha_0 \varphi_n'(s) + \alpha_1 \varphi_n(s) + \sum_{i=2}^{m-n} \alpha_i \int_a^b \omega(x) \phi_m(x)(x-s)^{i-2}\, dx + Q_n^{(1)}(s, p_m),
$$

其中当 $m \leqslant n+1$ 时, 右端第三项为零, 当 $m = n$ 时, 第二项为零.

定理 4.3.3 设求积公式 $Q_n^{(1)}(s, f)$ 如式 (4.3.10) 所定义. 则对于任意多项式 $p_m \in \mathbf{P}_m$, 有

$$
\text{f.p.} \int_a^b \frac{\omega(x)\, p_m(x)\, dx}{(x-s)^2} - Q_n^{(1)}(s, p_m)
$$

$$
= \begin{cases}
0, & m \leqslant n-1, \\
\alpha_0 \varphi_n'(s), & m = n, \\
\alpha_0 \varphi_n'(s) + \alpha_1 \varphi_n(s), & m = n+1, \\
\alpha_0 \varphi_n'(s) + \alpha_1 \varphi_n(s) + C_1(p_m, \phi_m, s), & m \geqslant n+2,
\end{cases} \tag{4.3.28}
$$

其中

$$
C_1(p_m, \phi_m, s) = \sum_{i=2}^{m-n} \alpha_i \int_a^b \omega(x)\, \phi_m(x)\, (x-s)^{i-2}\, dx. \tag{4.3.29}
$$

该定理表明, $Q_n^{(1)}(s, f)$ 的代数精度小于 $n-1$; 当 s 被选取为 φ_n' 的零点时, 其代数精度可达到 $n-1$.

定理 4.3.4 设求积公式 $Q_n^{(i)}(s, f), i = 2, 3$ 如式 (4.3.17) 和 (4.3.19) 所定义. 则对于任意多项式 $p_m \in \mathbf{P}_m$, 有

$$
\text{f.p.} \int_a^b \frac{\omega(x)\, p_m(x)\, dx}{(x-s)^2} - Q_n^{(2)}(s, p_m)
$$

$$
= \begin{cases}
0, & m \leqslant n, \\
\alpha_1 \varphi_n(s), & m = n+1, \\
\alpha_1 \varphi_n(s) + C_1(p_m, \phi_m, s), & m \geqslant n+2,
\end{cases} \tag{4.3.30}
$$

以及

$$
\text{f.p.} \int_a^b \frac{\omega(x)\, p_m(x)\, dx}{(x-s)^2} - Q_n^{(3)}(s, p_m) = \begin{cases}
0, & m \leqslant n+1, \\
C_1(p_m, \phi_m, s), & m \geqslant n+2,
\end{cases} \tag{4.3.31}
$$

其中 $C_1(p_m, \phi_m, s)$ 如式 (4.3.29) 所定义.

该定理表明, $Q_n^{(2)}(s, f)$ 的代数精度为 n; 当 s 被选取为 φ_n 的零点时, 其代数精度可达到 $n+1$. 此时

$$
\text{f.p.} \int_a^b \frac{\omega(x)\, p_m(x)\, dx}{(x-s)^2} - Q_n^{(2)}(s, p_m) = \begin{cases}
0, & m \leqslant n+1, \\
C_1(p_m, \phi_m, s), & m \geqslant n+2.
\end{cases} \tag{4.3.32}
$$

另外, 若 $x_{ni}, i = 1, 2, \cdots, n$ 为某个正交多项式的零点, 则

$$C_1\left(p_m, \phi_m, s\right) = \sum_{i=2}^{n+1} \alpha_i \int_a^b \omega\left(x\right) \phi_m\left(x\right)\left(x - s\right)^{i-2} dx = 0.$$

于是 $Q_n^{(2)}\left(s, f\right)$ 变为高斯型求积公式, 即其代数精度为 $2n + 1$. 该定理还表明 $Q_n^{(3)}\left(s, f\right)$ 的代数精度为 $n + 1$. 另外, 当求积节点被选取为某个合适的正交多项式的节点时, $Q_n^{(3)}\left(s, f\right)$ 变为高斯求积公式.

对于柯西主值积分, 有如下积分公式

$$Q_n^{(1)}\left(s, f\right) := \text{p.v.} \int_a^b \frac{\omega\left(x\right) L_{n,i}\left(f; x\right) dx}{x - s} = \sum_{i=1}^n \frac{\varphi_n\left(x_{ni}\right) - \varphi_n\left(s\right)}{\phi_n'\left(x_{ni}\right)\left(x_{ni} - s\right)} f\left(x_{ni}\right).$$

$$(4.3.33)$$

类似于超奇异积分的超收敛结果, 我们有如下超收敛结果.

定理 4.3.5　设求积公式 $Q_n^{(1)}\left(s, f\right)$ 如式 (4.3.33) 所定义. 则对于任意多项式 $p_m \in \mathbf{P}_m$, 有

$$\text{p.v.} \int_a^b \frac{\omega\left(x\right) p_m\left(x\right) dx}{x - s} - Q_n^{(1)}\left(s, p_m\right) = \begin{cases} 0, & m \leqslant n-1, \\ \alpha_1 \varphi_n\left(s\right), & m = n, \\ \alpha_1 \varphi_n\left(s\right) + C_1\left(p_m, \phi_m, s\right), & m \geqslant n+1, \end{cases}$$

$$(4.3.34)$$

其中 $x_{ni}, i = 1, 2, \cdots, n$ 为某个正交多项式的零点时, 则

$$C_1\left(p_m, \phi_m, s\right) = \sum_{i=1}^{n-m} \alpha_i \int_a^b \omega\left(x\right) \phi_m\left(x\right)\left(x - s\right)^{i-1} dx = 0.$$

相应的数值算例见文献 [191], 这里不再详细介绍.

4.4　基于辛普森公式的三阶超奇异积分近似计算

根据邬和余[182,183] 基于梯形公式和辛普森公式提出了一种简要近似计算区间上二阶超奇异积分的方法, 在计算量增加一倍的情况下, 克服了奇异点位置的限制. 杜其奎教授[19] 又将该思想用于三阶超奇异积分的数值计算, 并得到了相应的误差估计.

4.4.1　公式的提出

考虑区间上 $[a, b]$ 三阶超奇异积分如下:

$$I_2\left(a, b; s, u\right) := \text{f.p.} \int_a^b \frac{f\left(x\right)}{\left(x - s\right)^3} dx, \quad s \in \left(a, b\right), \tag{4.4.1}$$

其定义为

$$\text{f.p.} \int_a^b \frac{f(x)}{(x-s)^3} dx = \lim_{\varepsilon \to 0} \left\{ \left(\int_a^{s+\varepsilon} + \int_{s+\varepsilon}^b \right) \frac{f(x)}{(x-s)^3} dx - \frac{2u'(s)}{\varepsilon} \right\}. \quad (4.4.2)$$

若 $f(x) \in C^3(a,b)$, 根据泰勒展开式有

$$f(x) = f(s) + f'(s)(x-s) + \frac{f''(s)(x-s)^2}{2} + \frac{f^{(3)}(s+\theta(x-s))}{6}(x-s)^3, \quad (4.4.3)$$

其中 $\theta \in (0,1)$.

则由奇异分离定义有

$$\text{f.p.} \int_a^b \frac{f(x)}{(x-s)^3} dx = f(s)\,\text{f.p.} \int_a^b \frac{dx}{(x-s)^3} + f'(s)\,\text{f.p.} \int_a^b \frac{dx}{(x-s)^2}$$

$$+ \frac{f''(s)}{2}\,\text{p.v.} \int_a^b \frac{dx}{x-s} + \int_a^b \frac{f^{(3)}(s+\theta(x-s))}{6} dx. \quad (4.4.4)$$

由于

$$\text{f.p.} \int_a^b \frac{dx}{(x-s)^2} = -\left(\frac{1}{b-s} + \frac{1}{s-a} \right) \quad (4.4.5)$$

和

$$\text{p.v.} \int_a^b \frac{dx}{x-s} = \ln \frac{b-s}{s-a}, \quad (4.4.6)$$

于是等式 (4.4.4) 可以写为

$$I_2(a,b;s,f)$$

$$= \frac{f(s)}{2} \left(-\frac{1}{(b-s)^2} + \frac{1}{(s-a)^2} \right) - f'(s) \left(\frac{1}{b-s} + \frac{1}{s-a} \right) + \frac{f''(s)}{2} \ln \frac{b-s}{s-a}$$

$$+ \int_a^b \frac{f(x) - \left[f(s) + f'(s)(x-s) + 0.5f''(s)(x-s)^2 \right]}{(x-s)^3} dx. \quad (4.4.7)$$

上述 (4.4.7) 式中最后一项为经典的黎曼积分, 由于

$$f(x) - \left[f(s) + f'(s)(x-s) + \frac{1}{2}f''(s)(x-s)^2 \right] = \frac{1}{2} \int_s^x (x-t)^2 f^{(3)}(t)\, dt, \quad (4.4.8)$$

所以 (4.4.7) 式可以化为

$$I_2(a,b;s,f) = \frac{f(s)}{2}\left(-\frac{1}{(b-s)^2} + \frac{1}{(s-a)^2}\right) - f'(s)\left(\frac{1}{b-s} + \frac{1}{s-a}\right)$$

$$+ \frac{f''(s)}{2}\ln\frac{b-s}{s-a} + \frac{1}{2}\int_a^b\int_s^x \frac{(x-t)^2 f^{(3)}(t)}{(x-s)^3}dtdx. \qquad (4.4.9)$$

引理 4.4.1 如果 $f(x) \in C^2[a,b], s \in C(a,b)$, 则有

$$\frac{d}{ds}\text{p.v.}\int_a^b \frac{f(x)\,dx}{x-s} = \text{f.p.}\int_a^b \frac{f(x)\,dx}{(x-s)^2}, \qquad (4.4.10)$$

$$\text{f.p.}\int_a^b \frac{f(x)\,dx}{(x-s)^2} = \frac{f(b)}{b-s} + \frac{f(a)}{s-a} + \text{p.v.}\int_a^b \frac{f'(x)\,dx}{x-s}. \qquad (4.4.11)$$

引理 4.4.2 如果 $f(x) \in C^k[a,b]\,(k \geqslant 2), s \in C(a,b)$, 则有

$$I_1(a,b,s,f) \in C^{k-2}(a,b). \qquad (4.4.12)$$

引理 4.4.3 若 $f(x) \in C^3[a,b], s \in (a,b)$, 则有

$$\frac{d}{ds}I_1(a,b;s,f) = 2I_2(a,b,s,f), \qquad (4.4.13)$$

$$I_2(a,b;s,f) = \frac{1}{2}\left\{-\frac{f(b)}{(b-s)^2} + \frac{f(a)}{(a-s)^2} + I_1(a,b;s,f)\right\}. \qquad (4.4.14)$$

证明: 对于 (4.4.13) 式, 我们有

$$\frac{d}{ds}\text{f.p.}\int_a^b \frac{f(x)}{(x-s)^2}dx$$

$$= \frac{d}{ds}I_1(a,b;s,f)$$

$$= \frac{d}{ds}\left[\lim_{\varepsilon\to 0}\left\{\int_a^{s-\varepsilon}\frac{f(x)}{(x-s)^2}dx + \int_{s+\varepsilon}^b \frac{f(x)}{(x-s)^2}dx - \frac{2f(s)}{\varepsilon}\right\}\right]$$

$$= 2\lim_{\varepsilon\to 0}\left\{\int_a^{s-\varepsilon}\frac{f(x)}{(x-s)^3}dx + \int_{s+\varepsilon}^b \frac{f(x)}{(x-s)^3}dx - \frac{2f'(s)}{\varepsilon}\right\}$$

$$+ \lim_{\varepsilon\to 0}\left\{\frac{f(s-\varepsilon)-f(s+\varepsilon)}{\varepsilon^2} + \frac{2f'(s)}{\varepsilon}\right\}.$$

而且有

$$\lim_{\varepsilon \to 0} \left\{ \frac{f\left(s - \varepsilon\right) - f\left(s + \varepsilon\right)}{\varepsilon^2} + \frac{2f'\left(s\right)}{\varepsilon} \right\}$$

$$= \lim_{\varepsilon \to 0} \left\{ \frac{1}{\varepsilon^2} \left[f\left(s\right) - f'\left(s\right)\varepsilon + \frac{1}{2} f''\left(s - \theta_1 \varepsilon\right)\varepsilon^2 \right] \right\}$$

$$- \lim_{\varepsilon \to 0} \left\{ \frac{1}{\varepsilon^2} \left[f\left(s\right) + f'\left(s\right)\varepsilon + \frac{1}{2} f''\left(s - \theta_2 \varepsilon\right)\varepsilon^2 \right] \right\}$$

$$= \lim_{\varepsilon \to 0} \left\{ \frac{1}{\varepsilon^2} \left[f\left(s\right) - f'\left(s\right)\varepsilon + \frac{1}{2} f''\left(s - \theta_1 \varepsilon\right)\varepsilon^2 \right] \right\}$$

$$= \lim_{\varepsilon \to 0} \frac{1}{2} \left(f''\left(s - \theta_1 \varepsilon\right) - f''\left(s - \theta_1 \varepsilon\right) \right).$$

$$= 0.$$

因此有

$$\frac{d}{ds} \text{f.p.} \int_a^b \frac{f\left(x\right)}{\left(x - s\right)^2} dx = 2 \, \text{f.p.} \int_a^b \frac{f\left(x\right)}{\left(x - s\right)^3} dx.$$

引理 4.4.4 如果 $f\left(x\right) \in C^k\left[a, b\right]\left(k \geqslant 3\right)$，则有 $I_2\left(a, b, s, f\right) \in C^{k-3}\left(a, b\right)$. 对任意的自然数，有

$$\frac{d^n}{ds^n} I_2\left(a, b; s, f\right)$$

$$= \frac{1}{2} \left\{ \sum_{i=0}^n \left(i + 1\right)! \left(-\frac{f^{(n-i)}\left(b\right)}{\left(b - s\right)^{i+2}} + \frac{f^{(n-i)}\left(a\right)}{\left(a - s\right)^{i+2}} \right) + I_1\left(a, b, s, f^{(n+1)}\right) \right\}.$$

证明：当 $n = 1$ 时，有

$$\frac{d}{ds} I_2\left(a, b; s, f\right)$$

$$= \frac{1}{2} \left\{ \left(-\frac{2f\left(b\right)}{\left(b - s\right)^3} + \frac{2f\left(a\right)}{\left(a - s\right)^3} \right) + \frac{d}{ds} I_1\left(a, b, s, f'\right) \right\}$$

$$= \frac{1}{2} \left\{ 2 \left[-\frac{2f\left(b\right)}{\left(b - s\right)^3} + \frac{2f\left(a\right)}{\left(a - s\right)^3} \right] + \left[-\frac{f'\left(b\right)}{\left(b - s\right)^2} + \frac{f'\left(a\right)}{\left(a - s\right)^2} \right] + I_1\left(a, b, s, f''\right) \right\}$$

$$= \frac{1}{2} \left\{ \sum_{i=0}^1 \left(i + 1\right)! \left[-\frac{f^{(1-i)}\left(b\right)}{\left(b - s\right)^{i+2}} + \frac{f^{(1-i)}\left(a\right)}{\left(a - s\right)^{i+2}} \right] + I_1\left(a, b; s, f^{(2)}\right) \right\}.$$

设当 $n=m$ 时成立, 对 $n=m+1$, 有

$$\frac{d^{m+1}}{ds^{m+1}}I_2\left(a,b;s,f\right)$$

$$=\frac{d}{ds}\left(\frac{d^m}{ds^m}I_2\left(a,b;s,f\right)\right)$$

$$=\frac{1}{2}\left\{\sum_{i=0}^{m+1}(i+1)!\,(i+2)\left(-\frac{f^{(m-i)}\left(b\right)}{\left(b-s\right)^{i+3}}+\frac{f^{(m-i)}\left(a\right)}{\left(a-s\right)^{i+3}}\right)+I_1\left(a,b,s,f^{(m+1)}\right)\right\}$$

$$=\frac{1}{2}\left\{\sum_{l=1}^{m+1}(l+1)!\left(-\frac{f^{(m+1-l)}\left(b\right)}{\left(b-s\right)^{l+2}}+\frac{f^{(m+1-l)}\left(a\right)}{\left(a-s\right)^{l+2}}\right)\right\}$$

$$+\frac{1}{2}\left\{\left(-\frac{f^{(m+1)}\left(b\right)}{\left(b-s\right)^{2}}+\frac{f^{(m+1)}\left(a\right)}{\left(a-s\right)^{2}}\right)+I_1\left(a,b,s,f^{(m+2)}\right)\right\}$$

$$=\frac{1}{2}\left\{\sum_{i=0}^{m+1}(i+1)!\left(-\frac{f^{(m+1-i)}\left(b\right)}{\left(b-s\right)^{i+2}}+\frac{f^{(m+1-i)}\left(a\right)}{\left(a-s\right)^{i+2}}\right)+I_1\left(a,b;s,f^{(m+2)}\right)\right\}.$$

根据数学归纳法, $k\geqslant 3$, 根据引理 4.4.3 有 $I_2\left(a,b;s,f\right)\in C^{k-3}\left(a,b\right)$, 命题得证.

引理 4.4.5　如果 $f\left(x\right)\in C^k\left[a,b\right]\left(k\geqslant 3\right)$, 则存在正数 C 使得

$$\left|\frac{d^n}{ds^n}I_2\left(a,b;s,f\right)\right|\leqslant C\eta^{n+2}\left(s\right),\tag{4.4.15}$$

其中 $\eta\left(s\right)=\max\left\{1/(s-a),1/(b-s)\right\},n=1,2,\cdots,k-3.$

4.4.2　数值积分公式

将区间 $[a,b]$ 用 $a=x_0<x_2<\cdots<x_{2n}=b$ 分成 n 个子区间, 在每个子区间 $[x_{2i},x_{2i+2}]$ 上以其中点 x_{2i+1} 上及两端点 x_{2i},x_{2i+2} 为插值节点构造函数 $f\left(x\right)$ 的二次拉格朗日插值, 插值基函数见 (4.13)—(4.16).

用 $F_{2n}(x)$ 代替式 (4.4.1) 中的 $f(x)$, 即可得复化辛普森公式

$$Q_{2n}^2\left(s,f\right)=\text{f.p.}\int_a^b\frac{F_{2n}\left(x\right)}{\left(x-s\right)^3}dx=\sum_{i=0}^{2n}\omega_i\left(s\right)f\left(x_i\right).\tag{4.4.16}$$

当 $s\neq x_{2i},i=0,1,\cdots,n$ 时, 根据有限部分积分定义 (3.3.1), 通过直接计算有

$$\omega_{2i+1}\left(s\right)=-\frac{1}{2h_{2i+1}h_{2i+2}}$$

$$\cdot \left[(2s - x_{2i} - x_{2i+2}) \left(\frac{1}{s - x_{2i+2}} - \frac{1}{s - x_{2i}} \right) + 2\ln \left| \frac{x_{2i+2} - s}{x_{2i} - s} \right| \right],$$

$$i = 0, 1, 2, \cdots, n-1, \tag{4.4.17}$$

$$\omega_{2i}(s) = \frac{\delta_{i0}}{2(x_0 - s)^2} + \frac{1 - \delta_{i0}}{h_{2i}(h_{2i} + h_{2i-1})}$$

$$\cdot \left\{ \left[(2s - x_{2i} - x_{2i-1}) \left(\frac{1}{s - x_{2i}} - \frac{1}{s - x_{2i-2}} \right) + 2\ln \left| \frac{x_{2i} - s}{x_{2i-2} - s} \right| \right] \right\}$$

$$- \frac{\delta_{in}}{2(x_{2n} - s)^2} + \frac{1 - \delta_{in}}{h_{2i+1}(h_{2i+1} + h_{2i+2})}$$

$$\cdot \left\{ \left[(2s - x_{2i+1} - x_{2i+2}) \left(\frac{1}{s - x_{2i+2}} - \frac{1}{s - x_{2i}} \right) + 2\ln \left| \frac{x_{2i+2} - s}{x_{2i} - s} \right| \right] \right\}, \tag{4.4.18}$$

其中 $i = 0, 1, \cdots, n, \delta_{ij} = \begin{cases} 1, & i = j, \\ 0, & i \neq j. \end{cases}$

下面给出基于辛普森公式的误差估计如下.

定理 4.4.1 如果 $f(x) \in C^3[a,b]$ 与 $Q_{2n}^2(s, f)$, 对于区间 $[a, b]$ 均匀剖分, 即 $h_i = h = \frac{b-a}{2n}, s \neq x_{2i}$. 存在正常数 C 有

$$\left| I_2(a, b; s, f) - Q_{2n}^2(s, f) \right| \leqslant C\gamma^{-2}(\tau) h, \tag{4.4.19}$$

其中 $\gamma(\tau)$ 定义为 (4.2.6).

该算法要求奇异点不能与剖分节点重合, 当奇异点与剖分节点重合时, 算法失效; 上面的误差估计中由于 $\gamma(\tau)$ 的存在, 当奇异点靠近剖分节点时, $\gamma(\tau)$ 趋向零, 则 $\gamma^{-2}(\tau)$ 趋向于无穷大, 使得上述算法失效. 于是提出如下算法克服奇异点与剖分节点重合的难点.

定理 4.4.2 如果 $f(x) \in C^4[a,b]$ 以及 s^* 为靠近奇异点最近的子区间的中点, $Q_{2n}^2(s^*, f)$ 由上式计算, 对于区间 $[a, b]$ 均匀剖分, 即: $h_i = h = \frac{b-a}{2n}, s \neq x_{2i}$. 存在正常数 C 有

$$\left| I_2(a, b; s, f) - Q_{2n}^2(s^*, f) \right| \leqslant C\gamma^{-3}(\tau) h. \tag{4.4.20}$$

定理 4.4.3 如果 $f(x) \in C^4[a,b]$ 以及 $|s - x_j| \leqslant \frac{h}{2}, j = 1, 2, \cdots, 2n-1,$ $s_1 = \frac{x_{j-1} + x_j}{2}, s_2 = \frac{x_j + x_{j+1}}{2}$ (如果 $s - x_0 \leqslant h/2, x_{2n} - s \leqslant h/2$), 对于

$Q_{2n}^2\left(s_i, f\right), i = 1, 2,$ 由上式计算, 对于区间 $[a, b]$ 均匀剖分, 即 $h_i = h = \dfrac{b-a}{2n}, s \neq x_{2i}$. 设

$$Q_{2n}^*\left(s, f\right) = \frac{1}{h}\left[\left(s-s_1\right)Q_{2n}^2\left(s_2, f\right) + \left(s_2-s\right)Q_{2n}^2\left(s_1, f\right)\right], \qquad (4.4.21)$$

则存在正常数 C 有

$$\left|I_2\left(a, b; s, f\right) - Q_{2n}^*\left(s, f\right)\right| \leqslant C\gamma^{-3}\left(s\right)h. \qquad (4.4.22)$$

证明: 对于 $s = s_1, s = s_2,$ 由定理 4.4.2, 显然成立. 对于 $s_1 < s < s_2,$ 假设

$$I_2^*\left(a, b; s_i, f\right) = \frac{1}{h}\left[\left(s-s_1\right)I_2\left(a, b; s_2, f\right) + \left(s_2-s\right)I_2\left(a, b; s_1, f\right)\right].$$

根据定理 4.4.1, 有

$$\begin{aligned}
\left|Q_{2n}^*\left(s, f\right) - I_2^*\left(a, b; s_i, f\right)\right| &\leqslant \frac{s-s_1}{h}\left|Q_{2n}^*\left(s_2, f\right) - I_2^*\left(a, b; s_2, f\right)\right| \\
&\quad + \frac{s_2-s}{h}\left|Q_{2n}^*\left(s_1, f\right) - I_2^*\left(a, b; s_1, f\right)\right| \\
&\leqslant C\left[\gamma^{-2}\left(\tau\right)h + \gamma^{-2}\left(\tau\right)h\right] \\
&\leqslant Ch. \qquad (4.4.23)
\end{aligned}$$

对于 $f\left(x\right) \in C^4\left[a, b\right], I_2\left(a, b; s, f\right) \in C^1\left(a, b\right),$ 则有

$$I_2^*\left(a, b; s_i, f\right) = \frac{1}{h}\left[\left(s-s_1\right)I_2\left(a, b; s_2, f\right) + \left(s_2-s\right)I_2\left(a, b; s_1, f\right)\right].$$

于是有

$$\begin{aligned}
&\left|I_2\left(a, b; s, f\right) - I_2^*\left(a, b; s, f\right)\right| \\
&\leqslant C\left[\left|I_2\left(a, b; s_2, f\right) - I_2\left(a, b; s, f\right)\right| + \left|I_2\left(a, b; s_1, f\right) - I_2\left(a, b; s, f\right)\right|\right] \\
&\leqslant C\left[\left.\frac{d}{ds}I_2\left(a, b; s, f\right)\right|_{s=s'} + \left.\frac{d}{ds}I_2\left(a, b; s, f\right)\right|_{s=s''}\right]h \\
&\leqslant C\left(\gamma^{-3}\left(s'\right) + \gamma^{-3}\left(s''\right)\right)h,
\end{aligned}$$

则有

$$\left|I_2\left(a, b; s, f\right) - Q_{2n}^*\left(s, f\right)\right| \leqslant C\gamma^{-3}\left(s\right)h. \qquad (4.4.24)$$

命题得证.

4.4.3 数值算例

例 4.4.1 计算如下超奇异积分

$$I_2\left(-1,1;s,x^3\right) = \text{f.p.} \int_{-1}^{1} \frac{x^3}{(x-s)^3}dx,$$

其中取 $s = 0.1$, 由有限部分积分的定义可知其准确值为 1.878989.

从表 4.4.1 中可以看到, 该算法的收敛阶为 $O(h)$, 这与我们的理论分析是一致的.

表 4.4.1 辛普森公式近似计算三阶超奇异积分

$2n+1$	h	$Q_{2n}^2(s,f)$	误差	误差比例
31	0.066667	1.740365	0.138624	
71	0.028571	1.819576	0.059412	2.333266
151	1.3333e−03	1.851263	0.027726	2.142826
311	6.4516e−03	1.865573	0.013416	2.066637
631	3.1746e−03	1.872387	0.006601	2.032419
1271	1.5748e−03	1.875714	0.003275	2.015573
2551	7.8431e−04	1.877358	0.001631	2.007971
5111	3.9139e−04	1.878175	0.000814	2.003685
10231	1.9550e−04	1.878582	0.000407	2.000000

4.5 自适应算法近似计算超奇异积分

本书的作者余德浩教授[211,213,221] 发展了梯形公式近似计算超奇异积分的思想, 给出了梯形公式近似计算奇异点与剖分节点重合的计算公式; 余德浩教授[218] 还将该方法用于圆周上超奇异积分的近似计算. 与此同时, 余德浩教授将自适应的思想用于超奇异积分的近似计算, 首次提出了在奇异点附近自动加密的自适应方法近似计算区间上和圆周上的二阶超奇异积分, 并且得到了相应的误差估计.

4.5.1 区间上奇异点与剖分节点重合时的误差估计

考虑区间上的二阶超奇异积分, 插值函数为分片线性插值, 详见 (4.2.10)—(4.2.12). 当 $f(x) = 1$ 时, 有

$$\sum_{i=0}^{n} \omega_i(s) = -\left(\frac{1}{b-s} + \frac{1}{s-a}\right). \tag{4.5.1}$$

若 $f(x) \in C^2[a,b]$, 已知当 $k = 1$ 时的梯形公式 (4.2.2), 科茨系数由 (4.2.10)—(4.2.12) 给出, 当一致剖分 $h_i = (b-a)/n$ 且奇异点不是剖分节点 $s \neq x_i$ 时, 对

$Q_{1n}(s,f)$, 存在正常数 C, 有

$$|E_{1n}(s,f)| \leqslant C\gamma^{-2}(\tau)h, \tag{4.5.2}$$

其中 $\gamma(\tau)$ 定义为 (4.2.6).

下面给出奇异点与剖分节点重合时的科茨系数, 当 $s = x_i, s = x_{i-1}, s = x_{i+1}$ 时, 我们有

$$\omega_i(s) = \begin{cases} -\dfrac{1}{h_i}(\ln h_i + 1) - \dfrac{1}{h_{i+1}}(\ln h_{i+1} + 1), & s = x_i, \\[3mm] -\dfrac{1}{h_i}(\ln h_i + 1) - \dfrac{1}{h_{i+1}}\left(\ln \dfrac{h_{i+1}}{h_i} + 1\right), & s = x_{i-1}, \\[3mm] -\dfrac{1}{h_i}(\ln h_i + 1) - \dfrac{1}{h_i}\left(\ln \dfrac{h_i}{h_{i+1}} + 1\right), & s = x_{i+1}, \end{cases} \tag{4.5.3}$$

$$\omega_0(s) = \begin{cases} -\dfrac{1}{h_1}(\ln h_1 + 1), & s = x_0, \\[3mm] \dfrac{1}{h_1}\ln h_1, & s = x_1, \end{cases} \tag{4.5.4}$$

$$\omega_n(s) = \begin{cases} -\dfrac{1}{h_n}(\ln h_n + 1), & s = x_n, \\[3mm] \dfrac{1}{h_n}\ln h_n, & s = x_{n-1}, \end{cases} \tag{4.5.5}$$

其中 $i = 1, 2, \cdots, n-1$.

定理 4.5.1　假设 $f(x) \in C^2[a,b]$, 当 $k = 1$ 时的梯形公式 (4.2.2), 科茨系数由 (4.5.3)—(4.5.5) 给出, 对于一致剖分 $h_i = h = \dfrac{b-a}{n}$ 且奇异点 $s = x_i$, 对 $Q_{1n}(s,f)$, 存在正常数 C, 有

$$|I_1(a,b;s,f) - Q_{1n}(s,f)| \leqslant C|\ln h|h. \tag{4.5.6}$$

证明：在子区间 $[x_i, x_{i+1}]$ 上, 有

$$I_1(x_{i-1}, x_{i+1}; x_i, f) = -\frac{2}{h}f(x_i) + \int_{x_{i-1}}^{x_{i+1}}(x-x_i)^{-2}\int_{x_i}^{t}(t-x)f''(x)\,dxdt.$$

另一方面,

$$\text{f.p.} \int_{x_{i-1}}^{x_i}\frac{f(x)}{(x-x_i)^2}dx = -\frac{1}{h}\ln h\left[f(x_{i-1}) - f(x_i)\right] - \frac{1}{h}f(x_i),$$

$$\text{f.p.} \int_{x_i}^{x_{i+1}} \frac{f(x)}{(x - x_i)^2} dx = -\frac{1}{h} \ln h \left[f(x_{i+1}) - f(x_i) \right] - \frac{1}{h} f(x_i). \qquad (4.5.7)$$

根据泰勒定理, 有

$$\left| I_1 (x_{i-1}, x_{i+1}, x_i, f) - \int_{x_{i-1}}^{x_i} \frac{f(x)}{(x - x_i)^2} dx \right|$$

$$\leqslant \frac{1}{h} |\ln h| \left[f(x_{i+1}) - 2f(x_i) + f(x_{i-1}) \right]$$

$$+ \left| \int_{x_{i-1}}^{x_{i+1}} (x - x_i)^{-2} \int_{x_i}^{t} (t - x) f''(x) \, dx \, dt \right|$$

$$\leqslant C |\ln h| \, h + Ch \leqslant C |\ln h| \, h. \qquad (4.5.8)$$

另外, 我们有

$$\left| I_1 (x_{i-1}, x_{i+1}; x_i, f) - \text{f.p.} \int_{x_i}^{x_{i+1}} \frac{f(x)}{(x - x_i)^2} dx \right|$$

$$= \left| \int_{x_i}^{x_{i+1}} \frac{f(x) - F_{1n}(x)}{(x - x_i)^{-2}} dx \right|$$

$$\leqslant C (jh)^{-2} h^3 \leqslant Cj^{-2}h, \qquad (4.5.9)$$

其中 $j = \min \{|i - k|, |i + 1 - k|\}$. 于是我们有

$$|I_1 (a, b; s, f) - Q_{1n} (s, f)| \leqslant C |\ln h| \, h + C \left(\sum_j j^{-2} \right) h \leqslant C |\ln h| \, h. \quad (4.5.10)$$

命题得证.

在均匀剖分的条件下, 基于科茨系数 (4.5.3)—(4.5.5), 在文献 [193] 中提出修正的算法, 在系数计算时减掉发散项 $|\ln h|$, 此时收敛阶可以达到 $O(h)$, 详细的介绍见 [193] 的定理 2.1. 类似的对于二次插值的情况, 可以得到相应的 $O(h^2)$ 的收敛阶, 详见文献 [193] 的定理 2.2.

若 $f(x) \in C^3 [a, b]$, 已知当 $k = 2$ 时的辛普森公式 (4.2.2), 科茨系数由 (4.2.17)—(4.2.19) 给出, $Q_{2n} (s, f)$ 为由公式 (4.2.4) 计算得到的二阶超奇异积分的近似值. 对于一致剖分 $h_i = \dfrac{h}{2} = \dfrac{b - a}{2n}, i = 0, 1, \cdots, 2n, s \in (a, b)$ 且奇异点不是剖分节点 $s \neq x_{2i}, i = 0, 1, \cdots, n$, 则存在正常数 C, 使得

$$|I_1 (a, b; s, f) - Q_{2n} (s, f)| \leqslant C \gamma^{-2} (\tau) h^2, \qquad (4.5.11)$$

其中 $\gamma(\tau)$ 定义为 (4.2.6).

将有限元方法和边界元方法中的自适应的思想应用于二阶超奇异积分近似计算中, 设初始网格为均匀网格或者拟一致网格 $a = x_0 < x_1 < \cdots < x_n = b$, 假设奇异点 $s \in [x_i, x_{i+1}] = (s - l, s + l)$, 对应于某些 i $(0 \leqslant i \leqslant n_0 - 1)$ 为某个子区间的中点. 并在子区间的中点进行加密 $s - \dfrac{l}{2}, s + \dfrac{l}{2}; s - \dfrac{l}{4}, s + \dfrac{l}{4}; \cdots; s - \dfrac{l}{2^k}, s + \dfrac{l}{2^k}$. 并且假设 $\Pi_1 f(x)$ 为密度函数 $f(x)$ 的线性插值. 则有如下定理.

定理 4.5.2　假设 $I_{n,k}(a, b; s, f)$ 为二阶超奇异积分 $I_1(a, b; s, f)$ 在几何网格上的梯形公式近似值, 其中在奇异点附近 $\sigma = \dfrac{1}{2}$. 对于 $f(x) \in C^2[a, b]$, 存在常数 C_1, C_2, 使得

$$|I_1(a, b; s, f) - I_{n,k}(a, b; s, f)| \leqslant C_1 h^2 + C_2 2^{-k}. \tag{4.5.12}$$

证明: 将区间 $[a, b]$ 分为三部分: $[a, s - l] \cup (s + l, b]$, $[s - l, s - 2^{-k}l) \cup (s + 2^{-k}l, s + l]$, $[s - 2^{-k}l, s + 2^{-k}l]$, 根据梯形公式经典误差理论, 有

$$|I_1(a, s - l; s, f) - I_{n,k}(a, s - l; s, f)|$$

$$+ |I_1(s + l, b; s, f) - I_{n,k}(s + l, b; s, f)|$$

$$= \left| \int_a^{s-l} \frac{f(x) - \Pi_1 f(x)}{(x - s)^2} dx \right| + \left| \int_{s+l}^b \frac{f(x) - \Pi_1 f(x)}{(x - s)^2} dx \right|$$

$$\leqslant \frac{1}{12} l^{-2} (b - a - 2l) M_2 h^2 = C_1 h^2, \tag{4.5.13}$$

其中 $M_2 = \max\limits_{a \leqslant \zeta \leqslant b} |f''(\zeta)|$. 进而, 我们有

$$\left| I_1\left(s - l, s - 2^{-k}l; s, f\right) - I_{n,k}\left(s - l, s - 2^{-k}l; s, f\right) \right|$$

$$+ \left| I_1\left(s + 2^{-k}l, s + l; s, f\right) - I_{n,k}\left(s + 2^{-k}l, s + l; s, f\right) \right|$$

$$= \left| \int_{s-l}^{s-2^{-k}l} \frac{f(x) - \Pi_1 f(x)}{(x - s)^2} dx \right| + \left| \int_{s+2^{-k}l}^{s+l} \frac{f(x) - \Pi_1 f(x)}{(x - s)^2} dx \right|$$

$$\leqslant 2 \sum_{j=1}^k \frac{(2^{-j}l) M_2}{12 (2^{-j}l)^2} (2^{-j}h)^2 = \frac{M_2}{6l} \sum_{j=1}^k (2^{-j}) h^2$$

$$< \frac{M_2}{6l} h^2 = C_1'' h^2. \tag{4.5.14}$$

对于最后一项, 由泰勒公式有

$$I_1 \left(s - 2^{-k}l, s + 2^{-k}l; s, f \right)$$

$$= -\frac{1}{l} 2^{k+1} f(s) + \int_{s-2^{-k}l}^{s+2^{-k}l} (t-s)^{-2} \int_s^t (t-x) f''(x) \, dx dt. \qquad (4.5.15)$$

另一方面,

$$I_{n,k} \left(s - 2^{-k}l, s + 2^{-k}l; s, f \right) = -\frac{1}{l} 2^k \left[f\left(s + 2^{-k}l \right) + f\left(s - 2^{-k}l \right) \right], \qquad (4.5.16)$$

则有

$$\left| I_{n,k} \left(s - 2^{-k}l, s + 2^{-k}l; s, f \right) - I_{n,k} \left(s - 2^{-k}l, s + 2^{-k}l; s, f \right) \right|$$

$$\leqslant C_2'' M_2 2^{-k} = C_2 2^{-k}, \qquad (4.5.17)$$

于是我们有

$$\left| I_1 (a, b; s, f) - I_{n,k} (a, b; s, f) \right| \leqslant C_1 h^2 + C_2 2^{-k}. \qquad (4.5.18)$$

命题得证.

几何网格可以推广到辛普森公式的情况, 首先我们给出如下引理.

引理 4.5.1 设 $\varPi_2 x^3$ 为函数 x^3 在点 $x = \alpha - h, \alpha, \alpha + h$ 处的二次拉格朗日插值, 其中 $\alpha \geqslant 2h$, 于是有

$$\left| \text{f.p.} \int_{\alpha-h}^{\alpha+h} \frac{1}{x^2} \left(x^3 - \varPi_2 x^3 \right) dx \right| < \frac{8h^2}{15\alpha \left(\alpha^2 - h^2 \right)}. \qquad (4.5.19)$$

证明: 由于

$$\varPi_2 x^3 = 3\alpha x^2 - \left(3\alpha^2 - h^2 \right) x + 3\alpha x^2 \left(\alpha^2 - h^2 \right), \qquad (4.5.20)$$

我们有

$$\text{f.p.} \int_{\alpha-h}^{\alpha+h} \frac{x^3 - \varPi_2 x^3}{x^2} dx = \text{f.p.} \int_{\alpha-h}^{\alpha+h} \frac{3\alpha x^2 - \left(3\alpha^2 - h^2 \right) x + 3\alpha x^2 \left(\alpha^2 - h^2 \right)}{x^2} dx$$

$$= -6\alpha h + \left(3\alpha^2 - h^2 \right) \ln \frac{\alpha + h}{\alpha - h}. \qquad (4.5.21)$$

根据泰勒定理, 有

$$\left| \text{f.p.} \int_{\alpha-h}^{\alpha+h} \frac{1}{x^2} \left(x^3 - \varPi_2 x^3 \right) dx \right|$$

$$
\begin{aligned}
&= \left| -6\alpha h + 2\left(3\alpha^2 - h^2\right)\left[\frac{h}{\alpha} + \frac{1}{3}\left(\frac{h}{\alpha}\right)^3 + \frac{1}{5}\left(\frac{h}{\alpha}\right)^5 + \cdots\right]\right| \\
&= \left| \frac{5}{18}\alpha^{-3}h^5 + \frac{16}{35}\alpha^{-5}h^7 + \cdots + \frac{8(m-1)}{(2m+1)(2m-1)}\alpha^{-(2m-1)}h^{2m+1} + \cdots \right| \\
&< \frac{5}{18}\alpha^{-3}h^5\left[1 + \left(\frac{h}{\alpha}\right)^2 + \left(\frac{h}{\alpha}\right)^4 + \cdots\right] = \frac{8h^2}{15\alpha\left(\alpha^2 - h^2\right)}. \quad\quad (4.5.22)
\end{aligned}
$$

命题得证.

引理 4.5.2   设 $\Pi_2 f(x)$ 为函数 $f(x) \in C^4[\alpha - h, \alpha + h]$ 在点 $x = \alpha - h, \alpha, \alpha + h$ 处的二次拉格朗日插值, 其中 $\alpha \geqslant 2h$, 于是有

$$
\left| \text{f.p.} \int_{\alpha-h}^{\alpha+h} \frac{1}{x^2}\left[f(x) - \Pi_2 f(x)\right]dx \right| < C\alpha^{-3}h^5. \quad\quad (4.5.23)
$$

证明: 根据插值公式与引理 4.5.1, 我们有

$$
\begin{aligned}
&\left| \int_{\alpha-h}^{\alpha+h} \frac{1}{x^2}\left[f(x) - \Pi_2 f(x)\right]dx \right| \\
&\leqslant \left| \int_{\alpha-h}^{\alpha+h} \frac{1}{x^2}\left[f(x) - \Pi_3 f(x)\right]dx \right| + \left| \int_{\alpha-h}^{\alpha+h} \frac{1}{x^2}\left[\Pi_3 f(x) - \Pi_2 f(x)\right]dx \right| \\
&\leqslant C_1 M_1 \alpha^{-2}h^5 + C_2' \alpha_0 \alpha^{-3}h^5, \quad\quad (4.5.24)
\end{aligned}
$$

其中 $\Pi_3 f(x)$ 为密度函数 $f(x)$ 的三次拉格朗日插值, 满足

$$
\begin{aligned}
&(\Pi_3 f)(\alpha - h) = f(\alpha - h), \quad (\Pi_3 f)(\alpha + h) = f(\alpha + h), \\
&(\Pi_3 f)(\alpha) = f(\alpha), \quad\quad\quad\quad (\Pi_3 f)'(\alpha) = f'(\alpha).
\end{aligned} \quad\quad (4.5.25)
$$

设 α_0 为 x^3 插值函数 $\Pi_2 x^3$ 的系数, 于是有

$$
\begin{aligned}
\alpha_0 &= h^{-2}\left\{\frac{1}{2h}\left[f(\alpha + h) - f(\alpha - h)\right] - f'(\alpha)\right\} \\
&= \frac{1}{6}f'''(\alpha) + O(h), \quad\quad (4.5.26)
\end{aligned}
$$

因此

$$
\left| \text{f.p.} \int_{\alpha-h}^{\alpha+h} \frac{1}{x^2}\left[f(x) - \Pi_2 f(x)\right]dx \right| \leqslant C_1 M_4 \alpha^{-2}h^5 + C_2' M_3 \alpha^{-3}h^5 \leqslant C\alpha^{-3}h^5.
$$
$$
(4.5.27)
$$

命题得证.

设初始网格为均匀网格或者拟一致网格 $a = x_0 < x_2 < \cdots < x_{2n_0} = b$, 假设奇异点 $s \in [x_{2i}, x_{2i+2}] = (s-l, s+l)$, 对应于某些 i $(0 \leqslant i \leqslant n_0 - 1)$ 为某个子区间的中点. 并在子区间的中点进行加密 $s - \dfrac{l}{2}, s + \dfrac{l}{2}; s - \dfrac{l}{4}, s + \dfrac{l}{4}; \cdots; s - \dfrac{l}{2^k}, s + \dfrac{l}{2^k}$. 并且假设 $\Pi_2 f(x)$ 为密度函数 $f(x)$ 的二次插值. 则有如下定理 4.5.3.

定理 4.5.3 假设 $I_{2n,k}(a,b;s,f)$ 为二阶超奇异积分 $I_1(a,b;s,f)$ 在几何网格上的梯形公式近似值, 其中在奇异点附近取 $\sigma = \dfrac{1}{2}$. 对于 $f(x) \in C^2[a,b]$, 存在常数 C_1, C_2, 使得

$$|I_1(a,b;s,f) - I_{2n,k}(a,b;s,f)| \leqslant C_1 h^4 + C_2 2^{-3k}. \tag{4.5.28}$$

证明: 将区间 $[a,b]$ 分为三部分: $[a, s-l] \cup (s+l, b]$, $[s-l, s-2^{-k}l) \cup (s+2^{-k}l, s+l]$, $[s-2^{-k}l, s+2^{-k}l]$, 根据引理 4.5.2 有 $\sum h_i = b - a - 2l$, 于是有

$$|I_1(a, s-l; s, f) - I_{2n,k}(a, s-l; s, f)|$$

$$+ |I_1(s+l, b; s, f) - I_{2n,k}(s+l, b; s, f)|$$

$$= \left| \int_a^{s-l} \frac{f(x) - \Pi_2 f(x)}{(x-s)^2} dx \right| + \left| \int_{s+l}^b \frac{f(x) - \Pi_2 f(x)}{(x-s)^2} dx \right|$$

$$\leqslant C_1'' l^{-3} (b - a - 2l) M_2 h^4 = C_1' h^4, \tag{4.5.29}$$

进而 $|x-s| \geqslant 2^{-j}l, x \in [s - 2^{-(j-1)}l, s - 2^{-j}l], x \in [s + 2^{-j}l, s + 2^{-(j-1)}l]$. 由引理 4.5.1 有

$$\left| I_1(s-l, s-2^{-k}l; s, f) - I_{2n,k}(s-l, s-2^{-k}l; s, f) \right|$$

$$+ \left| I_1(s+2^{-k}l, s+l; s, f) - I_{2n,k}(s+2^{-k}l, s+l; s, f) \right|$$

$$= \sum_{j=1}^k \left\{ \left| \int_{s-l}^{s-2^{-k}l} \frac{f(x) - \Pi_2 f(x)}{(x-s)^2} dx \right| + \left| \int_{s+2^{-k}l}^{s+l} \frac{f(x) - \Pi_2 f(x)}{(x-s)^2} dx \right| \right\}$$

$$\leqslant 2C_2'' \sum_{j=1}^k \frac{(2^{-j}l)}{12(2^{-j}l)^2} (2^{-j}h)^4 = 4C_2'' l^{-2} \sum_{j=1}^k (4^{-j}) h^4$$

$$< \frac{M_2}{6l} h^2 = C_1'' h^2. \tag{4.5.30}$$

对于最后一项, 根据泰勒公式, 我们有

$$I_1(s - 2^{-k}l, s + 2^{-k}l; s, f)$$

$$= -\frac{1}{l} 2^{k+1} f(s) + 2^{-k} l f''(s) + \int_{s-2^{-k}l}^{s+2^{-k}l} \frac{1}{24} (x-s)^2 f^{(4)}(\xi) \, dx, \qquad (4.5.31)$$

其中 $\xi = \xi(t) \in [s - 2^{-k}l, s + 2^{-k}l]$, 另一方面,

$$I_{2n,k}\left(s - 2^{-k}l, s + 2^{-k}l; s, f\right)$$

$$= -\frac{1}{l} 2^k \left[f\left(s + 2^{-k}l\right) + f\left(s - 2^{-k}l\right) \right]$$

$$+ 2^{k+1} l^{-1} \left[f\left(s + 2^{-k}l\right) + f\left(s - 2^{-k}l\right) - 2f(s) \right], \qquad (4.5.32)$$

则有

$$\left| I_{2n,k}\left(s - 2^{-k}l, s + 2^{-k}l; s, f\right) - I_{2n,k}\left(s - 2^{-k}l, s + 2^{-k}l; s, f\right) \right|$$

$$\leqslant C_3'' M_3 \left(l 2^{-k}\right)^3 = C_2 2^{-3k}, \qquad (4.5.33)$$

于是我们有

$$\left| I_1(a, b; s, f) - I_{2n,k}(a, b; s, f) \right| \leqslant C_1 h^4 + C_2 2^{-3k}. \qquad (4.5.34)$$

命题得证.

4.5.2　圆周上奇异点与剖分节点重合时的误差估计

考虑圆周上含有二阶超奇异积分核 $-\left(4\pi \sin^2 \dfrac{x-s}{2}\right)^{-1}$ 的积分

$$\text{f.p.} \int_\Gamma \frac{f(x)}{\sin^2 \dfrac{x-s}{2}} \, dx, \qquad (4.5.35)$$

其中 x 为 Γ 上的弧长参数, $f(x)$ 为以 2π 为周期的适当光滑的周期函数. 这是在边界中最常出现的一类超奇异积分. 圆内或圆外区域的许多典型的椭圆问题均归化为含有此类超奇异积分的边界积分方程. 显然, 由 Γ 为圆周及密度函数 $f(x)$ 的周期性可知, 取 $s = 0$, 并不失一般性, 于是可以考虑

$$I_1(c, s, f) = \text{f.p.} \int_\Gamma \frac{f(x)}{\sin^2 \dfrac{x}{2}} \, dx \qquad (4.5.36)$$

的数值积分公式即可.

　　将 $\Gamma = [-\pi, \pi]$ 分为若干弧段, 选取圆弧上的分段线性基函数, 再以 $f(x)$ 的拉格朗日插值函数 $F_{1n}(x)$ 定义为 (4.2.3) 代替 (4.5.36) 中的 $f(x)$. 于是由超奇

异积分的定义可得到相应的梯形公式的科茨系数的计算公式. 若奇异点 $s = 0$ 不取为节点, 则有

$$I_1 (c, s, F_{1n}) = \sum_{i=1}^{n} \omega_i (s) f (x_i), \tag{4.5.37}$$

其中

$$\omega_i (s) = \frac{1}{\pi h_i} \ln \left| \frac{\sin \dfrac{x_{i-1}}{2}}{\sin \dfrac{x_i}{2}} \right| + \frac{1}{\pi h_{i+1}} \ln \left| \frac{\sin \dfrac{x_{i+1}}{2}}{\sin \dfrac{x_i}{2}} \right|, \tag{4.5.38}$$

此即计算 (4.5.36) 的梯形公式, 或称为广义梯形公式. 这里 $x_i, i = 1, 2, \cdots, n$ 为节点, $h_i = x_i - x_{i-1}$ 为步长.

为简单起见, 将边界 Γ 分为 $2n$ 份, 则有

$$x_i = \frac{i}{n}\pi, \quad i = -n, \cdots, -1, 1, \cdots, n, \tag{4.5.39}$$

其中 $x_{-n} = -\pi, x_n = \pi$ 相应于边界 Γ 上同一节点. 令

$$h = \frac{\pi}{n} = \frac{2\pi}{N}, \quad \Gamma_0 = [x_{-1}, x_1], \tag{4.5.40}$$

$$\Gamma_i = \begin{cases} [x_{i-1}, x_i], & i = -(n-1), \cdots, -1, \\ [x_i, x_{i+1}], & i = 1, \cdots, n-1, \end{cases} \tag{4.5.41}$$

于是 $\Gamma = \bigcup\limits_{i=-(n-1)}^{n-1} \Gamma_i$ 被分为 $2n - 1$ 个弧段, 除了含奇异点 Γ_0 长 $2h$ 外, 其余各段弧长均为 h, 在均匀剖分下, 推广的梯形公式化为

$$I_1 (c, s, F_{1n}) = \sum_{\substack{i=-(n-1) \\ i \neq 0}}^{n} \omega_i (s) f (x_i) = \sum_{\substack{i=-n \\ i \neq 0}}^{n-1} \omega_i (s) f (x_i), \tag{4.5.42}$$

其中

$$\begin{cases} \omega_1 = \omega_{-1} = \dfrac{1}{\pi h} \ln \left| \dfrac{\sin (h)}{\sin \left(\dfrac{h}{2} \right)} \right|, \\ \omega_i = \omega_{-i} = \dfrac{1}{\pi h} \ln \left| \dfrac{\sin \left(\dfrac{i-1}{2} h \right) \sin \left(\dfrac{i+1}{2} h \right)}{\sin^2 \dfrac{ih}{2}} \right|, \quad i = 2, \cdots, n, \end{cases} \tag{4.5.43}$$

易知, 科茨系数关于奇异点对称, 且满足

$$\sum_{\substack{i=-(n-1)\\i\neq0}}^{n} \omega_i\left(s\right) = \sum_{\substack{i=-n\\i\neq0}}^{n-1} \omega_i\left(s\right) = 0. \tag{4.5.44}$$

定理 4.5.4 若 $f\left(x\right) \in C^2\left(\Gamma\right)$, $I_1\left(c,s,F_{1n}\right)$ 为利用推广的梯形公式 (4.5.42) 及 (4.5.43) 计算 $I_1\left(c,s,f\right)$ 得到的近似值. 存在正常数 C, 使得

$$\left|I_1\left(c,s,f\right) - I_1\left(c,s,F_{1n}\right)\right| \leqslant Ch. \tag{4.5.45}$$

证明过程类似于定理 4.2.1.

此时梯形公式的误差收敛阶为 $O\left(h\right)$, 为了得到较高的收敛阶, 下面给出奇异点附近几何分级节点的梯形公式误差估计.

取初始一致网格 $x_i = \dfrac{i}{n}\pi, i = -n, \cdots, -1, 1, \cdots, n$. 且 $x_0 = 0$ 不作为节点, 它是弧段 $\Gamma_0 = [-l,l]$ 的中点, 其中 $l = x_1 = \dfrac{\pi}{N_0}$ 为初始剖分的尺度. 依次取几何分级节点: $-\dfrac{l}{2}, \dfrac{l}{2}, \cdots, -2^{-k}l, 2^{-k}l$, 即 $h \to 0$ 时则将各弧段不断细分. 需要指出的是, 这里的细分不仅包括 $[-\pi,-l], [l,\pi]$ 中的弧段, 也包括 $[-l,l]$ 中的弧段. h 是将所有弧段进一步细分后的最长弧段长, 设 Π 为在上述分割下的分段线性插值算子, 这样改进后的推广的梯形公式便有更快的收敛速度.

定理 4.5.5 若 $f\left(x\right) \in C^2\left(\Gamma\right), I_{N,k}\left(c,s,F_{1n}\right)$ 为利用推广的梯形公式 (4.5.42) 及 (4.5.43) 计算 $I_1\left(c,s,f\right)$ 得到的近似值. 存在正常数 C, 使得

$$\left|I_1\left(c,s,f\right) - I_{N,k}\left(c,s,F_{1n}\right)\right| \leqslant C_1 h^2 + C_2 2^{-k}. \tag{4.5.46}$$

证明: 将 Γ 分为 $\Gamma_1 = [-\pi,-l] \cup (l,\pi], \Gamma_2 = \left[-l,-2^{-k}l\right) \cup \left(2^{-k}l,l\right]$ 及 $\Gamma_3 = \left[-2^{-k}l, 2^{-k}l\right]$ 三部分. 利用插值误差估计得

$$\left|I_1\left(c,s,f\right) - I_{N,k}\left(c,s,F_{1n}\right)\right|$$

$$\leqslant \frac{1}{4\pi\sin^2\dfrac{x}{2}} \left\{ \int_{-\pi}^{-l} \left|f\left(x\right) - \Pi f\left(x\right)\right| dx + \int_{l}^{\pi} \left|f\left(x\right) - \Pi f\left(x\right)\right| dx \right\}$$

$$\leqslant \frac{\left(\pi - l\right) M_2}{4\pi\sin^2\dfrac{x}{2}} h^2 = Ch^2, \tag{4.5.47}$$

其中 $M_2 = \max_{\Gamma} \left|f''\left(\xi\right)\right|, C$ 为正常数. 对第二部分则有

$$\left|I_1\left(c,s,f\right) - I_{N,k}\left(c,s,F_{1n}\right)\right|$$

$$\leqslant \frac{1}{4\pi \sin^2 \frac{x}{2}} \left\{ \int_{-l}^{-2^{-k}l} |f(x) - \Pi f(x)|\, dx + \int_{2^{-k}l}^{l} |f(x) - \Pi f(x)|\, dx \right\}$$

$$\leqslant \frac{M_2}{16\pi} \sum_{j=1}^{k} \frac{2^{-j}l}{\sin^2\left(2^{-j}l/2\right)} \left(2^{-j}h\right)^2 \leqslant \frac{\pi M_2}{16\pi l} \left(\sum_{j=1}^{k} 2^{-j}\right) h^2$$

$$< \frac{\pi M_2 h^2}{16l} = C h^2.$$

最后, 对第三部分有

$$I\left(\Gamma_3\right) = \left(\frac{1}{\pi} \cot \frac{l}{2^{k+1}}\right) f(0) - \text{f.p.} \int_{-2^{-k}l}^{2^{-k}l} \frac{f(x) - f(0) - f'(0)x}{4\pi \sin^2 \frac{x}{2}}\, dx,$$

$$I_{N,k}\left(\Gamma_3\right) = \left(\frac{1}{\pi} \cot \frac{l}{2^{k+1}}\right) \left[f\left(2^{-k}l\right) + f - \left(2^{-k}l\right)\right],$$

并利用泰勒公式展开得到

$$\left|I_1\left(c, s, f\right) - I_{N,k}\left(c, s, F_{1n}\right)\right| \leqslant C\left(2^{-k}l\right) = C2^{-k}.$$

命题得证.

注: 若将比例为 $1/2$ 的几何分级节点换为比例为 $\sigma\,(0 < \sigma < 1)$ 的几何分级节点, 定理 4.5.5 依然成立, 只是结论改为

$$\left|I_1\left(c, s, f\right) - I_{N,k}\left(c, s, F_{1n}\right)\right| \leqslant C_1 h^2 + C_2 \sigma^k. \tag{4.5.48}$$

上述近似积分的误差包含两部分. 当 k 较小时, 由含奇异点弧段上的积分产生的第二部分误差为主要部分, 此时只要增加分级节点, 误差便呈指数衰减. 但是当 k 较大时, 第一项的误差已可忽视. 此时为减少误差必须同时细分不含奇异点的弧段, 即减少 h. 由此可见, 在奇异点附件取几何分级节点可大大提高计算精度.

4.5.3 数值算例

例 4.5.1 我们考虑如下超奇异积分

$$I(0, 2; 1, f) = \text{f.p.} \int_0^2 \frac{x^2 - 1}{(x - s)^2}\, dx.$$

根据有限部分积分定义准确值为 $I(0, 2; 1, f) = 1.6$.

由表 4.5.1 可知经典的梯形公式近似计算超奇异积分是发散的; 由表 4.5.2 可知, 广义的梯形公式在采用近似取中法, 奇异点位于子区间的中点时其收敛阶为

$O(h)$; 由表 4.5.3 可知, 当奇异点与剖分节点重合时, 此时收敛阶为 $O(h|\ln h|)$; 而根据表 4.5.4 可知, 自适应算法是按照指数阶收敛的.

表 4.5.1　经典梯形公式

n	近似值	误差	误差比例
4	3.30000	1.70000	
8	5.02778	3.42778	0.496
16	8.46275	6.86275	0.499
32	15.3273	13.7273	0.500

表 4.5.2　广义梯形公式 (一致网格, s 近似取中法)

n	近似值	误差	误差比例
4	-0.32056	1.92056	
8	0.66027	0.93973	2.04
16	1.13533	0.46467	2.02
32	1.36896	0.23104	2.01

表 4.5.3　广义梯形公式 (一致网格, 奇异点位于剖分节点)

n	近似值	误差	误差比例
5	-0.01371	1.64371	
9	0.46712	1.13288	1.42
17	0.86546	0.73454	1.54
33	1.14739	0.45261	1.62

表 4.5.4　广义梯形公式 (一致网格, 奇异点位于剖分节点) 从 $n = 8$ 均匀节点出发的误差

n	近似值	误差	误差比例
8	0.66027	0.93973	
10	1.18013	0.41987	1.42
12	1.44006	0.15994	1.54
14	1.57003	0.02997	1.62

例 4.5.2　计算圆周上的超奇异积分

$$I_1(c, s, f) = \text{f.p.} \int_c^{c+2\pi} \frac{1 + 2\cos x}{4\pi \sin^2 \dfrac{x - s}{2}} dx,$$

根据有限部分积分定义准确值为 2.

对于圆周上的超奇异积分, 由表 4.5.5 可知经典的梯形公式近似计算超奇异积分是发散的; 由表 4.5.6 可知, 广义的梯形公式在采用近似取中法, 奇异点位于子区间的中点时其收敛阶为 $O(h)$; 而根据表 4.5.7 和表 4.5.8 可知, 自适应算法是按照指数阶收敛的.

表 4.5.5   经典梯形公式的误差

n	近似值	误差	误差比例
4	−0.625	2.625	
8	−3.21783	5.21783	0.5031
16	−8.43195	10.43195	0.5002
32	−18.87907	20.87907	0.4996

表 4.5.6   广义梯形公式 (一致网格) 的误差

n	近似值	误差	误差比例
4	0.280922	1.719078	
8	1.047928	0.952072	1.8056
16	1.523583	0.476415	1.9984
32	1.764932	0.235068	2.0267

表 4.5.7   广义梯形公式 (一致网格, 奇异点位于剖分节点) 从 $n = 8$ 均匀节点出发的误差

n	近似值	误差	误差比例
8	1.047928	0.952072	
10	1.521462	0.478538	1.9895
12	1.775458	0.224542	2.1312
14	1.904676	0.095324	2.3556
16	1.969566	0.030434	3.1322

表 4.5.8   从 $n = 16$ 均匀节点出发的误差

n	近似值	误差	误差比例
16	1.523585	0.476415	
18	1.777581	0.222419	2.1420
20	1.906800	0.093200	2.3865
22	1.971689	0.028311	3.2920
24	2.004169	0.004169	6.7408

4.6   其他数值方法

除了上面介绍的几种常用数值方法之外, 超奇异积分的数值方法还有很多, 如 S 型变换法[46-48]、三角函数方法[93]、基于奇异分离定义的外推方法[146,148] 等, 这一节我们简要介绍 S 型变换法, 基于奇异分离定义的外推方法见文献 [142—145], 这里不再详细叙述.

S 型变换法 (sigmoidal transformation) 是一种基于 Euler-Maclaurin 展式的非线性变换方法. 考虑积分

$$If = \int_0^1 f(x)dx. \tag{4.6.1}$$

我们知道, 在所有关于这类积分的数值求积公式中, 梯形公式是最简单也是最容易实现的, 但是它的精度只有 $O\left(h^2\right)$. 梯形公式的 Euler-Maclaurin 展式为

$$If = \frac{1}{m}\sum_{j=0}^{m}{}''f\left(\frac{j}{m}\right) - \sum_{j=1}^{m}\frac{B_{2j}}{(2j)!}\frac{f^{(2j-1)}(1) - f^{(2j-1)}(0)}{m^{2j}}$$
$$+ \frac{1}{m^{2n}}\int_0^1\frac{f^{(2n)}(x)B_{2n}(mx)}{(2n)!}dx,$$

其中 $\displaystyle\sum_{j=0}^{m}{}''$ 表示第一项和最后一项取半的求和, $B_j(x)$ 表示伯努利函数. 由这个式子可知, 如果被积函数 f 及其高阶导数均以 1 为周期, 梯形公式将会很快地收敛到 If. S 型变换是一种 $[0,1]$ 到本身的映射, 它可以使变换后的函数具备一定阶数的周期性. 经过某个 S 型变换后, 若将梯形公式应用到变换后的积分上便会得到较快的收敛速度. 这里我们着重介绍 S 型变换在超奇异积分中的应用.

设 α 为一个正的非整数, 它使得对于某个 $n \in \mathbf{N}_0$ 满足 $n < \alpha < n + 1$. 再设 $N \in \mathbf{N}$ 使得 $N \gg \alpha$. 称函数 f 属于空间 K_α^N, 如果

(1) $f \in C^N(0,1)$;

(2) $f^{(j)} \in C_0[0,1], j = 0, 1, \cdots, n-1$;

(3) $\displaystyle\int_0^1 t(1-t)^{j-\alpha}f^{(j)}(t)dt < \infty, j = 0, 1, \cdots, N$.

另外, 定义空间 K_α^N 的模为

$$\|f\|_{\alpha,N} = \max_{i=0,1,\cdots,N}\int_0^1 t(1-t)^{j-\alpha}\left|f^{(j)}(t)\right|dt. \tag{4.6.2}$$

这个定义告诉我们, 空间 K_α^N 的函数 f 有如下性质:

(1) 对于 $j = 0, 1, \cdots, n, f^{(j)}$ 在区间 $(0,1)$ 上可积, 且存在某个正常数 C 使得 $\displaystyle\int_0^1\left|f^{(j)}(t)\right|dt \leqslant C\|f\|_{\alpha,N}$.

(2) 存在某个正常数 C 使得

$$\left|f^{(j)}(t)\right| \leqslant C\left[t(1-t)\right]^{\alpha-j-1}, \quad j = 0, 1, \cdots, N-1. \tag{4.6.3}$$

引入一个 S 型变换 γ_r, 其中 $r > 1$ 表示变换的阶, 它是一个 $[0,1]$ 到自身的一一映射, 定义为

实值函数 γ_r 被称为 $r \geqslant 1$ 阶 S 型变换, 如果它满足以下条件:

(1) $\gamma_r \in C^1[0,1] \cap C^\infty(0,1)$ 且 $\gamma_r(0) = 0$;

(2) $\gamma_r(x) + \gamma_r(1-x) = 1, 0 \leqslant x \leqslant 1$;

(3) γ_r 在区间 $[0,1]$ 上严格递增;

(4) γ_r 在区间 $[0,1]$ 上严格递增且 $\gamma_r'(0) = 0$;

(5) 在 $x = 0$ 附近, $\gamma_r^{(j)} = O(x^{r-j}), j \in \mathbf{N}_0$.

当 $r > 1$ 时, γ_r 的图像呈 S 形状, S 型变换由此得名. 下面列出几种典型的 S 型变换.

(1) 代数型 S 变换:

$$\gamma_r(x) = \frac{x^r}{x^r + (1-x)^r}, \quad x \in [0,1], \quad r > 1$$

为 r 阶变换;

(2) 积分型 S 变换:

$$\gamma_r(x) = \int_0^x h(\xi)\,d\xi \bigg/ \int_0^1 h(\xi)\,d\xi, \quad x \in [0,1].$$

当 $h(x) = (x(1-x))^{r-1}, r > 1$ 时, $\gamma_r(x)$ 为 r 阶变换;

当 $h(x) = \exp(-(1/x + 1/(1-x)))$ 时, $\gamma_r(x)$ 为无穷阶变换.

接下来我们将注意力转移到超奇异积分

$$I_1(0,1;x,f) = \text{f.p.} \int_0^1 \frac{f(y)}{(y-x)^2}\,dy, \quad x \in (0,1). \tag{4.6.4}$$

这里我们直接给出相应的积分公式, 具体细节可参见文献 [45—47]. 定义

$$\left(Q_{2,m}^{[v]}f\right)(x) = \begin{cases} \dfrac{1}{m}\displaystyle\sum_{j=0}^{m-1} \dfrac{f\left(\dfrac{j+t_v}{m}\right)}{\left(\dfrac{j+t_v}{m}-x\right)^2}, & mx - t_v \notin \mathbf{Z}, \\[4mm] \dfrac{1}{m}\displaystyle\sum_{\substack{j=0,\\ s\neq j/m}}^{m} {}''\dfrac{f\left(\dfrac{j}{m}\right)}{\left(\dfrac{j}{m}-x\right)^2}, & mx - t_v \in \mathbf{Z} \end{cases} \tag{4.6.5}$$

和

$$\left(S_{2,m}^{[v]}f\right)(x) = \begin{cases} \pi f'(x)\cot(\pi(t_v - mx)) \\ \quad +\pi^2 m f(x)\csc^2(\pi(t_v - mx)), & mx - t_v \notin \mathbf{Z} \\[3mm] -\dfrac{\pi^2 m}{3}f(x) + \dfrac{f''(x)}{2m}, & mx - t_v \in \mathbf{Z}, \end{cases} \tag{4.6.6}$$

其中

$$t_v := (v+1)/2, \quad -1 < v \leqslant 1.$$

对于某个 $n \in \mathbf{N}$, 设 $f \in C^{(n-1)}[0,1]$, 且 $f^{(n)}, f^{(n+1)}$ 和 $f^{(n+2)}$ 在 $(0,1)$ 上连续. 另外, 再设 $f^{(n)}$ 在 $(0,1)$ 上可积. 则对于某个 $x \in (0,1)$,

$$\begin{aligned}
I_1(0,1;x,f) = {} & \left(Q_{2,m}^{[v]}f\right)(x) - \left(S_{2,m}^{[v]}f\right)(x) \\
& - \sum_{j=1}^{n} \frac{\bar{B}_j(t_v)}{j!} \frac{1}{m^j} \left\{ \frac{d^{j-1}}{dy^{j-1}} \left(\frac{f(y)}{(y-x)^2} \right) \Bigg|_{y=1} \right. \\
& \left. - \frac{d^{j-1}}{dy^{j-1}} \left(\frac{f(y)}{(y-x)^2} \right) \Bigg|_{y=0} \right\} + \left(E_{2,m}^{[\mu]}f\right)(x),
\end{aligned} \tag{4.6.7}$$

其中

$$\left(E_{2,m}^{[\mu]}f\right)(x) = \frac{1}{m^n}\text{f.p.}\int_0^1 \frac{d^n}{dy^n}\left(\frac{f(y)}{(y-x)^2} - \frac{\partial\varphi(y;x)}{\partial x}\right)\frac{\bar{B}_j(t_v - my)}{n!}dy \tag{4.6.8}$$

和

$$\varphi(y;x) = \begin{cases} \pi f(x)\cot(\pi(y-x)), & y-x \notin \mathbf{Z}, \\ 0, & y-x \in \mathbf{Z}. \end{cases} \tag{4.6.9}$$

由空间 K_α^N 的定义可知, 对于某个整数 $n \in \mathbf{N}$ 使得 $0 < n < \alpha < n+1$, 当 $f \in K_\alpha^N$ 时, 式 (4.6.7) 的第三项为零, 于是有以下定理.

定理 4.6.1　假设 $f \in K_\alpha^N$, 其中对于某个整数 $n \in \mathbf{N}$ 使得 $0 < n < \alpha < n+1$. 则对于某个给定的 $x \in (0,1)$, 有

$$I_1(0,1,x,f) = \left(Q_{2,m}^{[v]}f\right)(x) - \left(S_{2,m}^{[v]}f\right)(x) + \left(E_{2,m}^{[\mu]}f\right)(x), \tag{4.6.10}$$

并且存在一个不依赖于 m 和 x 的正常数 C, 使得

$$\left|\left(E_{2,m}^{[\mu]}f\right)(x)\right| \leqslant \frac{C\|f\|_{\alpha,N}}{m^n[x(1-x)]^{n+2-\alpha}}. \tag{4.6.11}$$

下面讨论 S 型变换对超奇异积分的影响. 作变换 $y = \gamma_r(t), x = \gamma_r(s)$, 我们可以将积分 (4.6.4) 改写成

$$I_1(0,1;s,f) = \text{f.p.}\int_0^1 \frac{\Psi_r(t;s)}{(t-s)^2}dt, \tag{4.6.12}$$

其中

$$\Psi_r\left(t;s\right) = \begin{cases} f\left(\gamma_r\left(t\right)\right)\gamma_r'\left(t\right)\dfrac{\left(t-s\right)^2}{\left[\gamma_r\left(t\right)-\gamma_r\left(s\right)\right]^2}, & t \neq s, \\[4mm] f\left(\gamma_r\left(s\right)\right)\gamma_r'\left(s\right), & t = s. \end{cases} \tag{4.6.13}$$

设 $f \in K_\alpha^N$ (α 为某个大于 0 的非整数). 令 γ_r 为一个阶 $r \geqslant 1$ 的 S 型变换. 再设 $\beta = \alpha r$ 且 $\beta \notin \mathbf{N}, \beta < N$. 则

(i) $\Psi_r\left(.;s\right) \in K_\beta^N$;

(ii) 存在一个正常数 C 使得

$$\left\|\Psi_r\left(.;s\right)\right\|_{\beta,N} \leqslant C\left\|f\right\|_{\alpha,N},$$

类似于式 (4.6.5) 和 (4.6.6), 构造积分 (4.6.12) 的数值积分公式.

定义

$$\left(Q_{2,m}^{[v,r]}f\right)(x) = \begin{cases} \dfrac{1}{m}\displaystyle\sum_{j=0}^{m-1}\dfrac{\gamma_r'\left(\dfrac{j+t_v}{m}\right)f\left(\gamma_r\left(\dfrac{j+t_v}{m}\right)\right)}{\left(\gamma_r\left(\dfrac{j+t_v}{m}\right)-\gamma_r\left(s\right)\right)^2}, & mx-t_v \notin \mathbf{Z}, \\[8mm] \dfrac{1}{m}\displaystyle\sum_{\substack{j=0,\\ s\neq j/m}}^{m}{}''\dfrac{\gamma_r'\left(\dfrac{j}{m}\right)f\left(\gamma_r\left(\dfrac{j}{m}\right)\right)}{\left(\gamma_r\left(\dfrac{j}{m}\right)-\gamma_r\left(s\right)\right)^2}, & mx-t_v \in \mathbf{Z} \end{cases} \tag{4.6.14}$$

和

$$\left(S_{2,m}^{[v,r]}f\right)(x) = \begin{cases} \pi f'\left(\gamma_r\left(s\right)\right)\cot\left(\pi\left(t_v-ms\right)\right) \\[2mm] \quad +\pi^2 m\dfrac{f\left(\gamma_r\left(s\right)\right)}{\gamma_r'\left(s\right)}\csc^2\left(\pi\left(t_v-ms\right)\right), & ms-t_v \notin \mathbf{Z}, \\[4mm] -\dfrac{f\left(\gamma_r\left(s\right)\right)}{m\gamma_r'\left(s\right)}\left(\dfrac{\gamma_r''\left(s\right)}{6\gamma_r'\left(s\right)}-\dfrac{1}{4}\left(\dfrac{\gamma_r''\left(s\right)}{\gamma_r'\left(s\right)}\right)^2+\dfrac{m^2\pi^2}{3}\right) \\[4mm] \quad -\dfrac{f'\left(\gamma_r''\left(s\right)\right)}{2m\gamma_r'\left(s\right)}-\dfrac{f''\left(\gamma_r'\left(s\right)\right)}{2m}, & ms-t_v \in \mathbf{Z}. \end{cases} \tag{4.6.15}$$

下面给出计算超奇异积分的 S 型变换法的主要结论.

定理 4.6.2 设 $f \in K_\alpha^N$ (α 为某个大于 0 的非整数). 令 $\gamma_r\left(s\right)$ 为一个阶 $r \geqslant 1$ 的 S 型变换, 它使得对于某个 $n_1 \in \mathbf{N}, n_1 \leqslant \alpha r \leqslant n_1 + 1$. 则对于任意

$m \in \mathbf{N}$ 和 $0 < x < 1$, 有

$$I_1\left(0,1;x,f\right) = \left(Q_{2,m}^{[v,r]}f\right)(x) - \left(S_{2,m}^{[v,r]}f\right)(x) + \left(E_{2,m}^{[\mu,r]}f\right)(x), \qquad (4.6.16)$$

并且存在一个不依赖于 m 和 x 的正常数 C, 使得

$$\left|\left(E_{2,m}^{[\mu,r]}f\right)(x)\right| \leqslant \frac{C\,\|f\|_{\alpha,N}}{m^{n_1}\,[x\,(1-x)]^{n_1+2-\alpha}}. \qquad (4.6.17)$$

证明略, 数值算例见文献 [46].

第 5 章　区间上超奇异积分的超收敛现象

牛顿-科茨积分公式对于密度函数的光滑性较低的情况具有很大的优势, 尤其是其网格的灵活性使得其在工程计算中具有广泛的应用. 对于超奇异积分的计算, 由于积分核具有超奇异性, 牛顿-科茨积分公式的整体收敛阶较低仅为 $O\left(h^k\right)$. 这一章主要考虑基于牛顿-科茨积分公式的超收敛现象, 即奇异点位于某个子区间的特定位置时, 其收敛阶要比整体收敛阶高.

近几年来, 邬吉明研究员发现了复化辛普森公式[195] 近似计算二阶超奇异积分的超收敛现象, 随后与其合作者发现了梯形公式近似计算二阶超奇异积分的超收敛现象[193] 与任意阶牛顿-科茨积分公式近似计算二阶超奇异积分[194] 的超收敛现象; 对于辛普森公式近似计算区间上的三阶超奇异积分的超收敛现象见文献 [260], 任意阶牛顿-科茨积分公式近似计算三阶超奇异积分的超收敛现象见文献 [118], 最后简要介绍牛顿-科茨积分公式近似计算任意阶超奇异积分的超收敛结论.

5.1　梯形公式近似计算超奇异积分

考虑区间上的超奇异积分

$$I_p\left(a,b;s,f\right) := \text{f.p.} \int_a^b \frac{f\left(x\right)}{\left(x-s\right)^{p+1}}dx, \quad s\in\left(a,b\right), \quad p=1,2. \tag{5.1.1}$$

5.1.1　积分公式的提出

对区间 $[a,b]$ 上的均匀剖分网格 $a=x_0<x_1<\cdots<x_n=b$, 步长 $h=x_i-x_{i-1}=(b-a)/n$, 用 $f_L\left(x\right)$ 表示函数 $f\left(x\right)$ 的线性插值

$$f_L\left(x\right) = \frac{x-x_{i-1}}{h}f\left(x_i\right) + \frac{x_i-x}{h}f\left(x_{i-1}\right), \quad x\in\left[x_{i-1},x_i\right], \quad 1\leqslant i\leqslant n, \tag{5.1.2}$$

结合 (4.2.3) 有

$$f_L\left(x\right) = F_{1n}\left(x\right). \tag{5.1.3}$$

用 $f_L\left(x\right)$ 代替 (5.1.1) 中的密度函数 $f\left(x\right)$ 得到梯形公式:

$$Q_{1n}^p\left(s,f\right) = \text{f.p.} \int_a^b \frac{f_L\left(x\right)}{\left(x-s\right)^{p+1}}dx = \sum_{i=0}^n \omega_i^p\left(s\right)f\left(x_i\right), \tag{5.1.4}$$

其中 $\omega_i^p\,(s)\,(0 \leqslant i \leqslant n)$ 表示科茨系数.

对于 $p = 1$, Linz 给出如下误差估计

$$\left| I_1\,(a,b;s,f) - Q_{1n}^1\,(s,f) \right| \leqslant C\gamma^{-2}\,(\tau)\,h, \tag{5.1.5}$$

其中 $\gamma\,(\tau)$ 定义为 (4.2.6).

当奇异点 s 位于子区间中点时, 在此误差估计下可以达到最优误差阶 $O\,(h)$. 对 $p = 2$ 的情况, 设 $f\,(x) = x^2, s = x_m + h/2 + \tau h\,(|\tau| < 1/2)$, 以及 $n = 2m+1$, 有

$$\text{f.p.} \int_a^b \frac{f\,(x) - f_L\,(x)}{(x-s)^3} dx$$

$$= \left(\text{f.p.} \int_{x_m}^{x_{m+1}} + \sum_{i=1, i\neq m+1}^{2m+1} \int_{x_m}^{x_{m+1}} \right) \frac{f\,(x) - f_L\,(x)}{(x-s)^3} dx$$

$$= \sum_{i=1}^{2m+1} \left[\ln \left| \frac{x_i - s}{x_{i-1} - s} \right| + \frac{(2s - x_{i-1} - x_i)\,h}{2\,(s - x_{i-1})\,(s - x_i)} \right]$$

$$= \ln \frac{b-s}{s-a} + \frac{h}{2} \sum_{i=1}^{2m+1} \left(\frac{1}{s - x_{i-1}} + \frac{1}{s - x_i} \right)$$

$$= \ln \frac{2m + 1 - 2\tau}{2m + 1 + 2\tau} - \frac{4\tau}{(2m+1)^2 - 4\tau^2} - \sum_{i=1}^m \frac{8\tau}{(2i-1)^2 - 4\tau^2}, \tag{5.1.6}$$

于是有

$$\left| \text{f.p.} \int_a^b \frac{f\,(x) - f_L\,(x)}{(x-s)^3} dx \right| \geqslant \frac{8\,|\tau|}{1 - 4\tau^2}. \tag{5.1.7}$$

由 (5.1.7) 式可知, 梯形公式近似计算三阶超奇异积分是发散的. 杜其奎[19] 考虑了复化辛普森公式近似计算三阶超奇异积分, 并且理论上证明了最优误差阶 为 $O\,(h)$, 数值结论验证了其理论分析, 见 4.4 节.

对于 (5.1.4), 通过直接计算, 有

$$w_i^1\,(s) = \frac{1 - \delta_{i0}}{h} \ln \left| \frac{x_i - s}{x_{i-1} - s} \right| - \frac{1 - \delta_{in}}{h} \ln \left| \frac{x_{i+1} - s}{x_i - s} \right| - \frac{\delta_{i0}}{s - x_0} + \frac{\delta_{in}}{s - x_n} \tag{5.1.8}$$

和

$$w_i^2\,(s) = \frac{1}{2} \left\{ \frac{\delta_{i0}}{(s - x_0)^2} - \frac{\delta_{in}}{(s - x_n)^2} + \frac{1 - \delta_{i0}}{(x_{i-1} - s)\,(x_i - s)} - \frac{1 - \delta_{in}}{(x_{i+1} - s)\,(x_i - s)} \right\},$$

$$\tag{5.1.9}$$

其中 δ_{ij} 为 Kronecker 记号.

5.1.2 主要结论

定理 5.1.1 设 $Q_{1n}^p(s,f)\,(p=1,2)$ 在均匀网格下由 (5.1.4), (5.1.8) 和 (5.1.9) 计算, 假设

$$s = \begin{cases} x_m + \dfrac{h}{2} \pm \dfrac{h}{3}, & p=1, \\[2mm] x_m + \dfrac{h}{2}, & p=2, \end{cases}$$

其中 $0 \leqslant m < n$. 则存在与 h 和 s 无关的常数 C, 有

$$I_p(a,b;s,f) - Q_{1n}^p(s,f)$$

$$\leqslant \begin{cases} C\left[1+\eta_p(s)h^{1-\alpha}\right]h^{1+\alpha}, & f(x) \in C^{p+1+\alpha}[a,b], \\ C\left[\eta_p(s)+|\ln h|\right]h^2, & f(x) \in C^{p+2}[a,b], \\ C\eta_p(s)h^2, & f(x) \in C^{p+2+\alpha}[a,b], \end{cases} \quad (5.1.10)$$

这里 $0 < \alpha < 1$, 以及

$$\eta_p(s) = \max\left\{\frac{1}{(s-a)^p}, \frac{1}{(b-s)^p}\right\}. \quad (5.1.11)$$

下面的部分给出定理 5.1.1 的证明.

在下面的分析中, 常数 C 表示与 h 和 s 无关, 在不同的地方其值可能不同. 首先定义

$$\text{f.p.} \int_a^b \frac{(x-s)^{p+l}}{(x-s)^{p+1}}dx = \begin{cases} -\dfrac{1}{2}\left[\dfrac{1}{(b-s)^2} - \dfrac{1}{(a-s)^2}\right], & l=-2, p=2, \\[2mm] \dfrac{b-a}{(b-s)(a-s)}, & l=-1, \\[2mm] \ln\dfrac{b-s}{s-a}, & l=0, \\[2mm] \dfrac{1}{l}\left[(b-s)^l - (a-s)^l\right], & l=1,2,\cdots. \end{cases} \quad (5.1.12)$$

设 m 为正整数, τ 为实数

$$H_m^i(\tau) := 1 + (m+1-i+\tau)\ln\left|\frac{2m+1-2i+2\tau}{2m+3-2i+2\tau}\right|, \quad (5.1.13)$$

其中 i 为正整数, 而且满足 $1 \leqslant i \leqslant 2m+1$.

首先我们考虑 $H_m^i(\tau)$ 的性质.

引理 5.1.1　对于 $|\tau| < 1/2$, 有如下误差估计:

$$\sum_{i=1}^{2m+1} |m+1-i+\tau|^\mu |H_m^i(\tau)| \leqslant C |\ln(1-4\tau^2)| + \sum_{i=1}^m \frac{1}{i^{2-\mu}}, \quad 0 \leqslant \mu < 2;$$

$$(5.1.14)$$

$$\left| \sum_{i=1}^{2m+1} (m+1-i+\tau) H_m^i(\tau) \right| \leqslant C. \tag{5.1.15}$$

证明: 假设 $m > 1$, 根据 (5.1.13), 有

$$\sum_{i=1}^{2m+1} |m+1-i+\tau|^\mu |H_m^i(\tau)|$$

$$= \sum_{i=1}^{2m+1} |i+\tau|^\mu |H_m^{m+1-i}(\tau)| + \sum_{i=1}^{2m+1} |i-\tau|^\mu |H_m^{m+1+i}(\tau)|$$

$$= G(\mu,\tau) + \sum_{i=2}^m (i+\tau)^\mu \left| 1 + (i+\tau) \ln \frac{2(i+\tau)-1}{2(i+\tau)+1} \right|$$

$$+ \sum_{i=2}^m (i-\tau)^\mu \left| 1 + (i-\tau) \ln \frac{2(i-\tau)-1}{2(i-\tau)+1} \right|,$$

其中

$$G(\mu,\tau) := |1+\tau|^\mu |H_m^m(\tau)| + |\tau|^\mu |H_m^{m+1}(\tau)| + |1-\tau|^\mu |H_m^{m+2}(\tau)|$$

$$\leqslant C |\ln(1-4\tau^2)|.$$

根据不等式

$$-\frac{1}{2x^2} < 1 + x \ln \frac{2x-1}{2x+1} < 0, \quad 1 \leqslant x < \infty,$$

有

$$\sum_{i=1}^{2m+1} |m+1-i+\tau|^\mu |H_m^i(\tau)|$$

$$\leqslant C |\ln(1-4\tau^2)| + \sum_{i=2}^m \left[\frac{1}{2(i+\tau)^{2-\mu}} + \frac{1}{2(i-\tau)^{2-\mu}} \right],$$

于是得到 (5.1.14).

下面证明 (5.1.15).

$$\sum_{i=1}^{2m+1} (m+1-i+\tau) H_m^i (\tau)$$

$$= \sum_{i=1}^{2m+1} (m+1-i+\tau) + \sum_{i=1}^{2m+1} (m+1-i+\tau)^2 \ln \left| \frac{2m+1-2i+2\tau}{2m+3-2i+2\tau} \right|$$

$$= (2m+1)\tau + \sum_{i=1}^{2m+1} (m+1-i+\tau)^2 \ln \frac{|2m+1-2i+2\tau|}{2m+1}$$

$$- \sum_{i=0}^{2m} (m-i+\tau)^2 \ln \frac{|2m+1-2i+2\tau|}{2m+1}$$

$$= \left[(2m+1)\tau + (m-\tau)^2 \ln \frac{2m+1-2\tau}{2m+1} - (m+\tau)^2 \ln \frac{2m+1+2\tau}{2m+1} \right]$$

$$+ \left[\sum_{i=1}^{2m} (2m+1-2i+2\tau) \ln \frac{|2m+1-2i+2\tau|}{2m+1} \right]$$

$$:= A_m (\tau) + B_m (\tau). \tag{5.1.16}$$

由于

$$|A_m (\tau)| < \frac{5}{4}, \quad -\frac{1}{2} < \tau < \frac{1}{2}, \tag{5.1.17}$$

根据

$$x - x^2 \leqslant \ln (1+x) \leqslant x, \quad -\frac{1}{2} < x < \frac{1}{2},$$

则有

$$B_m (-\tau) = -B_m (\tau), \quad \lim_{\tau \to 1/2} B_m (\tau) = -\ln \left(1 + \frac{1}{2m} \right)^{2m} > -1$$

和

$$\frac{dB_m (\tau)}{d\tau} = 2 \ln \frac{e^{2m} \prod_{i=1}^{m} \left[(2i-1)^2 - (2i)^2 \right]}{(2m+1)^{2m}} < 4 \ln \frac{e^m (2m-1)!!}{(2m+1)^m} < 4 \ln \frac{e}{3} < 0.$$

于是有

$$|B_m (\tau)| < 1, \quad -\frac{1}{2} < \tau < \frac{1}{2}. \tag{5.1.18}$$

命题得证.

引理 5.1.2 设 $H_m^i(\tau)$ 定义为 (5.1.13), 则有

$$\left|\sum_{i=1}^{2m+1} H_m^i\left(\pm\frac{1}{3}\right)\right| < \frac{C}{m}. \tag{5.1.19}$$

证明：根据 (5.1.13),

$$\sum_{i=1}^{2m+1} H_m^i(\tau) = 2m+1 + \sum_{i=1}^{2m+1}(m+1-i+\tau)\frac{|2m+1-2i+2\tau|}{2m+1}$$

$$-\sum_{i=0}^{2m}(m-i+\tau)\ln\frac{|2m+1-2i+2\tau|}{2m+1}$$

$$=\left[2m+1+\sum_{i=1}^{2m}\ln\frac{|2m+1-2i+2\tau|}{2m+1}\right]$$

$$-\left[(m+\tau)\ln\frac{2m+1+2\tau}{2m+1}+(m-\tau)\ln\frac{2m+1-2\tau}{2m+1}\right]$$

$$:= C_m(\tau) - D_m(\tau). \tag{5.1.20}$$

对于 $C_m(\tau)$ 和 $D_m(\tau)$, 我们分别进行估计

$$\frac{4\tau^2}{(2m+1)^2} \leqslant D_m(\tau) \leqslant \frac{4\tau^2}{2m+1}, \quad -\frac{1}{2} < \tau \leqslant \frac{1}{2}. \tag{5.1.21}$$

根据不等式

$$\sqrt{2\pi}m^{m+\frac{1}{2}}e^{-m+\frac{1}{12m+1}} < m! < \sqrt{2\pi}m^{m+\frac{1}{2}}e^{-m+\frac{1}{12m}},$$

有

$$\frac{e^m m!}{m^m} = \sqrt{2\pi m}e^{\frac{\theta_m}{12m}}, \quad \frac{12m}{12m+1} < \theta_m < 1.$$

由于

$$C_m(\tau) = 1 + \ln\frac{e^{2m}\prod_{i=1}^m\left[(2i-1)^2-4\tau^2\right]}{(2m+1)^{2m}},$$

有

$$C_m\left(\pm\frac{1}{3}\right) = 1 + \ln\frac{e^{2m}\prod_{i=1}^m\left[(6i-1)(6i-5)\right]}{3^{2m}(2m+1)^{2m}}$$

$$= 1 + \ln \frac{e^{2m} (6i-1)!!}{3^{3m} (2m+1)^{2m} (2m-1)!!}$$

$$= 1 + \ln \left[\left(1 + \frac{1}{2m} \right)^{2m} \frac{e^{6m} (6m)!}{(6m)^{6m}} \frac{(3m)^{3m}}{e^{3m} (3m)!} \frac{(2m)^{2m}}{e^{2m} (2m)!} \frac{e^m m!}{m^m} \right]$$

$$= 1 + \ln \left[\left(1 + \frac{1}{2m} \right)^{2m} e^{\frac{\theta_{6m} + 6\theta_m - 2\theta_{3m} - 3\theta_{2m}}{72m}} \right]$$

$$= 1 + \frac{\theta_{6m} + 6\theta_m - 2\theta_{3m} - 3\theta_{2m}}{72m} - 2m \ln \left(1 + \frac{1}{2m} \right),$$

于是有

$$\frac{1}{72m} < C_m \left(\pm \frac{1}{3} \right) < \frac{7}{12m}. \tag{5.1.22}$$

命题得证.

设 $f(x) \in C^{k+\alpha}[a,b] (0 < \alpha \leqslant 1), k$ 为正整数, 定义 $S_k(f) := \{\Pi_k f(x) \in C[a,b]\}$ 为插值函数空间, 且 $\Pi_k f(x)$ 满足如下条件:

(i) $\Pi_k f(x_i) = f(x_i), 0 \leqslant i \leqslant n$;

(ii) $\Pi_k f(x)$ 为 k 次多项式 $(x_i, x_{i+1}) (0 \leqslant i \leqslant n-1)$ 而且满足

$$\left| \frac{d^l}{dt^l} [f(x) - \Pi_k f(x)] \right| \leqslant C h^{k+\alpha-l}, \quad l = 0, 1, \cdots, k. \tag{5.1.23}$$

引理 5.1.3 设 $f(x) \in C^{k+\alpha}[a,b] (0 < \alpha \leqslant 1)$ 和 $s \neq x_i, i = 1, 2, \cdots, n-1$. 设 $\Pi_k f(x) \in S_k(f), k \geqslant p$. 则有

$$|I_p(a,b;s,f) - Q_{kn}^p(s, \Pi_k f)| \leqslant C \gamma^{-1}(\tau) h^{k+\alpha-l}, \quad p = 1, 2, \tag{5.1.24}$$

其中 $\gamma(\tau)$ 定义为 (4.2.6).

证明: 设 $s \in (x_j, x_{j+1})$ 且 $E_k(x) = f(x) - \Pi_k f(x)$, 根据定义 (5.1.2) 有

$$I_p(a,b;s,f) - Q_{1n}^p(s, \Pi_k f)$$

$$= \sum_{i=0, i \neq j}^{n-1} \int_{x_i}^{x_{i+1}} \frac{E_k(x)}{(x-s)^{p+1}} dx + \text{f.p.} \int_{x_j}^{x_{j+1}} \frac{E_k(x)}{(x-s)^{p+1}} dx. \tag{5.1.25}$$

对第一部分, 有

$$\left| \sum_{i=0, i \neq j}^{n-1} \int_{x_i}^{x_{i+1}} \frac{E_k(x)}{(x-s)^2} dx \right| \leqslant C h^{k+\alpha} \sum_{i=0, i \neq j}^{n-1} \int_{x_i}^{x_{i+1}} \frac{1}{(x-s)^2} dx$$

和

$$\left| \sum_{i=0,i\neq j}^{n-1} \int_{x_i}^{x_{i+1}} \frac{E_k(x)}{(x-s)^3} dx \right| = \left| \sum_{i=0}^{j-1} \int_{x_i}^{x_{i+1}} \frac{E_k(x) - E_k(x_i)}{(x-s)^3} dx \right|$$

$$+ \left| \sum_{i=j+1}^{n-1} \int_{x_i}^{x_{i+1}} \frac{E_k(x) - E_k(x_i)}{(x-s)^3} dx \right|$$

$$\leqslant Ch^{k+\alpha-1} \sum_{i=0,i\neq j}^{n-1} \int_{x_i}^{x_{i+1}} \frac{1}{(x-s)^2} dx,$$

于是有

$$\left| \sum_{i=0,i\neq j}^{n-1} \int_{x_i}^{x_{i+1}} \frac{E_k(x)}{(x-s)^{p+1}} dx \right| \leqslant C\gamma^{-1}(\tau) h^{k+\alpha-p}, \quad p = 1, 2. \qquad (5.1.26)$$

对于 (5.1.25) 的第二部分, 有

$$\text{f.p.} \int_{x_j}^{x_{j+1}} \frac{E_k(x)}{(x-s)^{p+1}} dx = -\frac{(p-1)E_k(s)}{p} \left[\frac{1}{(x_{j+1}-s)^p} - \frac{1}{(x_j-s)^p} \right]$$

$$+ \frac{hE_k^{(p-1)}(s)}{(x_{j+1}-s)(x_j-s)} + \frac{E_k^{(p)}(s)}{p} \ln \frac{x_{j+1}-s}{s-x_j}$$

$$+ \int_{x_j}^{x_{j+1}} \frac{R_k(x)}{(x-s)^{p+1}} dx,$$

其中 $p = 1, 2$, 以及

$$R_k(x) = E_k(x) - \sum_{i=0}^{p} \frac{1}{i!} E_i^{(s)}(s)(x-s)^i,$$

显然有

$$|R_k(x)| \leqslant \begin{cases} C|x-s|^{p+\alpha}, & k = p, \\ C\left| E_k^{(p+1)}(\xi) \right| |x-s|^{p+1}, & k > p. \end{cases}$$

当 $k = p$ 时, 有

$$\left| \int_{x_j}^{s-\varepsilon} \frac{R_k(x)}{(x-s)^{p+1}} dx + \int_{s+\varepsilon}^{x_{j+1}} \frac{R_k(x)}{(x-s)^{p+1}} dx \right|$$

$$\leqslant \int_{x_j}^{s-\varepsilon}(s-x)^{\alpha-1}dx+\int_{s+\varepsilon}^{x_{j+1}}(x-s)^{\alpha-1}dx$$

$$=\frac{1}{\alpha}\left[(x_{j+1}-s)^{\alpha-1}+(s-x_j)^{\alpha-1}-2\varepsilon^\alpha\right],$$

于是有

$$\left|\text{f.p.}\int_{x_j}^{x_{j+1}}\frac{R_k(x)}{(x-s)^{p+1}}dx\right|=\lim_{\varepsilon\to0}\left|\int_{x_j}^{s-\varepsilon}\frac{R_k(x)}{(x-s)^{p+1}}dx+\int_{s+\varepsilon}^{x_{j+1}}\frac{R_k(x)}{(x-s)^{p+1}}dx\right|$$

$$=\lim_{\varepsilon\to0}\left|\frac{1}{\alpha}\left[(x_{j+1}-s)^{\alpha-1}+(s-x_j)^{\alpha-1}-2\varepsilon^\alpha\right]\right|$$

$$\leqslant Ch^\alpha.$$

对于 $k>p$, 有

$$\left|\int_{x_j}^{x_{j+1}}\frac{R_k(x)}{(x-s)^{p+1}}dx\right|\leqslant C\int_{x_j}^{x_{j+1}}\left|E_k^{(p+1)}(\xi)\right|dx\leqslant Ch^{k+\alpha-p}.$$

由于

$$\left|\frac{hE_k^{(p-1)}(s)}{(x_{j+1}-s)(x_j-s)}\right|\leqslant C\gamma^{-1}(\tau)h^{k+\alpha-p},$$

$$\left|\frac{E_k^{(p)}(s)}{p}\ln\frac{x_{j+1}-s}{s-x_j}\right|\leqslant C\left|\ln\gamma(\tau)\right|h^{k+\alpha-p}$$

和

$$\left|\frac{(p-1)E_k(s)}{p}\left[\frac{1}{(x_{j+1}-s)^p}-\frac{1}{(x_j-s)^p}\right]\right|$$

$$=\frac{p-1}{p}\left|\frac{E_k(s)-E_k(x_{j+1})}{(x_{j+1}-s)^p}-\frac{E_k(s)-E_k(x_j)}{(x_j-s)^p}\right|$$

$$\leqslant C\gamma^{-1}(\tau)h^{k+\alpha-p},\quad p=1,2,$$

我们有

$$\left|\text{f.p.}\int_{x_j}^{x_{j+1}}\frac{R_k(x)}{(x-s)^{p+1}}dx\right|\leqslant C\gamma^{-1}(\tau)h^{k+\alpha-p},\quad p=1,2.\tag{5.1.27}$$

命题得证.

引理 5.1.4　对于 $p = 1$, 在定理 5.1.1 的条件下有

$$\left| I_1\left(a, b; s, f\right) - Q_{kn}^1\left(s, \Pi_k f\right) \right| \leqslant \begin{cases} Ch^{1+\alpha}, & f\left(x\right) \in C^{2+\alpha}\left[a, b\right], \\ C\left|\ln h\right| h^2, & f\left(x\right) \in C^3\left[a, b\right], \\ Ch^2, & f\left(x\right) \in C^{3+\alpha}\left[a, b\right]. \end{cases} \tag{5.1.28}$$

证明: 设 $f_Q\left(x\right)$ 为密度函数 $f\left(x\right)$ 的二次插值函数, 定义为

$$f_Q\left(x\right) = \frac{2\left(x - x_i\right)\left(x - x_{i-1/2}\right)}{h^2} f\left(x_{i-1}\right) + \frac{2\left(x - x_{i-1}\right)\left(x - x_{i-1/2}\right)}{h^2} f\left(x_i\right)$$

$$- \frac{4\left(x - x_i\right)\left(x - x_{i-1}\right)}{h^2} f\left(x_{i-1/2}\right), \tag{5.1.29}$$

这里 $x_{i-1/2} = \left(x_i + x_{i-1}\right)/2$. 显然, $f_Q\left(x\right) \in S_2\left(f\right)$.

根据 $f_Q\left(x\right)$ 的定义, 我们有

$$f_Q\left(x\right) - f_L\left(x\right) = \beta_i\left(x - x_i\right)\left(x - x_{i-1}\right), \tag{5.1.30}$$

其中

$$\beta_i = \frac{2\left[f\left(x_i\right) + f\left(x_{i-1}\right) - 2f\left(x_{i-1/2}\right)\right]}{h^2}, \tag{5.1.31}$$

将误差分为两部分, 于是有

$$I_1\left(a, b; s, f\right) - Q_{1n}\left(s, f\right)$$

$$= \text{f.p.} \int_a^b \frac{f\left(x\right) - f_Q\left(x\right)}{\left(x - s\right)^2} dx + \text{f.p.} \int_a^b \frac{f_Q\left(x\right) - f_L\left(x\right)}{\left(x - s\right)^2} dx. \tag{5.1.32}$$

由引理 5.1.3 有

$$\text{f.p.} \int_a^b \frac{f_Q\left(x\right) - f_L\left(x\right)}{\left(x - s\right)^2} dx$$

$$= \sum_{i=1}^{2m+1} \beta_i H_m^i\left(\tau\right) \left[2\left(x_i - x_{i-1}\right) + \left(2s - x_i - x_{i-1}\right) \ln\left|\frac{x_i - s}{x_{i-1} - s}\right|\right]$$

$$= 2h \sum_{i=1}^{2m+1} \beta_i H_m^i\left(\pm\frac{1}{3}\right). \tag{5.1.33}$$

若 $f\left(x\right) \in C^{2+\alpha}\left[a, b\right]\left(0 < \alpha \leqslant 1\right)$, 由泰勒定理, 根据 (5.1.31), 有

$$\beta_i = \frac{f''\left(\xi_i\right) + f''\left(\eta_i\right) - 2f''\left(x_{i-1/2}\right)}{4} + \frac{f''\left(s\right)}{2} + \frac{f''\left(x_{i-1/2}\right) - f''\left(s\right)}{2}, \tag{5.1.34}$$

其中 $\xi_i, \eta_i \in [x_{i-1}, x_i]$. 将 (5.1.34) 代入 (5.1.33), 有

$$\left| \text{f.p.} \int_a^b \frac{f_Q(x) - f_L(x)}{(x-s)^2} dx \right|$$

$$\leqslant Ch^{1+\alpha} \sum_{i=1}^{2m+1} \left| H_m^i \left(\pm \frac{1}{3} \right) \right| + h \left| f''(s) \right| \left| \sum_{i=1}^{2m+1} H_m^i \left(\pm \frac{1}{3} \right) \right|$$

$$+ Ch^{1+\alpha} \sum_{i=1}^{2m+1} \left| m+1-i \pm \frac{1}{3} \right|^\alpha H_m^i \left(\pm \frac{1}{3} \right),$$

由引理 5.1.1、引理 5.1.2 以及不等式

$$\frac{1}{2(m+1)} < 1 + \frac{1}{2} + \cdots + \frac{1}{m} + \ln m - \gamma < \frac{1}{2m},$$

其中 γ 为欧拉常数. 于是有

$$\left| \text{f.p.} \int_a^b \frac{f_Q(x) - f_L(x)}{(x-s)^2} dx \right| \leqslant Ch^{1+\alpha} \left(1 + \sum_{i=1}^m \frac{1}{i^{2-\alpha}} \right)$$

$$\leqslant \begin{cases} Ch^{1+\alpha}, & 0 < \alpha < 1, \\ C \left| \ln h \right| h^2, & \alpha = 1. \end{cases}$$

若 $f(x) \in C^{3+\alpha}[a,b] \, (0 < \alpha \leqslant 1)$, 由泰勒定理, 根据 (5.1.34) 可以写为

$$\beta_i = \frac{f''(\xi_i) + f''(\eta_i) - 2f''(x_{i-1/2})}{4} + \frac{f''(s)}{2} + \frac{f^{(3)}(s)(x_{i-1/2} - s)}{2}$$

$$+ \frac{f^{(3)}(\zeta_i) - f^{(3)}(s)}{2} (x_{i-1/2} - s),$$

其中 $\xi_i \in [s, x_{i-1/2}]$ 或者 $\xi_i \in [x_{i-1/2}, s]$. 再次根据引理 5.1.1、引理 5.1.2 和 (5.1.33), 有

$$\left| \text{f.p.} \int_a^b \frac{f_Q(x) - f_L(x)}{(x-s)^2} dx \right| \leqslant Ch^2 \sum_{i=1}^{2m+1} \left| H_m^i \left(\pm \frac{1}{3} \right) \right| + h \left| f''(s) \right| \left| \sum_{i=1}^{2m+1} H_m^i \left(\pm \frac{1}{3} \right) \right|$$

$$+ h^2 \left| f^{(3)}(s) \right| \sum_{i=1}^{2m+1} \left| m+1-i \pm \frac{1}{3} \right| H_m^i \left(\pm \frac{1}{3} \right)$$

$$+ Ch^{2+\alpha} \sum_{i=1}^{2m+1} \left| m+1-i \pm \frac{1}{3} \right|^{1+\alpha} H_m^i \left(\pm \frac{1}{3} \right)$$

$$\leqslant Ch^2 + Ch^{2+\alpha} \sum_{i=1}^{m} \frac{1}{i^{1-\alpha}} \leqslant Ch^2.$$

命题得证.

5.1.3　当 $p = 1$ 时定理 5.1.1 的证明

$$I_1(a, b; s, f) - Q_{1n}(s, f) = \text{f.p.} \int_a^{x_{2m+1}} \frac{f(x) - f_L(x)}{(x-s)^2} dx + \int_{x_{2m+1}}^b \frac{f(x) - f_L(x)}{(x-s)^2} dx.$$

$$(5.1.35)$$

第一项根据引理 5.1.4, 有

$$\left| \text{f.p.} \int_a^{x_{2m+1}} \frac{f(x) - f_L(x)}{(x-s)^2} dx \right| \leqslant \begin{cases} Ch^{1+\alpha}, & f(x) \in C^{2+\alpha}[a,b], \\ C |\ln h| h^2, & f(x) \in C^3[a,b], \\ Ch^2, & f(x) \in C^{3+\alpha}[a,b]. \end{cases} \quad (5.1.36)$$

对于第二项, 根据标准插值理论

$$|f(x) - f_L(x)| \leqslant Ch^2, \quad (5.1.37)$$

因此有

$$\left| \int_{x_{2m+1}}^b \frac{f(x) - f_L(x)}{(x-s)^2} dx \right| \leqslant Ch^2 \int_{x_{2m+1}}^b \frac{1}{(x-s)^2} dx$$

$$= Ch^2 \left(\frac{1}{x_{2m+1} - s} - \frac{1}{b-s} \right) \leqslant C\eta(s) h^2. \quad (5.1.38)$$

命题得证.

5.1.4　唯一性证明

为了证明唯一性, 我们假设 $f(x) = x^2, n = 2m+1$, 以及 $s = x_m + h/2 + \tau h (|\tau| < 1/2)$. 由于 $f(x) = f_Q(x)$, 此时根据 (5.1.31) 与 (5.1.33), 有

$$\text{f.p.} \int_a^b \frac{f(x) - f_L(x)}{(x-s)^2} dx = \text{f.p.} \int_a^b \frac{f_Q(x) - f_L(x)}{(x-s)^2} dx$$

$$= 2h \sum_{i=1}^{2m+1} \beta_i H_m^i(\tau) = 2h(C_m(\tau) - D_m(\tau)), \quad (5.1.39)$$

其中 $C_m(\tau)$ 与 $D_m(\tau)$ 的定义为 (5.1.20). 由 (5.1.21), 我们有 $|D_m(\tau)| \leqslant Ch$. 则奇异点 $s = x_m + h/2 + \tau h (|\tau| < 1/2)$ 为超收敛点的必要条件为

$$|C_m(\tau)| \leqslant Ch^\alpha, \quad (5.1.40)$$

而

$$C_m (0) > \ln 2 - \frac{13}{150} > 0, \tag{5.1.41}$$

即 $\tau = 0$ 不是一个超收敛点. 根据 (5.1.20), 有

$$C'_m (\tau) = \sum_{i=1}^{m} \frac{-8\tau}{(2i-1)^2 - 4\tau^2} < \frac{-8\tau}{1 - 4\tau^2} < 0, \quad 0 < \tau < \frac{1}{2}, \tag{5.1.42}$$

则 $C_m (\tau)$ 在区间 $[0, 1/2)$ 上严格单调增加. 则有

$$|C_m (\tau_0)| = |C_m (\tau_0) - C_m (\tau_m)| = |C'_m (\tau_0) (\tau_0 - \tau_m)| \leqslant Ch^\alpha. \tag{5.1.43}$$

而

$$C'_m (0) = 0, \text{ 而且 } \quad C''_m (0) < 0, \quad 0 < \tau < \frac{1}{2},$$

因此有

$$|C'_m (\lambda_m)| > \min \left\{ |C'_m (\tau_0)|, \left| C'_m \left(\frac{1}{3} \right) \right| \right\} > \min \left\{ \frac{\tau_0}{1 - 4\tau_0^2}, \frac{24}{5} \right\} > C.$$

命题得证.

5.1.5 当 $p = 2$ 时定理 5.1.1 的证明

首先定义 $f_C (x)$ 为

$$f_C (x)$$
$$= \frac{8 (x - x_{i-1/2}) (x - x_i)}{3h^3} [8 (x - x_{i-1}) f (x_{i-3/4}) - 3 (x - x_{i-3/4}) f (x_{i-1})]$$
$$+ \frac{8 (x - x_{i-1}) (x - x_{i-3/4})}{3h^3} [8 (x - x_{i-1/2}) f (x_i) - 6 (x - x_i) f (x_{i-1/2})], \tag{5.1.44}$$

其中 $x_{i-3/4} = x_{i-1} + h/4, x_{i-1/2} = x_{i-1} + h/2, x \in [x_{i-1}, x_i], 1 \leqslant i \leqslant n$, 显然 $f_C (x) \in S_3 (f)$.

引理 5.1.5 对于 $n = 2m + 1$, 以及 $s = x_m + h/2$, 有

$$|I_2 (a, b; s, f_C) - Q_{2n} (s, f)| \leqslant \begin{cases} Ch^{1+\alpha}, & f (x) \in C^{3+\alpha} [a, b], \\ C |\ln h| h^2, & f (x) \in C^4 [a, b], \\ Ch^2, & f (x) \in C^{4+\alpha} [a, b]. \end{cases} \tag{5.1.45}$$

证明：由于
$$f_C(x) - f_L(x) = \left[\alpha_i\left(x - x_{i-1/2}\right) + \beta_i\right]\left(x - x_i\right)\left(x - x_{i-1}\right),$$
其中 β_i 定义为 (5.1.31)，以及
$$\alpha_i = \frac{8}{3h^3}\left[f(x_i) - 3f(x_{i-1}) + 8f(x_{i-3/4}) - 6f(x_{i-1/2})\right].$$

根据 $n = 2m + 1$，以及 $s = x_m + h/2$，有

$$\text{f.p.}\int_a^b \frac{f_C(x) - f_L(x)}{(x-s)^3}dx$$

$$= \left(\text{f.p.}\int_{x_m}^{x_{m+1}} + \sum_{i=1, i\neq m+1}^{2m+1}\right)\frac{f_C(x) - f_L(x)}{(x-s)^3}dx$$

$$= \left(\text{f.p.}\int_{x_m}^{x_{m+1}} + \sum_{i=1, i\neq m+1}^{2m+1}\right)\frac{\left[\alpha_i\left(x - x_{i-1/2}\right) + \beta_i\right]\left(x - x_i\right)\left(x - x_{i-1}\right)}{(x-s)^3}dx$$

$$= \sum_{i=1}^{2m+1}\alpha_i\left\{2h + 3\left(s - x_{i-1/2}\right)\ln\left|\frac{s - x_i}{s - x_{i-1}}\right| + \frac{\left(s - x_{i-1/2}\right)^2 h}{\left(s - x_i\right)\left(s - x_{i-1}\right)}\right\}$$

$$+ \sum_{i=1}^{2m+1}\beta_i\left\{\ln\left|\frac{s - x_i}{s - x_{i-1}}\right| + \frac{h\left(s - x_{i-1/2}\right)}{\left(s - x_i\right)\left(s - x_{i-1}\right)}\right\}$$

$$= \sum_{i=1}^{2m+1}\left[h\alpha_i W_1(m - i + 1) + \beta_i W_2(m - i + 1)\right], \tag{5.1.46}$$

其中
$$W_1(x) = 2 + 3x\ln\left|\frac{2x - 1}{2x + 1}\right| + \frac{4x^2}{4x^2 - 1},$$
$$W_2(x) = \ln\left|\frac{2x - 1}{2x + 1}\right| + \frac{4x}{4x^2 - 1}.$$

设
$$J_1 = h\sum_{i=1}^{2m+1}\left[\alpha_i - \frac{f'''\left(x_{i-1/2}\right)}{6} + \frac{f'''\left(x_{i-1/2}\right) - f'''(s)}{6}\right]W_1(m - i + 1)$$

$$+ \sum_{i=1}^{2m+1}\left[\beta_i - \frac{f''\left(x_{i-1/2}\right)}{6}\right]W_2(m - i + 1),$$

$$J_2 = \sum_{i=1}^{2m+1}\frac{f''\left(x_{i-1/2}\right) - f''(s) - f'''\left(x_{i-1/2} - s\right)}{6}W_2(m - i + 1),$$

于是 (5.1.46) 可以化为

$$\text{f.p.} \int_a^b \frac{f_C(x) - f_L(x)}{(x-s)^3} dx = J_1 + J_2 + h \sum_{i=1}^{2m+1} \frac{f'''(s)}{6} W_1(m-i+1)$$

$$+ \sum_{i=1}^{2m+1} \frac{f''(s) + f'''(s)(x_{i-1/2} - s)}{6} W_2(m-i+1)$$

$$= J_1 + J_2 - \frac{hf'''(s)}{3} \sum_{i=1}^{2m+1} \frac{1}{4(m-i+1)^2 - 1}$$

$$= J_1 + J_2 + \frac{hf'''(s)}{3(2m+1)} = J_1 + J_2 + O(h^2), \quad (5.1.47)$$

这里用到了

$$\sum_{i=1}^{2m+1} W_2(m-i+1) = 0.$$

根据泰勒公式有

$$W_1(x) = \left| \frac{1}{4x^2(4x^2-1)} - \sum_{n=1}^{\infty} \frac{3}{(2n+3)(2x)^{2n+2}} \right| \leqslant \frac{C}{|x|^4}, \quad |x| \geqslant 1,$$

$$W_2(x) = \left| \frac{1}{x(4x^2-1)} - \sum_{n=1}^{\infty} \frac{3}{(2n+2)(2x)^{2n+1}} \right| \leqslant \frac{C}{|x|^3}, \quad |x| \geqslant 1,$$

$$\left| \alpha_i - \frac{f'''(x_{i-1/2})}{6} \right| \leqslant Ch^{\alpha}, \quad \left| \beta_i - \frac{f''(x_{i-1/2})}{6} \right| \leqslant Ch^{1+\alpha}, \quad f(x) \in C^{3+\alpha}[a,b].$$

$$(5.1.48)$$

对 $f(x) \in C^{3+\alpha}[a,b] \, (0 < \alpha \leqslant 1)$, 则有

$$|J_1| \leqslant Ch^{1+\alpha} \sum_{i=1}^{2m+1} \left[(1 + |m-i+1|^{\alpha}) \, |W_1(m-i+1)| + |W_2(m-i+1)|| \right]$$

$$\leqslant Ch^{1+\alpha} \sum_{i=1,i\neq m+1}^{2m+1} \frac{1}{|m-i+1|^3} \leqslant Ch^{1+\alpha} \quad (5.1.49)$$

和

$$|J_2| \leqslant Ch^{1+\alpha} \sum_{i=1}^{2m+1} |m-i+1|^{1+\alpha} \, |W_2(m-i+1)|$$

$$\leqslant Ch^{1+\alpha} \sum_{i=1, i\neq m+1}^{2m+1} \frac{1}{|m-i+1|^{2-\alpha}}$$

$$\leqslant \begin{cases} Ch^{1+\alpha}, & 0 < \alpha < 1, \\ C\,|\ln h|\,h^2, & \alpha = 1. \end{cases} \tag{5.1.50}$$

对 $f(x) \in C^{4+\alpha}[a,b]\,(0 < \alpha < 1)$, 有

$$|J_2| = \frac{1}{2} \sum_{i=1}^{2m+1} \left| f\left(x_{i-1/2}\right) - \sum_{k=0}^{2} \frac{1}{k!} f^{(k+2)}\left(x_{i-1/2} - s\right)^k \right| |W_2\left(m-i+1\right)|$$

$$\leqslant Ch^{2+\alpha} \sum_{i=1}^{2m+1} |m-i+1|^{2+\alpha} |W_2\left(m-i+1\right)|$$

$$\leqslant Ch^{2+\alpha} \sum_{i=1, i\neq m+1}^{2m+1} \frac{1}{|m-i+1|^{1-\alpha}} \leqslant Ch^2, \tag{5.1.51}$$

其中

$$\sum_{i=1}^{2m+1} \left(x_{i-1/2} - s\right)^2 W_2\left(m-i+1\right) = 0.$$

命题得证.

引理 5.1.6　在均匀网格下, 对于 $n = 2m+1$, 以及 $s = x_m + h/2$, 有

$$\left| I_2\left(a,b;s,f\right) - Q_{1n}^2\left(s,f\right) \right| \leqslant \begin{cases} Ch^{1+\alpha}, & f(x) \in C^{3+\alpha}[a,b], \\ C\,|\ln h|\,h^2, & f(x) \in C^4[a,b], \\ Ch^2, & f(x) \in C^{4+\alpha}[a,b], \end{cases} \tag{5.1.52}$$

其中 $0 < \alpha < 1$.

5.1.6　数值算例

例 5.1.1　考虑如下超奇异积分

$$\text{f.p.} \int_a^b \frac{x^3 dx}{(x-s)^{p+1}} = \begin{cases} \dfrac{3}{2} + 3s + \dfrac{1}{s-1} + 3s^2 \ln \dfrac{1-s}{s}, & p = 1, \\[3mm] 1 + \dfrac{s}{2} - \dfrac{s^3 - 6s^2 + 6s}{2\left(s-1\right)^2} + 3s \ln \dfrac{1-s}{s}, & p = 2. \end{cases}$$

由表 5.1.1 和表 5.1.2 可知, 当 $s = x_{[n/4]} + (\tau + 1)h/2$ 时, 对 $p = 1$ 和 $p = 2$ 局部坐标取 $\tau = \pm 2/3$ 和 $\tau = 0$, 其收敛阶为 $O(h^2)$, 这与经典的梯形公式的收敛阶是一致的.

由表 5.1.3 和表 5.1.4 可知, 当 $s = x_{[n-1]} + (\tau + 1) h/2$ 时, 对 $p = 1$ 和 $p = 2$ 局部坐标无论取何值, 由于端点的影响, 其收敛现象不存在, 这与经典的梯形公式的收敛阶是一致的.

表 5.1.1 当 $p = 1$ 和 $s = x_{[n/4]} + (\tau + 1) h/2$ 时, 梯形公式 $Q_{1n}^1 (s, f)$ 的误差

n	$\tau = 0$	$\tau = 2/3$	$\tau = -2/3$
255	4.06310e−03	1.30824e−05	1.65845e−05
511	2.03114e−03	3.26002e−06	4.14557e−06
1023	1.01546e−03	8.13688e−07	1.03631e−06
2047	5.07704e−04	2.03258e−07	2.59067e−07
4095	2.53845e−04	5.07940e−08	6.47654e−08

表 5.1.2 当 $p = 2$ 和 $s = x_{[n/4]} + (\tau + 1) h/2$ 时, 梯形公式 $Q_{1n}^2 (s, f)$ 的误差

n	$\tau = 0$	$\tau = 2/3$	$\tau = -2/3$
255	2.73763e−05	4.086356e+00	4.04373e+00
511	6.81273e−06	4.083704e+00	4.06242e+00
1023	1.69929e−06	4.082377e+00	4.07174e+00
2047	4.24343e−07	4.081713e+00	4.07640e+00
4095	1.05944e−07	4.081381e+00	4.07872e+00

表 5.1.3 当 $p = 1$ 和 $s = x_{[n-1]} + (\tau + 1) h/2$ 时, 梯形公式 $Q_{1n}^1 (s, f)$ 的误差

n	$\tau = 0$	$\tau = 2/3$	$\tau = -2/3$
255	1.99363e−02	8.68546e−03	2.32551e−03
511	9.94575e−03	4.32425e−03	1.14698e−03
1023	4.96696e−03	2.15719e−03	5.69233e−04
2047	2.48192e−03	1.07728e−03	2.83472e−04
4095	1.24055e−03	5.38293e−04	1.41430e−04

表 5.1.4 当 $p = 2$ 和 $s = x_{[n-1]} + (\tau + 1) h/2$ 时, 梯形公式 $Q_{1n}^2 (s, f)$ 的误差

n	$\tau = 0$	$\tau = 2/3$	$\tau = -2/3$
255	8.13424e−01	1.16837e+01	1.65974e+01
511	8.12253e−01	1.16934e+01	1.66234e+01
1023	8.11670e−01	1.16983e+01	1.66364e+01
2047	8.11379e−01	1.17007e+01	1.66429e+01
4095	8.11234e−01	1.17019e+01	1.66462e+01

例 5.1.2 考虑正则性较低的情况的超奇异积分, 其中 $f(x) = x^2 + (2 + \text{sign}(x)) |x|^{p+1+1/2}, a = -1, b = 1$ 以及 $s = 0$. 相应的准确解为 $(24 - 10p)/3$, $p = 1, 2$. 显然 $f(x) \in C^{p+1+1/2}$, Mesh I 表示奇异点位于子区间中点的情况, Mesh II 表示奇异点的局部坐标位于超收敛点的情况, 其收敛阶可以达到 $O\left(h^{2-p}\right)$.

表 5.1.5　奇异点位于子区间中点和超收敛点的收敛阶

n	$p=1$		$p=2$	
	Mesh I	Mesh II	Mesh I	Mesh II
255	1.02291e$-$02	1.61784e$-$03	1.99838e$-$03	5.44694e$+$00
511	5.18463e$-$03	5.89932e$-$04	7.25028e$-$04	5.44334e$+$00
1023	2.62160e$-$03	2.13054e$-$04	2.60952e$-$04	5.44208e$+$00
2047	1.32227e$-$03	7.64456e$-$05	9.34136e$-$05	5.44164e$+$00
4095	6.65474e$-$04	2.73075e$-$05	3.33149e$-$05	5.44148e$+$00

5.2　辛普森公式近似计算区间上二阶超奇异积分

邬吉明研究员[195] 发现了复化辛普森公式近似计算二阶超奇异积分的超收敛现象, 本节介绍这部分内容.

5.2.1　积分公式的提出

将区间 $[a,b]$ 用 $a=x_0<x_2<\cdots<x_{2n}=b$ 分成 n 个子区间, 在每个子区间 $[x_{2i},x_{2i+2}]$ 上以其中点 x_{2i+1} 及两端点 x_{2i},x_{2i+2} 为插值节点构造函数 $f(x)$ 的二次拉格朗日插值, 插值基函数由 (4.2.13)—(4.2.16) 给出.

定义二次插值函数为 (5.1.29), 用 $f_Q(x)$ 代替超奇异积分的密度函数 $f(x)$, 有

$$Q_{2n}(s,f_Q)=\text{f.p.}\int_a^b\frac{f_Q(x)}{(x-s)^2}dx=\sum_{i=0}^{2n}\omega_i(s)f(x_i),\qquad(5.2.1)$$

其中 $\omega_i(s),0\leqslant i\leqslant 2n$ 表示科茨系数, 计算公式见 (4.2.17) 和 (4.2.18).

5.2.2　主要结论

定理 5.2.1　假设 $f(x)\in C^{3+\alpha}[a,b]$, 以及 $s=x_{2m+1}$, 设 $Q_{2n}(s,f_Q)$ 由 (5.2.1) 计算, 则存在与 h 和 s 无关的常数 C, 有

$$|I_1(a,b;s,f)-Q_{2n}(s,f_Q)|\leqslant C\left[1+\eta(s)h^{1-\alpha}\right]h^{2+\alpha},\qquad(5.2.2)$$

其中

$$\eta(s)=\max\left\{\frac{1}{s-a},\frac{1}{b-s}\right\}.\qquad(5.2.3)$$

在证明定理 5.2.1 之前, 首先给出如下定义.

定义

$$f_C(x)$$
$$=\frac{8(x-x_{2i-1})(x-x_{2i})}{3h^3}\left[8(x-x_{2i-2})f(x_{2i-3/2})-3(x-x_{2i-3/2})f(x_{2i-2})\right]$$

$$+\frac{8\left(x-x_{2i-2}\right)\left(x-x_{2i-3/2}\right)}{3h^3}\left[8\left(x-x_{2i-1}\right)f\left(x_{2i}\right)-6\left(x-x_{2i}\right)f\left(x_{2i-1}\right)\right],$$
$$(5.2.4)$$

其中 $x_{2i-3/2}=x_{2i-2}+h/4, 1\leqslant i\leqslant n$, 显然 $f_C(x)\in S_3(f)$.

引理 5.2.1　假设 $f(x)\in C^{3+\alpha}[a,b], 0<\alpha\leqslant 1$, 以及 $s\neq x_{2i}, i=1,2,\cdots,$ $n-1$. 设 $f_C(x)$ 定义为 (5.2.4), 则有

$$\left|\text{f.p.}\int_a^b\frac{f(x)-f_C(x)}{(x-s)^2}dx\right|\leqslant C\left|\ln\gamma(\tau)\right|h^{2+\alpha},\qquad(5.2.5)$$

其中 $\gamma(\tau)$ 定义为 (4.2.6).

证明: 设

$$E_f(x)=f(x)-f_C(x),\qquad(5.2.6)$$

则有

$$\int_a^b\frac{f(x)-f_C(x)}{(x-s)^2}dx=\left(\int_a^{x_{2m-2}}+\int_{x_{2m+2}}^b\right)\frac{E_f(x)}{(x-s)^2}dx$$
$$+\int_{x_{2m-2}}^{x_{2m}}\frac{E_f(x)}{(x-s)^2}dx+\int_{x_{2m}}^{x_{2m+2}}\frac{E_f(x)}{(x-s)^2}dx.\qquad(5.2.7)$$

根据泰勒展开定理, 有

$$\left|\frac{d^lE_f(x)}{dx^l}\right|\leqslant Ch^{3-l+\alpha},\quad l=0,1,2,3;\quad x\neq x_{2i},\quad 0\leqslant i\leqslant n,\qquad(5.2.8)$$

则有

$$\left|\left(\int_a^{x_{2m-2}}+\int_{x_{2m+2}}^b\right)\frac{E_f(x)}{(x-s)^2}dx\right|\leqslant Ch^{3+\alpha}\left(\int_a^{x_{2m-2}}+\int_{x_{2m+2}}^b\right)\frac{1}{(x-s)^2}dx.$$
$$(5.2.9)$$

而

$$\left(\int_a^{x_{2m-2}}+\int_{x_{2m+2}}^b\right)\frac{1}{(x-s)^2}dx$$

$$=\begin{cases}\dfrac{b-a}{(a-s)(b-s)}+\dfrac{2h}{(s-x_{2m-2})(x_{2m+2}-s)}, & 1<m<n-1,\\[3mm]\dfrac{1}{x_{2m+2}-s}-\dfrac{1}{b-s}, & n=1,\\[3mm]\dfrac{1}{s-x_{2m-2}}-\dfrac{1}{s-a}, & k=n-1\end{cases}$$

$$
\leqslant \begin{cases} \dfrac{8}{3h}, & 1 < m < n-1, \\[2mm] \dfrac{2}{h}, & k = 1, k = n-1, \end{cases}
$$

于是有

$$
\left| \left(\int_a^{x_{2m-2}} + \int_{x_{2m+2}}^b \right) \frac{E_f(x)}{(x-s)^2} dx \right| \leqslant Ch^{2+\alpha}. \tag{5.2.10}
$$

对于 (5.2.8) 的第三项, 有

$$
\left| \int_{x_{2m-2}}^{x_{2m}} \frac{E_f(x)}{(x-s)^2} dx \right| = \left| \int_{x_{2m-2}}^{x_{2m}} \frac{E_f(x) - E_f(x_{2m})}{(x-s)^2} dx \right|
$$

$$
= \left| \int_{x_{2m-2}}^{x_{2m}} \frac{E_f'(\xi_k)(x-x_{2m})}{(x-s)^2} dx \right|
$$

$$
\leqslant Ch^{2+\alpha} \int_{x_{2m-2}}^{x_{2m}} \frac{1}{|x-s|} dx
$$

$$
= Ch^{2+\alpha} \ln \frac{x_{2m}-s}{x_{2m-2}-s}
$$

$$
\leqslant C \left| \ln \gamma(\tau) \right| h^{2+\alpha}. \tag{5.2.11}
$$

对于 (5.2.8) 的第二项, 有

$$
\text{f.p.} \int_{x_{2m}}^{x_{2m+2}} \frac{E_f(x)}{(x-s)^2} dx = \frac{hE_f(s)}{(x_{2m+2}-s)(x_{2m}-s)} + E_f'(s) \ln \frac{x_{2m+2}-s}{s-x_{2m}}
$$

$$
+ \int_{x_{2m}}^{x_{2m+2}} \frac{E_f(x) - E_f(s) - E_f'(s)(x-s)}{(x-s)^2} dx. \tag{5.2.12}
$$

由于

$$
\left| \frac{hE_f(s)}{(x_{2m+2}-s)(x_{2m}-s)} \right| = \left| \frac{h\left[E_f(s) - E_f(x_{2m})\right]}{(x_{2m+2}-s)(x_{2m}-s)} \right|
$$

$$
= \left| \frac{hE_f'(\xi_k)}{x_{2m+2}-s} \right| \leqslant Ch^{2+\alpha}, \quad \xi_k \in (x_{2m}, s),
$$

$$
\left| E_f'(s) \ln \frac{x_{2m}-s}{s-x_{2m-2}} \right| \leqslant C \left| \ln \gamma(\tau) \right| h^{2+\alpha}
$$

和

$$\left| \int_{x_{2m}}^{x_{2m+2}} \frac{E_f(x) - E_f(s) - E'_f(s)(x-s)}{(x-s)^2} dx \right|$$

$$= \left| \int_{x_{2m}}^{x_{2m+2}} \frac{1}{2} E''_f(\eta_k(x)) dx \right| \leqslant C h^{2+\alpha}, \tag{5.2.13}$$

有

$$\left| \text{f.p.} \int_{x_{2m}}^{x_{2m+2}} \frac{E_f(x)}{(x-s)^2} dx \right| \leqslant C |\ln(\tau)| h^{2+\alpha}. \tag{5.2.14}$$

命题得证.

引理 5.2.2 设 $f_Q(x)$ 与 $f_C(x)$ 分别由 (5.2.1) 和 (5.2.5) 表示. 假设 $f(x) \in C^{3+\alpha}[a,b], 0 < \alpha \leqslant 1$, 以及 $s = x_{2m+1}, n = 2m+1$. 则有

$$\left| \text{f.p.} \int_a^b \frac{f_C(x) - f_Q(x)}{(x-s)^2} dx \right| \leqslant h^{2+\alpha}. \tag{5.2.15}$$

证明: 根据 $f_Q(x)$ 与 $f_C(x)$ 的定义, 有

$$f_C(x) - f_Q(x) = \beta_i (x - x_{2i-2})(x - x_{2i-1})(x - x_{2i}), \quad 1 \leqslant i \leqslant n$$

和

$$\beta_i = \frac{8}{3h^2} \left[f(x_{2i}) - 3f(x_{2i-2}) + 8f(x_{2i-3/2}) - 6f(x_{2i-1}) \right]. \tag{5.2.16}$$

经过计算有

$$\text{f.p.} \int_a^b \frac{f_C(x) - f_Q(x)}{(x-s)^2} dx$$

$$= \beta_{m+1} \text{ f.p.} \int_{x_{2m}}^{x_{2m+2}} \frac{(x - x_{2m})(x - x_{2m+1})(x - x_{2m+2})}{(x-s)^2} dx$$

$$+ \sum_{i=1, i \neq m+1}^{2m+1} \beta_i \int_{x_{2i-2}}^{x_{2i}} \frac{(x - x_{2i})(x - x_{2i-1})(x - x_{2i-2})}{(x-s)^2} dx$$

$$= \sum_{i=1}^{2m+1} \beta_i \left\{ 3(s - x_{2i-1})h + \left[3(x - x_{2i-1})^2 - \frac{h^2}{4} \right] \ln \left| \frac{s - x_{2i}}{s - x_{2i-2}} \right| \right\}$$

$$= \sum_{i=1}^{2m+1} \beta_i h^2 W(m+1-i), \tag{5.2.17}$$

其中

$$W(x) := 3x + \left(3x^2 - \frac{1}{4}\right) \ln \left| \frac{2x-1}{2x+1} \right|. \tag{5.2.18}$$

由于 $W(-x) = -W(x)$, 则有

$$\sum_{i=1}^{2m+1} W(m+1-i) = 0. \tag{5.2.19}$$

由泰勒展开有

$$|W(x)| = \left| \sum_{i=1}^{\infty} \frac{-2i}{(2i+1)(2i+3)(2x)^{2i+1}} \right| < \frac{C}{|x|^3}, \quad |x| > 1, \tag{5.2.20}$$

由于 $f(x) \in C^{3+\alpha}[a,b] \, (0 < \alpha < 1)$, 在 (5.2.16) 中应用泰勒定理

$$\begin{aligned}
\beta_i &= \frac{f^{(3)}(\xi_i) + 3f^{(3)}(\eta_i) - f^{(3)}(\zeta_i)}{18} \\
&= \frac{f^{(3)}(\xi_i) + 3f^{(3)}(\eta_i) - f^{(3)}(\zeta_i) - 3f^{(3)}(x_{2i-1})}{18} \\
&\quad + \frac{f^{(3)}(x_{2i-1}) - f^{(3)}(s)}{6} + \frac{f^{(3)}(s)}{6}.
\end{aligned} \tag{5.2.21}$$

综上, 有

$$\begin{aligned}
&\text{f.p.} \int_a^b \frac{f_C(x) - f_Q(x)}{(x-s)^2} dx \\
&\leqslant Ch^{2+\alpha} \sum_{i=1}^{2m+1} \left[|W(m+1-i)| + |m+1-i|^\alpha |W(m+1-i)| \right] \\
&\leqslant Ch^{2+\alpha} \sum_{i=1}^{2m+1} \left(\frac{1}{(m+1-i)^3} + \frac{1}{(m+1-i)^{3-\alpha}} \right) \\
&\leqslant Ch^{2+\alpha}.
\end{aligned}$$

命题得证.

引理 5.2.3　设 $f_Q(x)$ 由 (5.2.1) 给出. 假设 $f(x) \in C^{3+\alpha}[a,b], 0 < \alpha \leqslant 1$, 以及 $s = x_{2m+1}, n = 2m+1$. 则有

$$\left| \text{f.p.} \int_a^b \frac{f(x) - f_Q(x)}{(x-s)^2} dx \right| \leqslant h^{2+\alpha}. \tag{5.2.22}$$

定理 5.2.1 的证明：由 (5.2.15) 有

$$I_1\left(a,b;s,f\right) - Q_{2n}\left(s,f\right)$$

$$= \text{f.p.} \int_a^{x_{4m+2}} \frac{f\left(x\right) - f_Q\left(x\right)}{\left(x-s\right)^2} dx + \int_{x_{4m+2}}^b \frac{f\left(x\right) - f_Q\left(x\right)}{\left(x-s\right)^2} dx. \tag{5.2.23}$$

根据引理 5.2.3, 有

$$\left| \text{f.p.} \int_a^{x_{4m+2}} \frac{f\left(x\right) - f_Q\left(x\right)}{\left(x-s\right)^2} dx \right| \leqslant h^{2+\alpha}. \tag{5.2.24}$$

根据标准的插值理论, 有

$$\left| f\left(x\right) - f_Q\left(x\right) \right| \leqslant Ch^3. \tag{5.2.25}$$

则有

$$\left| \int_{x_{4m+2}}^b \frac{f\left(x\right) - f_Q\left(x\right)}{\left(x-s\right)^2} dx \right| \leqslant Ch^3 \int_{x_{4m+2}}^b \frac{1}{\left(x-s\right)^2} dx$$

$$= Ch^3 \left(\frac{1}{x_{4m+2}-s} - \frac{1}{b-s} \right) \leqslant C\eta\left(s\right)h^2. \tag{5.2.26}$$

命题得证.

5.2.3 唯一性证明

一个显然的问题是超收敛点的唯一性. 设 $f\left(x\right) = x^3$, 在引理 5.2.2 的假设下, 假设 $s = x_m + \tau h\left(|\tau| < 1/2\right)$ 为一个超收敛点, 则有

$$\text{f.p.} \int_a^b \frac{f\left(x\right) - f_Q\left(x\right)}{\left(x-s\right)^2} dx = \text{f.p.} \int_a^b \frac{f_C\left(x\right) - f_Q\left(x\right)}{\left(x-s\right)^2} dx$$

$$= h^2 \sum_{i=1}^{2m+1} W(m+1+\tau-i),$$

其中 $W\left(x\right)$ 定义为 (5.2.18). 由于

$$\left| \sum_{i=1}^{2m+1} W(m+1+\tau-i) \right| \leqslant Ch^\alpha,$$

显然有

$$\lim_{m \to +\infty} \sum_{i=1}^{2m+1} W(m+1+\tau-i) = 0.$$

设

$$S(\tau) := \lim_{m \to +\infty} \sum_{i=1}^{2m+1} W(m+1+\tau-i)$$

$$= W(\tau) + \sum_{i=1}^{\infty} [W(\tau-i) + W(\tau+i)].$$

下面我们证明

$$S(\tau) \begin{cases} > 0, & 0 < \tau < \dfrac{1}{2}, \\ = 0, & \tau = 0, \\ < 0, & -\dfrac{1}{2} < \tau < 0. \end{cases}$$

根据 $W(x)$ 的定义, 显然有 $S(-\tau) = -S(\tau)$. 那么只需要证明 $S(\tau) > 0 \left(0 < \tau < \dfrac{1}{2} \right)$ 即可. 通过直接计算有

$$W''(x) = 6\ln \left| \frac{2x-1}{2x+1} \right| + \frac{6}{2x-1} + \frac{6}{2x+1} + \frac{2}{(2x+1)^2} - \frac{2}{(2x-1)^2},$$

于是有

$$S''(\tau) = W''(\tau) + \sum_{i=1}^{\infty} [W''(\tau-i) + W''(\tau+i)]$$

$$= 6\ln \left| \frac{2\tau-1}{2\tau+1} \right| + \frac{6}{2\tau-1} + \frac{6}{2\tau+1} + \frac{2}{(2\tau+1)^2} - \frac{2}{(2\tau-1)^2}$$

$$+ \sum_{i=1}^{\infty} \left\{ \left[6\ln \left| \frac{2i-1+2\tau}{2i+1+2\tau} \right| + 6\ln \left| \frac{2i+1-2\tau}{2i-1-2\tau} \right| \right] + \left[\frac{2}{(2i+2\tau+1)^2} \right. \right.$$

$$- \frac{2}{(2i-1+2\tau)^2} + \frac{2}{(2i-1-2\tau)^2} - \frac{2}{(2i+1-2\tau)^2} \right]$$

$$+ \left. \left(\frac{6}{2i-1+2\tau} + \frac{6}{2i+1+2\tau} - \frac{6}{2i+1-2\tau} - \frac{6}{2i-1-2\tau} \right) \right\}$$

$$= -\frac{24\tau}{1-4\tau^2} - \sum_{i=1}^{\infty} \frac{24\tau(8i^2+2-8\tau^2)}{\left[(2i-1)^2-4\tau^2\right]\left[(2i+1)^2-4\tau^2\right]} < 0, \quad 0 < \tau < \frac{1}{2},$$

于是有

$$S(\tau) > \min \left\{ S(0), \lim_{\tau \to \frac{1}{2}} S(\tau) \right\} = 0, \quad 0 < \tau < \frac{1}{2}.$$

超收敛的唯一性得证.

5.2.4 数值算例

例 5.2.1 考虑如下超奇异积分:

$$I_1\left(0,1;s,x^4\right) = \text{f.p.} \int_0^1 \frac{x^4}{(x-s)^2} dx, \quad s \in (0,1).$$

根据超奇异积分的定义有

$$I_1\left(0,1;s,x^4\right) = \frac{4}{3} + 2s + 4s^2 + \frac{1}{s-1} + 4s^3 \ln \frac{1-s}{s}.$$

由表 5.2.1 可知, 当 $s = x_{[n/2]} + (\tau+1)h/2$ 时, 若局部坐标取 $\tau = 0$, 其收敛阶为 $O(h^3)$; 若局部坐标不取超收敛点, 其收敛阶为 $O(h^2)$. 由表 5.2.2 可知, 当 $s = 1 - h/2 + \tau h/2$ 时, 局部坐标无论取何值, 由于端点的影响, 其收敛现象不存在, 这与理论分析是一致的.

表 5.2.1 当 $s = x_{[n/2]} + (\tau+1)h/2$ 时, 辛普森公式 $Q_{2n}(s, f_Q)$ 的误差

n	$\tau = 0$	$\tau = 1/3$	$\tau = -1/3$
16	1.08943e−05	4.45286e−03	4.06554e−03
32	1.54057e−06	1.03003e−03	9.81251e−04
64	2.03842e−07	2.47075e−04	2.40955e−04
128	2.61903e−08	6.04626e−05	5.96963e−05
256	3.31689e−09	1.49523e−05	1.48564e−05
512	4.16092e−10	3.71764e−06	3.70565e−06

表 5.2.2 当 $s = 1 - h/2 + \tau h/2$ 时, 辛普森公式 $Q_{2n}(s, f_Q)$ 的误差

n	$\tau = 0$	$\tau = 1/3$	$\tau = -1/3$
16	3.87575e−04	1.30376e−02	1.46448e−02
32	9.66441e−05	3.30063e−03	3.74381e−03
64	2.41346e−05	8.30305e−04	9.46283e−04
128	6.03062e−06	2.08220e−04	2.37862e−04
256	1.50730e−06	5.21353e−05	5.96271e−05
512	3.76780e−07	1.30439e−05	1.49269e−05

5.3 牛顿-科茨公式近似计算区间上二阶超奇异积分

这一部分我们考虑任意阶牛顿-科茨公式近似计算二阶超奇异积分的超收敛现象. 对于二阶超奇异积分

$$I_1(a,b;s,f) = \text{f.p.} \int_a^b \frac{f(x)}{(x-s)^2} dx, \quad s \in (a,b), \tag{5.3.1}$$

为了研究二阶超奇异积分的超收敛性质, 考虑误差函数中含有某一函数 $S_k(\tau)$, 其定义为

$$S_k(\tau) := \varphi_k'(\tau) + \sum_{i=1}^{\infty} [\varphi_k'(2i+\tau) + \phi_k'(-2i+\tau)], \quad \tau \in (-1,1), \quad (5.3.2)$$

其中, $\varphi_k(\tau)$ 为第二类勒让德函数的线性组合, τ 为奇异点 s 对应的局部坐标. 当 $S_k(\tau) = 0$ 时, 得到超收敛现象.

5.3.1　主要结论

任意 k 次拉格朗日插值近似计算二阶超奇异积分的近似公式的介绍见 (4.2.1)—(4.2.6).

最早计算 $I_1(a,b;s,f)$ 的文献为 [141], 给出了梯形公式和辛普森公式的科茨系数, 并证明其误差估计为

$$|E_{kn}(s,f)| \leqslant C\gamma^{-2}(\tau) h^k, \quad k = 1,2. \quad (5.3.3)$$

一个更准确的误差估计为[191]

$$|E_{kn}(s,f)| \leqslant C \min\left\{\gamma^{-1}(\tau), |\ln h| + |\ln \gamma(\tau)|\right\} h^k, \quad k = 1,2.$$

下面给出任意阶牛顿-科茨公式的最优误差估计.

定理 5.3.1　设 $f(x) \in C^{k+\alpha}[a,b], 0 < \alpha \leqslant 1$, 对于 $i = 0,1,\cdots,n$ 且 $s \neq x_i$. 对定义为 (4.2.4) 的复合牛顿-科茨公式 $Q_{kn}(s,f)$, 当 $s = x_i(\tau) \in [x_i, x_{i+1}]$ 时, 有

$$|E_{kn}(s,f)| \leqslant C |\ln \gamma(\tau)| h^{k+\alpha-1}, \quad (5.3.4)$$

其中 $\gamma(\tau)$ 定义为 (4.2.6).

在给出主要结论之前, 首先定义函数如下

$$\phi_k(\tau) = \prod_{j=0}^{k} (\tau - \tau_j) = \prod_{j=0}^{k} \left(\tau - \frac{2j-k}{k}\right) \quad (5.3.5)$$

和

$$\varphi_k(t) = \begin{cases} -\dfrac{1}{2}\text{p.v.} \displaystyle\int_{-1}^{1} \frac{\phi_k(\tau)}{\tau - t} d\tau, & |t| < 1, \\ -\dfrac{1}{2} \displaystyle\int_{-1}^{1} \frac{\phi_k(\tau)}{\tau - t} d\tau, & |t| > 1, \end{cases} \quad (5.3.6)$$

以及根据关系

$$\text{f.p.} \int_a^b \frac{f(x)}{(x-s)^2} dx = \frac{d}{ds}\left(\text{p.v.} \int_a^b \frac{f(x)}{x-s} dx\right). \quad (5.3.7)$$

根据 (5.3.6) 和 (5.3.7), 则有

$$\varphi_k'(t) = \begin{cases} -\dfrac{1}{2}\text{f.p.}\displaystyle\int_{-1}^{1}\dfrac{\phi_k(\tau)}{(\tau-t)^2}d\tau, & |t| < 1, \\[4mm] -\dfrac{1}{2}\displaystyle\int_{-1}^{1}\dfrac{\phi_k(\tau)}{(\tau-t)^2}d\tau, & |t| > 1. \end{cases} \tag{5.3.8}$$

定理 5.3.2 设 $f(x) \in C^{k+1+\alpha}[a,b]$, $0 < \alpha \leqslant 1$ 以及 τ^* 为 $S_k(\tau)$ 为的零点, $S_k(\tau)$ 定义为 (5.3.2). 那么对复化牛顿-科茨公式 $Q_{kn}(s,f)$, 当 $s = \hat{x}_i(\tau^*)$ 时, 对于偶数 k, 有

$$|E_{kn}(s,f)| \leqslant C\left[1 + \eta(s)h^{1-\alpha}\right]h^{k+\alpha}, \quad 0 < \alpha \leqslant 1. \tag{5.3.9}$$

对于奇数 k, 有

$$|E_{kn}(s,f)| \leqslant \begin{cases} C\left[1 + \eta(s)h^{1-\alpha}\right]h^{k+\alpha}, & 0 < \alpha < 1, \\[2mm] C\left[\eta(s) + |\ln h|\right]h^{k+1}, & \alpha = 1. \end{cases} \tag{5.3.10}$$

这里

$$\eta(s) = \max\left\{\frac{1}{s-a}, \frac{1}{b-s}\right\}. \tag{5.3.11}$$

表 5.3.1 给出了当 $k = 1, 2, \cdots, 5$ 时, 特殊函数的零点.

表 5.3.1 牛顿-科茨积分公式的超收敛点

k	超收敛点
1	± 0.6666666666666666
2	0
3	$\pm 0.417611711772, \pm 0.1523070644412617$
4	$0, \pm 0.554326452193550$
5	$\pm 0.12382186332518, \pm 0.678253433205400, \pm 0.185061550320763$

5.3.2 定理 5.3.2 的证明

引理 5.3.1 设 $\varphi_k(t)$ 定义为 (5.3.6), 则有

$$\varphi_k(t) = \begin{cases} \displaystyle\sum_{i=1}^{k_1+1}\omega_{2i-1}Q_{2i-1}(t), & k = 2k_1, \\[4mm] \displaystyle\sum_{i=0}^{k_1}\omega_{2i}Q_{2i}(t), & k = 2k_1 - 1 \end{cases} \tag{5.3.12}$$

和

$$\varphi_k'(t) = \begin{cases} \displaystyle\sum_{i=1}^{k_1} a_i Q_{2i}(t), & k = 2k_1, \\ \displaystyle\sum_{i=1}^{k_1} b_i Q_{2i-1}(t), & k = 2k_1 - 1, \end{cases} \tag{5.3.13}$$

其中

$$\omega_i = \frac{2i+1}{2} \int_{-1}^{1} \phi_k(\tau) P_i(\tau)\, d\tau \tag{5.3.14}$$

和

$$a_i = -(4i+1)\sum_{j=1}^{i} \omega_{2j-1}, \quad b_i = -(4i-1)\sum_{j=1}^{i} \omega_{2j-2}. \tag{5.3.15}$$

证明: 对 $k = 2k_1$, 有

$$\varphi_k(\tau) = \prod_{j=0}^{2k_1} \left(\tau - \frac{j - k_1}{k_1} \right) = \tau \prod_{j=1}^{k_1} \left(\tau^2 - \frac{j^2}{k_1^2} \right),$$

其中多项式 $\varphi_k(\tau)$ 为奇函数. 以勒让德多项式为基函数展开有

$$\varphi_k(\tau) = \sum_{i=1}^{k_1+1} \omega_{2i-1} P_{2i-1}(\tau), \tag{5.3.16}$$

这里 ω_{2i-1} 定义为 (5.3.14). 则 (5.3.12) 的第一项 $\varphi_k(t)$ 可以得到. 由于

$$\sum_{i=1}^{k_1+1} \omega_{2i-1} = \sum_{i=1}^{k_1+1} \omega_{2i-1} P_{2i-1}(1) = \varphi_k(1) = 0,$$

而 (5.3.12) 可以记为

$$\varphi_k(t) = \sum_{i=1}^{k_1} \frac{a_i}{4i+1} \left[Q_{2i+1}(t) - Q_{2i-1}(t) \right],$$

这里 $a_i = -(4i+1)\displaystyle\sum_{j=1}^{i} \omega_{2j-1}$, 于是得到 (5.3.13), 这里用到了

$$\left[Q_{l+1}'(t) - Q_{l-1}'(t) \right] = (2l+1) Q_l(t), \quad l = 1, 2, \cdots. \tag{5.3.17}$$

命题得证.

引理 5.3.2 设 $\varphi_k(t)$ 定义为 (5.3.6). 对 $\tau \in (-1, 1)$ 以及 $m \geqslant 1$, 则有

$$\sum_{i=m+1}^{\infty} \left[|\varphi_k'(2i+\tau)| + |\varphi_k'(-2i+\tau)| \right] \leqslant \frac{C}{m^{1+[1+(-1)^k]/2}} \tag{5.3.18}$$

和

$$\sum_{i=0}^{2m} |2(m-i)+\tau|^{\alpha} |\varphi_k'(2(m-i)+\tau)| \leqslant \begin{cases} C, & 0 \leqslant \alpha < 1, \\ C(\ln m)^{[1-(-1)^k]/2}, & \alpha = 1. \end{cases} \tag{5.3.19}$$

证明: 根据经典公式

$$Q_l(t) = \frac{1}{2^{l+1}} \int_{-1}^{1} \frac{(1-\tau^2)^l}{(t-\tau)^{l+1}} d\tau, \quad |t| > 1, \quad l = 0, 1, \cdots, \tag{5.3.20}$$

则有

$$|Q_l(t)| \leqslant \frac{1}{(|t|-1)^{l+1}}, \quad |t| > 1$$

和

$$|\varphi_k'(t)| \leqslant \frac{C}{(|t|-1)^{2+[1+(-1)^k]/2}}, \quad |t| \geqslant 2.$$

命题得证.

引理 5.3.3 设 $s \in (x_m, x_{m+1})$, 对某些 m 与 $c_i = 2(s-x_i)/h - 1, 0 \leqslant i \leqslant n-1$, 则有

$$\varphi_k'(c_i) = \begin{cases} -\dfrac{2^{k-1}}{h^k} \text{f.p.} \displaystyle\int_{x_i}^{x_{i+1}} \dfrac{l_{kn}(x)}{(x-s)^2} dx, & i = m, \\ -\dfrac{2^{k-1}}{h^k} \displaystyle\int_{x_i}^{x_{i+1}} \dfrac{l_{kn}(x)}{(x-s)^2} dx, & i \neq m, \end{cases} \tag{5.3.21}$$

这里 $l_{kn}(x) = \displaystyle\prod_{j=0}^{k}(x-x_{ij})$.

证明: 根据定义 (5.3.1), 有

$$\text{f.p.} \int_{x_m}^{x_{m+1}} \frac{l_{kn}(x)}{(x-s)^2} dx = \text{f.p.} \int_{x_m}^{x_{m+1}} \frac{1}{(x-s)^2} \prod_{j=0}^{k}(x-x_{mj}) dx$$

$$= \lim_{\varepsilon \to 0} \left\{ \left(\int_{x_m}^{s-\varepsilon} + \int_{s+\varepsilon}^{x_{m+1}} \right) \frac{1}{(x-s)^2} \prod_{j=0}^{k}(x-x_{mj}) dx - \frac{2}{\varepsilon} \prod_{j=0}^{k}(s-x_{mj}) \right\}$$

$$= \left(\frac{h}{2}\right)^k \lim_{\varepsilon \to 0} \left\{ \left(\int_{-1}^{c_m - \frac{2\varepsilon}{h}} + \int_{c_m + \frac{2\varepsilon}{h}}^{1} \right) \frac{\phi_k(\tau)}{(\tau - c_m)^2} d\tau - \frac{h}{\varepsilon} \phi_k(c_m) \right\}$$

$$= \left(\frac{h}{2}\right)^k \text{f.p.} \int_{-1}^{1} \frac{\phi_k(\tau)}{(\tau - c_m)^2} d\tau = -\frac{h^k}{2^{k-1}} \varphi_k'(c_m).$$

命题得证.

引理 5.3.4 设 $f(x) \in C^{k+1+\alpha}[a,b]$, $0 < \alpha \leqslant 1$, $n = 2m + 1$ 以及 $s = \hat{x}_m(\tau_k^*)$, $\tau_k^* \in (-1,1)$ 为特殊函数 $S_k(\tau)$ 的零点. 则若复化牛顿-科茨公式 $Q_{kn}(s,f)$ 定义为 (4.2.4), 对于偶数 k, 有

$$|E_{kn}(s,f)| \leqslant Ch^{k+\alpha}, \quad 0 < \alpha \leqslant 1; \tag{5.3.22}$$

对于奇数 k, 有

$$|E_{kn}(s,f)| \leqslant \begin{cases} Ch^{k+\alpha}, & 0 < \alpha < 1, \\ C|\ln h| h^{k+1}, & \alpha = 1. \end{cases} \tag{5.3.23}$$

证明: 设 $\hat{F}_{k+1,n}(x)$ 为 $k+1$ 次定义在子区间 $[x_i, x_{i+1}]$ 上点 $\{x_{i0}, x_{i1}, \cdots, x_{ik}, \tilde{x}_{i,k+1}\}$ 的拉格朗日多项式, 这里 $\tilde{x}_{i,k+1}$ 为区间 $[x_{i0}, x_{ik}]$ 上增加的点, 例如 $\tilde{x}_{i,k+1} = (x_{i0} + x_{ik})/2$, 那么误差泛函分为两部分, 有

$$E_{kn}(s,f) = \text{f.p.} \int_a^b \frac{f(x) - \hat{F}_{k+1,n}(x)}{(x-s)^2} dx + \text{f.p.} \int_a^b \frac{\hat{F}_{k+1,n}(x) - F_{kn}(x)}{(x-s)^2} dx, \tag{5.3.24}$$

而

$$\hat{F}_{k+1,n}(x) - F_{kn}(x) = \beta_{ki} \prod_{j=0}^{k} (x - x_{ij}). \tag{5.3.25}$$

于是有

$$\text{f.p.} \int_a^b \frac{\hat{F}_{k+1,n}(x) - F_{kn}(x)}{(x-s)^2} dx = -\frac{h^k}{2^{k-1}} \sum_{i=0}^{2m} \beta_{ki} \varphi_k'(2(m-i) + \tau_k^*)$$

$$= I_1 + I_2 + I_3, \tag{5.3.26}$$

其中

$$I_1 = -\frac{f^{(k+1)}(s)h^k}{2^{k-1}(k+1)!} \sum_{i=0}^{2m} \varphi_k'(2(m-i) + \tau_k^*),$$

$$I_2 = -\frac{h^k}{2^{k-1}(k+1)!} \sum_{i=0}^{2m} \left[f^{(k+1)}(\hat{x}_i(0)) - f^{(k+1)}(s) \right] \varphi_k'(2(m-i)+\tau_k^*),$$

$$I_3 = -\frac{h^k}{2^{k-1}} \sum_{i=0}^{2m} \left[\beta_{ki} - \frac{f^{(k+1)}(\hat{x}_i(0))}{(k+1)!} \right] \varphi_k'(2(m-i)+\tau_k^*).$$

依次进行估计如下：

由于 $S_k(\tau_k^*) = 0$, 则有

$$I_1 = -\frac{f^{(k+1)}(s)h^k}{2^{k-1}(k+1)!} \sum_{i=m+1}^{\infty} \left[\varphi_k'(2i+\tau_k^*) + \varphi_k'(-2i+\tau_k^*) \right].$$

由于 $h = O(1/m)$, 则有界于 $O(h^{k+1})$. 其次对 $f(x) \in C^{k+1+\alpha}[a,b], 0 < \alpha \leqslant 1$,

$$\left| f^{(k+1)}(\hat{x}_i(0)) - f^{(k+1)}(s) \right| \leqslant C \left| 2(m-i) + \tau_k^* \right|^{\alpha} h^{\alpha}.$$

对于第三项, 有

$$\left| \beta_{ki} - \frac{f^{(k+1)}(\hat{x}_i(0))}{(k+1)!} \right| \leqslant Ch^{\alpha}, \tag{5.3.27}$$

其中 β_{ki} 由 (5.3.25) 定义.

根据经典插值理论, 有

$$\hat{F}_{k+1,n}(x) = \sum_{j=0}^{k} \frac{(x - \tilde{x}_{i,k+1}) l_{ki}(x) f(x_{ij})}{(x - x_{ij})(x_{ij} - \tilde{x}_{i,k+1}) l_{ki}'(x_{ij})} + \frac{f(\tilde{x}_{i,k+1}) l_{ki}(x)}{l_{ki}'(\tilde{x}_{i,k+1})}, \tag{5.3.28}$$

则有

$$\beta_{ki} = \sum_{j=0}^{k} \frac{f(x_{ij})}{(x_{ij} - \tilde{x}_{i,k+1}) l_{ki}'(x_{ij})} + \frac{f(\tilde{x}_{i,k+1})}{l_{ki}'(\tilde{x}_{i,k+1})}. \tag{5.3.29}$$

在 (5.3.28) 中, 对任意的 $0 \leqslant l \leqslant k+1$ 取 $f(x) = \hat{F}_{k+1,n}(x) = (x - \hat{x}_i(0))^l$, 有

$$(x - \hat{x}_i(0))^l = \sum_{j=0}^{k} \frac{(x - \hat{x}_i(0)) l_{ki}(x)(x_{ij} - \tilde{x}_{i,k+1})^l}{(x - x_{ij})(x_{ij} - \tilde{x}_{i,k+1}) l_{ki}'(x_{ij})} + \frac{(\tilde{x}_{i,k+1} - \hat{x}_i(0))^l l_{ki}(x)}{l_{ki}'(\tilde{x}_{i,k+1})}.$$

通过比较两边的系数, 有

$$\delta_{l,k+1} = \sum_{j=0}^{k} \frac{(x_{ij} - \hat{x}_i(0))^l}{(x_{ij} - \tilde{x}_{i,k+1}) l_{ki}'(x_{ij})} + \frac{(\tilde{x}_{i,k+1} - \hat{x}_i(0))^l}{l_{ki}'(\tilde{x}_{i,k+1})},$$

这里 $\delta_{i,k+1}$ 为 Kronecker 记号, 将函数 $f(x_{ij})$, $f(\tilde{x}_{i,k+1})$ 在 $\hat{x}_i(0)$ 处泰勒展开有

$$f(x_{ij}) = \sum_{l=0}^{k} \frac{f^{(l)}(\hat{x}_i(0))}{l!}(x_{ij} - \hat{x}_i(0))^l + \frac{f^{(k+1)}(\xi_{ij})}{(k+1)!}(x_{ij} - \hat{x}_i(0))^{k+1}, \quad (5.3.30)$$

$$f(\tilde{x}_{i,k+1}) = \sum_{l=0}^{k} \frac{f^{(l)}(\hat{x}_i(0))}{l!}(\tilde{x}_{i,k+1} - \hat{x}_i(0))^l + \frac{f^{(k+1)}(\hat{\xi}_{ij})}{(k+1)!}(\tilde{x}_{i,k+1} - \hat{x}_i(0))^{k+1}.$$

将 (5.3.30) 代入 (5.3.29), 有

$$\beta_{ki} - \frac{f^{(k+1)}(\hat{x}_i(0))}{(k+1)!} = \frac{1}{(k+1)!}\sum_{j=0}^{k} \frac{(x_{ij} - \hat{x}_i(0))^l\left[f^{(k+1)}(\xi_{ij}) - f^{(k+1)}(\hat{x}_i(0))\right]}{(x_{ij} - \tilde{x}_{i,k+1})\, l'_{kn}(x_{ij})}$$

$$+ \frac{(\tilde{x}_{i,k+1} - \hat{x}_i(0))^{k+1}\left[f^{(k+1)}(\xi_{ij}) - f^{(k+1)}(\hat{x}_i(0))\right]}{(k+1)!\, l'_{kn}(\tilde{x}_{i,k+1})}.$$

$$(5.3.31)$$

定理 5.3.2 的证明: 由于

$$E_{kn}(s,f) = \text{f.p.}\int_a^{x_{2m+1}} \frac{f(x) - F_{kn}(x)}{(x-s)^2}dx + \int_{x_{2m+1}}^b \frac{f(x) - F_{kn}(x)}{(x-s)^2}dx,$$

第一部分由引理 5.3.4 得证, 对于第二部分, 根据经典的插值理论有

$$|f(x) - F_{kn}(x)| \leqslant Ch^{k+1},$$

则有

$$\left|\int_{x_{2m+1}}^b \frac{f(x) - F_{kn}(x)}{(x-s)^2}dx\right| \leqslant Ch^{k+1}\int_{x_{2m+1}}^b \frac{1}{(x-s)^2}dx$$

$$= Ch^{k+1}\left(\frac{1}{x_{2m+1} - s} - \frac{1}{b-s}\right) \leqslant C\eta(s)h^{k+1}.$$

$$(5.3.32)$$

命题得证.

5.3.3　超收敛点的存在性

这一部分我们证明, 由特殊函数 $S_k(\tau) = 0$ 得到对于任意的 k 阶超收敛点的存在性.

设 $J := (-\infty, -1) \cup (-1, 1) \cup (1, +\infty)$, 定义算子 $W : C(J) \to (-1, 1)$ 为

$$Wf(\tau) := f(\tau) + \sum_{i=1}^{\infty} [f(2i+\tau) + f(-2i+\tau)], \quad \tau \in (-1,1). \qquad (5.3.33)$$

易知, 算子 W 为线性算子. 由引理 5.3.1, φ_k' 为第二类勒让德多项式的 $Q_l\,(l \leqslant k)$ 的线性组合, 则有

$$S_k(\tau) = W\varphi_k'(\tau). \qquad (5.3.34)$$

首先给出算子 W 的性质如下.

引理 5.3.5 设算子 W 定义为 (5.3.33) 以及 $\tau \in (-1,1)$. 则有

(1) $WQ_0(\tau) = 0$;

(2) 对于 $j > 0, l \geqslant 0$ 及微分算子 $D^j = d^j/d\tau^j$, 算子 W 关于第二类勒让德多项式 Q_l 有

$$D^j(WQ_l)(\tau) = W\left(Q_l^{(j)}\right)(\tau);$$

(3) 对于 $j > 0$,

$$W\left(P_1 Q_0^{(2j)}\right)(\tau) > 0; \qquad (5.3.35)$$

(4) 对于 $j > 0$,

$$\lim_{\tau \to 1^-} WQ_{2j}(\tau) = \lim_{\tau \to 1^+} WQ_{2j}(\tau) = 0. \qquad (5.3.36)$$

证明: 由于

$$Q_0(t) = \frac{1}{2}\ln\left|\frac{1+t}{1-t}\right|, \quad |t| \neq 1,$$

有

$$WQ_0(\tau) = \frac{1}{2}\ln\frac{1+\tau}{1-\tau} + \frac{1}{2}\sum_{i=1}^{\infty}\left(\ln\frac{2i+1+\tau}{2i-1+\tau} + \ln\frac{2i-1-\tau}{2i+1-\tau}\right)$$

$$= \lim_{i\to\infty}\frac{1}{2}\ln\frac{2i+1+\tau}{2i+1-\tau} = 0.$$

第一部分得证. 根据经典等式

$$Q_l(t) = \frac{1}{2^{l+1}}\int_{-1}^{1}\frac{(1-\tau^2)^l}{(t-\tau)^{l+1}}d\tau, \quad |t| > 1, \quad l = 0,1,\cdots,$$

有

$$\left|Q_l^{(j)}(t)\right| \leqslant \frac{C}{(|t|-1)^{l+1+j}}, \quad |t| > 1, \quad j \geqslant 0,$$

求导后有

$$WQ_0^{(j)}(\tau)$$

$$=\frac{(-1)^{j+1}(j-1)!}{2}\left\{\frac{1}{(\tau+1)^j}-\frac{1}{(\tau-1)^j}\right.$$

$$+\sum_{i=1}^{\infty}\left[\frac{1}{(2i+1+\tau)^j}-\frac{1}{(2i-1+\tau)^j}+\frac{1}{(2i-1-\tau)^j}-\frac{1}{(2i+1-\tau)^j}\right]\right\}$$

$$=\frac{(-1)^{j+1}(j-1)!}{2}\lim_{i\to\infty}\left[\frac{1}{(2i+1+\tau)^j}-\frac{1}{(-2i-1+\tau)^j}\right]=0.$$

对于第三项, 由于

$$P_1(t)Q_0^{(2j)}(t)=\frac{(2j-1)!}{2}\left[\frac{1}{(t+1)^{2j}}-\frac{1}{(t-1)^{2j}}\right]$$

$$+(1-2j)Q_0^{(2j-1)}(t),\quad j=1,2,\cdots,$$

则有

$$W\left(P_1Q_0^{(2j)}\right)(\tau)=\frac{(2j-1)!}{2}\left\{\frac{1}{(\tau+1)^{2j}}-\frac{1}{(\tau-1)^{2j}}\right.$$

$$+\sum_{i=1}^{\infty}\left[\frac{1}{(2i+1+\tau)^{2j}}-\frac{1}{(2i-1+\tau)^{2j}}\right.$$

$$\left.\left.+\frac{1}{(-2i+1+\tau)^{2j}}-\frac{1}{(-2i-1+\tau)^{2j}}\right]\right\}$$

$$>0.$$

根据第二类勒让德多项式的性质, 有

$$Q_l(t)=P_l(t)Q_0(t)+f_{l-1}(t)$$

$$=\frac{1}{2}\ln\left|\frac{1+t}{1-t}\right|P_l(t)+f_{l-1}(t),\quad |t|\neq 1,\quad l\geqslant 1,$$

进一步有

$$\lim_{\tau\to 1^-}WQ_{2j}(\tau)=\lim_{\tau\to 1^-}\left\{Q_{2j}(\tau)+\sum_{i=1}^{\infty}\left[Q_{2j}(2i+\tau)+Q_{2j}(-2i+\tau)\right]\right\}$$

$$= \lim_{\tau \to 1^-} [Q_{2j}(\tau) + Q_{2j}(2-\tau)]$$

$$= \lim_{\tau \to 1^-} \left[\frac{1}{2} \ln \left| \frac{1+\tau}{1-\tau} \right| P_{2j}(\tau) + f_{2j-1}(\tau) \right.$$

$$\left. + \frac{1}{2} \ln \left| \frac{3-\tau}{1-\tau} \right| P_{2j}(2-\tau) + f_{2j-1}(2-\tau) \right]$$

$$= \frac{1}{2} \lim_{\tau \to 1^-} [P_{2j}(2-\tau) - P_{2j}(\tau)] \ln(1-\tau)$$

$$= \lim_{\tau \to 1^-} P_{2j}(\xi_\tau) \ln(1-\tau) = 0,$$

类似地, 有

$$\lim_{\tau \to -1^+} WQ_{2j}(\tau) = 0.$$

命题得证.

引理 5.3.6 对 $j \geqslant i > 0$, 有

$$D^{2j}(WQ_{2i-1})(\tau) > 0 \tag{5.3.37}$$

和

$$D^{2j+1}(WQ_{2i})(\tau) > 0. \tag{5.3.38}$$

证明: 由于

$$P_1(t) = t, \quad Q_1(t) = P_1(t)Q_0(t) - 1,$$

根据引理 5.3.5, 有

$$D^{2j}(WQ_1) = W\left(2jQ_0^{(2j-1)} + P_1Q_0^{(2j)}\right)$$

$$= 2jD^{(2j-1)}(WQ_0) + W\left(P_1Q_0^{(2j)}\right)$$

$$= W\left(P_1Q_0^{(2j)}\right) > 0$$

和

$$D^{2j+1}(WQ_2) = W\left(Q_0^{(2j+1)} - Q_0^{(2j+1)} + Q_0^{(2j+1)}\right)$$

$$= W\left(3Q_1^{(2j)}\right) = 3D^{2j}(WQ_1) > 0.$$

一般地, 有

$$Q_{2i-1}^{(2j)}(t) = \sum_{k=1}^{i-1} \left[Q_{2k+1}^{(2j)}(t) - Q_{2k-1}^{(2j)}(t) \right] + Q_1^{(2j)}(t)$$

· 148 ·　　　　　　　　　　　　　　　　第 5 章　区间上超奇异积分的超收敛现象

$$= \sum_{k=1}^{i-1} (4k+1) Q_{2k}^{(2j-1)} (t) + Q_1^{(2j)} (t) ,$$

$$Q_{2i}^{(2j+1)} (t) = \sum_{k=1}^{i} \left[Q_{2k}^{(2j+1)} (t) - Q_{2k-2}^{(2j+1)} (t) \right] + Q_0^{(2j+1)} (t)$$

$$= \sum_{k=1}^{i} (4k-1) Q_{2k-1}^{(2j)} (t) + Q_0^{(2j+1)} (t) .$$

因此有

$$D^{2j} (W Q_{2i-1}) = \sum_{k=1}^{i-1} (4k+1) D^{2j-1} (W Q_{2i}) + D^{2j} (W Q_1) ,$$

$$D^{2j+1} (W Q_{2i}) = \sum_{k=1}^{i-1} (4k-1) D^{2j} (W Q_{2k-1}).$$

根据数学归纳法, (5.3.37) 和 (5.3.38) 对所有的 i, j 都成立. 命题得证.

定理 5.3.3　对任意的 k 和定义为 (5.3.2) 的函数 $S_k (\tau)$, 在区间 $(-1, 1)$ 至少有一个零点.

证明: 根据正交多项式的性质, 有

$$Q_l (-t) = (-1)^{l+1} Q_l (t), \quad |t| \neq 1, \quad l = 0, 1, 2.$$

根据引理 5.3.1, 有

$$\varphi_k' (-t) = (-1)^{l+1} \varphi_k' (t) .$$

于是根据等式 (5.3.2), 有

$$S_k (-\tau) = (-1)^{k+1} S_k (\tau), \quad \tau \in (-1, 1) . \tag{5.3.39}$$

当 k 为偶数时, $\tau^* = 0$ 为函数的零点. 现在考虑 k 为奇数的情况. 设 $k = 2k_1 - 1$, 以及关于 τ 函数的 $C_k (\tau)$ 定义为

$$C_k (\tau) = W \varphi_k (\tau) . \tag{5.3.40}$$

类似于 (5.3.39) 的证明, 有

$$C_k (-\tau) = (-1)^k C_k (\tau) . \tag{5.3.41}$$

当 k 为奇数时, 在 $\tau = 0$ 处函数的 $C_k(\tau)$ 值为零. 根据引理 5.3.5, 有

$$C_k(\tau) = \sum_{i=0}^{k_1} \omega_{2i} W Q_{2i}(\tau) = \sum_{i=1}^{k_1} \omega_{2i} W Q_{2i}(\tau). \tag{5.3.42}$$

根据引理 5.3.5, 有

$$\lim_{\tau \to -1^+} C_k(\tau) = 0, \tag{5.3.43}$$

根据罗尔定理, $C_k(\tau)$ 在区间 $(0,1)$ 上至少有一个零点. 根据引理 5.3.5 和 (5.3.34), 有

$$C_k'(\tau) = S_k(\tau), \tag{5.3.44}$$

$S_k(\tau)$ 在区间 $(0,1)$ 上至少有一个零点, 命题得证.

定理 5.3.4   设 a_i 和 b_i 分别定义为 (5.3.15), 如果 $a_i, b_i > 0$, 那么 $S_k(\tau)$ 在区间 $(-1,1)$ 上最多有 $k - (-1)^k$ 个根.

证明: 当 $k = 2k_1$ 时, 根据引理 5.3.5, 有

$$S_k(\tau) = W\varphi_k'(\tau) = \sum_{i=1}^{k_1} a_i W Q_{2i}(\tau). \tag{5.3.45}$$

根据引理 5.3.5 和引理 5.3.6, 假设 $a_i > 0$, 有

$$D^{k+1} S_k(\tau) = \sum_{i=1}^{k_1} a_i D^{2k_1+1}(W Q_{2i})(\tau) > 0. \tag{5.3.46}$$

当 $k = 2k_1 - 1$ 时, 根据引理 5.3.5, 有

$$D^{k+1} S_k(\tau) = \sum_{i=1}^{k_1} b_i D^{2k_1+1}(W Q_{2i-1})(\tau) > 0, \tag{5.3.47}$$

即对任意的正数 k, 有 $D^{k+1} S_k(\tau) > 0$.

对于 k 为偶数的情况, 根据引理 5.3.5, 有

$$\lim_{\tau \to 1^-} S_k(\tau) = \lim_{\tau \to -1^+} S_k(\tau) = 0.$$

命题得证.

5.3.4 数值算例

例 5.3.1 考虑如下超奇异积分

$$\text{f.p.} \int_0^1 \frac{x^6}{(x-s)^2} dx,$$

其准确解为

$$\frac{6}{5} + \frac{3}{2}s + 2s^2 + 3s^3 + 6s^4 + \frac{1}{s-1} + 6s^5 \ln \frac{1-s}{s}.$$

表 5.3.2 给出了当 $s = x_{[n/2]} + (\tau + 1)h/2$ 时, $Q_{3n}(s, x^6)$ 和 $Q_{4n}(s, x^6)$ 的计算误差, 局部坐标取超收敛点时, 其收敛阶为 $O(h^{k+1})$, $k = 3, 4$, 这与理论分析是一致的. 由表 5.3.3 知, 当 $s = x_{[n-1]} + (\tau + 1)h/2$ 时局部坐标无论取何值, 由于端点的影响, 其超收敛现象不存在, 这与理论分析是一致的.

表 5.3.2 当 $s = x_{[n/2]} + (\tau+1)h/2$ 时, $Q_{3n}(s, x^6)$ 和 $Q_{4n}(s, x^6)$ 的误差

n	$Q_{3n}(s, x^6)$			$Q_{4n}(s, x^6)$		
	$\tau = 0$	$\tau = \tau_{31}^*$	$\tau = \tau_{32}^*$	$\tau = 1/3$	$\tau = \tau_{41}^*$	$\tau = \tau_{42}^*$
4	2.17425e−02	7.02034e−03	1.29230e−03	8.38864e−04	1.87756e−05	1.33747e−05
8	2.21968e−03	4.36954e−04	7.01566e−05	4.70630e−05	6.64231e−07	5.25892e−07
16	2.47923e−04	2.72741e−05	4.10229e−06	2.78098e−06	2.18362e−08	1.76760e−08
32	2.92062e−05	1.70385e−06	2.48203e−07	1.68865e−07	6.98379e−10	5.69424e−10
64	3.54134e−06	1.06472e−07	1.52658e−08	1.04003e−08	2.20682e−11	1.80458e−11
h^α	3.044	4.000	4.023	4.021	4.982	4.980

表 5.3.3 当 $s = x_{[n-1]} + (\tau+1)h/2$ 时, $Q_{3n}(s, x^6)$ 和 $Q_{4n}(s, x^6)$ 的误差

n	$Q_{3n}(s, x^6)$			$Q_{4n}(s, x^6)$		
	$\tau = 0$	$\tau = \tau_{31}^*$	$\tau = \tau_{32}^*$	$\tau = 1/3$	$\tau = \tau_{41}^*$	$\tau = \tau_{42}^*$
4	4.05885e−02	1.14342e−02	3.19438e−03	1.23661e−03	6.74612e−06	1.60185e−05
8	5.86964e−03	9.07630e−04	3.20220e−04	8.24835e−05	1.95370e−07	1.42385e−06
16	7.87763e−04	6.91079e−05	3.25084e−05	5.31798e−06	3.19862e−08	1.02629e−07
32	1.02024e−04	5.45507e−06	3.47064e−06	3.37465e−07	2.62336e−09	6.84634e−09
64	1.29830e−05	4.67528e−07	3.90471e−07	2.12508e−08	1.83556e−10	4.41483e−10
h^α	3.974	3.544	3.512	3.989	3.837	3.955

例 5.3.2 考虑正则性较低的情况, 设密度函数 $f(x) = x^4 + |x|^{4+\alpha}$, $0 < \alpha \leqslant 1$, $a = b = -1$, $s = 0$, 此时有 $f(x) \in C^{4+\alpha}[-1, 1]$, 超奇异积分的准确解为 $\dfrac{12 + 2\alpha}{9 + 3\alpha}$.

由表 5.3.4 可知, 在 Mesh I 的情况下, 当奇异点不取超收敛点时, 其收敛阶为 $O(h^3)$, 此时超收敛现象不出现; 在 Mesh II 的情况下, 当奇异点取超收敛点时, 其收敛阶为 $O(h^{3+\alpha})$, 说明超收敛现象出现对于密度函数的正则性不能降低.

表 5.3.4 当 $s = 0$ 时, $Q_{3n}(s, x^6)$ 的误差

n	Mesh I		Mesh II	
	$\tau = 1/3$	$\tau = 1/2$	$\tau = 1/3$	$\tau = 1/2$
5	2.62030e−02	2.34679e−02	2.45329e−03	3.23223e−03
11	2.17520e−03	1.97976e−03	1.04782e−04	1.36483e−04
23	2.21515e−04	1.99574e−04	9.07829e−06	1.05391e−05
47	2.44334e−05	2.19794e−05	8.75597e−07	9.06468e−07
95	2.81169e−06	2.64003e−06	8.66786e−08	8.03395e−08
h^α	3.119	3.113	3.337	3.496

5.4 辛普森公式近似计算区间上三阶超奇异积分

本节考虑如下积分:

$$I_2(a, b; s, f) := \text{f.p.} \int_a^b \frac{f(x)}{(x-s)^3} dx, \tag{5.4.1}$$

其中 s 表示奇异点, $f(x)$ 为密度函数, 前面已经提到, 这种积分通常也称为 "supersingular integral", 它必须在 Hadamard 有限部分的意义下理解, 关于其定义在前面我们已经讨论过, 这里选取定义 (3.3.1). 通过直接计算, 则有

$$\text{f.p.} \int_a^b \frac{(x-s)^{p+l}}{(x-s)^{p+1}} dx = \begin{cases} \ln \dfrac{b-s}{s-a}, & l = 0, \\ \dfrac{1}{l}\left[(b-s)^l - (a-s)^l\right], & l \neq 0. \end{cases} \tag{5.4.2}$$

在某些特殊情况下, 如果密度函数 $f(x)$ 为关于 x 的多项式, 则我们可以先将 $f(x)$ 在 s 点处进行泰勒展开, 然后再利用上式, 解析地求得积分 (5.4.1) 的值, 这一技巧会在以下的分析过程中经常用到. 但大多数情况下, 由于密度函数的一般性, 这类积分不能解析地求出, 也就是说必须通过数值积分的方法来计算.

基于 Galerkin 方法提出了一种计算这类积分的有效途径. Du[19] 提出了计算这类积分的辛普森公式, 并证明了当奇异点 s 取在每个区间的中点时, 其收敛精度为 $O(h)$. 而对于相应的梯形公式, 在一般情况下是不收敛的, 这里我们通过一个简单实例加以说明.

令 $f(x) = x^2$, $s = x_m + h/2 + \tau h$ $(|\tau| < 1/2)$, 且 $n = 2m+1$. 由定义可知

$$\text{f.p.} \int_a^b \frac{f(x) - f_L(x)}{(x-s)^3} dx$$

$$= \left(\int_{x_m}^{x_{m+1}} + \sum_{i=1, i \neq m+1}^{2m+1} \int_{x_{i-1}}^{x_i} \right) \frac{(x - x_{i-1})(x - x_i)}{(x-s)^3} dx$$

$$= \sum_{i=1}^{2m+1} \left[\left| \ln \frac{(x_i - s)}{(x_{i-1} - s)} \right| + \frac{(2s - x_i - x_{i-1}) h}{2 (s - x_i) (s - x_{i-1})} \right]$$

$$= \ln \frac{b - s}{s - a} + \frac{h}{2} \sum_{i=1}^{2m+1} \left(\frac{1}{s - x_{i-1}} + \frac{1}{s - x_i} \right)$$

$$= \ln \frac{2m + 1 - 2\tau}{2m + 1 + 2\tau} - \frac{4\tau}{(2m+1)^2 - 4\tau^2} - \sum_{i=1}^{m} \frac{8\tau}{(2i-1)^2 - 4\tau^2}$$

$$\geqslant \frac{8 |\tau|}{1 - 4\tau^2}.$$

但事实上, 当奇异点 s 位于某个远离区间两端点的子区间中点时, 梯形公式可以达到 $O(h^2)$ 的收敛速度, 而在靠近端点的子区间上的任意点处, 仍然是不收敛的, 这就是 5.1.1 节关于三阶超奇异积分梯形公式的超收敛结论. 这里我们考虑三阶超奇异积分 $I_2(a, b; s, f)$ 的辛普森公式, 在导出相应的积分公式后, 将给出超收敛结果以及相应的误差分析, 最后还将介绍超收敛结果的一些应用.

5.4.1　积分公式的提出

将区间 $[a, b]$ 等距剖分成 n 个子区间, 得到一致网格 $a = x_0 < x_1 < \cdots < x_{n-1} < x_n = b$, 其中步长为 $h = (b-a)/n$, 再记子区间的中点为 $x_{i-1/2} = (x_{i-1} + x_i)/2, i = 1, 2, \cdots, n$. 设 $f(x)$ 的分片二次拉格朗日插值多项式为 $F_{2n}(x)$, 定义见 (4.2.3).

用 $F_{2n}(x)$ 代替式 (5.4.1) 中的 $f(x)$, 即可得复化辛普森公式

$$Q_{2n}^2 (s, f) = \text{f.p.} \int_a^b \frac{F_{2n}(x)}{(x - s)^3} dx = \sum_{i=0}^{2n} \omega_i (s) f(x_i), \tag{5.4.3}$$

其中 $\omega_i(s)$ 是科茨系数, 具体的推导过程见 (4.4.17) 和 (4.4.18).

辛普森公式的收敛阶在一般情况下只能达到 $O(h)$, 但事实上, 当奇异点 s 在某些特殊点处时, 该公式的收敛速度可以提高一阶, 这种现象称为超收敛现象. 这一部分将确定超收敛点的位置并且给出相应的超收敛误差分析. 另外, 我们还将讨论超收敛结果的一些应用, 其中包括在一般情况下积分 (5.4.1)(即 s 不是超收敛点时) 的数值计算, 以及一类三阶超奇异积分方程的数值求解.

5.4.2　主要结论

这一部分主要研究三阶超奇异积分复化辛普森公式的超收敛现象, 先给出超收敛的主要结果, 然后得到相应的证明过程.

定理 5.4.1 在一致网格下, 辛普森公式 $Q_{2n}^2(s, f)$ 定义为 (5.4.3), 对于某个正整数 $0 \leqslant m < n, s = x_m + h/2 \pm h/3$, 存在某个与 h 和 s 无关的正常数 C, 有

$$\left| I_2(a, b; s, f) - Q_{2n}^2(s, f) \right|$$

$$\leqslant \begin{cases} C\left[1 + \eta^2(s) h^{2-\alpha}\right] h^{1+\alpha}, & f(x) \in C^{3+\alpha}[a, b], \\ C\left[|\ln h| + \eta^2(s) h\right] h^2, & f(x) \in C^4[a, b], \\ C\left[1 + \eta^2(s) h\right] h^2, & f(x) \in C^{4+\alpha}[a, b], \end{cases} \qquad (5.4.4)$$

其中 $0 < \alpha < 1$, 且

$$\eta(s) = \left\{ \frac{1}{s - a}, \frac{1}{b - s} \right\}. \qquad (5.4.5)$$

定理 5.4.1 表明, 在任意远离两端点的超收敛点上, 辛普森公式的收敛速度可以达到 $O(h^2)$, 这与梯形公式的收敛速度相同. 但是, 在靠近两端点的子区间上, 由于 $\eta(s)$ 的影响, 超收敛现象不再出现, 任意点处的收敛速度都只能达到 $O(h)$, 但即使如此, 却比相应梯形公式的收敛速度高出一阶, 因为梯形公式在这个情况下是不收敛的. 特别地, 利用这两种公式及相应的超收敛性质分别求解三阶超奇异积分方程时, 两者在数值上有完全不同的表现, 即使用辛普森公式的收敛速度要比使用梯形公式高出一阶, 这将在后面的数值算例中可以看出.

设 m 为某正整数, τ 为实数, 定义

$$H_m^i(\tau) = 1 + (m + 1 - i + \tau) \ln \left| \frac{2m + 1 - 2i + 2\tau}{2m + 3 - 2i + 2\tau} \right|, \qquad (5.4.6)$$

$$M_m^i(\tau) = 3H_m^i(\tau) + \frac{1}{4(m + 1 - i + \tau)^2 - 1}, \qquad (5.4.7)$$

其中 i 为正整数, 满足 $1 \leqslant i \leqslant 2m + 1$.

引理 5.4.1 对于 $-1/2 \leqslant \tau \leqslant 1/2$, 有如下估计:

(1) $\displaystyle\sum_{i=1}^{2m+1} |m + 1 - i + \tau|^\mu \left| H_m^i(\tau) \right| \leqslant C \left| \ln(1 - 4\tau^2) \right| + \sum_{i=1}^{m} \frac{1}{i^{2-\mu}};$ $\qquad (5.4.8)$

(2) $\displaystyle\left| \sum_{i=1}^{2m+1} (m + 1 - i + \tau) H_m^i(\tau) \right| \leqslant C,$ $\qquad (5.4.9)$

其中 $0 \leqslant \mu < 2, H_m^i(\tau)$ 如 (5.4.6) 和 (5.4.7) 所定义.

引理 5.4.2 对于 $-1/2 \leqslant \tau \leqslant 1/2$, 有如下估计

(1) $\displaystyle\sum_{i=1}^{2m+1} |m + 1 - i + \tau|^\mu \left| H_m^i(\tau) \right| \leqslant \frac{C}{1 - 4\tau^2} + \sum_{i=1}^{m} \frac{1}{i^{2-\mu}};$ $\qquad (5.4.10)$

$$(2) \left| \sum_{i=1}^{2m+1} (m+1-i+\tau) H_m^i (\tau) \right| \leqslant \frac{C}{1-4\tau^2}, \tag{5.4.11}$$

其中 $0 \leqslant \mu < 2, H_m^i (\tau)$ 如式 (5.4.7) 所定义.

证明: 当 $m = 1$ 时, 结论成立, 这里我们只需讨论 $m > 1$ 的情况. 注意到 $-1/2 \leqslant \tau \leqslant 1/2$, 我们有

$$\sum_{i=1}^{2m+1} \frac{|m+1-i+\tau|^{\mu}}{\left| 4(m+1-i+\tau)^2 - 1 \right|}$$

$$= \sum_{i=0}^{m} \frac{|i+\tau|^{\mu}}{\left| 4(i+\tau)^2 - 1 \right|} + \sum_{i=1}^{m} \frac{|i-\tau|^{\mu}}{\left| 4(i-\tau)^2 - 1 \right|}$$

$$\leqslant \frac{|\tau|^{\mu}}{1-4\tau^2} + \frac{|1+\tau|^{\mu}}{4(1+\tau)^2 - 1} + \frac{|1-\tau|^{\mu}}{4(1-\tau)^2 - 1} + \left[\sum_{i=2}^{m} \frac{1}{2(i+\tau)^{2-\mu}} + \frac{1}{2(i-\tau)^{2-\mu}} \right]$$

$$\leqslant \frac{13}{4(1-4\tau^2)} + \sum_{i=1}^{m-1} \frac{1}{i^{2-\mu}}, \quad 0 \leqslant \mu < 2 \tag{5.4.12}$$

和

$$\sum_{i=1}^{2m+1} \frac{m+1-i+\tau}{4(m+1-i+\tau)^2 - 1}$$

$$= \frac{\tau}{4\tau^2 - 1} + \sum_{i=1}^{m} \left[\frac{i+\tau}{4(i+\tau)^2 - 1} - \frac{i-\tau}{4(i-\tau)^2 - 1} \right]$$

$$= \frac{\tau}{4\tau^2 - 1} - \tau \sum_{i=1}^{m} \left[\frac{1}{(2i+1)^2 - 4\tau^2} - \frac{1}{(2i-1)^2 - 4\tau^2} \right]. \tag{5.4.13}$$

联立式 (5.4.12), (5.4.13) 和引理 5.4.1, 即可得 (5.4.10) 和 (5.4.11). 命题得证.

引理 5.4.3　对于式 (5.4.7) 所定义的 $M_m^i (\tau)$, 有

$$\left| \sum_{i=1}^{2m+1} M_m^i \left(\pm \frac{1}{3} \right) \right| < \frac{C}{m}. \tag{5.4.14}$$

证明: 由式 (5.4.7), 我们有

$$\sum_{i=1}^{2m+1} M_m^i (\tau) = 3 \sum_{i=1}^{2m+1} H_m^i (\tau) + \sum_{i=1}^{2m+1} \frac{1}{4(m+1-i+\tau)^2 - 1}$$

$$= 3 \sum_{i=1}^{2m+1} H_m^i (\tau) - \frac{1}{2} \left(\frac{1}{2m+1+2\tau} + \frac{1}{2m+1-2\tau} \right),$$

再利用不等式

$$\left| \sum_{i=1}^{2m+1} M_m^i \left(\pm \frac{1}{3} \right) \right| < \frac{C}{m}, \tag{5.4.15}$$

便可以推出 (5.4.14).

设 $f(x) \in C^{k+\alpha}[a,b]\,(0 < \alpha \leqslant 1)$, k 为正整数, 定义 $S_k(f) := \{ \Pi_k f(x) \in C[a,b] \}$ 为插值函数空间, 且 $\Pi_k f(x)$ 满足如下条件:

(i) $\Pi_k f(x_i) = f(x_i), 0 \leqslant i \leqslant n$;

(ii) $\Pi_k f(x)$ 为 k 次多项式 $(x_i, x_{i+1})\,(1 \leqslant i \leqslant n)$ 而且满足

$$\left| \frac{d^l}{dx^l} [f(x) - \Pi_k f(x)] \right| \leqslant Ch^{k+\alpha-l}, \quad l = 0, 1, \cdots, k.$$

引理 5.4.4 设 $f(x) \in C^{k+\alpha}[a,b]\,(0 < \alpha \leqslant 1)$, 并且对任意 $i = 1, \cdots, n-1$, $s \neq x_i$, $\Pi_k f(x) \in S_k(f)\,(k \geqslant p)$, 有

$$|I_p(a,b;s,f) - I_p(a,b;s,\Pi_k f(x))| \leqslant C\gamma^{-1}(\tau) h^{k+\alpha-p}, \tag{5.4.16}$$

其中 $\gamma(\tau)$ 定义为 (4.2.6).

引理 5.4.5 设 $n = 2m+1$, 在引理 5.4.1 的假设下, 有

$$|I_2(a,b;s,f) - Q_{2n}^2(s,f)| \leqslant \begin{cases} Ch^{1+\alpha}, & f(x) \in C^{3+\alpha}[a,b], \\ C|\ln h| h^2, & f(x) \in C^4[a,b], \\ Ch^2, & f(x) \in C^{4+\alpha}[a,b], \end{cases} \tag{5.4.17}$$

其中 $0 \leqslant \alpha < 1$.

证明: 设 $f_C(x)$ 为 $f(x)$ 的分片三次插值函数,

$$f_C(x) = \frac{8(x-x_i)(x-x_{i-1/2})}{3h^3} [8(x-x_{i-1})f(x_{i-3/4}) - 3(x-x_{i-3/4})f(x_{i-1})]$$

$$+ \frac{8(x-x_{i-1})(x-x_{i-3/4})}{3h^3} [(x-x_{i-1/2})f(x_i) - 6(x-x_i)f(x_{i-1/2})], \tag{5.4.18}$$

其中 $x_{i-3/4} = x_{i-1} + h/4, x_{i-1/2} = x_{i-1} + h/2$, 容易看出 $f_C(x) \in S_3(f)$. 分片二次插值函数 $f_Q(x)$ 可以改写成

$$f_Q(x) = \frac{2(x-x_i)(x-x_{i-1/2})}{h^2} f(x_{i-1}) + \frac{2(x-x_{i-1})(x-x_{i-1/2})}{h^2} f(x_i)$$

$$+ \frac{4\left(x - x_{i-1}\right)\left(x - x_i\right)}{h^2} f\left(x_{i-1/2}\right), \quad 1 \leqslant i \leqslant n. \tag{5.4.19}$$

联立式 (5.4.18) 和 (5.4.19) 可得

$$f_C\left(x\right) - f_Q\left(x\right) = \beta_i\left(x - x_i\right)\left(x - x_{i-1/2}\right)\left(x - x_{i-1}\right), \tag{5.4.20}$$

其中

$$\beta_i = \frac{8}{3h^3}\left[8f\left(x_{i-3/4}\right) - 3f\left(x_{i-1}\right) + f\left(x_i\right) - 6f\left(x_{i-1/2}\right)\right]. \tag{5.4.21}$$

注意到 $s = x_m + h/2 \pm h/3$, 有

$$\text{f.p.} \int_a^b \frac{f_C\left(x\right) - f_Q\left(x\right)}{\left(x - s\right)^3} dx$$

$$= \sum_{i=1, i \neq m+1}^{2m+1} \beta_i \int_{x_i}^{x_{i+1}} \frac{\left(x - x_i\right)\left(x - x_{i-1/2}\right)\left(x - x_{i-1}\right)}{\left(x - s\right)^3} dx$$

$$+ \beta_{m+1} \text{ f.p.} \int_{x_m}^{x_{m+1}} \frac{\left(x - x_m\right)\left(x - x_{m+1/2}\right)\left(x - x_{m+1}\right)}{\left(x - s\right)^3} dx$$

$$= \sum_{i=1}^{2m+1} \beta_i \left[2h + 3\left(s - x_{i-1/2}\right)\left|\ln \frac{s - x_i}{s - x_{i-1}}\right| + \frac{h\left(s - x_{i-1/2}\right)^2}{\left(s - x_{i-1}\right)\left(s - x_i\right)}\right]$$

$$= h \sum_{i=1}^{2m+1} \beta_i M_m^i\left(\pm\frac{1}{3}\right). \tag{5.4.22}$$

如果 $f\left(x\right) \in C^{3+\alpha}\left[a, b\right]\left(0 < \alpha \leqslant 1\right)$, 通过泰勒展开可得

$$\beta_i = \frac{-f'''\left(\xi_i\right) + 3f'''\left(\theta_i\right) + f'''\left(\varsigma_i\right)}{18}$$

$$= O\left(h^\alpha\right) + \frac{f'''\left(s\right)}{6} + \frac{f'''\left(x_{i-1/2}\right) - f'''\left(s\right)}{6}, \tag{5.4.23}$$

其中 $\xi_i, \theta_i, \varsigma_i \in \left[x_{i-1}, x_i\right]$.

将式 (5.4.23) 代入式 (5.4.22) 得

$$\left|\text{f.p.} \int_a^b \frac{f_C\left(x\right) - f_Q\left(x\right)}{\left(x - s\right)^3} dx\right| \leqslant Ch^{1+\alpha} \sum_{i=1}^{2m+1}\left|M_m^i\left(\pm\frac{1}{3}\right)\right|$$

$$+ \frac{h}{6}\left|f'''\left(s\right)\right|\left|\sum_{i=1}^{2m+1} M_m^i\left(\pm\frac{1}{3}\right)\right|$$

$$+ \frac{h^{1+\alpha}}{6} \sum_{i=1}^{2m+1} \left| m+1-i\pm\frac{1}{3} \right|^{\alpha} \left| M_m^i \left(\pm\frac{1}{3} \right) \right|.$$

$$(5.4.24)$$

由不等式

$$\frac{1}{2(m+1)} \leqslant 1 + \frac{1}{2} + \cdots + \frac{1}{m} - \ln m - \gamma < \frac{1}{2m}, \qquad (5.4.25)$$

其中 γ 为欧拉常数, 知

$$\left| \text{f.p.} \int_a^b \frac{f_C(x) - f_Q(x)}{(x-s)^3} dx \right| \leqslant C h^{1+\alpha} \left(1 + \sum_{i=1}^m \frac{1}{i^{2-\alpha}} \right)$$

$$\leqslant \begin{cases} C h^{1+\alpha}, & 0 < \alpha < 1, \\ C \left| \ln h \right| h^2, & \alpha = 1. \end{cases} \qquad (5.4.26)$$

如果 $f(x) \in C^{4+\alpha}[a,b] \ (0 < \alpha \leqslant 1)$, 式 (5.4.23) 可以改写为

$$\beta_i = O(h) + \frac{f'''(s)}{6} + \frac{f^{(4)}(s)}{6} (x_{i-1/2} - s) + \frac{f'''(v_i) - f'''(s)}{6} (x_{i-1/2} - s),$$

$$(5.4.27)$$

其中 $v_i \in [s, x_{i-1/2}]$ 或者 $v_i \in [x_{i-1/2}, s]$.

由引理 5.4.3 和引理 5.4.4, 有

$$\left| \text{f.p.} \int_a^b \frac{f_C(x) - f_Q(x)}{(x-s)^3} dx \right|$$

$$\leqslant C h^2 \sum_{i=1}^{2m+1} \left| M_m^i \left(\pm\frac{1}{3} \right) \right| + \frac{h}{6} \left| f'''(s) \right| \left| \sum_{i=1}^{2m+1} M_m^i \left(\pm\frac{1}{3} \right) \right|$$

$$+ \frac{h^2}{6} \left| f^{(4)}(s) \right| \sum_{i=1}^{2m+1} \left| m+1-i\pm\frac{1}{3} \right|^{\alpha} \left| M_m^i \left(\pm\frac{1}{3} \right) \right|$$

$$+ C h^{2+\alpha} \sum_{i=1}^{2m+1} \left| m+1-i\pm\frac{1}{3} \right|^{1+\alpha} \left| M_m^i \left(\pm\frac{1}{3} \right) \right|$$

$$\leqslant C h^2 + C h^{2+\alpha} \sum_{i=1}^m \frac{1}{i^{1-\alpha}} \leqslant C h^2. \qquad (5.4.28)$$

利用三角不等式

$$\left| I_2(a,b;s,f) - Q_{2n}^2(s,f) \right|$$

$$\leqslant |I_2(a,b;s,f) - I_2(a,b;s,f_C)| + |I_2(a,b;s,f_C) - Q_{2n}^2(s,f)|,$$

以及引理 5.4.4, 命题得证.

5.4.3　定理 5.4.1 的证明

这一部分证明我们的主要结论. 如果 $m = 0$ 或者 $m = n - 1$, 只要注意到 $\eta(s) = O(h^{-1})$, 式 (5.4.4) 可以由引理 5.4.5 直接得到. 于是, 我们只需考虑 $1 \leqslant m < n/2$ 的情况, 因为 $n/2 \leqslant m < n - 1$ 的情况完全类似. 注意到

$$I_2(a,b;s,f) - Q_{2n}^2(s,f)$$

$$= \text{f.p.} \int_a^{x_{2m+1}} \frac{f(x) - f_Q(x)}{(x-s)^3} dx + \int_{x_{2m+1}}^b \frac{f(x) - f_Q(x)}{(x-s)^3} dx. \tag{5.4.29}$$

第一项可以由引理 5.4.5 直接估计得到, 即

$$\left| \text{f.p.} \int_a^{x_{2m+1}} \frac{f(x) - f_Q(x)}{(x-s)^3} dx \right| \leqslant \begin{cases} Ch^{1+\alpha}, & f(x) \in C^{3+\alpha}[a,b], \\ C|\ln h| h^2, & f(x) \in C^4[a,b], \\ Ch^2, & f(x) \in C^{4+\alpha}[a,b]. \end{cases} \tag{5.4.30}$$

对于第二项, 由经典插值理论可知

$$|f(x) - f_Q(x)| \leqslant Ch^3, \tag{5.4.31}$$

因此,

$$\left| \int_{x_{2m+1}}^b \frac{f(x) - f_Q(x)}{(x-s)^3} dx \right| \leqslant Ch^3 \int_{x_{2m+1}}^b \frac{1}{(x-s)^3} dx$$

$$= Ch^3 \left(\frac{1}{(x_{2m+1}-s)^2} - \frac{1}{(b-s)^2} \right) \leqslant C\eta^2(s) h^3. \tag{5.4.32}$$

最后, 由式 (5.4.29), (5.4.30) 和 (5.4.31), 立即可以推出式 (5.4.4).

5.4.4　超收敛点的存在唯一性

这一部分讨论超收敛点的存在唯一性, 在此之前, 我们先引入一些相关的记号和结论.

设 $Q_n(x)$ 为第二类勒让德函数, 其中

$$Q_0(x) = \frac{1}{2} \ln \left| \frac{x+1}{x-1} \right|, \quad Q_1(x) = xQ_0(x) - 1,$$

且满足递推关系式

$$Q_{n+1}(x) = \frac{2n+1}{n+1}xQ_n(x) - \frac{n}{n+1}Q_{n-1}(x).$$

通过直接计算, 有

$$H_m^i(\tau) = -Q_1(2m+2-2i+2\tau), \tag{5.4.33}$$

其中 $H_m^i(\tau)$ 由式 (5.4.6) 给出. 定义

$$W(f;\tau) = f(\tau) + \sum_{i=1}^{\infty}[f(2i+2) + f(-2i+2)], \quad |\tau| < 1/2. \tag{5.4.34}$$

易知, W 为关于 f 的线性算子.

定理 5.4.2 对于定义在式 (5.4.34) 中的线性算子 W, 如下等式成立:

$$W(Q_1;\tau) = -\ln[2\cos(\pi\tau)], \quad |\tau| < 1/2. \tag{5.4.35}$$

证明: 因为 $|\tau| < 1/2$, 所以

$$W(Q_0;\tau) = \frac{1}{2}\ln\frac{1+2\tau}{1-2\tau} + \frac{1}{2}\sum_{i=1}^{\infty}\left[\ln\frac{2i+1+2\tau}{2i-1+2\tau} + \ln\frac{2i-1-2\tau}{2i+1-2\tau}\right]$$

$$= \frac{1}{2}\lim_{n\to\infty}\sum_{i=-n}^{i=n}\ln\frac{2i+1+2\tau}{2i+1-2\tau} = 0, \tag{5.4.36}$$

再利用如下等式

$$\lim_{n\to\infty}\sum_{i=-n}^{i=n}\frac{1}{i+\dfrac{1}{2}-x} = \pi\tan(\tau\pi), \tag{5.4.37}$$

可得

$$W(xQ_0;\tau) = \frac{2\tau}{1-4\tau^2} + \sum_{i=1}^{\infty}\left[\frac{2i+2\tau}{1-(2i+2\tau)^2} + \frac{-2i+2\tau}{1-(2i-2\tau)^2}\right]$$

$$= \sum_{i=1}^{\infty}\left(\frac{1}{2i-1-2\tau} + \frac{1}{-2i+1-2\tau}\right)$$

$$= \frac{1}{2}\lim_{n\to\infty}\sum_{i=-n}^{i=n}\frac{1}{i+\dfrac{1}{2}-x} = \frac{\pi}{2}\tan(\tau\pi). \tag{5.4.38}$$

于是,

$$W\left(Q_1';\tau\right) = W\left(Q_0 + xQ_0;\tau\right) = W\left(Q_0;\tau\right) + W\left(xQ_0;\tau\right) = \frac{\pi}{2}\tan\left(\tau\pi\right), \quad (5.4.39)$$

即

$$W\left(Q_1;\tau\right) = \int \tau \tan\left(\tau\pi\right) d\tau = -\ln\cos\left(\tau\pi\right) + C. \quad (5.4.40)$$

下面确定常数 C 的值, 利用等式

$$x\cot x = 1 + \sum_{k=1}^{\infty}\left(-1\right)^k B_{2k}\frac{\left(2x\right)^{2k}}{\left(2k\right)!},$$

$$\ln\left(2\sin x\right) = -\sum_{j=1}^{\infty}\frac{1}{j}\cos\left(2jx\right), \quad x \in \left(0,\pi\right), \quad (5.4.41)$$

其中 B_{2k} 表示伯努利数, 我们有

$$\sum_{k=1}^{\infty}\left(-1\right)^k B_{2k}\frac{\left(2x\right)^{2k+1}}{\left(2k+1\right)!} = 2x\ln\left(\sin x\right) + 2\left[\left(\ln 2 - 1\right)x + \sum_{j=1}^{\infty}\frac{1}{2j^2}\sin\left(2jx\right)\right].$$

令 $x = \pi/2$, 可知

$$\sum_{k=1}^{\infty}\left(-1\right)^k B_{2k}\frac{\left(\pi\right)^{2k+1}}{\left(2k+1\right)!} = \ln 2 - 1. \quad (5.4.42)$$

所以,

$$W\left(Q_1;0\right) = -1 + 2\sum_{i=1}^{\infty}Q_1\left(2i\right) = -1 + 2\sum_{i=1}^{\infty}\sum_{k=1}^{\infty}\frac{1}{\left(2k+1\right)\left(2i\right)^{2k}}$$

$$= -1 + \sum_{k=1}^{\infty}\frac{\left(-1\right)^{k+1} B_{2k}\left(\pi\right)^{2k}}{\left(2k+1\right)!} = -\ln 2, \quad (5.4.43)$$

这里我们用到了公式 (参考文献 [1] 的 1.2 节)

$$Q_1\left(x\right) = \sum_{k=1}^{\infty}\frac{1}{\left(2k+1\right)\left(x\right)^{2k}}, \quad |x| > 1,$$

$$\sum_{k=1}^{\infty}\frac{1}{i^{2k}} = \frac{\left(-1\right)^{k+1} 2^{2k-1}}{\left(2k\right)!}B_{2k}\pi^{2k}. \quad (5.4.44)$$

联立 (5.4.40) 和 (5.4.43) 便可以推出 (5.4.35), 命题得证.

接下来我们讨论辛普森公式 $Q_{2n}^2(s, f)$ 的误差展开式. 为了表示简洁, 这里我们只考虑 $f(x) = x^3$ 的特殊情况. 设 $n = 2m+1$ 和 $s = x_m + (\tau+1)h/2$, 此时 $f(x) = f_C(x)$, 由式 (5.4.20) 并通过直接计算, 我们有

$$\text{f.p.} \int_a^b \frac{f(x) - f_Q(x)}{(x-s)^3} dx = h \sum_{i=1}^{2m+1} M_m^i(\tau) = 3h \sum_{i=1}^{2m+1} H_m^i(\tau) - \frac{h}{2} A_m(\tau),$$

其中

$$A_m(\tau) = \frac{1}{2m+1+2\tau} + \frac{1}{2m+1-2\tau}.$$

由式 (5.4.33), (5.4.34) 和定理 5.4.2, 知

$$\text{f.p.} \int_a^b \frac{f(x) - f_Q(x)}{(x-s)^3} dx$$

$$= 3h \sum_{i=1}^{2m+1} Q_1(2m+2-2i+2\tau) - \frac{h}{2} A_m(\tau)$$

$$= 3h \left\{ Q_1(2\tau) + \sum_{i=1}^m [Q_1(2i+2\tau) + Q_1(-2i+2\tau)] \right\} - \frac{h}{2} A_m(\tau)$$

$$= 3h \ln[2\cos(\tau\pi)] + 3h \sum_{i=m+1}^\infty [Q_1(2i+2\tau) + Q_1(-2i+2\tau)] - \frac{h}{2} A_m(\tau).$$

$$(5.4.45)$$

利用等式[1,2,53]

$$Q_n(x) = \frac{1}{2^{n+1}} \int_{-1}^1 \frac{(1-t^2)^n}{(x-t)^{n+1}} dt, \quad |x| > 1, \quad n = 0, 1, \cdots, \qquad (5.4.46)$$

可知

$$|Q_n(x)| \leqslant \frac{1}{(|x|-t)^{n+1}}, \quad |x| > 1,$$

由此可以推出

$$\left| \sum_{i=m+1}^\infty [Q_1(2i+2\tau) + Q_1(-2i+2\tau)] \right|$$

$$\leqslant C \sum_{i=m+1}^{\infty} \left[\frac{1}{(2i-1+2\tau)^2} + \frac{1}{(2i-1-2\tau)^2} \right] \leqslant Ch. \tag{5.4.47}$$

将此估计代入式 (5.4.45), 并注意到 $A_m(\tau)$ 的定义, 对于 $f(x) = x^3$, 有

$$\text{f.p.} \int_a^b \frac{f(x) - f_Q(x)}{(x-s)^3} dx = 3h \ln[2\cos(\tau\pi)] + O(h^2). \tag{5.4.48}$$

对于一般的函数 $f(x) \in C^{3+\alpha}[a,b] (0 < \alpha \leqslant 1)$, 类似地, 我们可以得到

$$\text{f.p.} \int_a^b \frac{f(x) - f_Q(x)}{(x-s)^3} dx = \frac{h}{2} f'''(s) \ln[2\cos(\tau\pi)] + O(h^{1+\alpha}). \tag{5.4.49}$$

由此式易知, 误差项的第一项当且仅当 $\tau = \pm 1/3$ 时为零, 这表明如果奇异点不在超收敛点上, 收敛速度只能达到 $O(h)$, 也就是说, 在这些超收敛点上, 辛普森公式 $Q_{2n}^2(s, f)$ 的收敛速度达到最优.

5.4.5　超收敛点的一些应用

这一部分主要讨论上述超收敛结果的一些应用. 首先, 考虑在一般情况下, 即奇异点 s 不是超收敛点时, 如何利用超收敛结果去计算积分 (5.4.1), 然后利用超收敛结果去求解一类三阶超奇异积分方程.

1. 超奇异积分计算

由定理 5.4.1 可知, 利用辛普森公式 $Q_{2n}^2(s, f)$ 计算积分 (5.4.1), 如果奇异点选取在远离区间端点的超收敛点上, 可以得到二阶收敛速度. 但在一般情况下, 奇异点不一定就是超收敛点, 那么此时的收敛速度就只能达到 $O(h)$. 基于超收敛结果, 这里我们将从两种不同途径得到计算积分 (5.4.1) 的二阶算法.

首先我们通过移动原始网格的方式, 使得奇异点选取在离它最近的超收敛点上, 这就是下面提出的算法 1.

算法 1　设 $a = x_0 < x_1 < \cdots < x_{n-1} < x_n = b$ 为一致的原始网格, 通过移动内部节点得到新网格 $a = x_0' < x_1' < \cdots < x_{n-1}' < x_n' = b$, 使得奇异点 s 与离它最近的超收敛点重合, 然后在新网格上利用辛普森公式 $Q_{2n}^2(s, f)$ 逼近 $I_2(a, b; s, f)$. 此时, 所得到的新网格除了靠近区间 $[a, b]$ 端点的两个小区间长短不同外, 其余地方仍然是等距的. 此时, 前面的超收敛性分析仍然可以应用到这一网格上, 从而二阶收敛速度仍可以得到保证.

算法 2 不如算法 1 直接, 但是该方法不需要改变网格, 从而保持了牛顿-科茨公式的一些主要优点. 思路是选取最靠近奇异点的两个区间的中点, 然后利用这

两个点上的数值积分值构造一个线性插值函数, 从而使得这两个点之间的所有数值积分都可以计算. 显然, 这一方法克服了奇异点的选取困难. 基于这一思想, 这里我们利用超收敛性结果来改进这类方法. 事实上, 从后面的理论分析和数值实验都可以看出, 在相同的计算条件下, 这种改进后的方法的计算精度要比 Du[19] 的方法高出一阶.

算法 2

设 s_1 和 s_2 为最靠近奇异点 s 的两个超收敛点, 并满足 $s_1 \leqslant s \leqslant s_2$. 用

$$\hat{Q}_{2n}^2(s,f) = \frac{1}{s_2 - s_1}\left[(s - s_1)\,Q_{2n}^2(s_2,f) + (s_2 - s)\,Q_{2n}^2(s_1,f)\right] \tag{5.4.50}$$

逼近 $I_2(a,b;s,f)$, 其中 $Q_{2n}^2(s,f)$ 由式 (5.4.1) 给出.

利用 $\hat{Q}_{2n}^2(s,f)$ 代替 $Q_{2n}^2(s,f)$ 去逼近 $I_2(a,b;s,f)$, 在定理 5.4.1 的条件下, 仍能保证二阶收敛精度. 在开始我们的证明之前, 先给出两个结论.

定理 5.4.3 如果 $f(x) \in C^k[a,b]\,(k \geqslant 3)$, 则关于 s 的函数 $I_2(a,b;s,f) \in C^{k-3}(a,b)$

证明过程见引理 4.4.4.

定理 5.4.4 如果 $f(x) \in C^k[a,b]\,(k \geqslant 3)$, 则存在只与 a,b,l,f 有关的正常数 $C = C(a,b,l,f)$, 使得

$$\left|\frac{d^l}{ds^l} I_2(a,b;s,f)\right| \leqslant C\eta^{l+2}(s), \tag{5.4.51}$$

其中 $\eta(s) = \max\left\{\dfrac{1}{s-a}, \dfrac{1}{b-s}\right\}, l = 1, 2, \cdots, k-3$.

定理 5.4.5 在一致网格下, 设 $f(x) \in C^5[a,b]$, $\hat{Q}_{2n}^2(s,f)$ 由式 (5.4.50) 给出. 令 s_1 和 s_2 为最靠近奇异点 s 的两个超收敛点, 并满足 $s_1 \leqslant s \leqslant s_2$. 则

$$\left|I_2(a,b;s,f) - \hat{Q}_{2n}^2(s,f)\right| \leqslant C\eta^4(s)\,h^2. \tag{5.4.52}$$

证明: 如果 $s_1 = s$ 或者 $s_2 = s$, 利用定理 5.4.1, 即可得式 (5.4.52). 于是只需讨论 $s_1 \leqslant s \leqslant s_2$ 的一般情况, 令

$$\hat{I}_2(a,b;s,f) = \frac{1}{s_2 - s_1}\left[(s - s_1)\,I_2(a,b;s_2,f) + (s_2 - s)\,I_2(a,b;s_1,f)\right].$$

一方面, 根据定理 5.4.1, 有

$$\left|\hat{I}_2(a,b;s,f) - \hat{Q}_{2n}^2(s,f)\right|$$

$$\leqslant \left|\hat{I}_2(a,b;s_2,f) - \hat{Q}_{2n}^2(s_2,f)\right| + \left|I_2(a,b;s_1,f) - \hat{Q}_{2n}^2(s_1,f)\right|$$

$$\leqslant C\left[1+\eta^2\left(s_2\right)h\right]h^2+C\left[1+\eta^2\left(s_1\right)h\right]h^2$$

$$\leqslant C\left[1+\eta^2\left(s\right)h\right]h^2. \tag{5.4.53}$$

另外, 因为 $f(x)\in C^5[a,b]$, 由定理 5.4.3 知, $I_2(a,b;s,f)\in C^2(a,b)$. 又因为 $\hat{I}_2(a,b;s,f)$ 实际上是 $I_2(a,b;s,f)$ 关于变量 s 的线性插值, 所以

$$\left|\hat{I}_2\left(a,b;s,f\right)-I_2\left(a,b;s,f\right)\right|$$

$$\leqslant\max_{s\in[s_1,s_2]}\left|\frac{d^2}{ds^2}I_2\left(a,b;s,f\right)\right|h^2\leqslant C\eta^4\left(s\right)h^2. \tag{5.4.54}$$

于是, 由式 (5.4.52), (5.4.53) 和三角不等式, 容易推出式 (5.4.54). 命题得证.

显然, 算法 2 的工作量比算法 1 高出一倍, 但由于算法 2 克服了奇异点的选取困难, 它比算法 1 更为适用, 例如在用配置法求解第二类 Fredholm 超奇异积分方程时, 积分节点和配置点应该一致, 此时选用算法 2 就更为合适. 算法 2 与 Du 的方法[19] 的唯一差别在于 s_1 和 s_2 的选取. 在 Du 的方法中, s_1 和 s_2 选取为最靠近奇异点 s 的两个区间中点, 收敛精度只能达到 $O(h)$. 因此, 在完全相同的计算条件下, 算法 2 可以达到二阶精度.

2. 一类超奇异积分方程的数值求解

基于辛普森公式的超收敛结果, 利用配置法求解如下带三阶奇异积分核的第一类 Fredholm 超奇异积分方程:

$$\mathrm{f.p.}\int_{-1}^{1}\frac{u\left(x\right)}{\left(x-s\right)^3}dx=g\left(s\right), \tag{5.4.55}$$

其中边界条件为 $u\left(-1\right)=u\left(1\right)=0, g\left(s\right)$ 为已知函数. 利用辛普森公式 $Q_{2n}^2\left(s,f\right)$ 逼近式 (5.4.55) 中左端的超奇异积分, 通过配置过程即可得如下线性方程组

$$\sum_{j=1}^{2n-1}\omega_j\left(s_i\right)u_h\left(x_{\frac{j}{2}}\right)=g\left(s_i\right), \tag{5.4.56}$$

其中 $s_i\left(1\leqslant i\leqslant 2n-1\right)$ 为配置点, u_h 表示配置解, 这里用到了齐次边界条件. 为了构成一个唯一可解的线性方程组, 需要找到 $2n-1$ 个配置点, 而它们的选取并没有一个很好的参考标准, 如果这些点随意选取, 那么线性方程组 (5.4.56) 的截断误差只能达到 $O(h)$. 由辛普森公式的超收敛结果, 我们会很自然地想到利用这些超收敛点来作为配置点. 由定理 5.4.1 知, 每个子区间都有两个超收敛点, 从而整个区间共有 $2n$ 个超收敛点. 于是, 只需选取其中的任意 $2n-1$ 个作为配置点, 便可以得到一个特殊的线性方程组. 可以猜测到这样的做法比任意选取的做法要得到更好的结果, 事实上, 后面的数值算例证实了这一猜测.

5.4.6 数值算例

我们将给出一些算例以验证超收敛结果的正确性和前述算法的有效性. 前面三个算例利用辛普森公式 $Q_{2n}^2(s,f)$ 计算超奇异积分 $I_2(a,b;s,f)$, 最后一个算例求解超奇异积分方程 (5.4.55).

例 5.4.1 令 $f(x)=x^4$, 且 $a=-b=-1$, 此时积分 (5.4.1) 的精确解为

$$I_2\left(-1,1;s,x^4\right)=6s-\frac{8s^3-6s^5}{\left(1-s^2\right)^2}+6s^2\ln\left|\frac{1-s}{1+s}\right|.$$

这里我们采用一致网格, 并检验在两组动态奇异点 $s=x_{[n/4]}+h/2+\tau h$ 和 $s=x_0+h/2+\tau h$ 处辛普森公式 $Q_{2n}^2(s,f)$ 的误差精度, 相应的误差结果如表 5.4.1 和表 5.4.2 所示. 表 5.4.1 说明在超收敛点 $\tau=\pm 1/3$ 处的收敛速度可以达到 $O\left(h^2\right)$, 与定理 5.4.1 的超收敛估计完全吻合. 我们也可以由表 5.4.1 看出在两个非超收敛点处, 即使是在区间中点处, 收敛速度也只能达到 $O(h)$. 对于表 5.4.2, 四个点处收敛速度均只有 $O(h)$. 也就是说在靠近两端点处的小区间上, 超收敛性现象消失了. 在此情况下, 即使任意点处的收敛速度相同, 超收敛点处误差结果却要比非超收敛点处的好得多.

表 5.4.1 $s=x_{[n/4]}+h/2+\tau h$ 处 $Q_{2n}^2(s,f)$ 的误差

n	$\tau=-1/3$	$\tau=1/3$	$\tau=0$	$\tau=1/4$
128	5.23091e-4	5.23125e-4	6.39672e-2	3.2916e-2
256	1.30776e-4	1.30778e-4	3.22374e-2	1.6053e-2
512	3.26942e-5	3.26994e-5	1.6532e-2	8.06596e-3
1024	8.17539e-6	8.4460e-6	8.10695e-3	4.04720e-3
2048	2.04331e-6	2.04339e-6	4.05744e-3	2.02715e-3
4096	5.10673e-7	5.10609e-7	2.02971e-3	1.0126e-3
h^α	2.000	2.000	0.996	0.992

表 5.4.2 $s=x_0+h/2+\tau h$ 处 $Q_{2n}^2(s,f)$ 的误差

n	$\tau=-1/3$	$\tau=1/3$	$\tau=0$	$\tau=1/4$
128	2.45370e-2	1.22033e-3	1.26449e-1	6.3275e-2
256	1.23589e-2	4.77946e-4	6.34929e-2	3.5175e-2
512	6.20211e-3	2.05917e-4	3.5160e-2	1.59611e-2
1024	3.10686e-3	9.46916e-5	1.59192e-2	7.99486e-3
2048	1.55190e-3	4.53250e-5	7.96361e-3	4.00101e-3
4096	8.23796e-4	2.2212e-5	3.98274e-3	2.00141e-3
h^α	0.979	1.27	0.998	0.996

例 5.4.2 这里考虑一个正则性较低的例子. 令 $a=-b=-1$, $s=0$, 以及

$$f(x)=F_i(x)=x^3+[2+\operatorname{sgn}(x)]|x|^{3-i+1/2},\quad i=0,1.$$

易知 $F_i(x) \in C^{3-i+1/2}[-1,1]$. 超奇异积分 (5.4.1) 的精确解为

$$I_2(-1,1;0,F_i(x)) = \frac{10-4i}{3-2i}.$$

这里我们采用两套网格：Mesh I 和 Mesh II. 在 Mesh I 中, 奇异点 $s=0$ 总是位于超收敛点 $\tau = -1/3$ 处; 在 Mesh II 中, s 总是位于某个小区间的中点处. 这两套网格除了靠近两端点 -1 和 1 的两个子区间长短不一外, 其他子区间都是等距的, 相应的计算结果如表 5.4.3 所示. 对于 $F_0(x)$, 在 Mesh I 上可以得到预期的超收敛阶 $O(h^{3/2})$, 在 Mesh II 上只能达到 $O(h)$, 这与理论分析完全吻合. 对于 $F_1(x)$, 在 Mesh I 和 Mesh II 上均只能达到 $O(h^{1/2})$, 这表明定理 5.4.1 中 $f(x)$ 的正则性假定不能再减弱.

表 5.4.3   当 $f(x) = F_i(x)$ 时的误差

n	$F_0(x)$		$F_1(x)$	
	Mesh I	Mesh II	Mesh I	Mesh II
128	7.78225e-3	3.51222e-2	2.69268e-2	5.66083e-1
256	2.75144e-3	1.71758e-2	1.90401e-2	3.93552e-1
512	9.72781e-4	8.45168e-3	1.34634e-2	2.74919e-1
1024	3.43930e-4	4.17768e-3	9.52007e-2	1.92715e-1
2048	1.21598e-4	2.07181e-3	6.73170e-3	1.35429e-1
4096	4.29910e-5	1.02989e-3	4.76003e-3	9.53420e-2
h^α	1.500	1.018	0.500	0.514

例 5.4.3   这个算例验证前面所述两个算法的有效性. 表 5.4.3 中 $F_0(x)$ 在 Mesh II 上的结果表明算法 1 仍然达到二阶收敛精度. 这里我们比较算法 2 和 Du 的方法的数值结果. 令 $f(x) = \cos x$, 计算 $I_2(-1,0.5,1;\cos(x))$, 此时超奇异积分的精确解为 0.320589(精确到 10^{-6}), 相应的数值结果如表 5.4.4. 显然, 算法 2 要比 Du 的方法的计算结果好, 这与理论分析正好一致.

表 5.4.4 $I_2(-1,1;0.5,\cos(x))$ 的计算结果

n	算法 2		Du 的方法	
	$\hat{Q}_{2n}^2$	误差	$\hat{Q}_{2n}^2$	误差
31	0.35768	0.001921	0.302890	0.017699
61	0.320041	0.000548	0.313083	0.007506
121	0.320447	0.000142	0.317333	0.003256
241	0.320553	0.000036	0.319083	0.001056
481	0.320580	0.000009	0.319867	0.000722
961	0.320587	0.000002	0.320236	0.000353

例 5.4.4   最后, 我们求解带齐次边界条件的超奇异积分方程 (5.4.55), 右端项为

$$g(s) = 30s^3 - 14s + (15s^4 - 12s^2 + 1)\ln\frac{1-s}{1+s},$$

其真解为 $u(x) = x^2 (x^2 - 1)^2$. 这里我们在一致网格下, 分别用相应的梯形公式和辛普森公式逼近积分方程 (5.4.55) 左端的三阶超奇异积分, 然后利用配置法得到线性方程组 (5.4.56). 这里我们针对不同方法选取如下四套配置点, 其中前面两套适用于辛普森公式, 后面两套适用于梯形公式.

$$S_1 = \{x_i + h/2 \pm h/3, 0 \leqslant i < n-1\} \cup \{x_{n-1} + h/2 - h/3\},$$

$$S_2 = \{x_i + h/2 \pm h/4, 0 \leqslant i < n-1\} \cup \{x_{n-1} + h/2 - h/4\},$$

$$S_3 = \{x_i + h/2, 0 \leqslant i < n-1\},$$

$$S_4 = \{x_i + h/4, 0 \leqslant i < n-1\}.$$

显然, S_1 由辛普森公式的超收敛点构成, 而 S_2 不是; S_3 由梯形公式的超收敛点构成, 而 S_4 不是. 我们考虑如下离散 L^2 误差和最大节点误差

$$e_2 = \left(\sum_{1 \leqslant i \leqslant 2n-1} |u(x_i) - u_h(x_i)|^2 h \right)^{1/2},$$

$$e_\infty = \max_{1 \leqslant i \leqslant 2n-1} |u(x_i) - u_h(x_i)|,$$

$$e_2^* = \left(\sum_{1 \leqslant i \leqslant n-1} |u(x_i) - u_h(x_i)|^2 h \right)^{1/2},$$

$$e_\infty^* = \max_{1 \leqslant i \leqslant n-1} |u(x_i) - u_h(x_i)|.$$

这里, $u_h(x_i)$ 表示在点 x_i 处的数值解. 辛普森公式的数值结果如表 5.4.5, 而梯形公式的数值结果如表 5.4.6. 数值结果表明, 如果我们将配置点选取在超收敛点上时, 收敛速度会有很大的改进; 比较表 5.4.5 和表 5.4.6 可以发现, 利用辛普森公式的误差精度比利用梯形公式要高出一阶.

表 5.4.5　用辛普森公式求解 (5.4.55) 的 e_2 和 e_∞ 误差

n	S_1		S_2	
	e_2	e_∞	e_2^*	e_∞^*
32	6.76442e−4	5.73493e−4	9.87349e−3	9.02045e−3
64	1.27452e−4	1.08542e−4	4.73014e−3	4.36806e−3
128	2.33787e−5	1.99946e−5	2.33866e−3	2.16710e−3
256	4.22783e−6	3.62812e−6	1.16849e−3	1.08364e−3
h^α	2.467	2.462	1.001	1.000

表 5.4.6　用梯形公式求解 (5.4.55) 的 e_2 和 e_∞ 误差

n	S_3		S_4	
	e_2	e_∞	e_2^*	e_∞^*
32	1.76665e−2	1.44663e−2	0.10503	0.12079
64	6.10924e−3	5.08831e−3	0.10447	0.12162
128	2.13211e−3	1.79699e−3	0.10730	0.12487
256	7.48437e−4	6.35999e−4	0.10990	0.12756
h^α	1.498	1.498	—	—

5.5　牛顿-科茨公式近似计算区间上三阶超奇异积分

考虑如下超奇异积分

$$I_p(a,b;s,f) = \text{f.p.} \int_a^b \frac{f(x)}{(x-s)^{p+1}} dx, \quad s \in (a,b), \quad p = 1, 2, \cdots, \quad (5.5.1)$$

其中 s 表示奇异点, $I_p(a,b;s,f)$ 称为 $p+1$ 阶超奇异积分.

这一节中, 我们将密度函数用任意阶牛顿-科茨插值公式代替, 解析地计算奇异核; 考虑其误差泛函的性质, 对于误差函数, 基于误差展开式, 得到误差函数中含有某一函数 $S_k'(\tau)$, 当特殊函数取得零点时, 得到超收敛性质, 其定义为

$$S_k'(\tau) := \varphi_k''(\tau) + \sum_{i=1}^\infty [\varphi_k''(2i+\tau) + \varphi_k''(-2i+\tau)], \quad \tau \in (-1,1),$$

其中, φ_k 为第二类勒让德函数的线性组合, τ 为奇异点 s 对应的局部坐标. 当 $S_k'(\tau) = 0$ 时, 我们得到超收敛现象; 根据误差函数展开式, 提出修正算法, 在一定条件下, 得到较整体收敛阶高出两阶的超收敛现象.

5.5.1　积分公式的提出

在 (5.5.1) 中, 用 $F_{kn}(x)$ 代替 $f(x)$, 有

$$Q_{kn}^2(s,f) := \text{f.p.} \int_a^b \frac{F_{kn}(x)}{(x-s)^{p+1}} dx$$

$$= \sum_{i=0}^{n-1} \sum_{j=0}^k w_{ij}^{(k)}(s) f(x_{ij})$$

$$= I_2(a,b;s,f) - E_{kn}(s,f), \quad (5.5.2)$$

其中, $F_{kn}(x)$ 定义为 (4.2.3), 为 k 次拉格朗日插值多项式, $E_{kn}(s,f)$ 为误差函数,

$$w_{ij}^{(k)} = \frac{1}{l_{ki}'(x_{ij})} \text{f.p.} \int_{x_i}^{x_{i+1}} \frac{1}{(x-s)^3} \prod_{m=0,m\neq j}^k (x-x_{im}) dx \quad (5.5.3)$$

为科茨系数.

下面给出任意阶牛顿-科茨公式的最优误差估计.

定理 5.5.1 设 $f(x) \in C^{k+1}[a,b]$, 对于 $i = 0, 1, \cdots, n$ 且 $s \neq x_i$. 对定义为 (5.5.2) 的复化牛顿-科茨公式 $Q_{kn}^2(s, f)$, 当 $s = \hat{x}_i(\tau) \in [x_i, x_{i+1}]$ 时, 有

$$|E_{kn}(s, f)| \leqslant C\gamma^{-1}(\tau) h^{k-1}, \tag{5.5.4}$$

其中 $\gamma(\tau)$ 定义为 (4.2.6).

该定理的证明过程与定理 5.3.1 类似, 感兴趣的读者可参考其证明过程.

首先定义

$$\phi_k(\tau) = \prod_{j=0}^{k}(\tau - \tau_j) = \prod_{j=0}^{k}\left(\tau - \frac{2j-k}{k}\right) \tag{5.5.5}$$

和

$$\varphi_k(t) = \begin{cases} -\dfrac{1}{2}\text{p.v.}\displaystyle\int_{-1}^{1}\dfrac{\phi_k(\tau)}{\tau-t}d\tau, & |t| < 1, \\ -\dfrac{1}{2}\displaystyle\int_{-1}^{1}\dfrac{\phi_k(\tau)}{\tau-t}d\tau, & |t| > 1, \end{cases} \tag{5.5.6}$$

以及根据关系, 有

$$\text{f.p.}\int_{a}^{b}\frac{f(x)}{(x-s)^3}dx = \frac{1}{2}\frac{d}{ds}\left(\text{f.p.}\int_{a}^{b}\frac{f(x)}{(x-s)^2}dx\right) = \frac{1}{2}\frac{d^2}{ds^2}\left(\text{p.v.}\int_{a}^{b}\frac{f(x)}{x-s}dx\right). \tag{5.5.7}$$

根据 (5.5.6) 和 (5.5.7), 则有

$$\varphi_k'(t) = \begin{cases} -\dfrac{1}{2}\text{f.p.}\displaystyle\int_{-1}^{1}\dfrac{\phi_k(\tau)}{(\tau-t)^2}d\tau, & |t| < 1, \\ -\dfrac{1}{2}\displaystyle\int_{-1}^{1}\dfrac{\phi_k(\tau)}{(\tau-t)^2}d\tau, & |t| > 1. \end{cases} \tag{5.5.8}$$

$$\varphi_k''(t) = \begin{cases} -\text{f.p.}\displaystyle\int_{-1}^{1}\dfrac{\phi_k(\tau)}{(\tau-t)^3}d\tau, & |t| < 1, \\ -\displaystyle\int_{-1}^{1}\dfrac{\phi_k(\tau)}{(\tau-t)^3}d\tau, & |t| > 1. \end{cases} \tag{5.5.9}$$

进一步, 定义

$$\varphi_{k+1}(t) = 2\varphi_k'(t) + t\varphi_k''(t). \tag{5.5.10}$$

设 $J := (-\infty, -1) \cup (-1, 1) \cup (1, \infty)$, 定义算子 $W : C(J) \to C(-1, 1)$ 为

$$Wf(\tau) := f(\tau) + \sum_{i=1}^{\infty} [f(2i+\tau) + f(-2i+\tau)], \quad \tau \in (-1, 1). \quad (5.5.11)$$

显然 W 为线性算子. 由 (5.5.11), 有

$$S_k(\tau) = W\varphi_k'(\tau), \quad (5.5.12)$$

$$S_k'(\tau) = W\varphi_k''(\tau), \quad (5.5.13)$$

以及

$$\tilde{S}_{k+1}(\tau) = W\varphi_{k+1}(\tau). \quad (5.5.14)$$

于是有如下引理.

引理 5.5.1　设 $\varphi_k(t)$ 和 $\varphi_{k+1}(t)$ 分别定义为 (5.5.5) 和 (5.5.10), 则有

$$\varphi_k(t) = \begin{cases} \sum_{i=1}^{k_1+1} \omega_{2i-1} Q_{2i-1}(t), & k = 2k_1, \\ \sum_{i=0}^{k_1} \omega_{2i} Q_{2i}(t), & k = 2k_1 - 1, \end{cases} \quad (5.5.15)$$

$$\varphi_k'(t) = \begin{cases} \sum_{i=1}^{k_1} a_i Q_{2i}(t), & k = 2k_1, \\ \sum_{i=1}^{k_1} b_i Q_{2i-1}(t), & k = 2k_1 - 1, \end{cases} \quad (5.5.16)$$

$$\varphi_k''(t) = \begin{cases} \sum_{i=1}^{k_1} a_i Q_{2i}'(t), & k = 2k_1, \\ \sum_{i=1}^{k_1} b_i Q_{2i-1}'(t), & k = 2k_1 - 1 \end{cases} \quad (5.5.17)$$

和

$$\varphi_{k+1}(t) = \begin{cases} \sum_{i=1}^{k_1} a_i [2Q_{2i}(t) + tQ_{2i}'(t)], & k = 2k_1, \\ \sum_{i=1}^{k_1} b_i [2Q_{2i-1}(t) + tQ_{2i-1}'(t)], & k = 2k_1 - 1, \end{cases} \quad (5.5.18)$$

其中

$$\omega_i = \frac{2i+1}{2} \int_{-1}^{1} \phi_k(\tau) P_i(\tau) \, d\tau \tag{5.5.19}$$

和

$$a_i = -(4i+1) \sum_{j=1}^{i} \omega_{2j-1}, \quad b_i = -(4i-1) \sum_{j=1}^{i} \omega_{2j-2}.$$

5.5.2　主要结论

定义

$$B_k(\tau) = 2(k+2) S_k(\tau) - (k+1) \tilde{S}_{k+1}(\tau), \tag{5.5.20}$$

主要结论由下面定理给出.

定理 5.5.2　设 $f(x) \in C^{k+3}[a,b]$, 以及 $S_k'(\tau)$ 和 $B_k(\tau)$ 分别定义为 (5.5.13) 和 (5.5.20). 那么对复化牛顿-科茨公式 $Q_{kn}^2(s,f)$, 当 $s = \hat{x}_i(\tau)$ 时, 有

$$E_{kn}(s,f) = -\frac{h^{k-1} f^{(k+1)}(s) S_k'(\tau)}{2^{k-1}(k+1)!} - \frac{h^k f^{(k+2)}(s) B_k(\tau)}{2^k(k+2)!} + E_{kn}^1(s,f), \tag{5.5.21}$$

其中

$$\left| E_{kn}^1(s,f) \right| \leqslant C \left[\gamma^{-2}(\tau) + \eta^2(s) + |\ln h| \right] h^{k+1}, \tag{5.5.22}$$

这里 $\gamma(\tau)$ 定义为 (4.2.6), 以及

$$\eta(s) = \max \left\{ \frac{1}{s-a}, \frac{1}{b-s} \right\}. \tag{5.5.23}$$

推论 5.5.1　在定理 5.5.2 的假设条件下, 对 $s = \hat{x}_i(\tau^*)$, 以及 τ^* 满足 $S_k'(\tau^*) = 0$ 时, 有

$$E_{kn}(s,f) = -\frac{h^k f^{(k+2)}(s)}{2^k(k+2)!} B_k(\tau^*) + E_{kn}^2(s,f), \tag{5.5.24}$$

其中

$$\left| E_{kn}^2(s,f) \right| \leqslant C \left[\gamma^{-2}(\tau^*) + \eta^2(s) + |\ln h| \right] h^{k+1}, \tag{5.5.25}$$

$\eta(s)$ 定义为 (5.5.23).

由推论 5.5.1 知, 当 $S_k'(\tau) = 0$ 时便得到超收敛现象. 牛顿-科茨公式的 $Q_{kn}^2(s,f)$ 在超收敛点 $s = \hat{x}_i(\tau^*)$ 的收敛阶要比整体的收敛阶高出一阶.

一般地, 超奇异积分的奇异点与超收敛点不会重合, 而牛顿-科茨公式 $Q_{kn}^2(s,f)$ 的收敛阶仅为 $O(h^{k-1})$. 因此, 为了在实际计算中应用超收敛的结果,

我们将区间内部的网格做一个移动, 得到新的剖分 $a = x'_0 < x'_1 < \cdots < x'_n = b$, 使得奇异点的局部坐标正好与超收敛点的局部坐标重合. 新的剖分除了靠近端点的两个区间以外, 其余的依旧是均匀剖分. 对于这个情况, 我们容易将上面的结论推广到拟一致剖分的情况.

对不同的插值次数 k, 我们将超收敛点的局部坐标, 即 $S'_k(\tau)$ 的零点由表 5.5.1 给出.

表 5.5.1 牛顿-科茨积分公式的超收敛点

k	超收敛点
1	0
2	±0.6666666666666666
3	0,±0.7691593399598297
4	±0.3071649777724334, ±0.8827331070858399
5	0, ±0.4803784858889886, ±0.8844060476840933

由定理 5.5.2, 定义修正的积分公式 $\tilde{Q}^2_{kn}(s,f)$ 定义为

$$\tilde{Q}^2_{kn}(s,f) = Q^2_{kn}(s,f) - \frac{h^{k-1} f^{(k+1)}(s)}{2^{k-1}(k+1)!} S'_k(\tau). \tag{5.5.26}$$

于是有如下定理.

定理 5.5.3 在定理 5.5.2 的条件下, 对定义为 (5.5.7) 修正的积分公式 $\tilde{Q}^2_{kn}(s,f)$, 当 $s = \hat{x}_i(\tau)$ 时, 有

$$I_2(a,b;s,f) - \tilde{Q}^2_{kn}(s,f) = -\frac{h^k f^{(k+2)}(s)}{2^k(k+2)!} B_k(\tau) + E^1_{kn}(s,f), \tag{5.5.27}$$

其中 $E^1_{kn}(s,f)$ 定义为 (5.5.3).

修正的牛顿-科茨公式 $\tilde{Q}^2_{kn}(s,f)$ 为 k 阶精度的积分公式. 需要指出的是, 当奇异点 s 靠近子区间节点的时候, 由于 $E^1_{kn}(s,f)$ 中因子 $\gamma^{-2}(\tau)$ 的影响, 计算结果仍然失效.

引理 5.5.2 对于偶数 k 和 $\tau = 0$, 有

$$B_k(\tau) = S_k(\tau) = \tilde{S}_{k+1}(\tau) = 0. \tag{5.5.28}$$

证明: 根据第二类勒让德多项式的奇偶性, 有

$$Q_l(-t) = (-1)^{l+1} Q_l(t), \quad |t| \neq 1, \quad l = 0, 1, \cdots. \tag{5.5.29}$$

由 (5.5.15), 当 k 为偶数时, 有

$$\varphi'_k(-t) = -\varphi'_k(t). \tag{5.5.30}$$

根据 (5.5.30), 则有

$$S_k\left(-t\right) = -S_k\left(t\right), \tag{5.5.31}$$

即当 k 为偶数时, $\tau = 0$ 为 $S_k\left(\tau\right)$ 的一个零点.

由 (5.5.29), 有

$$Q_l\left(-t\right) = (-1)^{l+2} Q_l\left(t\right), \quad |t| \neq 1, \quad l = 0, 1, \cdots, \tag{5.5.32}$$

即当 k 为偶数时, 有

$$\varphi_{k+1}\left(-t\right) = -\varphi_{k+1}\left(t\right),$$

即 $\tau = 0$ 为 $\tilde{S}_{k+1}\left(\tau\right)$ 的一个零点.

进一步, 根据 (5.5.20) 和 $B_k\left(\tau\right)$ 的定义, 当 k 为偶数时, $\tau = 0$ 也为 $B_k\left(\tau\right)$ 的零点. 命题得证.

定理 5.5.4　在定理 5.5.2 的条件下, 对于定义为 (5.5.7) 修正的积分公式 $\tilde{Q}_{kn}^2\left(s, f\right)$ 和偶数 k, 当 $s = \hat{x}_i\left(0\right) s = \hat{x}_i(0)$ 时, 有

$$\left| I_2\left(a, b; s, f\right) - \tilde{Q}_{kn}^2\left(s, f\right) \right| \leqslant \left[4 + \eta^2\left(s\right) + |\ln h|\right] h^{k+1}, \tag{5.5.33}$$

其中 $\eta\left(s\right)$ 定义为 (5.5.23).

由定理 5.5.4 可知, 当偶次插值奇异点远离区间端点时, 修正的牛顿-科茨公式收敛阶为 $O\left(h^{k+1}\right)$. 这要比一般情况下整体的收敛误差高出 2 阶, 这种现象称为超收敛.

5.5.3　$S_k'\left(\tau\right)$ 的计算

对于上面给出修正的积分公式, 一个重要的问题是怎样简单有效地计算 $S_k'\left(\tau\right)$. 首先引入如下记号, 详细的见文献 [262, 266] 等.

定义

$$\Phi_k\left(\tau\right) = \begin{cases} \displaystyle\sum_{i=1}^{k_1} (-1)^{k_1-i} \frac{(2k_1 - 2i + 2)!}{(2\pi)^{2k_1-2i+1}} \sigma_{2i-1}^{2k_1} \mathrm{Cl}_{2k_1-2i+2}\left[(1 + \tau)\pi\right], & k = 2k_1, \\ \displaystyle\sum_{i=1}^{k_1} (-1)^{k_1-i} \frac{(2k_1 - 2i + 1)!}{(2\pi)^{2k_1-2i}} \sigma_{2i-1}^{2k_1-1} \mathrm{Cl}_{2k_1-2i+1}\left[(1+\tau)\pi\right], & k = 2k_1 - 1, \end{cases} \tag{5.5.34}$$

其中, $\mathrm{Cl}_n\left(x\right)$ 表示 Clausen 函数, 定义为

$$\mathrm{Cl}_n\left(x\right) = \begin{cases} \displaystyle\sum_{k=1}^{\infty} \frac{\sin\left(kx\right)}{k^n}, & n \text{ 为偶数}, \\ \displaystyle\sum_{k=1}^{\infty} \frac{\cos\left(kx\right)}{k^n}, & n \text{ 为奇数}, \end{cases} \tag{5.5.35}$$

其中

$$\sigma_i^k = \sigma_i \left(\frac{1}{k}, \frac{2}{k}, \cdots, \frac{k}{k} \right),$$ (5.5.36)

以及

$$\begin{cases} \sigma_0 (x_1, x_2, \cdots, x_k) = 1, \\ \sigma_i (x_1, x_2, \cdots, x_k) = \displaystyle\sum_{1 \leqslant j_1 < j_2 < \cdots < j_k \leqslant k} x_{j_1} \cdots x_{j_i}, \quad 1 \leqslant i \leqslant k \end{cases}$$ (5.5.37)

为基本对称多项式.

特别地, 有

$$\mathrm{Cl}_1 (x) = -\ln \left| 2 \sin \frac{x}{2} \right|.$$ (5.5.38)

由 (5.5.38) 和等式 (5.5.12), 有

$$S_k (\tau) = 2^k \Phi_k (\tau).$$ (5.5.39)

于是有如下结论.

定理 5.5.5　设 $S_k (\tau)$ 和 $\Phi_k (\tau)$ 分别定义为 (5.5.12) 和 (5.5.34), 则有

$$S_k' (\tau) = 2^k \Phi_k' (\tau),$$ (5.5.40)

其中

$$\Phi_k' (\tau) = \begin{cases} \displaystyle\sum_{i=1}^{k_1} (-1)^{k_1 - i} \frac{(2k_1 - 2i + 2)!}{(2\pi)^{2k_1 - 2i}} \sigma_{2i-1}^{2k_1} \mathrm{Cl}_{2k_1 - 2i + 1} [(1 + \tau) \pi], \quad k = 2k_1, \\ \displaystyle\sum_{i=1}^{k_1 - 1} (-1)^{k_1 - i} \frac{(2k_1 - 2i + 1)!}{(2\pi)^{2k_1 - 2i}} \sigma_{2i-1}^{2k_1 - 1} \mathrm{Cl}_{2k_1 - 2i} [(1 + \tau) \pi] \\ \qquad + \dfrac{\pi}{2} \sigma_{2i-1}^{2k_1 - 1} \tan \left(\dfrac{\tau\pi}{2} \right), \qquad\qquad\qquad\quad k = 2k_1 - 1. \end{cases}$$ (5.5.41)

下面我们对梯形公式和辛普森公式计算 $I_2 (a, b; s, f)$ 的误差展开式作如下说明. 最早关于梯形公式和辛普森公式计算 $I_2 (a, b; s, f)$ 的文献为 [19, 193].

1. *梯形公式* $(k = 1)$

由推论 5.5.1 可知, 梯形公式的超收敛的收敛阶为 $O(h)$, 但是在实际计算中的收敛阶为 $O(h^2)$. 现在从误差展开式的角度阐述这一现象.

根据定理 5.5.2, 有

$$S_1' (\tau) = 2\Phi_1' (\tau) = \pi \tan \left(\frac{\tau\pi}{2} \right),$$ (5.5.42)

$$S_1(\tau) = 2\Phi_1(\tau) = -2\ln\left[2\cos\left(\frac{\tau\pi}{2}\right)\right],$$

$$\tilde{S}_2(\tau) = S_2'(\tau) = -4\Phi_2'(\tau) = -6\ln\left[2\cos\left(\frac{\tau\pi}{2}\right)\right], \tag{5.5.43}$$

即

$$B_1(\tau) = 6S_1(\tau) - 2\tilde{S}_2(\tau) = 0,$$

也就是说, 对任意的 τ, (5.5.21) 中的第二项正好抵消. 而当 $\tau = 0$ 时, 根据 (5.5.43) 可知 (5.5.21) 中的第一项正好为零, 于是其收敛阶为 $O(h^2)$.

由此可知

$$\tilde{Q}_{1n}^2(s,f) = Q_{1n}^2(s,f) - \frac{\pi}{2}f''(s)\tan\left(\frac{\tau\pi}{2}\right), \tag{5.5.44}$$

修正的梯形公式具有与经典的黎曼积分相同的收敛阶为 $O(h^2)$.

2. 辛普森公式 $(k=2)$

由定理 5.5.2, 有

$$S_2'(\tau) = -4\Phi_2'(\tau) = -6\ln\left[2\cos\left(\frac{\tau\pi}{2}\right)\right]. \tag{5.5.45}$$

根据定理 5.5.3, 对修正的辛普森公式有

$$\tilde{Q}_{2n}^2(s,f) = Q_{2n}^2(s,f) + \frac{h}{2}f'''(s)\ln\left[2\cos\left(\frac{\tau\pi}{2}\right)\right], \tag{5.5.46}$$

当 $\tau = 0$ 时, 其收敛阶为 $O(h^3)$, 详细的介绍见文献 [163].

3. 当 $k > 2$ 时

$S_k'(\tau)$ 可以由 Clausen 函数的组合来表示, 因此需要快速地计算 Clausen 函数. 本节采用一个快速算法来计算 $\mathrm{Cl}_n(x)$, 其表达式为

$$\mathrm{Cl}_n(x) = (-1)^{[(n+1)/2]}\frac{x^{n-1}}{(n-1)!}\ln\left|2\sin\frac{x}{2}\right| + P_n(x)$$

$$+ \frac{(-1)^{[n/2]+1}}{(n-2)!}\sum_{i=0}^{n-2}(-1)^i\binom{n-2}{i}x^i N_{n-2-i}(x), \quad x \in [-\pi, \pi],$$

$$\tag{5.5.47}$$

这里 $\binom{n-2}{i}$ 表示二项式系数

$$P_n(x) = \sum_{i=2}^{n}(-1)^{[(n-1)/2]+[(i-1)/2]}\frac{x^{n-i}}{(n-i)!}\mathrm{Cl}_i(0), \tag{5.5.48}$$

其中

$$
\mathrm{Cl}_i(0) = \begin{cases} 0, & i \text{ 为偶数}, \\ \varsigma(i), & i \text{ 为奇数}, \end{cases}
$$

以及 $\varsigma(i) = \sum\limits_{i=1}^{\infty} \dfrac{1}{i^s}$ 为 zeta 函数.

$$
N_{n-2-i}(x) = \frac{1}{n+1}\left[\frac{x^{n+1}}{n+1} + \sum_{k=1}^{\infty}(-1)^k B_{2k}\frac{x^{2k+n+1}}{(2k+n+1)(2k)!}\right], \tag{5.5.49}
$$

这里 B_k 表示伯努利常数. Clausen 函数以 2π 为周期, 可以把它延拓到整个实数空间. 而在实际计算中, 级数 (5.5.49) 在区间 $[-\pi, \pi]$ 上是以指数阶收敛的, 只需计算有限的几项就可以.

5.5.4　定理 5.5.2 的证明

这一部分, 完成定理 5.5.2 的证明. 设

$$
D_i^k(x) = (k+2)(x-s) - (k+1)(x - \hat{x}_i(0)), \tag{5.5.50}
$$

其中 $\hat{x}_i(0) = \sum\limits_{j=0}^{k} x_{ij}/(k+1)$.

引理 5.5.3　若 $f(x) \in C^{k+3}[a,b]$, $F_{kn}(x)$ 定义为 (4.2.3), 以及 $x \in [x_i, x_{i+1}]$ 和 $s \in (a,b)$, 有

$$
f(x) - F_{kn}(x) = \frac{f^{(k+1)}(s)}{(k+1)!}l_{kn}(x) + \frac{f^{(k+2)}(s)}{(k+2)!}D_i^k(x)l_{kn}(x) + H_{ki}(x), \tag{5.5.51}
$$

其中, $D_i^k(x)$ 定义为 (5.5.50) 且

$$
H_{ki}(x) = H_{ki}^1(x) + H_{ki}^2(x) + H_{ki}^3(x), \tag{5.5.52}
$$

以及

$$
H_{ki}^1(x) = \sum_{j=0}^{k}\frac{f^{(k+3)}(\theta_{ij})}{(k+3)!l_{kn}'(x_{ij})}(x_{ij}-x)^{k+2}l_{kn}(x),
$$

$$
H_{ki}^2(x) = \frac{f^{(k+3)}(\eta_i)}{2(k+1)!}(x-s)^2 l_{ki}(x), \tag{5.5.53}
$$

$$
H_{ki}^3(x) = -\frac{(k+1)f^{(k+3)}(\xi_i)}{2(k+2)!}(x-s)(x-\hat{x}_i(0))l_{ki}(x),
$$

$\theta_{ij}, \eta_i, \xi_i \in (x_i, x_{i+1})$，且对 $x \in [x_i, x_{i+1}]$，有

$$\left| H_{ki}^1(x) \right| \leqslant Ch^{k+3}. \tag{5.5.54}$$

证明：首先将 $f(x_{ij})$ 在点 x 处泰勒展开，则有

$$f(x) - F_{kn}(x) = \frac{f^{(k+1)}(x)}{(k+1)!} l_{ki}(x) + \frac{(k+1) f^{(k+2)}(x)}{(k+2)!} D_i^k(x) l_{ki}(x)$$
$$+ \sum_{j=0}^{k} \frac{f^{(k+3)}(\theta_{ij})}{(k+3)! l'_{ki}(x_{ij})} (x_{ij} - x)^{k+2} l_{ki}(x), \tag{5.5.55}$$

这里用到了

$$\sum_{j=0}^{k} \frac{(x_{ij} - x)^q}{l'_{ki}(x_{ij})} = \begin{cases} 0, & q < k, \\ 1, & q = k, \\ (k+1)(x - \hat{x}_i(0)), & q = k+1. \end{cases} \tag{5.5.56}$$

类似地，将 (5.5.55) 中的 $f^{(k+1)}(x)$ 和 $f^{(k+2)}(x)$ 在 s 处泰勒展开，则有

$$f^{(k+1)}(x) = f^{(k+1)}(s) + f^{(k+2)}(s)(x - s) + \frac{f^{(k+3)}(\eta_i)}{2}(x - s)^2,$$

$$f^{(k+2)}(x) = f^{(k+2)}(s) + f^{(k+3)}(\xi_i)(x - s). \tag{5.5.57}$$

联立 (5.5.56) 和 (5.5.57)，则有 (5.5.51)，命题得证.

引理 5.5.4 设 $\varphi_k(x)$ 和 $\eta(s)$ 分别定义为 (5.5.15) 和 (5.5.23)，则有

$$\left| \sum_{i=m+1}^{\infty} \varphi_k'(2i + \tau) + \sum_{i=n-m}^{\infty} \varphi_k'(-2i + \tau) \right| \leqslant C\sqrt{\eta(s)}h, \tag{5.5.58}$$

$$\left| \sum_{i=m+1}^{\infty} \varphi_k''(2i + \tau) + \sum_{i=n-m}^{\infty} \varphi_k''(-2i + \tau) \right| \leqslant C\eta(s)h^2, \tag{5.5.59}$$

$$\left| \sum_{i=m+1}^{\infty} \varphi_{k+1}(2i + \tau) + \sum_{i=n-m}^{\infty} \varphi_{k+1}(-2i + \tau) \right| \leqslant C\eta(s)h^2. \tag{5.5.60}$$

证明：根据 (5.5.16)，(5.5.17) 和 (5.5.18)，有

$$|\varphi_k'(t)| \leqslant C \int_{-1}^{1} \frac{d\tau}{|\tau - t|^2},$$

$$|\varphi_k''(t)| \leqslant C \int_{-1}^1 \frac{d\tau}{|\tau - t|^3},$$

$$|\varphi_{k+1}(t)| \leqslant C \int_{-1}^1 \frac{d\tau}{|\tau - t|^3}. \tag{5.5.61}$$

由于 $s = x_m + (\tau + 1)h/2 = a + \left(m + \dfrac{\tau+1}{2}\right)h$, 即 $\dfrac{2(s-a)}{h} = 2m + \tau + 1$, 于是有

$$\left| \sum_{i=m+1}^{\infty} \varphi_k'(2i+\tau) \right| \leqslant C \sum_{i=m+1}^{\infty} \int_{-1}^1 \frac{d\tau}{|2i - \tau + t|^2} = C \int_{2m+\tau+1}^{\infty} \frac{dx}{x^2}$$

$$= \frac{C}{2(\tau + 2m + 1)} = \frac{Ch}{4(s-a)}. \tag{5.5.62}$$

根据定义 $b = a + nh$, 则有 $\dfrac{2(b-s)}{h} = 2(n-m) - \tau - 1$, 即

$$\left| \sum_{i=n-m}^{\infty} \varphi_k'(-2i+\tau) \right| \leqslant C \sum_{i=n-m}^{\infty} \int_{-1}^1 \frac{d\tau}{|2i - \tau + t|^2} = C \int_{2(n-m)-\tau-1}^{\infty} \frac{dx}{x^2}$$

$$= \frac{C}{2(2(n-m) - \tau - 1)} = \frac{Ch}{4(b-s)}. \tag{5.5.63}$$

联立 (5.5.62) 和 (5.5.63), (5.5.58) 得证. (5.5.59) 和 (5.5.60) 可以类似得证.

引理 5.5.5　设 $s \in (x_m, x_{m+1})$ 以及 m 和 $c_i = 2(s - x_i)/h - 1, 0 \leqslant i \leqslant n-1$, 有

$$\varphi_k'(c_i) = \begin{cases} -\dfrac{2^{k-1}}{h^k} \text{f.p.} \displaystyle\int_{x_i}^{x_{i+1}} \dfrac{l_{ki}(x)}{(x-s)^2} dx, & i = m, \\[4mm] -\dfrac{2^{k-1}}{h^k} \displaystyle\int_{x_i}^{x_{i+1}} \dfrac{l_{ki}(x)}{(x-s)^2} dx, & i \neq m, \end{cases} \tag{5.5.64}$$

$$\varphi_k''(c_i) = \begin{cases} -\dfrac{2^{k-1}}{h^{k-1}} \text{f.p.} \displaystyle\int_{x_i}^{x_{i+1}} \dfrac{l_{ki}(x)}{(x-s)^3} dx, & i = m, \\[4mm] -\dfrac{2^{k-1}}{h^{k-1}} \displaystyle\int_{x_i}^{x_{i+1}} \dfrac{l_{ki}(x)}{(x-s)^3} dx, & i \neq m \end{cases} \tag{5.5.65}$$

和

$$\varphi_{k+1}(c_i) = 2\varphi_k'(c_i) + c_i \varphi_k''(c_i). \tag{5.5.66}$$

证明：关于 (5.5.64) 的证明见文献 [195]. 对 (5.5.65), 当 $i = m$ 时, 有

$$\varphi_k''(c_i) = \frac{d}{dc_i}\varphi_k'(c_i) = \frac{d}{ds}\varphi_k'(c_i)\frac{ds}{dc_i} = -\frac{2^{k-1}}{h^{k-1}}\text{f.p.}\int_{x_i}^{x_{i+1}}\frac{l_{ki}(x)}{(x-s)^3}dx.$$

式 (5.5.65) 的第二个等式可以类似得到. 最后, (5.5.66) 由 (5.5.65) 可以直接得到. 命题得证.

设

$$H_{kn}(x) = f(x) - F_{kn}(x) - \frac{f^{(k+1)}(s)}{(k+1)!}l_{kn}(x)$$

$$- \frac{f^{(k+2)}(s)}{(k+2)!}D_i^k(x)l_{kn}(x). \tag{5.5.67}$$

引理 5.5.6 在定理 5.5.2 的条件下, 对定义为 (5.5.67) 的 $H_{kn}(x)$, 有

$$\left|\text{f.p.}\int_{x_m}^{x_{m+1}}\frac{H_{kn}(x)}{(x-s)^3}dx\right| \leqslant C\gamma^{-2}(\tau)h^{k+1}, \tag{5.5.68}$$

其中 $\gamma(\tau)$ 定义为 (4.2.6).

证明: 根据 $H_{kn}(x)$ 的定义, 有

$$\left|H_{kn}^{(l)}(x)\right| \leqslant Ch^{k+3-l}, \quad l = 0,1,2. \tag{5.5.69}$$

由等式

$$\text{f.p.}\int_a^b\frac{f(x)}{(x-s)^3}dx = \frac{f(s)}{2}\left[\frac{1}{(a-s)^2}-\frac{1}{(b-s)^3}\right] - \frac{(b-a)f'(s)}{(a-s)(b-s)}$$

$$+ \frac{f''(s)}{2}\ln\frac{b-s}{s-a} + \int_a^b\frac{f(x)-f(s)-f''(s)(x-s)/2}{(x-s)^3}dx, \tag{5.5.70}$$

有

$$\text{f.p.}\int_{x_m}^{x_{m+1}}\frac{H_{kn}(x)}{(x-s)^3}dx$$

$$= \frac{H_{kn}(s)}{2}\left[\frac{1}{(x_m-s)^2}-\frac{1}{(x_{m+1}-s)^3}\right] - \frac{hH_{kn}'(s)}{(x_m-s)(x_{m+1}-s)}$$

$$+ \frac{H_{kn}''(s)}{2}\ln\frac{x_{m+1}-s}{s-x_m} + \int_{x_m}^{x_{m+1}}\frac{H_{kn}'(\theta(x))}{6}dx, \tag{5.5.71}$$

其中 $\theta(x) \in (x_m, x_{m+1})$. 由于

$$\left| \frac{H_{kn}(s)}{2} \left[\frac{1}{(x_m - s)^2} - \frac{1}{(x_{m+1} - s)^3} \right] \right| \leqslant C\gamma^{-2}(\tau) h^{k+1}, \tag{5.5.72}$$

$$\left| \frac{h H'_{kn}(s)}{(x_m - s)(x_{m+1} - s)} \right| \leqslant C\gamma^{-1}(\tau) h^{k+1}, \tag{5.5.73}$$

$$\left| \frac{H''_{kn}(s)}{2} \ln \frac{x_{m+1} - s}{s - x_m} \right| \leqslant C |\ln \gamma(\tau)| h^{k+1} \tag{5.5.74}$$

和

$$\left| \int_{x_m}^{x_{m+1}} \frac{H'_{kn}(\theta(x))}{6} dx \right| \leqslant C h^{k+1}, \tag{5.5.75}$$

联立 (5.5.72)—(5.5.75), 得到 (5.5.68). 命题得证.

根据以上引理, 下面完成定理 5.5.2 的证明.

定理 5.5.2 的证明: 由引理 5.5.3 和引理 5.5.6, 有

$$\text{f.p.} \int_a^b \frac{f(x) - F_{kn}(x)}{(x-s)^3} dx$$

$$= \sum_{i=0}^{n-1} \text{f.p.} \int_{x_i}^{x_{i+1}} \frac{f(x) - F_{kn}(x)}{(x-s)^3} dx$$

$$= -\frac{h^{k-1} f^{(k+1)}(s)}{2^{k-1}(k+1)!} S'_k(\tau) - \frac{h^k f^{(k+2)}(s)}{2^k(k+2)!} B_k(\tau) + E_{kn}^1(s, f), \tag{5.5.76}$$

其中

$$E_{kn}^1(s, f) = R^1(s) + R^2(s) + R^3(s) \tag{5.5.77}$$

和

$$R^1(s) = \text{f.p.} \int_{x_m}^{x_{m+1}} \frac{H_{kn}(x)}{(x-s)^3} dx, \tag{5.5.78}$$

$$R^2(s) = \sum_{i=0,i\neq m}^{n-1} \int_{x_i}^{x_{i+1}} \frac{H_{ki}^1(x)}{(x-s)^3} dx + \sum_{i=0,i\neq m}^{n-1} \int_{x_i}^{x_{i+1}} \frac{H_{ki}^2(x)}{(x-s)^3} dx$$

$$+ \sum_{i=0,i\neq m}^{n-1} \int_{x_i}^{x_{i+1}} \frac{H_{ki}^3(x)}{(x-s)^3} dx, \tag{5.5.79}$$

以及

$$
R^3(s) = \frac{f^{(k+1)}(s) h^{k-1}}{2^{k-1}(k+1)!} \left[\sum_{i=m+1}^{\infty} \varphi_k''(2i+\tau) + \sum_{i=n-m}^{\infty} \varphi_k''(-2i+\tau) \right]
$$

$$
+ \frac{f^{(k+2)}(s) h^k}{2^{k-1}(k+1)!} \left[\sum_{i=m+1}^{\infty} \varphi_k'(2i+\tau) + \sum_{i=n-m}^{\infty} \varphi_k'(-2i+\tau) \right]
$$

$$
- \frac{f^{(k+1)}(s)(k+1) h^k}{2^{k-1}(k+2)!} \left[\sum_{i=m+1}^{\infty} \varphi_{k+1}(2i+\tau) + \sum_{i=n-m}^{\infty} \varphi_{k+1}(-2i+\tau) \right].
$$

$$(5.5.80)$$

下面依次估计如下.

$R^1(s)$ 由引理 5.5.6 直接得到.

对于 $R^2(s)$ 第一项, 有

$$
\left| \sum_{i=0, i \neq m}^{n-1} \int_{x_i}^{x_{i+1}} \frac{H_{ki}^1(x)}{(x-s)^3} dx \right| \leqslant C h^{k+3} \sum_{i=0, i \neq m}^{n-1} \int_{x_i}^{x_{i+1}} \frac{1}{|x-s|^3} dx \leqslant C \gamma^{-2}(\tau) h^{k+1}.
$$

$$(5.5.81)$$

对于 $R^2(s)$ 第二项, 根据 $H_{ki}^2(x)$ 的定义, 有

$$
\left| \sum_{i=0, i \neq m}^{n-1} \int_{x_i}^{x_{i+1}} \frac{H_{ki}^2(x)}{(x-s)^3} dx \right| = \frac{1}{2(k+1)!} \left| \sum_{i=0, i \neq m}^{n-1} \int_{x_i}^{x_{i+1}} \frac{f^{(k+3)}(\eta_i) l_{ki}(x)}{x-s} dx \right|
$$

$$
\leqslant C h^{k+1} \sum_{i=0, i \neq m}^{n-1} \int_{x_i}^{x_{i+1}} \frac{1}{|x-s|} dx
$$

$$
\leqslant C \left[|\ln h| + |\ln \gamma(\tau)| \right] h^{k+1}. \qquad (5.5.82)
$$

对于 $R^2(s)$ 第三项, 根据 $H_{ki}^3(x)$ 的定义, 有

$$
\left| \sum_{i=0, i \neq m}^{n-1} \int_{x_i}^{x_{i+1}} \frac{H_{ki}^3(x)}{(x-s)^3} dx \right|
$$

$$
= \frac{(k+1)}{(k+2)!} \left| \sum_{i=0, i \neq m}^{n-1} \int_{x_i}^{x_{i+1}} \frac{f^{(k+3)}(\xi_{ij})(x-\hat{x}_i(0)) l_{ki}(x)}{(x-s)^2} dx \right|
$$

$$
\leqslant C h^{k+2} \sum_{i=0, i \neq m}^{n-1} \int_{x_i}^{x_{i+1}} \frac{1}{(x-s)^2} dx
$$

$$\leqslant C\gamma^{-1}(\tau)\,h^{k+1}. \tag{5.5.83}$$

联立 (5.5.81), (5.5.82) 和 (5.5.83), 有

$$\left|R^2(s)\right| \leqslant C\left[\gamma^{-2}(\tau) + |\ln h|\right]h^{k+1}. \tag{5.5.84}$$

对于 $R^3(s)$, 根据引理 5.5.2 有

$$\left|R^3(s)\right| \leqslant C\eta^2(s)\,h^{k+1}. \tag{5.5.85}$$

命题得证.

5.5.5　数值算例

在这一部分, 给出一些数值算例来验证理论分析. 采用一致网格和动态奇异点 $s = x_{[n/4]} + (\tau+1)h/2$ 来检验牛顿-科茨公式 $Q_{kn}^2(s,f)\,(k=1,2,3,4)$ 和修正的牛顿-科茨公式 $\tilde{Q}_{kn}^2(s,f)\,(k=1,2,3,4)$ 的误差精度.

例 5.5.1　考虑三阶超奇异积分, 其准确解为

$$\mathrm{f.p.}\int_0^1 \frac{x^3}{(x-s)^3}dx = 1 + \frac{s}{2} - \frac{s^3 - 6s^2 - 6s}{2(s-1)^2} + 3s\ln\frac{1-s}{s}.$$

由表 5.5.2 的左半部分可知, 当 $\tau = 0$ 时, 梯形公式 $Q_{1n}^2(s,x^3)$ 的收敛精度为 $O(h^2)$; 而当 $\tau \neq 0$ 时, 梯形公式 $Q_{1n}^2(s,x^3)$ 是不收敛的. 由表 5.5.2 的右半部分知, 修正梯形公式 $\tilde{Q}_{1n}^2(s,x^3)$ 的误差精度都是 $O(h^2)$, 这种情况与 $k=1$ 的分析相吻合.

表 5.5.2　动点 $s = x_{[n/4]} + (\tau+1)h/2$ 的梯形公式 $Q_{1n}^2(s,x^3)$ 和修正梯形公式 $\tilde{Q}_{1n}^2(s,x^3)$ 的误差

n	$Q_{1n}^2(s,x^3)$			$\tilde{Q}_{1n}^2(s,x^3)$	
	$\tau=0$	$\tau=-2/3$	$\tau=2/3$	$\tau=-2/3$	$\tau=2/3$
256	0.27058e−04	0.40917e+01	0.41342e+01	0.27104e−04	0.27012e−04
512	0.67729e−05	0.40864e+01	0.41076e+01	0.67788e−05	0.67672e−05
1024	0.16943e−05	0.40837e+01	0.40943e+01	0.16951e−05	0.16936e−05
2048	0.42371e−06	0.40824e+01	0.40877e+01	0.42388e−06	0.42355e−06
4096	0.10599e−06	0.40817e+01	0.40844e+01	0.10496e−06	0.10720e−06
h^α	$h^{1.999}$	—	—	$h^{2.000}$	$h^{1.999}$

例 5.5.2　考虑三阶超奇异积分, 其准确解为

$$\mathrm{f.p.}\int_0^1 \frac{x^5+1}{(x-s)^3}dx = 10s^2 + 5s + \frac{10}{3} + \frac{5s+4}{2s^2} - \frac{s-3}{2s^2(s-1)^2} + 10s^3\ln\frac{1-s}{s}.$$

　·由表 5.5.3 的左半部分可知, 当 $\tau = \pm 2/3$ 时, 辛普森公式 $Q_{2n}^2\left(s, x^5 + 1\right)$ 的收敛精度为 $O\left(h^2\right)$; 而当 $\tau \neq \pm 2/3$ 时, 辛普森公式 $Q_{2n}^2\left(s, x^5 + 1\right)$ 的误差精度是 $O\left(h\right)$. 由表 5.5.3 的右半部分知, 修正辛普森公式 $\tilde{Q}_{2n}^2\left(s, x^5 + 1\right)$ 的误差精度都是 $O\left(h^2\right)$, 而当 $\tau = 0$ 时, 其收敛阶可以达到 $O\left(h^3\right)$, 这与 $k = 2$ 的分析相吻合.

表 5.5.3　动点 $s = x_{[n/4]} + (\tau + 1)h/2$ 的辛普森公式 $Q_{2n}^2(s, x^5 + 1)$ 和修正辛普森公式 $\tilde{Q}_{2n}^2(s, x^5 + 1)$ 的误差

n	$Q_{2n}^2(s, x^5 + 1)$			$\tilde{Q}_{2n}^2(s, x^5 + 1)$	
	$\tau = 2/3$	$\tau = -2/3$	$\tau = 0$	$\tau = 0$	$\tau = 1/2$
16	0.12780e−01	0.10759e−01	0.10309e+00	0.29008e−03	0.37839e−02
32	0.29060e−02	0.26521e−02	0.45886e−01	0.36893e−04	0.84402e−03
64	0.69023e−03	0.65841e−03	0.21601e−01	0.46503e−05	0.19814e−03
128	0.16802e−03	0.16403e−03	0.10474e−01	0.58370e−06	0.47918e−04
256	0.41436e−04	0.40938e−04	0.51565e−02	0.73146e−07	0.11777e−04
h^α	$h^{2.067}$	$h^{2.009}$	$h^{1.081}$	$h^{2.988}$	$h^{2.082}$

例 5.5.3　考虑三阶超奇异积分, 其准确解为

$$\text{f.p.} \int_0^1 \frac{x^6}{(x - s)^3} dx = \frac{60s^5 - 90s^4 + 20s^3 + 5s^2 + 2s + 1}{4\left(s - 1\right)^2} + 15s^4 \ln \frac{1 - s}{s}.$$

　由表 5.5.4 的左半部分可知, 当 $\tau = \tau_{31}^*$ 时, 3/8 辛普森公式 $Q_{3n}^2\left(s, x^6\right)$ 的收敛精度为 $O\left(h^3\right)$; 而当 $\tau \neq \tau_{31}^*$ 时, 3/8 辛普森公式 $Q_{3n}^2\left(s, x^6\right)$ 的误差精度是 $O\left(h^3\right)$. 由表 5.5.4 的右半部分知, 修正辛普森公式 $\tilde{Q}_{3n}^2\left(s, x^6\right)$ 的误差精度都是 $O\left(h^3\right)$, 这与 $k > 2$ 的分析相吻合.

表 5.5.4　动点 $s = x_{[n/4]} + (\tau + 1)h/2$ 的辛普森公式 $Q_{3n}^2(s, x^6)$ 和修正辛普森公式 $\tilde{Q}_{3n}^2(s, x^6)$ 的误差

n	$Q_{3n}^2(s, x^6)$			$\tilde{Q}_{3n}^2(s, x^6)$	
	$\tau = \tau_{31}^*$	$\tau = \tau_{32}^*$	$\tau = 1/2$	$\tau = 1/2$	$\tau = 1/3$
8	0.12227e−02	0.30795e−02	0.24453e−01	0.46610e−02	0.30789e−02
16	0.13899e−03	0.31551e−03	0.49177e−02	0.51104e−03	0.34251e−03
32	0.16484e−04	0.35052e−04	0.10920e−02	0.59367e−04	0.40138e−04
64	0.20040e−05	0.41061e−05	0.25656e−03	0.71377e−05	0.48501e−05
128	0.24689e−06	0.49594e−06	0.62130e−04	0.87453e−06	0.59611e−06
h^α	$h^{3.070}$	$h^{3.150}$	$h^{2.155}$	$h^{3.079}$	$h^{3.069}$

例 5.5.4　依旧考虑例 5.5.3 的超奇异积分, 其准确解为

$$\text{f.p.} \int_0^1 \frac{x^6}{(x - s)^3} dx = \frac{60s^5 - 90s^4 + 20s^3 + 5s^2 + 2s + 1}{4\left(s - 1\right)^2} + 15s^4 \ln \frac{1 - s}{s},$$

用 $Q_{4n}^2\left(s, x^6\right)$ 进行计算.

由表 5.5.5 的左半部分可知, 当 $\tau = \tau_{41}^*$ 时, 公式 $Q_{4n}^2\left(s, x^6\right)$ 的收敛精度为 $O\left(h^4\right)$; 而当 $\tau \neq \tau_{41}^*$ 时, 公式 $Q_{4n}^2\left(s, x^6\right)$ 的误差精度是 $O\left(h^3\right)$. 由表 5.5.5 的右半部分知, 修正公式 $\tilde{Q}_{4n}^2\left(s, x^6\right)$ 的误差精度都是 $O\left(h^4\right)$, 而当 $\tau = 0$ 时, 其收敛阶可以到 $O\left(h^5\right)$, 这是取特殊点造成的, 与 $k > 2$ 的分析相吻合.

表 5.5.5　动点 $s = x_{[n/4]} + (\tau + 1)h/2$ 的辛普森公式 $Q_{4n}^2(s, x^6)$ 和修正辛普森公式 $\tilde{Q}_{4n}^2(s, x^6)$ 的误差

n	$Q_{4n}^2(s, x^6)$			$\tilde{Q}_{4n}^2(s, x^6)$	
	$\tau = \tau_{41}^*$	$\tau = \tau_{42}^*$	$\tau = 0$	$\tau = 0$	$\tau = 1/3$
2	0.20611e−02	0.85982e−01	0.53538e−01	0.30010e−03	0.42423e−02
4	0.13543e−03	0.53822e−02	0.10096e−01	0.92391e−06	0.26987e−03
8	0.83906e−05	0.33661e−03	0.10515e−02	0.50810e−08	0.16732e−04
16	0.52890e−06	0.21039e−04	0.11830e−03	0.25259e−09	0.10432e−05
32	0.33564e−07	0.13152e−05	0.13965e−04	0.19391e−10	0.64993e−07
h^α	$h^{4.099}$	$h^{4.000}$	$h^{3.135}$	$h^{5.180}$	$h^{4.194}$

5.6　牛顿-科茨公式近似计算区间上任意阶超奇异积分

考虑如下超奇异积分

$$I_p\left(a, b; s, f\right) = \text{f.p.} \int_a^b \frac{f\left(x\right)}{\left(x - s\right)^{p+1}} dx, \quad p = 1, 2, \cdots, \quad (5.6.1)$$

其中 s 表示奇异点, $I_p\left(a, b; s, f\right)$ 称为 $p + 1$ 阶超奇异积分.

从牛顿-科茨公式出发, 对任意阶超奇异积分, 基于误差展开式, 证明其误差函数中包括函数 $S_k^{(p)}\left(\tau\right)$ 当特殊函数取得零点时, 得到超收敛现象, 其定义为

$$S_k^{(p)}\left(\tau\right) := \varphi_k^{(p)}\left(\tau\right) + \sum_{i=1}^{\infty}\left[\varphi_k^{(p)}\left(2i + \tau\right) + \varphi_k^{(p)}\left(-2i + \tau\right)\right], \quad \tau \in (-1, 1), \quad (5.6.2)$$

其中, φ_k 为第二类勒让德函数的线性组合, 定义见 (5.3.6), τ 为奇异点 s 对应的局部坐标. 当 $S_k^{(p)}\left(\tau\right) = 0$ 时, 我们得到超收敛现象; 根据误差函数展开式, 提出修正算法, 在一定条件下, 得到较整体收敛阶高出两阶的超收敛现象.

5.6.1　积分公式的提出

在 (5.6.1) 中, 用 $F_{kn}(x)$ 代替 $f(x)$, 有

$$Q_{kn}^p\left(s, f\right) := \text{f.p.} \int_a^b \frac{F_{kn}\left(x\right)}{\left(x - s\right)^{p+1}} dx = \sum_{i=0}^{n-1}\sum_{j=0}^{k} \omega_{ik}^{(p)}\left(s\right) f\left(x_{ij}\right)$$

$$= I_p\left(a, b; s, f\right) - E_{kn}\left(s, f\right), \tag{5.6.3}$$

其中, $F_{kn}\left(x\right)$ 定义为 (4.2.3), 为 k 次拉格朗日插值多项式, $E_{kn}\left(s, f\right)$ 为误差函数,

$$\omega_{ik}^{(p)}\left(s\right) = \frac{1}{l_{ki}'\left(x_{ij}\right)}\text{f.p.}\int_{x_i}^{x_{i+1}} \frac{1}{\left(x - s\right)^{p+1}} \prod_{m=0, m\neq j}^{k} \left(x - x_{im}\right)dx \tag{5.6.4}$$

为科茨系数.

5.6.2 主要结论

下面给出任意阶牛顿-科茨公式的最优误差估计和超收敛结果.

定理 5.6.1 设 $f\left(x\right) \in C^{k+2}\left[a, b\right], S_k^{(p)}\left(\tau\right)$ 定义为 (5.6.2). 对定义为 (5.6.3) 的复化牛顿-科茨公式 $Q_{kn}^p\left(s, f\right)$, 当 $s = \hat{x}_i\left(\tau\right) \in \left[x_i, x_{i+1}\right]$ 时, 有

$$E_{kn}\left(s, f\right) = -\frac{h^{k+1-p}}{2^{k-p}\left(k+1\right)!}f^{(k+1)}\left(s\right)S_k^{(p)}\left(\tau\right) + R_f\left(s\right), \tag{5.6.5}$$

其中

$$\left|R_f\left(s\right)\right| \leqslant C\left[\eta^p\left(s\right) + h^{-p+1}\gamma^{-p}\left(\tau\right)\right]h^{k+1},$$

其中 $\gamma\left(\tau\right)$ 定义为 (4.2.6).

该定理的证明过程与定理 5.3.1 类似, 感兴趣的读者可参考其证明过程.

在定理 5.6.1 的条件下, 当 $S_k^{(p)}\left(\tau\right) = 0$ 时, 有

$$\left|R_f\left(s\right)\right| \leqslant C\left[\eta^p\left(s\right) + h^{-p+1}\gamma^{-p}\left(\tau\right)\right]h^{k+1}. \tag{5.6.6}$$

由定理 5.6.1 知, 如果 $S_k^{(p)}\left(\tau\right) = 0$, 对 p 阶超奇异积分, 至少要用 $p - 1$ 次插值进行计算, 即对 $p = 1$ 的超奇异积分至少要用分片常数插值进行计算; 对 $p = 2$ 的超奇异积分至少用分片线性插值计算.

5.6.3 特殊函数 $S_k^{(p)}\left(\tau\right)$ 的性质

在定理 5.6.1 中已经证明复化牛顿-科茨公式的误差函数中有 $S_k^{(p)}\left(\tau\right)$, 当 $S_k^{(p)}\left(\tau\right) = 0$ 时, 便得到超收敛的零点, 此时收敛阶为 h^{k+2-p}. 下面讨论 $S_k^{(p)}\left(\tau\right)$ 的性质.

设 $J := \left(-\infty, -1\right) \cup \left(-1, 1\right) \cup \left(1, +\infty\right)$, 定义算子 $W : C\left(J\right) \to C\left(-1, 1\right)$ 为

$$Wf\left(\tau\right) := f\left(\tau\right) + \sum_{i=1}^{\infty}\left[f\left(2i + \tau\right) + f\left(-2i + \tau\right)\right], \quad \tau \in \left(-1, 1\right). \tag{5.6.7}$$

显然 W 为线性算子, 有

$$S_k^{(p)}(\tau) = W\varphi_k^{(p)}(\tau).$$

根据 $\varphi_k^{(p)}(t)$ 的定义, 有

$$S_k^{(p)}(\tau) = \frac{1}{p}W\varphi_k^{(p-1)}(\tau).$$

由定理 5.3.6 知, 已经证明 $S_k'(\tau)$ 在区间 $(-1,1)$ 最多有 $k-(-1)^k$ 个不同的根, 那么 $S_{p-1}^{(p)}(\tau)$ 最多只有一个根.

5.6.4　数值算例

在这一部分, 给出一些数值算例来验证理论分析. 采用一致网格和动态奇异点 $s = x_{[n/4]} + (\tau+1)h/2$ 来检验牛顿-科茨公式误差精度.

例 5.6.1　考虑超奇异积分, 其准确解为

$$\text{f.p.}\int_0^1 \frac{x^4+1}{(x-s)^{p+1}}dx = \begin{cases} 4s^2+2s+\dfrac{4}{3}+\dfrac{s+1}{s(s-1)}+4s^3\ln\dfrac{1-s}{s}, & p=1, \\[3mm] 6s+3+\dfrac{2}{s}-\dfrac{1}{s^2(s-1)^2}+6s^2\ln\dfrac{1-s}{s}, & p=2, \\[3mm] 4-\dfrac{1}{3s^3}+\dfrac{6s^2-14s+10}{3(s-1)^3}+4s\ln\dfrac{1-s}{s}, & p=3. \end{cases}$$

通过计算 $S_2^{(p)}(\tau)=0, p=1,2,3$, 可以知道其零点分别为 $\tau=0,\pm2/3$. 表 5.6.1—表 5.6.3 分别给出了一致网格下两组动态奇异点 $s = x_{[n/4]}+(\tau+1)h/2$ 和 $s = b-(\tau+1)h/2$ 的误差估计. 当 $s = x_{[n/4]}+(\tau+1)h/2$ 时, 奇异点的局部坐标与超收敛点重合, 其误差阶要比一般情况高出一阶; 当 $s = b-(\tau+1)h/2$ 时, 由于端点的影响, 超收敛现象不再存在, 任意局部坐标下的收敛阶都相同, 与理论分析一致.

表 5.6.1　当 $p=1$ 时辛普森公式 $Q_{2n}^1(s,f)$ 的误差

n	$s = x_{[n/4]}+(\tau+1)h/2$			$s = b-(\tau+1)h/2$	
	$\tau=0$	$\tau=-2/3$	$\tau=2/3$	$\tau=0$	$\tau=-2/3$
32	1.5406e−06	−9.8125e−04	1.0300e−03	−9.6644e−05	3.3006e−03
64	2.0384e−07	−2.4096e−04	2.4707e−04	−2.4135e−05	8.3031e−04
128	2.6190e−08	−5.9696e−05	6.0463e−05	−6.0306e−06	2.0822e−04
256	3.3144e−09	−1.4856e−05	1.4952e−05	−1.5073e−06	5.2135e−05
512	4.1422e−10	−3.7057e−06	3.7176e−06	−3.7679e−07	1.3044e−05
1024	4.1444e−11	−9.2538e−07	9.2687e−07	−9.4195e−08	3.2622e−06
h^α	3.0364	2.0101	2.0236	2.0006	1.9965

表 5.6.2 当 $p=2$ 时辛普森公式 $Q_{2n}^2(s,f)$ 的误差

n	$s=x_{[n/4]}+(\tau+1)h/2$			$s=b-(\tau+1)h/2$	
	$\tau=0$	$\tau=-2/3$	$\tau=2/3$	$\tau=0$	$\tau=-2/3$
32	6.9044e−02	−2.0923e−03	2.0925e−03	1.0643e−01	−4.0210e−01
64	3.3507e−02	−5.2310e−04	5.2311e−04	5.3397e−02	−2.0245e−01
128	1.6499e−02	−1.3078e−04	1.3078e−04	2.6744e−02	−1.0157e−01
256	8.1863e−03	−3.2694e−05	3.2694e−05	1.3383e−02	−5.0874e−02
512	4.0773e−03	−8.1760e−06	8.1753e−06	6.6945e−03	−2.5458e−02
1024	2.0347e−03	−2.0357e−06	2.0381e−06	3.3480e−03	−1.2736e−02
h^α	1.0169	2.0011	2.0008	0.9981	0.9961

表 5.6.3 当 $p=3$ 时辛普森公式 $Q_{2n}^3(s,f)$ 的误差

n	$s=x_{[n/4]}+(\tau+1)h/2$			$s=b-(\tau+1)h/2$	
	$\tau=0$	$\tau=-2/3$	$\tau=2/3$	$\tau=0$	$\tau=-2/3$
32	7.7103e−02	3.1425e+0	−2.9791e+0	−1.4308e+1	−7.8170e+1
64	3.8553e−02	2.9316e+0	−2.8499e+0	−1.4421e+1	−7.8608e+1
128	1.9277e−02	2.8261e+0	−2.7853e+0	−1.4478e+1	−7.8827e+1
256	9.6383e−03	2.7734e+0	−2.7530e+0	−1.4507e+1	−7.8937e+1
512	4.8192e−03	2.7471e+0	−2.7369e+0	−1.4521e+1	−7.8992e+1
1024	2.4096e−03	2.7339e+0	−2.7288e+0	−1.4528e+1	−7.9019e+1
h^α	0.9999	—	—	—	—

第 6 章 圆周上超奇异积分的超收敛现象

这一部分考虑圆周上二阶超奇异积分和三阶超奇异积分的超收敛现象, 具体内容如下: 第一部分为梯形公式近似计算圆周上的二阶超奇异积分的超收敛现象及其应用; 第二部分考虑任意阶牛顿-科茨近似计算圆周上的二阶超奇异积分超收敛现象; 第三部分介绍梯形公式近似计算圆周上的三阶超奇异积分超收敛现象并构造了配置法求解超奇异积分方程; 第四部分介绍辛普森公式近似计算圆周上的三阶超奇异积分的误差展开式.

6.1 梯形公式近似计算圆周上的二阶超奇异积分

考虑如下积分

$$I_1(c, s, f) = \text{f.p.} \int_c^{c+2\pi} \frac{f(x)}{\sin^2 \dfrac{x-s}{2}} dx, \quad s \in (c, c+2\pi), \tag{6.1.1}$$

其中 $f(x)$ 为 2π 是周期的函数以及 c 为任意常数.

根据区间上超奇异积分的定义, 给出圆周上的超奇异积分定义如下:

$$\text{f.p.} \int_c^{c+2\pi} \frac{f(x)}{\sin^2 \dfrac{x-s}{2}} dx = \lim_{\varepsilon \to 0} \left\{ \left(\int_c^{s-\varepsilon} + \int_{s+\varepsilon}^{c+2\pi} \right) \frac{f(x)}{\sin^2 \dfrac{x-s}{2}} dx - \frac{8f(s)}{\varepsilon} \right\},$$
$$\tag{6.1.2}$$

$f(x)$ 称为关于核函数 $1/\sin^2((x-s)/2)$ 是有限部分可积的, 此时称为 (6.1.2) 右边的积分存在.

定理 6.1.1 设 $\Omega \subset \mathbb{R}^2$ 为圆域内部, 边界为 $\partial\Omega$ 的区域. 假设 $u \in C^2(\bar{\Omega})$ 为调和方程的解. u_0 和 u_n 分别表示解 u 在边界 $\partial\Omega$ 上的 Dirichlet 和 Neumann 边界条件. 那么有

$$u_n(s) = \text{f.p.} \int_c^{c+2\pi} \frac{u_0(x)}{\sin^2 \dfrac{x-s}{2}} dx, \tag{6.1.3}$$

其中有限部分积分定义为 (6.1.2).

证明: 由于 Ω 为单位圆内部区域, 因此 u 可以用 Dirichlet 边界值 u_0 表示为 Poisson 积分公式

$$u(r, \theta) = \frac{1}{2\pi} \int_c^{c+2\pi} \frac{(1 - r^2) u_0(\theta')}{1 + r^2 - 2r \cos(\theta' - \theta)} d\theta', \quad 0 \leqslant r < 1, \quad (6.1.4)$$

其中 r, θ 为极坐标. 对上式关于 r 求导数, 有

$$\frac{\partial u(r, \theta)}{\partial r} = \frac{1}{2\pi} \int_c^{c+2\pi} \frac{[-4r + (1 + r^2 - 2r \cos(\theta' - \theta))] u_0(\theta')}{[1 + r^2 - 2r \cos(\theta' - \theta)]^2} d\theta'. \quad (6.1.5)$$

根据等式

$$\frac{1}{2\pi} \int_c^{c+2\pi} \frac{-4r + (1 + r^2 - 2r \cos(\theta' - \theta))}{[1 + r^2 - 2r \cos(\theta' - \theta)]^2} [u_0(\theta) + u_0(\theta') + \sin(\theta' - \theta)] d\theta' = 0,$$

等式 (6.1.5) 可以写为

$$\frac{\partial u(r, \theta)}{\partial r} = \frac{1}{2\pi} \int_c^{c+2\pi} \frac{-4r + (1 + r^2 - 2r \cos(\theta' - \theta))}{[1 + r^2 - 2r \cos(\theta' - \theta)]^2}$$

$$\times [u_0(\theta') - u_0(\theta) - u_0'(\theta) \sin(\theta' - \theta)] d\theta'. \quad (6.1.6)$$

由于 $u \in C^2(\bar{\Omega})$, 积分方程 (6.1.6) 显然是连续的, 则有

$$u_n = \lim_{r \to 1-} \frac{\partial u(r, \theta)}{\partial r} = \frac{1}{2\pi} \text{f.p.} \int_c^{c+2\pi} \frac{u_0(\theta') - u_0(\theta) - u_0'(\theta) \sin(\theta' - \theta)}{\sin^2 \dfrac{\theta' - \theta}{2}} d\theta'.$$

$$(6.1.7)$$

显然方程 (6.1.7) 除了点 $\theta' = \theta$ 之外, 都是连续的. 因此, 根据 (6.1.2) 式, 有

$$\text{f.p.} \int_c^{c+2\pi} \frac{u_0(\theta') - u_0(\theta) - u_0'(\theta) \sin(\theta' - \theta)}{\sin^2 \dfrac{\theta' - \theta}{2}} d\theta'$$

$$= \text{f.p.} \int_c^{c+2\pi} \frac{u_0(\theta') - u_0(\theta) - u_0'(\theta) \sin(\theta' - \theta)}{\sin^2 \dfrac{\theta' - \theta}{2}} d\theta'$$

$$= \text{f.p.} \int_c^{c+2\pi} \frac{u_0(\theta')}{\sin^2 \dfrac{\theta' - \theta}{2}} d\theta' - u_0(\theta) \, \text{f.p.} \int_c^{c+2\pi} \frac{1}{\sin^2 \dfrac{\theta' - \theta}{2}} d\theta'$$

$$- u_0'(\theta) \, \text{f.p.} \int_c^{c+2\pi} \frac{\sin(\theta' - \theta)}{\sin^2 \dfrac{\theta' - \theta}{2}} d\theta'.$$

根据方程 (6.1.2), 有

$$\text{f.p.} \int_c^{c+2\pi} \frac{1}{\sin^2 \dfrac{\theta'-\theta}{2}} dx = \lim_{\varepsilon \to 0} \left\{ \left(\int_c^{s-\varepsilon} + \int_{s+\varepsilon}^{c+2\pi} \right) \frac{1}{\sin^2 \dfrac{\theta'-\theta}{2}} dx - \frac{8}{\varepsilon} \right\}$$

$$= \lim_{\varepsilon \to 0} \left(4 \cot \frac{\varepsilon}{2} - \frac{8}{\varepsilon} \right) = 0. \tag{6.1.8}$$

类似地, 有

$$\text{f.p.} \int_c^{c+2\pi} \frac{\sin (\theta'-\theta)}{\sin^2 \dfrac{\theta'-\theta}{2}} d\theta' = 0,$$

于是有

$$\text{f.p.} \int_c^{c+2\pi} \frac{u_0 (\theta') - u_0 (\theta) - u_0' (\theta) \sin (\theta'-\theta)}{\sin^2 \dfrac{\theta'-\theta}{2}} d\theta' = \text{f.p.} \int_c^{c+2\pi} \frac{u_0 (\theta')}{\sin^2 \dfrac{\theta'-\theta}{2}} d\theta'.$$

$$\tag{6.1.9}$$

联立上式, 命题得证.

6.1.1 积分公式的提出

设 $c = x_0 < x_1 < \cdots < x_{n-1} < x_n = c + 2\pi$ 为区间 $[c, c+2\pi]$ 关于步长 $h = 2\pi/n$ 的一致剖分. 用 $f_L(x)$ 表示密度函数 $f(x)$ 的线性插值, 定义为

$$f_L(x) = \frac{1}{h} [f(x_i)(x - x_{i-1}) + f(x_{i-1})(x_i - x)], \quad 1 \leqslant i \leqslant n, \tag{6.1.10}$$

将等式 (6.1.1) 中的密度函数 $f(x)$ 用 $f_L(x) = F_{1n}(x)$ 来代替, 得到复化梯形公式

$$I_1(c, s, f_L) = \text{f.p.} \int_c^{c+2\pi} \frac{f_L(x)}{\sin^2 \dfrac{x-s}{2}} dx = \sum_{i=1}^{n} w_i(s) f(x_i), \tag{6.1.11}$$

这里用到了 $f(x_0) = f(x_n)$, 其中 $w_i(s)$ 为科茨系数. 经过计算有

$$w_i(s) = \frac{4}{h} \ln \left| \frac{1 - \cos (x_i - s)}{\cos (h) - \cos (x_i - s)} \right|. \tag{6.1.12}$$

定理 6.1.2 假设 $f(x) \in C^2[c, c+2\pi]$ 以及 $f(c) = f(c+2\pi)$. 设 $I_1(c, s, f_L)$ 一致网格下由 (6.1.11) 和 (6.1.12) 计算. 对 $s \neq x_i \, (0 \leqslant i \leqslant n)$, 存在与 h 和 s 无关的正数 C, 有

$$|I_1(c, s, f) - I_1(c, s, f_L)| \leqslant C\gamma^{-1}(\tau) h, \tag{6.1.13}$$

其中 $\gamma(\tau)$ 定义为 (4.2.6).

证明: 设 $E_L(x) = f(x) - f_L(x)$, 以及定义

$$K_{1s}(x) = \begin{cases} \dfrac{(x-s)^2}{\sin^2 \dfrac{x-s}{2}}, & x \neq s, \\[4mm] 4, & x = s. \end{cases} \tag{6.1.14}$$

根据等式 (6.1.2) 和 (6.1.14), 有

$$I_1(c, s, f) - I_1(c, s, f_L) = \text{f.p.} \int_c^{c+2\pi} \frac{E_L(x)}{\sin^2 \dfrac{x-s}{2}} dx$$

$$= \text{f.p.} \int_c^{c+2\pi} \frac{E_L(x)[K_{1s}(x) - 4]}{(x-s)^2} dx. \tag{6.1.15}$$

现在将上式分为两部分, 有

$$I_1(c, s, f) - I_1(c, s, f_L) = 4\text{f.p.} \int_c^{c+2\pi} \frac{E_L(x)}{(x-s)^2} dx$$

$$+ \text{f.p.} \int_c^{c+2\pi} \frac{E_L(x)[K_{1s}(x) - 4]}{(x-s)^2} dx, \tag{6.1.16}$$

上述误差的第一项根据定理 5.1.1, 有

$$\left| \text{f.p.} \int_c^{c+2\pi} \frac{E_L(x)}{(x-s)^2} dx \right| \leqslant C \min\{\gamma^{-1}(\tau), |\ln\gamma(\tau)| + |\ln h|\} h. \tag{6.1.17}$$

对于第二部分, 由 $(K_{1s}(x) - 4) / (x - s)^2$ 非负仅有一个可去不连续点 $x = s$, 于是有

$$\left| \text{f.p.} \int_c^{c+2\pi} \frac{E_L(x)[K_{1s}(x) - 4]}{(x-s)^2} dx \right|$$

$$\leqslant \max_{x\in[c,c+2\pi]} \{|E_L(x)|\}\, \text{f.p.} \int_c^{c+2\pi} \left| \frac{[K_{1s}(x)-4]}{(x-s)^2} \right| dx$$

$$= \max_{x\in[c,c+2\pi]} \{|E_L(x)|\}\, \text{f.p.} \int_c^{c+2\pi} \frac{[K_{1s}(x)-4]}{(x-s)^2} dx$$

$$= \max_{x\in[c,c+2\pi]} \{|E_L(x)|\} \left\{ \text{f.p.} \int_c^{c+2\pi} \frac{1}{\sin^2 \dfrac{x-s}{2}} dx - \text{f.p.} \int_c^{c+2\pi} \frac{4}{(x-s)^2} dx \right\}$$

$$= \frac{8\pi}{(c+2\pi-s)(s-c)} \max_{x\in[c,c+2\pi]} \{|E_L(x)|\} \leqslant C\gamma^{-1}(\tau)h, \tag{6.1.18}$$

这里用到等式 (6.1.8) 和插值误差

$$\max_{x\in[c,c+2\pi]} \{|E_L(x)|\} \leqslant Ch^2. \tag{6.1.19}$$

命题得证.

6.1.2   主要结论

这一部分给出梯形公式的超收敛结论.

定理 6.1.3 设 $I_1(c,s,f_L)$ 一致网格下由 (6.1.11) 和 (6.1.12) 计算. 密度函数 $f(x)$ 是以 2π 为周期的函数, 设

$$s = x_m + \frac{h}{2} \pm \frac{h}{3}, \quad 1 \leqslant m \leqslant n, \tag{6.1.20}$$

存在与 h 和 s 无关的正数 C, 有

$$|I_1(c,s,f) - I_1(c,s,f_L)| \leqslant \begin{cases} Ch^{1+\alpha}, & f(x) \in C^{2+\alpha}(-\infty,+\infty), \\ C|\ln h|\, h^{1+\alpha}, & f(x) \in C^3(-\infty,+\infty), \end{cases}$$

$$\tag{6.1.21}$$

这里 $0 < \alpha < 1$.

假设奇异点 $s \in (x_m, x_{m+1})$, 对于某些 m, 设 $s = x_m + (\tau+1)h/2, \tau \in (-1,1)$, 这里的 τ 为将子区间 $[x_i, x_{i+1}]$ 变换到单位区间 $[-1,1]$ 线性变换的局部坐标.

定义

$$\text{f.p.} \int_{x_m}^{x_{m+1}} \frac{f(x)}{\sin^2 \dfrac{x-s}{2}} dx = \lim_{\varepsilon \to 0} \left\{ \left(\int_{x_m}^{s-\varepsilon} + \int_{s+\varepsilon}^{x_{m+1}} \right) \frac{f(x)}{\sin \dfrac{x-s}{2}} dx - \frac{8f(s)}{\varepsilon} \right\},$$

$$(6.1.22)$$

以及

$$I_{n,i}(s) = \begin{cases} \displaystyle\int_{x_i}^{x_{i+1}} \frac{(x-x_i)(x-x_{i+1})}{\sin^2 \dfrac{x-s}{2}} dx, & i \neq m \\[4mm] \text{f.p.} \displaystyle\int_{x_m}^{x_{m+1}} \frac{(x-x_i)(x-x_{i+1})}{\sin^2 \dfrac{x-s}{2}} dx, & i = m. \end{cases} \qquad (6.1.23)$$

引理 6.1.1 假设 $s = x_m + (\tau+1)h/2, \tau \in (-1,1)$ 以及 $I_{n,i}(s)$ 定义为方程 (6.1.23) 式, 则有

$$I_{n,i}(s) = -4h \sum_{k=1}^{\infty} \frac{1}{k} \{ \cos[k(x_{i+1}-s)] + \cos[k(x_i-s)] \}$$

$$+ 8 \sum_{k=1}^{\infty} \frac{1}{k^2} \{ \sin[k(x_{i+1}-s)] - \sin[k(x_i-s)] \}. \qquad (6.1.24)$$

证明: 当 $i = m$ 时, 有

$$I_{n,m}(s)$$

$$= \lim_{\varepsilon \to 0} \left\{ \left(\int_{x_m}^{s-\varepsilon} + \int_{s+\varepsilon}^{x_{m+1}} \right) \frac{(x-x_m)(x-x_{m+1})}{\sin^2 \dfrac{x-s}{2}} dx - \frac{8(s-x_m)(s-x_{m+1})}{\varepsilon} \right\}$$

$$= \lim_{\varepsilon \to 0} \left\{ 2 \left(\int_{x_m}^{s-\varepsilon} + \int_{s+\varepsilon}^{x_{m+1}} \right) (2x - x_m - x_{m+1}) \cot \frac{x-s}{2} dx \right\}$$

$$= 4h \ln \left| \sin \frac{x_{m+1}-s}{2} \sin \frac{x_m-s}{2} \right| - \lim_{\varepsilon \to 0} \left\{ 8 \left(\int_{x_m}^{s-\varepsilon} + \int_{s+\varepsilon}^{x_{m+1}} \right) \ln \left| \sin \frac{x-s}{2} \right| dx \right\}.$$

类似地, 当 $i \neq m$ 时, 即对经典的黎曼积分分部积分有

$$I_{n,i}\left(s\right) = 4h\ln\left|\sin\frac{x_{i+1}-s}{2}\sin\frac{x_i-s}{2}\right| - \int_{x_i}^{x_{i+1}}\ln\left|\sin\frac{x-s}{2}\right|dx, \quad i \neq m,$$

$$(6.1.25)$$

根据经典公式[214,219],

$$\ln\left(2\sin\frac{x}{2}\right) = -\sum_{k=1}^{\infty}\frac{1}{k}\cos kx, \quad x \in \left(0,2\pi\right).$$

命题 (6.1.24) 得证.

引理 6.1.2　在引理 6.1.1 相同的条件下, 有

$$\sum_{i=0}^{n-1}I_{n,i}\left(s\right) = 8h\ln\left(2\cos\frac{\tau\pi}{2}\right).$$

$$(6.1.26)$$

证明: 根据等式 (6.1.24), 有

$$\begin{aligned}
\sum_{i=0}^{n-1}I_{n,i}\left(s\right) = &-4h\sum_{k=1}^{\infty}\frac{1}{k}\sum_{i=0}^{n-1}\left\{\cos\left[k\left(x_{i+1}-s\right)\right]+\cos\left[k\left(x_i-s\right)\right]\right\}\\
&+8\sum_{k=1}^{\infty}\frac{1}{k^2}\sum_{i=0}^{n-1}\left\{\sin\left[k\left(x_{i+1}-s\right)\right]-\sin\left[k\left(x_i-s\right)\right]\right\}\\
=&-8h\sum_{k=1}^{\infty}\frac{1}{k}\sum_{i=0}^{n-1}\cos\left[k\left(x_i-s\right)\right]\\
=&-8h\sum_{j=1}^{\infty}\frac{1}{j}\cos\left[nj\left(x_1-s\right)\right]\\
=&-8h\sum_{j=1}^{\infty}\frac{1}{j}\cos\left[j\left(1+\pi\right)\pi\right]\\
=&8h\ln\left[2\sin\frac{\left(1+\tau\right)\pi}{2}\right]\\
=&8h\ln\left[2\cos\frac{\tau\pi}{2}\right],
\end{aligned}$$

这里用到了

$$\sum_{i=0}^{n-1}\cos\left[k\left(x_i-s\right)\right] = \left\{\begin{array}{ll} n\cos\left[k\left(x_1-s\right)\right], & k=nj,\\ 0, & \text{其他.} \end{array}\right.$$

引理 6.1.3 在引理 6.1.1 相同的条件下,

$$\left| \sum_{i=0,i\neq m}^{n-1} \frac{f''(\eta_i) - f''(s)}{2} I_{n,i}(s) \right|$$

$$\leqslant \begin{cases} C\rho(h,s,c) h^{1+\alpha}, & f(x) \in C^{2+\alpha}[c, c+2\pi], \\ C\rho(h,s,c) h^2 |\ln h|, & f(x) \in C^3[c, c+2\pi], \end{cases} \tag{6.1.27}$$

这里 $\eta_i \in [x_i, x_{i+1}], 0 < \alpha < 1$, 而且有

$$\rho(h,s,c) = \max_{c \leqslant x \leqslant c+2\pi} \{K_{1s}(x)\} \gamma^{-2}(\tau). \tag{6.1.28}$$

证明: 根据 (6.1.25) 式, 当 $i \neq m$ 时 $I_{n,i}(s)$ 为黎曼积分的梯形公式在区间 $[x_i, x_{i+1}]$ 上的误差. 所以, 存在 $\tilde{x}_i \in (x_i, x_{i+1})$, 有

$$I_{n,i}(s) = -\frac{h^3}{6 \sin^2 \dfrac{\tilde{x}_i - s}{2}}, \quad i \neq m,$$

则有

$$\left| \sum_{i=0,i\neq m}^{n-1} \frac{f''(\eta_i) - f''(s)}{2} I_{n,i}(s) \right|$$

$$\leqslant \sum_{i=0,i\neq m}^{m-1} \frac{h^3 (\eta_i - s)^\alpha}{12 (\tilde{x}_i - s)^2} \frac{(\tilde{x}_i - s)^2}{\sin^2 (\tilde{x}_i - s)/2}$$

$$\leqslant \max_{c \leqslant x \leqslant c+2\pi} \{K_{1s}(x)\} \sum_{i=0}^{m-1} \frac{h^3 (x_{i-1} - s)^\alpha}{12 (x_i - s)^2}$$

$$+ \max_{c \leqslant x \leqslant c+2\pi} \{K_{1s}(x)\} \sum_{i=m+1}^{n-1} \frac{h^3 (x_{i-1} - s)^\alpha}{12 (x_i - s)^2},$$

这里 $K_s(x)$ 定义为等式 (6.1.14), 由于 $s = x_m + (\tau+1)h/2, \tau \in (-1,1)$, 有

$$\sum_{i=0}^{m-1} \frac{h^3 (x_{i-1} - s)^\alpha}{12 (x_i - s)^2} \leqslant \sum_{i=0}^{m-1} \frac{h^{3+\alpha} + h^3 (x_i - s)^\alpha}{12 (x_i - s)^2}$$

$$\leqslant \frac{h^{1+\alpha}}{12} \sum_{i=0}^{m-1} \frac{1 + (i - m + 1 - (1+\tau)/2)^\alpha}{(i - m + 1 - (1+\tau)/2)^2}$$

$$\leqslant \begin{cases} \dfrac{Ch^{1+\alpha}}{(1+\tau)^2}, & 0 < \alpha < 1, \\[3mm] \dfrac{Ch^2\,|\ln h|}{(1+\tau)^2}, & \alpha = 1. \end{cases} \tag{6.1.29}$$

类似地, 有

$$\sum_{i=m+1}^{n-1} \frac{h^3\,(x_{i-1}-s)^\alpha}{12\,(x_i-s)^2} \leqslant \begin{cases} \dfrac{Ch^{1+\alpha}}{(1-\tau)^2}, & 0 < \alpha < 1, \\[3mm] \dfrac{Ch^2\,|\ln h|}{(1-\tau)^2}, & \alpha = 1. \end{cases} \tag{6.1.30}$$

联立方程 (6.1.29) 和 (6.1.30) 得到 (6.1.27). 命题得证.

引理 6.1.4　设 $f(c) = f(c+2\pi)$, 以及设 $I_1(c,s,f)$ 一致网格下由 (6.1.11) 和 (6.1.12) 计算, 则有

$$I_1(c,s,f) - I_1(c,s,f_L) = 4hf''(s)\ln\left(2\cos\frac{\tau\pi}{2}\right) + R_L(s), \tag{6.1.31}$$

其中

$$|R_L(s)| \leqslant \begin{cases} C\rho(h,s,c)\,h^{1+\alpha}, & f(x) \in C^{2+\alpha}\,[c,c+2\pi], \\[2mm] C\rho(h,s,c)\,h^2\,|\ln h|, & f(x) \in C^3\,[c,c+2\pi], \end{cases} \tag{6.1.32}$$

这里 $0 < \alpha < 1$.

证明：根据拉格朗日插值的误差有

$$f(x) - f_L(x) = \frac{f''(\xi_i)}{2}(x - x_i)(x - x_{i+1}), \quad \xi_i \in (x_i, x_{i+1}).$$

根据积分中值定理和引理 6.1.2, 有

$$\left(\int_c^{s-\varepsilon} + \int_{s+\varepsilon}^{c+2\pi}\right) \frac{f(x) - f_L(x)}{\sin^2\dfrac{x-s}{2}}\,dx$$

$$= \sum_{i=0,i\neq m}^{n-1} \int_{x_i}^{x_{i+1}} \frac{f''(\xi_i)(x - x_i)(x - x_{i+1})}{2\sin^2\dfrac{x-s}{2}}\,dx$$

$$= \sum_{i=0,i\neq m}^{n-1} \frac{f''(\xi_i)}{2} I_{n,i}(s)$$

$$= \sum_{i=0,i\neq m}^{n-1} \frac{f''(\xi_i) - f''(s)}{2} I_{n,i}(s) - \frac{f''(s)}{2} I_{n,i}(s)$$

$$+ 4hf''(s) \ln \left(2\cos \frac{\tau\pi}{2} \right). \tag{6.1.33}$$

设

$$E_m(x) = f(x) - f_L(x) - \frac{f''(s)}{2}(x - x_m)(x - x_{m+1}), \quad x \in (x_m, x_{m+1}),$$

类似于 (6.1.16), 有

$$\text{f.p.} \int_{x_m}^{x_{m+1}} \frac{f(x) - f_L(x)}{2\sin^2 \dfrac{x-s}{2}} dx$$

$$= \text{f.p.} \int_{x_m}^{x_{m+1}} \frac{E_m(x)}{2\sin^2 \dfrac{x-s}{2}} dx + \frac{f''(s)}{2} I_{n,m}(s)$$

$$= 4\text{f.p.} \int_{x_m}^{x_{m+1}} \frac{E_m(x)}{(x-s)^2} dx + \text{f.p.} \int_{x_m}^{x_{m+1}} \frac{E_m(x)\left[K_{1s}(x) - 4\right]}{(x-s)^2} dx + \frac{f''(s)}{2} I_{n,m}(s),$$

$$\tag{6.1.34}$$

联立等式 (6.1.33) 和 (6.1.34) 得到 (6.1.31), 其中

$$R_L(s) = 4R_L^{(1)}(s) + R_L^{(2)}(s) + R_L^{(3)}(s),$$

$$R_L^{(1)}(s) = \text{f.p.} \int_{x_m}^{x_{m+1}} \frac{E_m(x)}{(x-s)^2} dx,$$

$$R_L^{(2)}(s) = \text{f.p.} \int_{x_m}^{x_{m+1}} \frac{E_m(x)\left[K_{1s}(x) - 4\right]}{(x-s)^2} dx,$$

$$R_L^{(3)}(s) = \sum_{i=1, i\neq m}^{n} \frac{f''(\xi_i) - f''(s)}{2} I_{n,i}(s).$$

根据等式

$$R_L^{(1)}(s) = \frac{hE_m(s)}{(x_{m+1} - s)(s - x_m)} + E_m'(s) \ln \frac{x_{m+1} - s}{s - x_m} + \int_{x_m}^{x_{m+1}} \frac{1}{2} E_m''(\sigma(x)) dx,$$

则有

$$\left| R_L^{(1)}(s) \right| \leqslant \left| \frac{hE_m(s)}{(x_{m+1} - s)(s - x_m)} \right| + \left| E_m'(s) \ln \frac{x_{m+1} - s}{s - x_m} \right|$$

$$+ \left| \int_{x_m}^{x_{m+1}} \frac{1}{2} E_m''(\sigma(x)) dx \right|$$

$$\leqslant C\gamma^{-1}(\tau)h^{1+\alpha},$$

这里 $\sigma(x)\in(x_m,x_{m+1})$. 对于第二项, 有

$$\left|R_L^{(2)}(s)\right|\leqslant \max|E_m(x)|\,\text{f.p.}\int_{x_m}^{x_{m+1}}\frac{E_L(x)[K_{1s}(x)-4]}{(x-s)^2}dx$$

$$\leqslant \max|E_m(x)|\,\text{f.p.}\int_{x_m}^{x_{m+1}}\frac{E_L(x)[K_{1s}(x)-4]}{(x-s)^2}dx$$

$$= \max|E_m(x)|\,\text{f.p.}\int_{x_m}^{x_{m+1}}\frac{E_L(x)[K_{1s}(x)-4]}{(x-s)^2}dx$$

$$= \max|E_m(x)|\left\{\text{f.p.}\int_{x_m}^{x_{m+1}}\frac{1}{\sin^2\dfrac{x-s}{2}}dx-\text{f.p.}\int_{x_m}^{x_{m+1}}\frac{4}{(x-s)^2}dx\right\}$$

$$= \max|E_m(x)|\left\{-2\cot\frac{s-x_m}{2}-2\cot\frac{x_{m+1}-s}{2}+\frac{4}{(x_{m+1}-s)(s-x_m)}\right\}$$

$$\leqslant C\gamma^{-1}(\tau)h^{1+\alpha},$$

第三项 $R_L^{(3)}(s)$ 由引理 6.1.3 直接得到, 命题得证.

引理 6.1.5　假设函数 $f(x)$ 是以 2π 为周期的函数, 对于圆周上的超奇异积分有

$$\text{f.p.}\int_c^{c+2\pi}\frac{f(x)}{\sin^2\dfrac{x-s}{2}}dx=\text{f.p.}\int_{\tilde c}^{\tilde c+2\pi}\frac{f(x)}{\sin^2\dfrac{x-s}{2}}dx,$$

其中 $s\in(c,c+2\pi)$ 以及 $\tilde c\in(s-2\pi,s)$.

证明: 这里仅考虑 $c\leqslant\tilde c<s$ 的情况, 对于 $s-2\pi<\tilde c<c$ 的情况可以类似得到.

$$\text{f.p.}\int_c^{c+2\pi}\frac{f(x)}{\sin^2\dfrac{x-s}{2}}dx$$

$$=\lim_{\varepsilon\to0}\left\{\left(\int_c^{s-\varepsilon}+\int_{s+\varepsilon}^{c+2\pi}\right)\frac{f(x)}{\sin^2\dfrac{x-s}{2}}dx-\frac{8f(s)}{\varepsilon}\right\}$$

$$= \lim_{\varepsilon \to 0} \left\{ \left(\int_{\tilde{c}}^{s-\varepsilon} + \int_{s+\varepsilon}^{\tilde{c}+2\pi} \right) \frac{f(x)}{\sin^2 \dfrac{x-s}{2}} dx - \frac{8f(s)}{\varepsilon} \right\}$$

$$+ \text{f.p.} \int_{c}^{\tilde{c}} \frac{f(x)}{\sin^2 \dfrac{x-s}{2}} dx - \text{f.p.} \int_{\tilde{c}+2\pi}^{c+2\pi} \frac{f(x)}{\sin^2 \dfrac{x-s}{2}} dx$$

$$= \text{f.p.} \int_{c}^{c+2\pi} \frac{f(x)}{\sin^2 \dfrac{x-s}{2}} dx + \text{f.p.} \int_{c}^{\tilde{c}} \frac{f(x)}{\sin^2 \dfrac{x-s}{2}} dx - \text{f.p.} \int_{\tilde{c}+2\pi}^{c+2\pi} \frac{f(x)}{\sin^2 \dfrac{x-s}{2}} dx$$

$$= \text{f.p.} \int_{c}^{c+2\pi} \frac{f(x)}{\sin^2 \dfrac{x-s}{2}} dx.$$

命题得证.

6.1.3 定理 6.1.3 的证明

由引理 6.1.5, 有

$$I_1(c,s,f) - I_1(c,s,f_L) = I_1(\tilde{c},s,f) - I_1(\tilde{c},s,f_L), \tag{6.1.35}$$

而

$$I_1(\tilde{c},s,f) - I_1(\tilde{c},s,f_L) = 4hf''(s) \ln \left(2\cos \frac{\tau\pi}{2} \right) + R_L(s), \tag{6.1.36}$$

其中

$$R_L(s) \leqslant \begin{cases} C\rho(h,s,\tilde{c}) h^{1+\alpha}, & f(x) \in C^{2+\alpha}[\tilde{c}, \tilde{c}+2\pi], \\ C\rho(h,s,\tilde{c}) h^2 |\ln h|, & f(x) \in C^3[\tilde{c}, \tilde{c}+2\pi], \end{cases} \tag{6.1.37}$$

联立方程 (6.1.36) 和 (6.1.37) 有

$$|I_1(\tilde{c},s,f) - I_1(\tilde{c},s,f_L)| \leqslant \begin{cases} Ch^{1+\alpha}, & f(x) \in C^{2+\alpha}(-\infty,+\infty), \\ C|\ln h| h^{1+\alpha}, & f(x) \in C^3(-\infty,+\infty). \end{cases}$$

命题得证.

6.1.4 梯形公式的一些应用

梯形公式是牛顿-科茨公式中最简单的一类, 由于其科茨系数可直接明了地表示, 它具有很强的实用性和灵活性. 这一节我们着重讨论梯形公式的一些推广及其在实际问题中的一些应用.

1. 间接方法

前面讨论了计算积分 (6.1.1) 的复化梯形公式的超收敛性结果, 很自然地我们希望利用这个结果去求解相应的超奇异积分方程. 由式 (6.1.12) 知, 奇异点 s 必须与节点不同. 但在很多情况下, 例如利用配置法求解第二类 Fredholm 积分方程时, 我们通常希望配置点能够与节点重合, 这时前面所提到的求积方法不能直接应用. 为了避免配置点的选取困难, 这里我们提出一种基于梯形公式的间接方法去计算积分 (6.1.1),

$$\hat{I}_1(c,s,f_L) := \frac{1}{s_2 - s_1}\left[(s-s_1)I_1(c,s_2,f_L) + (s_2-s)I_1(c,s_1,f_L)\right], \quad (6.1.38)$$

其中 s_1 和 s_2 为最靠近奇异点 s 的两个超收敛点, 并且 $s_1 \leqslant s \leqslant s_2$.

定理 6.1.4　设周期为 2π 的周期函数 $f(x) \in C^4(-\infty,\infty)$, 并且网格是一致剖分的. 再设 $\hat{I}_1(c,s,f_L)$ 由式 (6.1.38) 给出, 其中 s_1 和 s_2 为最靠近奇异点 s 的两个超收敛点, 并且 $s_1 \leqslant s \leqslant s_2$. 则有

$$\left[I_1(c,s,f) - \hat{I}_1(c,s,f_L)\right] \leqslant Ch^2. \tag{6.1.39}$$

证明: 如果 $s=s_1$ 或者 $s=s_2$, 则由定理 6.1.3 易知式 (6.1.39) 成立. 然后我们考虑一般情况 $s_1 \leqslant s \leqslant s_2$. 令

$$\hat{I}_1(c,s,f) := \frac{1}{s_2 - s_1}\left[(s-s_1)I_1(c,s_2,f) + (s_2-s)I_1(c,s_1,f)\right].$$

一方面, 由定理 6.1.2, 我们有

$$\left|\hat{I}_1(c,s,f_L) - \hat{I}_1(c,s,f)\right| \leqslant C\left|\hat{I}_1(c,s_2,f_L) - I_1(c,s_2,f)\right|$$
$$+ C\left|\hat{I}_1(c,s_1,f_L) - I_1(c,s_1,f)\right| \leqslant Ch^2. \tag{6.1.40}$$

另一方面, 因为 $f(x) \in C^4(-\infty,\infty)$, 关于 s 的函数 $I_1(c,s,f)$ 属于 $C^2(-\infty,\infty)$. 注意到 $\hat{I}_1(c,s,f)$ 实际上是 $I_1(c,s,f)$ 关于变量 s 的一次插值函数. 所以

$$\left|I_1(c,s,f_L) - \hat{I}_1(c,s,f)\right| \leqslant \max_{s\in[s_1,s_2]}\left|\frac{d^2}{ds^2}I_1(c,s,f)\right| \leqslant Ch^2. \tag{6.1.41}$$

最后, 式 (6.1.39) 可以由式 (6.1.40), (6.1.41) 以及三角不等式得到.

2. 求解含有限部分积分核的第二类积分方程

考虑如下含有限部分积分核与 log 型积分核的第二类积分方程:

$$\text{f.p.} \int_{-\pi}^{\pi} \frac{\phi(x)}{\sin^2 \frac{x-s}{2}} dx + \int_{-\pi}^{\pi} \ln 4\sin^2 \frac{x-s}{2} \phi(x) dx + a(x)\phi(x) = g(s), \quad (6.1.42)$$

其中 $g(s)$ 为已知周期是 2π 的周期函数, $\phi(x)$ 为待求函数.

注意到 $\{s_i : s_i = x_i + (\tau+1)h/2\}_{i=0}^{n-1}$ $(\tau = \pm 2/3)$ 为梯形公式的超收敛点, 我们利用梯形公式 $\hat{I}_1(c, s, f_L)$ 去计算方程 (6.1.38) 中的有限部分项, 利用经典梯形公式去计算相应的 log 型积分, 并选取 $\{s_i\}_{i=0}^{n-1}$ 作为配置点, 得到如下的线性方程组:

$$\left[\sum_{j=1}^{n} \omega_j^1(s_i) + h\ln 4\sin^2 \frac{x_j - s_i}{2} \right] \phi(x_j) + a(x_i)\phi(x_i) = g(s_i). \quad (6.1.43)$$

上述算法的不足之处在于方程 (6.1.42) 左端的第三项估计得太粗糙, 即该项本应取为在配置点 s_i 上的值, 但为了不引入多余的未知量, 这里用其在节点 x_i 上的值代替了. 后面的数值算例表明, 不管配置点是否选取超收敛点, (6.1.43) 的收敛速度都只有 $O(h)$. 这是一种间接方法.

基于定理 6.1.4 来提出一种更自然的算法, 此时方程 (6.1.42) 左端的第三项能精确地逼近. 利用式 (6.1.38) 去计算方程 (6.1.42) 中的有限部分项, 再利用经典梯形公式相应的间接形式去计算其中的 log 项, 并选取节点作为配置点, 可以得到如下线性方程组:

$$\left[\sum_{j=1}^{n} \frac{1}{s_{i2} - s_{i1}} \left[\hat{\omega}_j^1(s_{i2})(x_i - s_{i1}) + \hat{\omega}_j^1(s_{i1})(s_{i2} - x_i) \right] \right] \phi(x_j) + a(x_i)\phi(x_i)$$

$$= g(s_i),$$

其中

$$\hat{\omega}_j^1(s) = \omega_j^1(s) + h\ln 4\sin^2 \frac{x_j - s}{2},$$

而 $\omega_j^1(s)$ 如式 (6.1.43) 所定义, s_{i1}, s_{i2} 为最靠近 x_i 的两个超收敛点, 并且 $s_{i1} \leqslant x_i \leqslant s_{i2}$.

3. 散射问题中的应用

讨论在具有单连通有界横截面 $D \subset \mathbb{R}^2$ 的无限长圆柱体障碍物上时谐电磁波的散射问题, 由于无限长的圆柱体可视为二维空间上的圆, 该问题可归结为如下二维 Helmholtz 方程的一种外边值问题:

$$\Delta u + k^2 u = 0, \quad u \in \mathbb{R}^2/\bar{D}, \tag{6.1.44}$$

其中 $k > 0$.

设 Γ 为横截面 D 的边界, v 为边界 Γ 上的外单位法向量, 并且假设 $\Gamma \in C^2$. 总场 u 可以分解为 $u = u^i + u^s$, 其中 u^i 表示入射场, u^s 为待求的散射场, 它满足 Sommerfeld 辐射条件, 即对于任何方向, 均有

$$\lim_{r \to \infty} \sqrt{r} \left(\frac{\partial u^s}{\partial r} - iku^s \right) = 0, \quad r = |x|. \tag{6.1.45}$$

在文献 [113,114] 中, Kress 把该散射问题理解为 Neumann 外问题的一种特殊情况: 给定函数 $g \in C^{0,\alpha}(\Gamma), 0 < \alpha < 1$, 寻找 Helmholtz 方程的解 $u \in C^2(\mathbb{R}^2/\bar{D}) \cap C^{1,\alpha}(\mathbb{R}^2/\bar{D})$, 使其满足 Sommerfeld 辐射条件以及边界条件:

$$\frac{\partial u}{\partial v} = g, \quad \text{在} \Gamma \text{上}. \tag{6.1.46}$$

利用复合单双层位势

$$u(x) = \int_{\Gamma} \left\{ \frac{\partial \Phi(x,y)}{\partial v(y)} - i\eta \Phi(x,y) \right\} \Phi(y) ds(y), \quad x \in \mathbb{R}^2/\bar{D}, \tag{6.1.47}$$

可以得到一个唯一可解的积分方程, 从而可以求解 Neumann 外问题. 这里, $\phi \in C^{1,\alpha}(\Gamma)$ 为待求函数, $\eta \in \mathbb{R}$ 为某个耦合参数, $\Phi(x,y) = \frac{1}{4} i H_0^{(1)}(k|x-y|)$ 为 $\mathbb{R}^2$ 上 Helmholtz 方程的基本解, $H_0^{(1)}$ 为零阶的第一类 Hankel 函数.

由单双层位势的跳跃关系可知, 当函数 $\phi(x)$ 为积分方程

$$T\phi - i\eta K'\phi + i\eta\phi = 2g \tag{6.1.47'}$$

的解时, 式 (6.1.47) 为 Neumann 外问题的解. 这里 K' 和 T 表示两个积分算子, 定义为

$$(K'\phi)(x) := 2 \int_{\Gamma} \frac{\partial \Phi(x,y)}{\partial v(x)} \phi(y) ds(y), \quad x \in \Gamma,$$

$$(T\phi)(x) := 2\frac{\partial}{\partial v(x)}\int_{\Gamma}\frac{\partial\Phi(x,y)}{v(y)}\phi(y)ds(y), \quad x\in\Gamma.$$

下面我们给出积分方程 (6.1.47′) 的参数表达式. 假设边界 Γ 为解析的, 并可表示为

$$\Gamma = \{x(t) = (x_1(t), x_2(t)) : 0 \leqslant t \leqslant 2\pi\}, \tag{6.1.48}$$

其中 $x : \mathbb{R} \to \mathbb{R}^2$ 是以 2π 为周期的解析函数, 并且对于任意 t, $|x'(t)| > 0$, 这表明 Γ 是沿着逆时针方向的. 利用 $H_1^{(1)} = -H_0^{(1)'}$, 其中 $H_1^{(1)}$ 表示一阶的第一类 Hankel 函数, 并注意到 $ds(y) := \sqrt{x_1'(\tau)^2 + x_2'(\tau)^2} = |x'(\tau)|d\tau$ 和

$$\frac{\partial\Phi(x,y)}{\partial v(x)} = \frac{ik}{4}\frac{H_1^{(1)}(k|x(t)-x(\tau)|)}{|x(t)-x(\tau)|}v(x(t))\cdot[x(\tau)-x(t)], \tag{6.1.49}$$

我们知道, 方程

$$(K'\phi)(x) := \frac{1}{|x'(t)|}\int_0^{2\pi}H(t,\tau)d\tau \tag{6.1.50}$$

中的核 H 可表示为

$$H(t,\tau) := \frac{ik}{2}n(t)\cdot[x(\tau)-x(t)]\frac{H_1^{(1)}(k|x(t)-x(\tau)|)}{|x(t)-x(\tau)|}|x'(t)|, \tag{6.1.51}$$

其中 $n(t) := |x'(t)|v(x(t)) = (x_2'(t), -x_1'(t))$.

通过直接计算, 有

$$\frac{\partial\Phi(x,y)}{\partial v(y)} = \frac{ik}{4}\frac{H_1^{(1)}(k|x-y|)}{|x-y|}v(y)\cdot(x-y),$$

$$\frac{\partial^2\Phi(x,y)}{\partial v(x)\partial v(y)} = \frac{ik}{4}H_0^{(1)}(k|x-y|)\frac{v(x)\cdot(x-y)\,v(y)\cdot(x-y)}{|x-y|^2}$$

$$+ \frac{ik}{4}H_1^{(1)}(k|x-y|)\left[\frac{v(x)\cdot v(y)}{|x-y|} - 2\frac{v(x)\cdot(x-y)\,v(y)\cdot(x-y)}{|x-y|^3}\right].$$

于是, 方程

$$(K'\phi)(x) := \frac{1}{|x'(t)|}\int_0^{2\pi}M(t,\tau)\phi(x(\tau))d\tau \tag{6.1.52}$$

中的核 M 可表示为

$$M\left(t,\tau\right) = \frac{ik}{2}\left\{k\frac{H_0^{(1)}\left(k\left|x\left(t\right)-x\left(\tau\right)\right|\right)}{\left|x\left(t\right)-x\left(\tau\right)\right|^2}n\left(t\right)\cdot\left[x\left(t\right)-x\left(\tau\right)\right]n\left(\tau\right)\cdot\left[x\left(t\right)-x\left(\tau\right)\right]\right.$$

$$-2\frac{H_1^{(1)}\left(k\left|x\left(t\right)-x\left(\tau\right)\right|\right)}{\left|x\left(t\right)-x\left(\tau\right)\right|^3}n\left(t\right)\cdot\left[x\left(t\right)-x\left(\tau\right)\right]n\left(\tau\right)\cdot\left[x\left(t\right)-x\left(\tau\right)\right]$$

$$\left.+\frac{H_1^{(1)}\left(k\left|x\left(t\right)-x\left(\tau\right)\right|\right)}{\left|x\left(t\right)-x\left(\tau\right)\right|}n\left(t\right)\cdot n\left(\tau\right)\right\}. \tag{6.1.53}$$

这时我们可以将式 (6.1.52) 改写为

$$M\left(t,\tau\right) = \frac{1}{4\pi\sin^2\dfrac{t-\tau}{2}} + M_1\left(t,\tau\right), \tag{6.1.54}$$

其中

$$M_1\left(t,\tau\right) = M\left(t,\tau\right) - \frac{1}{4\pi\sin^2\dfrac{t-\tau}{2}}. \tag{6.1.55}$$

利用式 (6.1.53) 和式 (6.1.54), 我们可以很容易得到积分方程 (6.1.52) 的参数化形式

$$\frac{1}{4\pi}\text{f.p.}\int_0^{2\pi}\frac{\phi\left(\tau\right)}{\sin^2\dfrac{t-\tau}{2}}d\tau + \int_0^{2\pi}K\left(t,\tau\right)\phi\left(\tau\right)d\tau + a\left(t\right)\phi\left(t\right) = f\left(t\right), \tag{6.1.56}$$

这里, $\phi\left(t\right) := \phi\left(x\left(t\right)\right)$ 待求, 右端项为 $f\left(t\right) := 2\left|x'\left(t\right)\right|g\left(x\left(t\right)\right)$, $a\left(t\right) := i\eta\left|x'\left(t\right)\right|$, 还有

$$K\left(t,\tau\right) = M_1\left(t,\tau\right) - i\eta H\left(t,\tau\right) \tag{6.1.57}$$

是以 2π 为周期的函数.

因为等式 (6.1.42) 也是一个含有限部分核的积分方程, 其中 $K(t,\tau)$ 仅仅只包含了连续核与 log 型积分核, 可以仿照 (6.1.38) 给出相应的间接算法, 并得到如下线性方程组:

$$\left[\sum_{j=1}^n\frac{1}{s_{i2}-s_{i1}}\left[\hat{\omega}_j^1\left(s_{i2}\right)\left(x_i-s_{i1}\right)+\hat{\omega}_j^1\left(s_{i1}\right)\left(s_{i2}-x_i\right)\right]\right]\phi\left(x_j\right)$$

$$+ a\left(x_i\right)\phi\left(x_i\right) = g\left(s_i\right), \quad i = 1, 2, \cdots, n, \tag{6.1.58}$$

其中

$$\hat{\omega}_j^1(s) = \frac{1}{4\pi}\hat{\omega}_j^1(s) + hK(s, t_j),$$

s_{i1}, s_{i2} 取为子区间的超收敛点.

相比较于文献 [113,114] 中所提出的算法而言, 该算法的主要优点在于在构造数值格式时不需要太多复杂的分析过程, 并且实现起来更加容易、方便.

6.1.5 数值算例

例 6.1.1 考虑有限部分积分

$$\text{f.p.}\int_{-\pi}^{\pi}\frac{1+3\cos 2x+4\sin 2x}{\sin^2\dfrac{x-s}{2}}dx. \tag{6.1.59}$$

由定义 (6.2.1) 及直接计算, 其真解为

$$-8\pi(3\cos 2x+4\sin 2x),$$

其中 $s\in(-\pi,\pi)$. 这里我们均采用一致剖分网格.

这里我们采用梯形公式 $I_1(c, s, f_L)$ 计算积分 (6.1.59). 表 6.1.1 左侧和右侧分别给出了变动奇异点 $s = x_{[n/4]} + (1+\tau)h/2$ 和 $s = x_{n-1} + (1+\tau)h/2$ 的误差结果. 其中前者的奇异点 s 远离区间 $(-\pi, \pi)$ 的两个端点, 后者的 s 则非常接近端点 π. 从表 6.1.1 容易看出, 无论是哪种情况, 只要奇异点处于超收敛点 $\tau = \pm 2/3$ 上时, 其收敛阶均为 $O(h^2)$, 而在非超收敛点处其收敛阶为 $O(h)$, 这正好与我们的理论结果完全吻合.

表 6.1.1 梯形公式 $I_1(c, s, f_L)$ 的误差

n	$s = x_{[n/4]} + (1+\tau)h/2$			$s = x_{n-1} + (1+\tau)h/2$		
	$\tau = 0$	$\tau = 2/3$	$\tau = -2/3$	$\tau = 0$	$\tau = 2/3$	$\tau = -2/3$
255	5.57443e−1	1.09599e−2	9.56223e−3	4.18578e−1	8.83328e−3	9.11517e−3
511	2.75461e−1	2.72896e−3	2.35978e−3	2.06737e−1	2.20820e−3	2.24373e−3
1023	1.36915e−1	6.80860e−4	5.86067e−4	1.02724e−1	5.52016e−4	5.56476e−4
2047	6.82535e−2	1.70041e−4	1.46031e−4	5.11998e−2	1.37996e−4	1.38554e−4
4095	3.40758e−2	4.24920e−5	3.64483e−5	2.55593e−2	3.44929e−5	3.45690e−5
h^α	1.008	2.003	2.009	1.008	2.000	2.011

例 6.1.2 这里我们利用梯形公式计算积分 (6.1.59), 但奇异点是固定的 (分别选取 $s = 0$ 或者 $s = 1$). 我们采用两种策略: 在第一种 (Mesh I) 策略中, 总是将 s 选取在某个子区间的中点处, 第二种策略 (Mesh II) 则总是把 s 选取在某个区间中局部坐标为 $\tau = -2/3$ 的点 (超收敛点) 上. 两种网格除了靠近区间两端点

的两个子区间长短不一外, 其他子区间都是等距的. 数值结果由表 6.1.2 给出, 它表明梯形公式在 Mesh II 上的收敛速度可以达到 $O(h^2)$, 而在 Mesh I 上却只能达到 $O(h)$, 这与理论结果完全吻合.

表 6.1.2　$I_1(c, s, f_L)$ 在不同网格上梯形公式的数值结果

n	$s = 0$		$s = 1$	
	Mesh I	Mesh II	Mesh I	Mesh II
255	6.94536e−01	1.14271e−02	1.57305e−01	9.94010e−03
511	3.43755e−01	2.84778e−03	7.75009e−02	2.39413e−03
1023	1.71000e−01	7.10813e−04	3.85158e−02	6.11856e−04
2047	8.52810e−02	1.77555e−04	1.91925e−02	1.53004e−04
4095	4.25857e−02	4.43654e−05	9.57990e−03	3.83101e−05
h^α	1.007	2.002	1.009	2.005

例 6.1.3　考虑有限部分积分方程, 其右端项为 $g(x) = -2\pi(5\cos x + 8\cos 2x)$, 真解为 $\varphi(x) = 2\cos x + 2\cos 2x$. 对于直接算法, 我们采用一致网格离散得到线性方程组 (6.1.58), 这里可以选取两套配置点:

$$\mathcal{S}_1 = \{x_i + h/2 + h/3, 0 \leqslant i \leqslant n-1\},$$

$$\mathcal{S}_2 = \{x_i + h/2, 0 \leqslant i \leqslant n-1\}.$$

很明显, $\mathcal{S}_1$ 由超收敛点构成, 而 $\mathcal{S}_2$ 不是. 数值结果在表中, 它表明选取 $\mathcal{S}_1$ 的误差比选取 $\mathcal{S}_2$ 略好, 但是两者的收敛精度均为 $O(h)$. 这可能是在计算方程 (6.1.58) 右端项时的粗糙逼近所导致的.

间接算法仍然采用一致网格得到线性方程组 (6.1.58), 此时配置点和网格节点一致, 而这里可以选取两套不同的 s_{i1} 和 s_{i2}:

$$\mathcal{S}_3 = \{s_{i1} = x_{i-1} + h/2 + h/3, s_{i2} = x_i + h/2 - h/3, 1 \leqslant i \leqslant n\},$$

$$\mathcal{S}_4 = \{s_{i1} = x_i - h/2, s_{i2} = x_i + h/2, 1 \leqslant i \leqslant n\}.$$

易知, $\mathcal{S}_3$ 由超收敛点构成, 而 $\mathcal{S}_4$ 仅包含非超收敛点. 数值结果如表 6.1.3, 它表明当我们选取 $\mathcal{S}_3$ 时, 间接算法的精度会得到明显的改善.

表 6.1.3　例 6.1.3 的误差

n	直接算法		间接算法	
	$\mathcal{S}_1$	$\mathcal{S}_2$	$\mathcal{S}_3$	$\mathcal{S}_4$
16	0.3409817	0.8333414	0.1368259	1.200549
32	0.1537028	0.3624361	3.5379302e−02	0.4243268
64	7.1390398e−02	0.1669393	9.0258289e−03	0.1786756

续表

n	直接算法		间接算法	
	$\mathcal{S}_1$	$\mathcal{S}_2$	$\mathcal{S}_3$	$\mathcal{S}_4$
128	3.4252074e−02	8.0446385e−02	2.2817904e−03	8.1812330e−02
h^α	1.105	1.124	1.969	1.292

例 6.1.4　这里我们讨论一个正则性较弱的例子. 令

$$\varphi(x) = \left| x\left(x^2 - \pi^2\right) \right|^3, \quad x \in [-\pi, \pi],$$

该函数以 2π 为周期延拓为一个周期函数, 仍然记为 $\varphi(x)$, 此时 $\varphi(x) = \varphi(x + 2\pi)$. 很明显, $\varphi(x) \in C^3\left[c, c+2\pi\right]$, 其中 c 为任意常数. 为了方便, 这里我们选取 $\varphi(x) = \left| x\left(x^2 - \pi^2\right) \right|^3$ 作为方程 (6.1.66) 的真解, 然后选取尺寸足够小的网格, 用梯形公式 $I_1\left(c, s, f_L\right)$ 得到右端项. 最后我们分别得到了间接算法和文献 [113] 的方法的数值解. 由文献 [113] 可知, 当真解 $\varphi(x)$ 解析时, 文献 [113] 的方法的误差会指数阶收敛. 但是由表 6.1.4 的数值算例可以看出, 即使 $\varphi(x) \in C^3\left[-\pi, \pi\right]$, 间接算法的收敛精度也能达到 $O\left(h^2\right)$, 而此时文献 [113] 的方法则不再是按照指数阶收敛, 这表明在某些特殊情况下, 我们的方法可以与文献 [113] 的方法媲美.

表 6.1.4　例 6.1.4 的模误差

n	间接算法	文献 [113] 的方法
32	19.83552	0.7372616
64	5.007455	0.1026070
128	1.244693	2.3605831e−02
256	0.3188093	1.4028244e−02
h^α	1.986	1.905

6.2　牛顿-科茨公式近似计算圆周上的二阶超奇异积分

考虑圆周上积分

$$I_1\left(c, s, f\right) := \text{f.p.} \int_c^{c+2\pi} \frac{f\left(x\right)}{\sin^2 \dfrac{x-s}{2}} dx, \quad s \in (c, c+2\pi), \tag{6.2.1}$$

其中 $f\left(x\right)$ 为周期是 2π 的周期函数, c 为任意常数.

介绍主要结论之前, 我们先引入一些记号和结论, 这些将在后面的理论分析中非常有用.

定义 6.2.1　基本对称多项式为

$$\begin{cases} \sigma_0(x_1, x_2, \cdots, x_k) = 1, \\ \sigma_i(x_1, x_2, \cdots, x_k) = \sum_{1 \leqslant j_1 < j_2 < \cdots < j_i \leqslant k} x_{j_1} \cdots x_{j_i}, \quad 1 \leqslant i \leqslant k \end{cases} \tag{6.2.2}$$

和

$$\sigma_i^k = \sigma_i \left(\frac{1}{k}, \frac{2}{k}, \cdots, \frac{k}{k} \right).$$

定义 6.2.2 函数

$$\begin{cases} S_n(x) = \sum_{k=1}^{\infty} \frac{\sin(kx)}{k^n}, \\ C_n(x) = \sum_{k=1}^{\infty} \frac{\cos(kx)}{k^n}. \end{cases} \tag{6.2.3}$$

定义 6.2.3 Clausen 函数为

$$Cl_n(x) = \begin{cases} S_n(x) = \sum_{k=1}^{\infty} \frac{\sin(kx)}{k^n}, & n \text{为偶数}, \\ C_n(x) = \sum_{k=1}^{\infty} \frac{\cos(kx)}{k^n}, & n \text{为奇数}, \end{cases} \tag{6.2.4}$$

当 $n = 1$ 时, Clausen 函数有如下特殊形式:

$$Cl_1(x) = C_1(x) = -\ln \left| 2 \sin \frac{x}{2} \right|; \tag{6.2.5}$$

当 $n = 2$ 时, 它被称为 Clausen 积分

$$Cl_2(x) = S_2(x) = -\int_0^x \left[\ln \left| 2 \sin \frac{x}{2} \right| \right] dt.$$

以下性质可以直接由定义 (6.2.4) 得到.

Clausen 函数有如下性质:

(1) 递推关系

$$\begin{cases} Cl'_{2k+1}(x) = -Cl_{2k}(x), & k = 0, 1, \cdots, \\ Cl'_{2k}(x) = Cl_{2k-1}(x), & k = 1, 2, \cdots; \end{cases} \tag{6.2.6}$$

(2) (周期性) 对于任意 $k \in \mathbb{N}$, 成立

$$\mathrm{Cl}_n\left(x\right) = \mathrm{Cl}_n\left(x + 2k\pi\right). \tag{6.2.7}$$

当奇异点 s 的局部坐标为函数

$$\Phi_k\left(\tau\right) = \begin{cases} \displaystyle\sum_{i=1}^{k_1} (-1)^{k_1-i} \frac{(2k_1-2i+2)!}{(2\pi)^{2k_1-2i+1}} \sigma_{2i-1}^{2k_1} \mathrm{Cl}_{2k_1-2i+2}\left[(1+\tau)\pi\right], & k = 2k_1, \\[4mm] \displaystyle\sum_{i=1}^{k_1} (-1)^{k_1-i} \frac{(2k_1-2i+1)!}{(2\pi)^{2k_1-2i}} \sigma_{2i-1}^{2k_1-1} \mathrm{Cl}_{2k_1-2i+1}\left[(1+\tau)\pi\right], & k = 2k_1-1 \end{cases} \tag{6.2.8}$$

的零点时, 积分 $I_1\left(c, s, f\right)$ 的复化牛顿-科茨公式将会出现超收敛现象.

由于函数 $\Phi_k\left(\tau\right)$ 为某些 Clausen 函数的组合, 而 Clausen 函数正好可以表示一些三角级数的形式, 可以利用三角函数的一些简单性质非常容易地证明超收敛点的存在性. 我们还得到了 $S_k\left(\tau\right)$ 和 $\Phi_k\left(\tau\right)$ 的一个等价关系式, 从本质上揭示了积分 $I_1\left(c, s, f\right)$ 和 $I_1\left(a, b; s, f\right)$ 的内在联系, 同时也可知两者的同阶复化牛顿-科茨公式超收敛点的局部坐标实际上是完全相同的.

6.2.1 积分公式和超收敛结论

将 $F_{kn}\left(x\right)$ 替代 (6.2.1) 式积分 $I_1\left(c, s, f\right)$ 中的 $f\left(x\right)$, 便可以得到相应的牛顿-科茨公式

$$I_1\left(c, s, F_{kn}\right) = \mathrm{f.p.} \int_c^{c+2\pi} \frac{F_{kn}\left(x\right)}{\sin^2 \dfrac{x-s}{2}} dx = \sum_{i=0}^{n-1} \sum_{j=0}^{k} \omega_{ij}^{(k,c)}\left(s\right) f\left(x_{ij}\right)$$

$$= I_1\left(c, s, f\right) - E_{kn}^c\left(s, f\right), \tag{6.2.9}$$

其中 $\omega_{ij}^{(k,c)}\left(s\right)$ 为科茨公式, $E_{kn}^c\left(s, f\right)$ 表示误差泛函. 科茨公式 $\omega_{ij}^{(k,c)}\left(s\right)$ 的计算将在 6.2.4 节中讨论.

对于上述求积公式, 有如下估计.

定理 6.2.1 设 $f\left(x\right) \in C^{k+\alpha}\left[c, c+2\pi\right]$ 且 $f\left(c\right) = f\left(c+2\pi\right)$, 在一致网格上, 复化牛顿-科茨公式 $I_1\left(c, s, F_{kn}\right)$ 由式 (6.2.9) 给出. 则对于 $s \neq x_i\left(0 \leqslant i \leqslant n\right)$, 存在一个与 h 和 s 无关的正常数 C 使得

$$\left|E_{kn}^c\left(s, f\right)\right| \leqslant C\gamma^{-1}\left(\tau\right) h^{k+\alpha-1}, \tag{6.2.10}$$

其中 $\gamma\left(\tau\right)$ 定义为 (4.2.6).

证明：设

$$H_{kn}(x) = f(x) - F_{kn}(x),\tag{6.2.11}$$

并定义

$$K_{1s}(x) = \begin{cases} \dfrac{(x-s)^2}{\sin^2\dfrac{x-s}{2}}, & x \neq s, \\ 4, & x = s, \end{cases}\tag{6.2.12}$$

则由式 (6.2.9) 和 (6.2.12), 可知

$$E_{kn}^c(s,f) = \text{f.p.} \int_c^{c+2\pi} \frac{H_{kn}(x)}{\sin^2\dfrac{x-s}{2}}dx = \text{f.p.} \int_c^{c+2\pi} \frac{H_{kn}(x)K_{1s}(x)}{(x-s)^2}dx.$$

将上式分成两项

$$E_{kn}^c(s,f) = 4\text{f.p.} \int_c^{c+2\pi} \frac{H_{kn}(x)}{(x-s)^2}dx + \text{f.p.} \int_c^{c+2\pi} \frac{H_{kn}(x)[K_{1s}(x)-4]}{(x-s)^2}dx.\tag{6.2.13}$$

第一项可以直接由定理 5.3.3 估计, 即

$$\left| \text{f.p.} \int_c^{c+2\pi} \frac{H_{kn}(x)}{(x-s)^2}dx \right| \leqslant C\left|\ln\gamma(\tau)\right| h^{k+\alpha-1}.\tag{6.2.14}$$

对于第二项, 注意到 $[K_{1s}(x)-4]/(x-s)^2$ 是非负的并且仅在 $x=s$ 处有一个可去不连续点, 所以该项中的超奇异积分可以退化为通常的黎曼积分, 于是

$$\left| \text{f.p.} \int_c^{c+2\pi} \frac{H_{kn}(x)[K_{1s}(x)-4]}{(x-s)^2}dx \right|$$

$$\leqslant \max_{x\in[c,c+2\pi]}\{H_{kn}(x)\} \left| \text{f.p.} \int_c^{c+2\pi} \frac{K_{1s}(x)-4}{(x-s)^2}dx \right|$$

$$= \max_{x\in[c,c+2\pi]}\{H_{kn}(x)\} \left\{ \text{f.p.} \int_c^{c+2\pi} \frac{1}{\sin^2\dfrac{x-s}{2}}dx - \text{f.p.} \int_c^{c+2\pi} \frac{4}{(x-s)^2}dx \right\}$$

$$= \frac{8\pi}{(c+2\pi - s)(s-c)} \max_{x\in[c,c+2\pi]} \{H_{kn}(x)\} \leqslant C\gamma^{-1}(\tau) h^{k+\alpha-1}, \tag{6.2.15}$$

其中这里用到了

$$\text{f.p.} \int_c^{c+2\pi} \frac{1}{\sin^2 \dfrac{x-s}{2}} dx = 0,$$

以及插值估计

$$\max_{x\in[c,c+2\pi]} \{H_{kn}(x)\} \leqslant Ch^{k+\alpha-1}.$$

由式 (6.2.13), (6.2.14) 和 (6.2.15) 可以得到 (6.2.4). 由式 (6.2.4) 易知当奇异点在子区间中点处时, 牛顿-科茨公式达到最优估计 $O\left(h^{k+\alpha-1}\right)$. 但是事实上, 我们发现当 s 与某些特殊点重合时, 其收敛阶将会比 $O\left(h^{k+\alpha-1}\right)$ 要高. 命题得证.

定理 6.2.2 在一致网格上, 设牛顿-科茨公式 $I_1(c,s,F_{kn})$ 由式 (6.2.9) 给出. 设 $f(x)$ 是周期为 2π 的周期函数, 且 τ^* 为定义于式 (6.2.8) 中的函数 $\Phi_k(\tau)$ 的零点. 则必存在与 h 和 s 无关的正常数 C, 使得在 $s = \hat{x}_i(\tau^*)$ 处, 成立

$$|E_{kn}^c(s,f)| \leqslant \begin{cases} Ch^{k+\alpha}, & f(x) \in C^{k+\alpha+1}[c,c+2\pi], \\ C|\ln h|\, h^{k+\alpha}, & f(x) \in C^{k+2}[c,c+2\pi], \end{cases} \tag{6.2.16}$$

其中 $0 < \alpha < 1$.

比较定理 6.2.1 和定理 6.2.2 可知, 牛顿-科茨公式在超收敛点处的收敛速度比在其他点处高出一阶. 根据 6.2.3 节中给出的等价关系式易知 $\Phi_k(\tau)$ 的零点和 $S_k(\tau)$ 的零点实际上是完全一样的. 特别地, 由定理 6.2.2 可以看出, 这种情况下的超收敛点存在于每一个子区间上, 与区间上超奇异积分的结果不同.

6.2.2 定理 6.2.2 的证明

对某个 $m \in \mathbb{N}$, 设 $s \in (x_m, x_{m+1})$, 即 $s = x_m + (\tau+1)h/2$, 而 $\tau \in (-1,1)$ 表示其局部坐标. 首先定义

$$e_{ij}^k(x) = \sigma_j(x - x_{i0}, x - x_{i1}, \cdots, x - x_{ik}), \tag{6.2.17}$$

其中 $0 \leqslant i \leqslant n-1, 0 \leqslant j \leqslant k+1$.

引理 6.2.1 设函数 $e_{ij}^k(x)$ 如式 (6.2.17) 所定义, 则对于任意 $k \in \mathbb{N}$, 成立

$$
\begin{cases}
e_{i,k+1}^{k'}(x) = e_{ik}^{k}(x), \\
e_{ik}^{k'}(x) = 2e_{i,k-1}^{k}(x), \\
\quad \cdots\cdots \\
e_{i1}^{k'}(x) = (k+1)e_{i0}^{k}(x),
\end{cases} \tag{6.2.18}
$$

以及

$$
\begin{cases}
e_{ij}^{k}(x_{i+1}) = \sigma_{j}^{k}h^{j}, \\
e_{ij}^{k}(x_{i}) = (-1)^{j}\sigma_{j}^{k}h^{j},
\end{cases} \tag{6.2.19}
$$

其中 $0 \leqslant i \leqslant n-1, 0 \leqslant j \leqslant k+1$.

证明: 对函数 $e_{ij}^{k}(x_{i+1}), 1 \leqslant j \leqslant k+1$ 求导, 并注意到 σ_i 的定义 (6.2.2) 和 $e_{ij}^{k}(x)$ 的定义 (6.2.17), 很容易推导出式 (6.2.19). 而式 (6.2.19) 可以直接由式 (6.2.2) 和 (6.2.17) 得到. 命题得证.

定义

$$
\mathrm{f.p.} \int_{x_m}^{x_{m+1}} \frac{f(x)\,dx}{\sin^2\dfrac{x-s}{2}} = \lim_{\varepsilon\to 0}\left\{\left(\int_{x_m}^{s-\varepsilon} + \int_{s+\varepsilon}^{x_{m+1}}\right)\frac{f(x)\,dx}{\sin^2\dfrac{x-s}{2}} - \frac{8f(s)}{\varepsilon}\right\} \tag{6.2.20}
$$

和

$$
I_{ni}^{k}(s) = \begin{cases}
\displaystyle\int_{x_i}^{x_{i+1}} \frac{\displaystyle\prod_{j=0}^{k}(x-x_{mj})}{\sin^2\dfrac{x-s}{2}}dx, & i \neq m, \\[2em]
\mathrm{f.p.}\displaystyle\int_{x_m}^{x_{m+1}} \frac{\displaystyle\prod_{j=0}^{k}(x-x_{mj})}{\sin^2\dfrac{x-s}{2}}dx, & i = m.
\end{cases} \tag{6.2.21}
$$

引理 6.2.2　设 $s = x_m + (\tau+1)h/2$, 其中 $\tau \in (-1,1)$. 设 $I_{ni}^{k}(s)$ 如式 (6.2.21) 所定义, 则成立

$$
I_{ni}^{k}(s) = -4\sum_{j=0}^{k}(-1)^{[k-j+1]/2}(k-j+1)!\sigma_{j}^{k}h^{j}
$$

$$
\cdot\left[\mathrm{Cl}_{k-j+1}(x_{i+1}-s) + (-1)^{j+1}\mathrm{Cl}_{k-j+1}(x_i-s)\right], \tag{6.2.22}
$$

其中 $\left\{\sigma_j^k\right\}_{j=0}^k$ 如式 (6.2.19) 所定义.

证明: 对于 $i = m$, 由定义 (6.2.21), 由分部积分以及引理 6.2.1, 有

$$
I_{ni}^k(s) = \lim_{\varepsilon \to 0}\left\{\left(\int_{x_m}^{s-\varepsilon} + \int_{s+\varepsilon}^{x_{m+1}}\right)\frac{\prod\limits_{j=0}^k (x - x_{mj})}{\sin^2 \dfrac{x-s}{2}}dx - \frac{8\prod\limits_{j=0}^k (s - x_{mj})}{\varepsilon}\right\}
$$

$$
= \lim_{\varepsilon \to 0}\left\{2\left(\int_{x_m}^{s-\varepsilon} + \int_{s+\varepsilon}^{x_{m+1}}\right) e_{mk}^k(x)\cot\frac{x-s}{2}dx\right\}
$$

$$
= 4h^k\sigma_k^k\left(\ln\left|\sin\frac{x_{m+1}-s}{2}\right| - (-1)^k\ln\left|\sin\frac{x_m-s}{2}\right|\right)
$$

$$
- 8\int_{x_m}^{x_{m+1}} \ln\left|\sin\frac{x-s}{2}\right| e_{m,k-1}^k(x)\,dx. \tag{6.2.23}
$$

对于 $i \neq m$, 对相应的黎曼积分进行分部积分, 我们有

$$
I_{ni}^k(s) = 4h^k\sigma_k^k\left(\ln\left|\sin\frac{x_{i+1}-s}{2}\right| - (-1)^k\ln\left|\sin\frac{x_i-s}{2}\right|\right)
$$

$$
- 8\int_{x_i}^{x_{i+1}} \ln\left|\sin\frac{x-s}{2}\right| e_{i,k-1}^k(x)\,dx. \tag{6.2.24}
$$

利用 $e_{m,k-1}^k(x)$ 的性质 (6.2.18) 和 (6.2.19), 易知

$$
\int_{x_i}^{x_{i+1}} e_{i,k-1}^k(x)dx = \frac{e_{i,k-1}^k(x_{i+1}) - e_{i,k-1}^k(x_i)}{2} = \frac{1-(-1)^k}{2}h^k\sigma_k^k. \tag{6.2.25}
$$

如果 k 为偶数,

$$
I_{ni}^k(s) = 4h^k\sigma_k^k\left(\ln\left|2\sin\frac{x_{i+1}-s}{2}\right| - (-1)^k\ln\left|2\sin\frac{x_i-s}{2}\right|\right)
$$

$$
- 8\int_{x_i}^{x_{i+1}} \ln\left|2\sin\frac{x-s}{2}\right| e_{i,k-1}^k(x)\,dx + 8\ln 2\int_{x_i}^{x_{i+1}} e_{i,k-1}^k(x)dx
$$

$$
= -4h^k\sigma_k^k\left[\mathrm{Cl}_1(x_{i+1}-s) + \mathrm{Cl}_1(x_i-s)\right]
$$

$$
+ 8\int_{x_i}^{x_{i+1}} \mathrm{Cl}_1(x-s)e_{i,k-1}^k(x)\,dx. \tag{6.2.26}
$$

如果 k 为奇数,

$$I_{ni}^k(s) = 4h^k\sigma_k^k\left(\ln\left|2\sin\frac{x_{i+1}-s}{2}\right| + \ln\left|2\sin\frac{x_i-s}{2}\right|\right)$$

$$-8\int_{x_i}^{x_{i+1}}\ln\left|2\sin\frac{x-s}{2}\right|e_{i,k-1}^k(x)\,dx - 8\ln 2\left(h^k\sigma_k^k - \int_{x_i}^{x_{i+1}}e_{i,k-1}^k(x)dx\right)$$

$$= -4h^k\sigma_k^k\left[\mathrm{Cl}_1(x_{i+1}-s) + \mathrm{Cl}_1(x_i-s)\right]$$

$$+8\int_{x_i}^{x_{i+1}}\mathrm{Cl}_1(x-s)e_{i,k-1}^k(x)\,dx. \tag{6.2.27}$$

这里用到了式 (6.2.3) 和 (6.2.18).

然后通过分部积分和引理 6.2.1 可以得到

$$\int_{x_i}^{x_{i+1}}\mathrm{Cl}_j(x-s)e_{i,k-1}^k(x)\,dx$$

$$= (-1)^j h^{k-j}\sigma_{k-j}^k\left[\mathrm{Cl}_{j+1}(x_{i+1}-s) + \mathrm{Cl}_{j+1}(x_i-s)\right]$$

$$-(-1)^{j+1}(j+2)\int_{x_i}^{x_{i+1}}\mathrm{Cl}_{j+1}(x-s)e_{i,k-j-1}^k(x)\,dx, \quad j=1,2,\cdots,k-1. \tag{6.2.28}$$

反复对 (6.2.25) 和 (6.2.28) 进行分部积分, 并利用式 (6.2.18) $(j=1,2,\cdots,k-1)$, 便可以推导出 (6.2.22). 命题得证.

引理 6.2.3　在引理 6.2.2 的条件下, 有

$$\sum_{i=0}^{n-1}I_{ni}^k(s) = -8h^k\Phi_k(\tau), \tag{6.2.29}$$

其中 $\Phi_k(\tau)$ 如式 (6.2.8) 所定义.

证明: 由式 (6.2.22) 知, 当 $k=2k_1-1$ 时, 有

$$\sum_{i=0}^{n-1}I_{ni}^k(s)$$

$$= -4\sum_{j=0}^{k}(-1)^{[k-j+1/2]}(k-j+1)!\sigma_j^k h^j$$

$$\times \sum_{i=0}^{n-1} \left[\mathrm{Cl}_{k-j+1} \left(x_{i+1} - s \right) + (-1)^{j+1} \mathrm{Cl}_{k-j+1} \left(x_i - s \right) \right]$$

$$= -8 \sum_{j=1}^{k_1} (-1)^{k_1-j} \left(2k_1 - 2j + 1 \right)! \sigma_{2j-1}^{2k_1-1} h^{2j-1} \sum_{i=0}^{n-1} \mathrm{Cl}_{2k_1-2j+1} \left(x_{i+1} - s \right)$$

$$= -8 \sum_{j=0}^{k_1} (-1)^{k_1-j} \left(2k_1 - 2j + 1 \right)! \sigma_{2j-1}^{2k_1-1} h^{2j-1} \frac{1}{n^{2k_1-2j}} \sum_{i=0}^{n-1} \mathrm{Cl}_{2k_1-2j+1} \left[n \left(x_1 - s \right) \right]$$

$$= -8 h^{2k_1-1} \sum_{j=0}^{k_1} (-1)^{k_1-j} \frac{\left(2k_1 - 2j + 1 \right)!}{\left(2\pi \right)^{2k_1-2j}} \sigma_{2j-1}^{2k_1-1} \sum_{i=0}^{n-1} \mathrm{Cl}_{2k_1-2j+1} \left[\left(1 + \tau \right) \pi \right].$$

当 $k = 2k_1$ 时, 有

$$\sum_{i=0}^{n-1} I_{ni}^k \left(s \right)$$

$$= -4 \sum_{j=0}^{k} (-1)^{[k-j+1]/2} \left(k - j + 1 \right)! \sigma_j^k h^j$$

$$\times \sum_{i=0}^{n-1} \left[\mathrm{Cl}_{k-j+1} \left(x_{i+1} - s \right) + (-1)^{j+1} \mathrm{Cl}_{k-j+1} \left(x_i - s \right) \right]$$

$$= -8 \sum_{j=1}^{k_1} (-1)^{k_1-j+1} \left(2k_1 - 2j + 2 \right)! \sigma_{2j-1}^{2k_1} h^{2j-1} \sum_{i=0}^{n-1} \mathrm{Cl}_{2k_1-2j+2} \left(x_{i+1} - s \right)$$

$$= -8 \sum_{j=0}^{k_1} (-1)^{k_1-j+1} \left(2k_1 - 2j + 2 \right)! \sigma_{2j-1}^{2k_1} h^{2j-1} \frac{1}{n^{2k_1-2j+2}} \sum_{i=0}^{n-1} \mathrm{Cl}_{2k_1-2j+2} \left[n \left(x_1 - s \right) \right]$$

$$= -8 h^{2k_1} \sum_{j=1}^{k_1} (-1)^{k_1-j+1} \frac{\left(2k_1 - 2j + 2 \right)!}{\left(2\pi \right)^{2k_1-2j+1}} \sigma_{2j-1}^{2k_1} \sum_{i=0}^{n-1} \mathrm{Cl}_{2k_1-2j+2} \left[\left(1 + \tau \right) \pi \right],$$

其中这里用到了

$$\sum_{i=0}^{n-1} \cos \left[n \left(x_{i+1} - s \right) \right] = \begin{cases} n \cos \left[k \left(x_1 - s \right) \right], & k = nj, \\ 0, & \text{其他} \end{cases}$$

及

$$\sum_{i=0}^{n-1} \sin\left[n\left(x_1 - s\right)\right] = \begin{cases} n \sin\left[k\left(x_{i+1} - s\right)\right], & k = nj, \\ 0, & \text{其他}. \end{cases}$$

命题得证.

引理 6.2.4 在引理 6.2.3 的条件下, 成立

$$\left| \sum_{i=0, i\neq m}^{n-1} \frac{f^{(k+1)}\left(\eta_i\right) - f^{(k+1)}\left(s\right)}{(k+1)!} I_{ni}^k\left(s\right) \right|$$

$$\leqslant \begin{cases} C\rho\left(h, s, c\right) h^{k+\alpha}, & f\left(x\right) \in C^{k+1+\alpha}\left[c, c+2\pi\right], \\ C\rho\left(h, s, c\right) |\ln h|\, h^{k+1}, & f\left(x\right) \in C^{k+2}\left[c, c+2\pi\right], \end{cases} \tag{6.2.30}$$

其中 $\eta_i \in [x_i, x_{i+1}]$, $0 < \alpha < 1$ 及

$$\rho\left(h, s, c\right) = \max_{x\in[c, c+2\pi]}\left\{K_{1s}\left(x\right)\right\} \gamma^{-2}\left(\tau\right). \tag{6.2.31}$$

证明: 由 (6.2.21) 知, 对于 $i \neq m$, 我们有

$$\left|I_{ni}^k\left(s\right)\right| \leqslant \int_{x_i}^{x_{i+1}} \frac{\left|\prod_{j=0}^{k}\left(x - x_{mj}\right)\right|}{\sin^2\dfrac{x-s}{2}} dx \leqslant Ch^{k-1} \int_{x_i}^{x_{i+1}} \frac{\left(x-x_i\right)\left(x_{i+1}-x\right)}{\sin^2\dfrac{x-s}{2}} dx,$$

其中

$$\int_{x_i}^{x_{i+1}} \frac{\left(x-x_i\right)\left(x_{i+1}-x\right)}{\sin^2\dfrac{x-s}{2}} dx = -4h \ln\left|\sin\frac{x_{i+1}-s}{2}\sin\frac{x_i-s}{2}\right|$$

$$+ 8\int_{x_i}^{x_{i+1}} \ln\left|\sin\frac{x-s}{2}\right| dx.$$

实际上 $I_{ni}^k(s)$ 是区间 $[x_i, x_{i+1}]$ 上某个黎曼积分梯形公式的误差项. 因此, 存在某个 $\tilde{x}_i \in (x_i, x_{i+1})$, $i \neq m$, 使得

$$\left|I_{ni}^k\left(s\right)\right| \leqslant \frac{Ch^{k+2}}{\sin^2\dfrac{\tilde{x}_i-s}{2}},$$

因此有

$$
\left| \sum_{i=0, i \neq m}^{n-1} \frac{f^{(k+1)}(\eta_i) - f^{(k+1)}(s)}{(k+1)!} I_{ni}^k(s) \right|
$$

$$
\leqslant \sum_{i=0, i \neq m}^{n-1} \frac{Ch^{k+2}|\eta_i - s|^{\alpha}}{6(k+1)!(\tilde{x}_i - s)^2} \frac{(\tilde{x}_i - s)^2}{\sin^2 \dfrac{\tilde{x}_i - s}{2}}
$$

$$
\leqslant \max_{x \in [c, c+2\pi]} \{K_{1s}(x)\} \sum_{i=0}^{m-1} \frac{Ch^{k+2}|x_i - s|^{\alpha}}{6(k+1)!(x_{i+1} - s)^2}
$$

$$
+ \max_{x \in [c, c+2\pi]} \{K_{1s}(x)\} \sum_{i=m+1}^{n-1} \frac{Ch^{k+2}|x_{i+1} - s|^{\alpha}}{6(k+1)!(x_i - s)^2}, \tag{6.2.32}
$$

其中 $K_{1s}(x)$ 如式 (6.2.12) 所定义. 注意到 $s = x_m + (\tau + 1)h/2$, 我们有

$$
\sum_{i=0}^{m-1} \frac{Ch^{k+2}|x_i - s|^{\alpha}}{6(k+1)!(x_{i+1} - s)^2}
$$

$$
\leqslant C \sum_{i=0}^{m-1} \frac{h^{k+2+\alpha} + h^{k+2}|x_{i+1} - s|^{\alpha}}{6(k+1)!(x_{i+1} - s)^2}
$$

$$
\leqslant \frac{Ch^{k+\alpha}}{6(k+1)!} \sum_{i=0}^{m-1} \frac{1 + \left| i - m + 1 - \dfrac{\tau+1}{2} \right|^{\alpha}}{\left(i - m + 1 - \dfrac{\tau+1}{2} \right)^2}
$$

$$
\leqslant
\begin{cases}
\dfrac{Ch^{k+\alpha}}{(\tau+1)^2}, & 0 < \alpha < 1, \\[4mm]
\dfrac{C|\ln h| h^{k+1}}{(\tau+1)^2}, & \alpha = 1.
\end{cases}
\tag{6.2.33}
$$

类似地,

$$
\sum_{i=m+1}^{n-1} \frac{Ch^{k+2}|x_{i+1} - s|^{\alpha}}{6(k+1)!(x_i - s)^2} \leqslant
\begin{cases}
\dfrac{Ch^{k+\alpha}}{(\tau+1)^2}, & 0 < \alpha < 1, \\[4mm]
\dfrac{C|\ln h| h^{k+1}}{(\tau+1)^2}, & \alpha = 1.
\end{cases}
\tag{6.2.34}
$$

由式 (6.2.32), (6.2.33) 和 (6.2.34) 并且利用式 (6.2.31), 可以推导出式 (6.2.30). 命题得证.

引理 6.2.5　设 $f(x)$ 是周期为 2π 的周期函数, 在一致网格上, 牛顿-科茨公式 $I_1(c, s, F_{kn})$ 由式 (6.2.9) 给出, 则

$$E_{kn}^c(s, f) = -\frac{8f^{(k+1)}(s)}{(k+1)!}h^k\Phi_k(\tau) + R_k(s), \tag{6.2.35}$$

其中

$$R_k(s) \leqslant \begin{cases} C\rho(h, s, c)h^{k+\alpha}, & f(x) \in C^{k+1+\alpha}[c, c+2\pi], \\ C\rho(h, s, c)|\ln h|h^{k+1}, & f(x) \in C^{k+2}[c, c+2\pi] \end{cases} \tag{6.2.36}$$

和 $0 < \alpha < 1$.

证明: 首先, 我们回顾一下拉格朗日插值的误差估计, 即存在依赖于 x 的 $\xi_i \in [x_i, x_{i+1}]$, 使得

$$H_{kn}(x) = \frac{f^{(k+1)}(\xi_i)}{(k+1)!}(x - x_{i0}) \cdots (x - x_{ik}), \quad x \in [x_m, x_{m+1}].$$

由积分中值定理及引理 6.2.3, 有

$$\left(\int_c^{x_m} + \int_{x_{m+1}}^{c+2\pi}\right)\frac{H_{kn}(x)}{\sin^2\dfrac{x-s}{2}}dx$$

$$= \sum_{j=0, j\neq m}^{n-1}\int_{x_j}^{x_{j+1}}\frac{f^{(k+1)}(\xi_i)(x - x_{i0})\cdots(x - x_{ik})}{(k+1)!\sin^2\dfrac{x-s}{2}}dx$$

$$= \sum_{j=0, j\neq m}^{n-1}\frac{f^{(k+1)}(\eta_i)}{(k+1)!}I_{ni}^k(s)$$

$$= \sum_{j=0, j\neq m}^{n-1}\frac{f^{(k+1)}(\eta_i) - f^{(k+1)}(s)}{(k+1)!}I_{ni}^k(s)$$

$$- \frac{f^{(k+1)}(s)}{(k+1)!}I_{nm}^k(s) + \frac{f^{(k+1)}(s)}{(k+1)!}\sum_{j=0}^{n-1}I_{ni}^k(s), \tag{6.2.37}$$

其中 $\eta_i \in [x_i, x_{i+1}]$.

对 $x \in [x_m, x_{m+1}]$, 定义

$$E_m(x) = f(x) - F_{kn}(x) = \frac{f^{(k+1)}(s)}{(k+1)!}(x - x_{m0})\cdots(x - x_{mk}),$$

通过与式 (6.2.13) 类似的推导过程, 可以推导出

$$\text{f.p.} \int_{x_m}^{x_{m+1}} \frac{H_{kn}(x)}{\sin^2 \dfrac{x-s}{2}} dx$$

$$= \text{f.p.} \int_{x_m}^{x_{m+1}} \frac{E_m(x)}{\sin^2 \dfrac{x-s}{2}} dx + \frac{f^{(k+1)}(s)}{(k+1)!} I_{nm}^k(s)$$

$$= 4\text{f.p.} \int_{x_m}^{x_{m+1}} \frac{E_m(x)}{(x-s)^2} dx + \text{f.p.} \int_{x_m}^{x_{m+1}} \frac{E_m(x)\left[K_{1s}(x)-4\right]}{(x-s)^2} dx + \frac{f^{(k+1)}(s)}{(k+1)!} I_{nm}^k(s).$$

$$\tag{6.2.38}$$

联立式 (6.2.37) 与 (6.2.38) 可以得到 (6.2.35), 其中

$$R_k(s) = 4R_k^{(1)}(s) + R_k^{(2)}(s) + R_k^{(3)}(s),$$

$$R_k^{(1)}(s) = \text{f.p.} \int_{x_m}^{x_{m+1}} \frac{E_m(x)}{(x-s)^2} dx,$$

$$R_k^{(2)}(s) = \text{f.p.} \int_{x_m}^{x_{m+1}} \frac{E_m(x)\left[K_{1s}(x)-4\right]}{(x-s)^2} dx,$$

$$R_k^{(3)}(s) = \sum_{j=0,j \neq m}^{n-1} \frac{f^{(k+1)}(\eta_i) - f^{(k+1)}(s)}{(k+1)!} I_{ni}^k(s).$$

现在来逐项估计 $R_k(s)$. 注意到 $f(x) \in C^{k+1+\alpha}[c, c+2\pi] (0 < \alpha \leqslant 1)$, 则有

$$\left| E_m^{(i)}(x) \right| \leqslant Ch^{k-i+1+\alpha}, \quad i = 0, 1, 2,$$

有

$$\left| R_k^{(1)}(s) \right| \leqslant \left| \frac{hE_m(s)}{(x_{m+1}-s)(s-x_m)} \right| + \left| E_m'(s) \ln \frac{x_{m+1}-s}{s-x_m} \right|$$

$$+ \left| \int_{x_m}^{x_{m+1}} \frac{1}{2} E_m''(\sigma(x)) dx \right|$$

$$\leqslant C\gamma^{-1}(\tau) h^{k+\alpha},$$

其中 $\sigma(x) \in (x_m, x_{m+1})$.

对于第二项, 通过与式 (6.2.15) 类似的推导, 有

$$\left| R_L^{(2)}(s) \right| \leqslant \max |E_m(x)| \text{f.p.} \int_{x_m}^{x_{m+1}} \frac{E_L(x)\left[K_{1s}(x)-4\right]}{(x-s)^2} dx$$

$$\leqslant \max |E_m(x)| \, \text{f.p.} \int_{x_m}^{x_{m+1}} \frac{E_L(x)[K_{1s}(x) - 4]}{(x-s)^2} dx$$

$$= \max |E_m(x)| \left\{ \text{f.p.} \int_{x_m}^{x_{m+1}} \frac{1}{\sin^2 \dfrac{x-s}{2}} dx - \text{f.p.} \int_{x_m}^{x_{m+1}} \frac{4}{(x-s)^2} dx \right\}$$

$$= \max |E_m(x)| \left\{ -2\cot \frac{s-x_m}{2} - 2\cot \frac{x_{m+1}-s}{2} \right.$$

$$\left. + \frac{4h}{(x_{m+1}-s)(s-x_m)} \right\}$$

$$\leqslant C\gamma^{-1}(\tau) h^{k+\alpha}. \tag{6.2.39}$$

第三项 $R_k^{(3)}(s)$ 可以直接由引理 6.2.4 估得. 将上述估计合在一起即可推导出式 (6.2.36). 命题得证.

引理 6.2.5 得到了牛顿-科茨公式的一个误差展开式, 其中给出了 $O(h^k)$ 项的显示表达式. 正因为有这个误差展开式, 超收敛点的存在与确定变得非常简单, 这与区间上超奇异积分 $I_p(a,b;s,f)(p=1,2)$ (参考文献 [193]) 的情况有很大的不同. 另外, 如果 $f(x)$ 在点 s 处的 $k+1$ 次导数存在, 将式 (6.2.35) 右端的第一项添加在牛顿-科茨公式 (6.2.9) 上, 便可以得到一种具有 $k+1$ 阶收敛速度的修正复化牛顿-科茨公式.

定理 6.2.2 的证明: 函数 $F_{kn}(x)$ 是区间 $[c, c+2\pi]$ 上 $f(x)$ 的拉格朗日插值函数, 将它周期延拓到 $(-\infty, \infty)$ 使之成为一个周期为 2π 的周期函数, 仍记为 $F_{kn}(x)$. 显然, $F_{kn}(x)$ 为 $f(x)$ 在区间 $(-\infty, \infty)$ 上的拉格朗日插值函数. 由引理 6.2.6 知, 对于任意 $s = x_m + (\tau+1)h/2 \, (0 \leqslant m \leqslant n-1)$ 和 $\tilde{c} \in (s-2\pi, s)$, 有

$$E_{kn}^c(s,f)(c,s) = E_{kn}^c(s,f)(\tilde{c}, s). \tag{6.2.40}$$

考虑 $m > [n/2]$ 的情况. 设 $\tilde{c} = \tilde{x}_0 < \tilde{x}_1 < \cdots < \tilde{x}_n = \tilde{c}+2\pi$ 为区间 $[\tilde{c}, \tilde{c}+2\pi]$ 上步长为 h 的一致剖分, 其中 $\tilde{c} = x_{m-[n/2]}$. 易知, $F_{kn}(x)$ 仍然为该新网格上 $f(x)$ 的拉格朗日插值函数, 于是引理 6.2.5 的结论依然成立, 即

$$E_{kn}^c(s,f)(\tilde{c}, s) = -\frac{8f^{(k+1)}(s)}{(k+1)!} h^k \Phi_k(\tau) + R_k(s), \tag{6.2.41}$$

其中

$$R_k(s) \leqslant \begin{cases} C\rho(h,s,\tilde{c}) h^{k+\alpha}, & f(x) \in C^{k+1+\alpha}[\tilde{c}, \tilde{c}+2\pi], \\ C\rho(h,s,\tilde{c}) |\ln h| \, h^{k+1}, & f(x) \in C^{k+2}[\tilde{c}, \tilde{c}+2\pi], \end{cases} \tag{6.2.42}$$

而 $\rho(h, s, \tilde{c})$ 如式 (6.2.31) 所定义. 再利用假设 $s = x_m + (\tau^* + 1) h/2$, 有

$$s = x_{[n/2]} + \frac{\tau^* + 1}{2} h, \tag{6.2.43}$$

这意味着 s 的局部坐标为 $\tau = \tau^*$, 其中 τ^* 为函数 $\Phi_k(\tau)$(6.2.8) 的零点. 这说明式 (6.2.35) 右端项中的第一项为零, 并且 $\gamma(\tau)$ 的界由式 (4.2.6) 所限定. 所以, 由式 (6.2.5), (6.2.31) 和 (6.2.43), 我们可以推导出

$$|\rho(h, s, \tilde{c})| \leqslant C.$$

联立式 (6.2.41), (6.2.42) 和上述结果, 可知

$$|E_{kn}^c(s, f)(\tilde{c}, s)| \leqslant \begin{cases} Ch^{k+\alpha}, & f(x) \in C^{k+1+\alpha}[\tilde{c}, \tilde{c} + 2\pi], \\ C|\ln h| h^{k+1}, & f(x) \in C^{k+2}[\tilde{c}, \tilde{c} + 2\pi], \end{cases}$$

由上式可知, 式 (6.2.16) 可以由式 (6.2.41) 直接得到.

最后, 我们给出前面提到的修正复化牛顿-科茨公式, 即

$$\tilde{I}_1(c, s, F_{kn}) = I_1(c, s, F_{kn}) + \frac{8f^{(k+1)}(s)}{(k+1)!} h^k \Phi_k(\tau). \tag{6.2.44}$$

我们给出如下结论, 其证明可以由定理 6.2.1 直接得到.

推论 6.2.1 设在一致网格上, $\tilde{I}_1(c, s, F_{kn})$ 为如式 (6.2.44) 所定义的修正复化牛顿-科茨公式, 再设 $f(x)$ 是周期为 2π 的周期函数, 则存在一个与 h 和 s 无关的正常数 C, 使得

$$\left| I_1(c, s, f) - \tilde{I}_1(c, s, F_{kn}) \right| \leqslant \begin{cases} Ch^{k+\alpha}, & f(x) \in C^{k+1+\alpha}[\tilde{c}, \tilde{c} + 2\pi], \\ C|\ln h| h^{k+1}, & f(x) \in C^{k+2}[\tilde{c}, \tilde{c} + 2\pi], \end{cases} \tag{6.2.45}$$

其中 $0 < \alpha < 1$.

说明: 当 $k = 1$ 时, $I_1(c, s, F_{kn})$ 为梯形公式, 此时, $O(h)$ 项可以表示为

$$4hf''(s)\Phi_1(\tau) = 4hf''(s)\ln\left|2\cos\frac{\tau\pi}{2}\right|.$$

修正梯形公式为

$$\tilde{I}_1(c, s, F_{1n}) = I_1(c, s, F_{1n}) + 4hf''(s)\ln\left|2\cos\frac{\tau\pi}{2}\right|. \tag{6.2.46}$$

6.2.3　超收敛点的存在性

由式 (6.2.35) 和 (6.2.41) 知, 其第一项当且仅当 $\tau = \tau^*$ 时为零, 也就是说, 牛顿-科茨公式在这些点上会出现超收敛现象. 一个很自然的问题便是这样的超收敛点是否一定存在, 即函数 $\Phi_k(\tau)$ 的零点 τ^* 是否存在, 下面的定理回答了这一问题.

定理 6.2.3　对于任意 $k \in \mathbb{N}$, 如式 (6.2.8) 所定义的函数 $\Phi_k(\tau)$, 在区间 $(-1, 1)$ 上至少存在一个零点.

证明: 当 k 为偶数时, 由 $\Phi_k(\tau)$ 的定义, 它正好是一些正弦函数的级数展开形式, 所以 $\tau^* = 0$ 必为其一零点. 下面我们只需讨论 k 为奇数的情况. 设 $k = 2k_1 - 1$, 令 $\Psi_k(\tau)$ 为关于变量 τ 的一个函数, 定义为

$$\Psi_k(\tau) = \sum_{i=1}^{k_1} (-1)^{k_1-i} \frac{(2k_1 - 2i + 2)!}{(2\pi)^{2k_1-2i+1}} \sigma_{2i-1}^{2k_1} \mathrm{Cl}_{2k_1-2i+2}\left[(1+\tau)\pi\right], \quad (6.2.47)$$

由定义 (6.2.8), 容易知道对于奇数 k, $\Psi_k(\tau)$ 在点 $\tau = 0$ 处为零, 并且,

$$\lim_{\tau \to 1^-} \Psi_k(\tau) = 0.$$

由罗尔定理, $\Psi_k(\tau)$ 的一阶导数在区间 $(0, 1)$ 上至少存在一个零点. 另一方面, 由式 (6.2.8) 和 (6.2.47), 我们知道, 对于奇数 k,

$$\Psi'_k(\tau) = \Phi_k(\tau).$$

所以, 当 k 为奇数时, $\Phi_k(\tau)$ 在区间 $(0, 1)$ 上至少存在一个零点, 命题得证.

现在我们来建立 $S_k(\tau)(5.3.2)$ 与 $\Phi_k(\tau)(6.2.8)$ 之间的关系, 先引入如下引理.

引理 6.2.6　设对于某个整数 m, $s = x_m + (\tau + 1)h/2$, $c_i = 2(s - x_i)/h - 1 = 2(m - i) + \tau, 0 \leqslant i \leqslant n - 1$, 则

$$-\frac{h^k}{2^{k-1}}\varphi'_k(2(m-i)+\tau) = -\frac{h^k}{2^{k-1}}\varphi'_k(c_i)$$

$$= \begin{cases} \displaystyle\int_{x_i}^{x_{i+1}} \frac{1}{(x-s)^2} \prod_{j=0}^{k}(x-x_{ij})dx, & i \neq m, \\[4mm] \text{f.p.} \displaystyle\int_{x_m}^{x_{m+1}} \frac{1}{(x-s)^2} \prod_{j=0}^{k}(x-x_{mj})dx, & i = m, \end{cases}$$

其中 $\varphi'_k(\tau)$ 由式 (5.2.13) 给出.

证明: 在引理 6.2.5 的假设下, 设 $\Phi_k(\tau)$ 和 $S_k(\tau)$ 分别如 (6.2.8) 和 (5.3.2) 所定义. 则有

$$\Phi_k(\tau) = \frac{1}{2^k} S_k(\tau). \tag{6.2.48}$$

利用等式[1,2,53]

$$\frac{\pi^2}{\sin^2 \pi x} = \sum_{l=-\infty}^{\infty} \frac{1}{(x+l)^2},$$

我们有

$$\frac{1}{\sin^2 \dfrac{x-s}{2}} = \frac{4}{(x-s)^2} + \sum_{l=1}^{\infty} \frac{4}{(x-s-2l\pi)^2} + \sum_{l=1}^{\infty} \frac{4}{(x-s+2l\pi h)^2}. \tag{6.2.49}$$

注意到

$$\text{f.p.} \int_{x_m}^{x_{m+1}} \frac{1}{\sin^2 \dfrac{x-s}{2}} \prod_{j=0}^{k} (x - x_{mj}) dx$$

$$= \lim_{\varepsilon \to 0} \left\{ \left(\int_{x_m}^{s-\varepsilon} + \int_{s+\varepsilon}^{x_{m+1}} \right) \frac{1}{\sin^2 \dfrac{x-s}{2}} \prod_{j=0}^{k} (x - x_{mj}) dx - \frac{8 \prod\limits_{j=0}^{k} (s - x_{mj})}{\varepsilon} \right\}$$

$$= 4 \lim_{\varepsilon \to 0} \left\{ \left(\int_{x_m}^{s-\varepsilon} + \int_{s+\varepsilon}^{x_{m+1}} \right) \frac{1}{(x-s)^2} \prod_{j=0}^{k} (x - x_{mj}) dx - \frac{2 \prod\limits_{j=0}^{k} (s - x_{mj})}{\varepsilon} \right\}$$

$$+ 4 \sum_{l=1}^{\infty} \int_{x_m}^{x_{m+1}} \frac{\prod\limits_{j=0}^{k} (x - x_{mj})}{(x-s+2l\pi)^2} dx + 4 \sum_{l=1}^{\infty} \int_{x_m}^{x_{m+1}} \frac{\prod\limits_{j=0}^{k} (x - x_{mj})}{(x-s-2l\pi)^2} dx$$

$$= 4 \text{ f.p.} \int_{x_m}^{x_{m+1}} \frac{\prod\limits_{j=0}^{k} (x - x_{mj})}{(x-s)^2} dx + 4 \sum_{l=1}^{\infty} \int_{x_m}^{x_{m+1}} \frac{\prod\limits_{j=0}^{k} (x - x_{mj})}{(x-s+2l\pi)^2} dx$$

$$+ 4\sum_{l=1}^{\infty} \int_{x_m}^{x_{m+1}} \frac{\prod\limits_{j=0}^{k} (x - x_{mj})}{(x - s - 2l\pi)^2} dx. \tag{6.2.50}$$

并联立引理 6.2.4, 式 (6.2.21),(6.2.49) 以及 (6.2.50), 可以得到

$$-8h^k \Phi_k(\tau) = \sum_{i=0}^{n-1} I_{ni}^k(s)$$

$$= \sum_{i=0,i\neq m}^{n-1} \int_{x_i}^{x_{i+1}} \frac{\prod\limits_{j=0}^{k} (x - x_{ij})}{\sin^2 \dfrac{x-s}{2}} dx + \text{f.p.} \int_{x_m}^{x_{m+1}} \frac{\prod\limits_{j=0}^{k} (x - x_{mj})}{\sin^2 \dfrac{x-s}{2}} dx$$

$$= 4 \sum_{i=0,i\neq m}^{n-1} \int_{x_i}^{x_{i+1}} \frac{\prod\limits_{j=0}^{k} (x - x_{ij})}{(x-s)^2} dx + 4 \, \text{f.p.} \int_{x_m}^{x_{m+1}} \frac{\prod\limits_{j=0}^{k} (x - x_{mj})}{(x-s)^2} dx$$

$$+ 4 \sum_{i=0}^{n-1} \int_{x_i}^{x_{i+1}} \frac{\prod\limits_{j=0}^{k} (x - x_{ij})}{(x-s+2l\pi)^2} dx + 4 \sum_{i=0}^{n-1} \int_{x_i}^{x_{i+1}} \frac{\prod\limits_{j=0}^{k} (x - x_{ij})}{(x-s-2l\pi)^2} dx$$

$$= -4 \sum_{i=0}^{n-1} \frac{h^k}{2^{k-1}} \varphi_k'(2(m-i)+\tau) - 4 \sum_{i=0}^{n-1} \sum_{l=1}^{\infty} \frac{h^k}{2^{k-1}} \varphi_k'(2(m-i-nl)+\tau)$$

$$- 4 \sum_{i=0}^{n-1} \sum_{l=1}^{\infty} \frac{h^k}{2^{k-1}} \varphi_k'(2(m-i+nl)+\tau), \tag{6.2.51}$$

即

$$\Phi_k(\tau) = \frac{1}{2^{k-1}} \left[\sum_{i=0}^{n-1} \varphi_k'(2(m-i)+\tau) + \sum_{i=0}^{n-1} \sum_{l=1}^{\infty} \varphi_k'(2(m-i-nl)+\tau) \right.$$

$$\left. + \sum_{i=0}^{n-1} \sum_{l=1}^{\infty} \varphi_k'(2(m-i+nl)+\tau) \right]$$

$$= \frac{1}{2^k} \left[\sum_{l=-\infty}^{\infty} \sum_{i=0}^{n-1} \varphi_k'(2(m-i+nl)+\tau) \right]$$

$$= \frac{1}{2^k} \left[\varphi_k'(\tau) + \sum_{l=1}^{\infty} \varphi_k'(2l+\tau) + \sum_{l=1}^{\infty} \varphi_k'(-2l+\tau) \right]$$

$$= \frac{1}{2^k} S_k(\tau). \tag{6.2.52}$$

命题得证.

由定理 6.2.1 和定理 6.2.2, 我们可以简化 5.3 节中关于 $S_k(\tau)\,(k \in \mathbb{N})$ 存在性的证明过程.

6.2.4 科茨系数的计算

将密度函数 $f(x)$ 在奇异点 s 处泰勒展开, 然后利用关系式 (6.2.48) 可以直接求出区间上超奇异积分 $I_p(a,b;s,f)\,(p \in \mathbb{N})$ 牛顿-科茨公式的科茨系数. 但是对于圆周上的超奇异积分 $I_1(c,s,f)$(6.2.1), 由于积分核的不同, 除了梯形公式的科茨系数能得到简单的解析表达式外, 其他高阶牛顿-科茨公式的科茨系数都不能直接地给出计算公式, 但从后面的分析可以知道, 我们可以将它们表示成级数的展开形式, 然后还讨论了这些级数的一些快速算法.

首先我们将梯形公式 $I_1(c,s,F_{1n})$ 改写成如下形式

$$I_1(c,s,F_{1n}) = \sum_{i=0}^{n-1} \omega_{ij}^{(1,c)}(s) f(x_i), \tag{6.2.53}$$

其中 $\omega_{ij}^{(1,c)}(s)$ 表示其相应的科茨系数见 (6.1.12).

$$\omega_{ij}^{(1,c)}(s) = \frac{4}{h} \ln \left| \frac{1 - \cos(x_i - s)}{\cos h - \cos(x_i - s)} \right|. \tag{6.2.54}$$

当 $k \geqslant 2$ 时, 相应的科茨系数可以表示为

$$\omega_{ij}^{(k,c)}(s) = \frac{1}{l_{ki}'(x_{ij})} \mathrm{f.p.} \int_{x_i}^{x_{i+1}} \frac{1}{\sin^2 \dfrac{x-s}{2}} \prod_{m=0,m \neq j}^{k} (x - x_{im}) dx. \tag{6.2.55}$$

接下来我们讨论如何快速有效地计算这些系数.

对式 (6.2.55) 进行分部积分, 得到

$$\omega_{ij}^{(k,c)}(s) = \frac{1}{l_{ki}'(x_{ij})} \left[-2 \prod_{\substack{0 \leqslant m \leqslant k \\ m \neq j}} (x_{i+1} - x_{im}) \cot \frac{x_{i+1} - s}{2} \right.$$

$$\left. + 2 \prod_{\substack{0 \leqslant m \leqslant k \\ m \neq j}} (x_i - x_{im}) \cot \frac{x_i - s}{2} \right.$$

$$+2\int_{x_i}^{x_{i+1}}\sum_{\substack{0\leqslant i\leqslant k\\i\neq j}}\prod_{\substack{0\leqslant m\leqslant k\\m\neq j}}(x-x_{im})\cot\frac{x-s}{2}dx\Bigg].\qquad(6.2.56)$$

显然, 计算 $\omega_{ij}^{(k,c)}(s)$ 的最大困难在于计算式 (6.2.56) 的最后一项. 对多项式

$\displaystyle\sum_{\substack{0\leqslant i\leqslant k\\i\neq j}}\prod_{\substack{0\leqslant m\leqslant k\\m\neq j}}(x-x_{im})\cot\frac{x-s}{2}$ 在奇异点 s 处进行泰勒展开, 问题便转化为如何

计算

$$J_l(x):=\int_0^x t^l\cot\frac{t}{2}dt,\quad l=1,2,\cdots,k-1.\qquad(6.2.57)$$

由文献 [18] 可知, 积分 $J_l(x)$ 能够表示为 Clausen 函数和 zeta 函数的一些组合形式:

$$J_l(x)=2\Delta_l+x^l\log\left|2\sin\frac{x}{2}\right|+2l!\sum_{i=1}^{[(l+1)/2]}(-1)^{i-1}\frac{x^{l-2i+1}}{(l-2i+1)!}\mathrm{Cl}_{2i}(x)$$

$$+2l!\sum_{i=1}^{[l/2]}(-1)^{i-1}\frac{x^{l-2i}}{(l-2i)!}\mathrm{Cl}_{2i+1}(x),\quad l=1,2,\cdots,k-1,\qquad(6.2.58)$$

其中

$$\Delta_l=\begin{cases}0,&i\text{ 为偶数},\\(-1)^{[l/2]}l!\varsigma(l+1),&i\text{ 为奇数},\end{cases}$$

以及

$$\varsigma(i)=\sum_{i=1}^{\infty}\frac{1}{i^s}$$

为 zeta 函数.

于是问题又转化成如何去计算 Clausen 函数 $\mathrm{Cl}_n(x)$, 我们利用如下公式:

$$\mathrm{Cl}_n(x)=(-1)^{[(n+1)/2]}\frac{x^{n-1}}{(n-1)!}\ln\left|2\sin\frac{x}{2}\right|$$

$$+\frac{(-1)^{[n/2]+1}}{(n-2)!}\sum_{i=0}^{n-2}(-1)^i\binom{n-2}{i}x^i N_{n-2-i}(x)+P_n(x),\quad x\in[-\pi,\pi],$$

$$(6.2.59)$$

其中 $\begin{pmatrix} n-2 \\ i \end{pmatrix}$ 表示二项式系数

$$P_n(x) = \sum_{i=2}^{n} (-1)^{[(n-1)/2]+[(i-1)/2]} \frac{x^{n-i}}{(n-i)!} \mathrm{Cl}_i(0), \tag{6.2.60}$$

以及

$$N_{n-2-i}(x) = \frac{1}{n+1} \left[\frac{x^{n+1}}{n+1} + \sum_{k=1}^{\infty} (-1)^k B_{2k} \frac{x^{2k+n+1}}{(2k+n+1)(2k)!} \right]. \tag{6.2.61}$$

利用 Clausen 函数 $\mathrm{Cl}_n(x)$ 的周期性质 (6.2.6), 可以通过式 (6.2.59) 先计算 $\mathrm{Cl}_n(x)$ 在区间 $[-\pi, \pi]$ 上的值, 然后再通过周期延拓计算整个全空间的值. 于是, 函数 $J_l(x)$ 可以通过式 (6.2.58) 算得. 实际上级数 (6.2.59) 收敛得很快, 在实际的计算过程中, 只需选取很少的截断项 N 去代替式 (6.2.59) 中的 ∞. 后面会给出数值算例来描述截断项对计算误差的影响.

6.2.5 数值算例

这一部分中, 我们给出一些数值算例以验证任意阶牛顿-科茨公式的超收敛结果.

例 6.2.1 考虑有限部分积分

$$\text{f.p.} \int_{-\pi}^{\pi} \frac{1+3\cos 2x + 4\sin 2x}{\sin^2 \dfrac{x-s}{2}} dx, \tag{6.2.62}$$

由定义 (6.2.1) 及直接计算, 其真解为

$$-8\pi (3\cos 2x + 4\sin 2x), \tag{6.2.63}$$

其中 $s \in (-\pi, \pi)$. 均采用一致剖分网格.

采用辛普森公式 $I_1(c, s, F_{2n})$ 计算积分 (6.2.62). 表 6.2.1 的左侧和右侧分别表示动奇异点 $s = x_{[n/4]} + (\tau+1)h/2$ 和 $s = x_{n-1} + (\tau+1)h/2$ 的误差结果. 其中前者的奇异点 s 远离区间端点, 后者的 s 则非常靠近端点. 从表 6.2.1 可以看出, 无论在哪种情况下, 超收敛点处的收敛阶为 $O(h^3)$, 这与理论结果正好吻合.

表 6.2.1 辛普森公式 $I_1(c, s, F_{2n})$ 的误差

n	$s = x_{[n/4]} + (\tau+1)h/2$			$s = x_{n-1} + (\tau+1)h/2$		
	$\tau = 0$	$\tau = 2/3$	$\tau = -1/3$	$\tau = 0$	$\tau = 2/3$	$\tau = -1/3$
64	0.34973e−003	0.17647e+000	0.12433e+000	0.26854e−003	0.21756e+000	0.14022e+000
128	0.49060e−004	0.47093e−001	0.32191e−001	0.43028e−004	0.52264e−001	0.34165e−001

续表

n	$s = x_{[n/4]} + (\tau+1)\,h/2$			$s = x_{n-1} + (\tau+1)\,h/2$		
	$\tau = 0$	$\tau = 2/3$	$\tau = -1/3$	$\tau = 0$	$\tau = 2/3$	$\tau = -1/3$
256	0.64195e−005	0.12122e−001	0.81783e−002	0.60126e−005	0.12770e−001	0.84242e−002
512	0.81885e−006	0.30727e−002	0.20604e−002	0.79248e−006	0.31538e−002	0.20911e−002
1024	0.10334e−006	0.77335e−003	0.51704e−003	0.10168e−006	0.78348e−003	0.52087e−003
h^{α}	2.931	1.959	1.978	2.845	2.029	2.018

图 6.2.1 描述了截断项对 $I_1(c, s, F_{2n})$ 计算误差的影响.

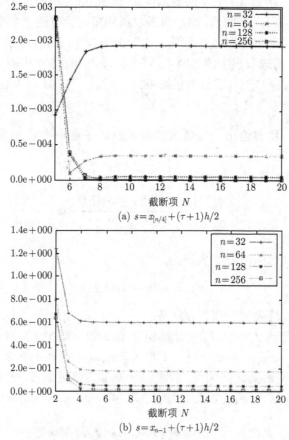

(a) $s = x_{[n/4]} + (\tau+1)h/2$

(b) $s = x_{n-1} + (\tau+1)h/2$

图 6.2.1   截断项对 $I_1(c, s, F_{2n})$ 计算误差的影响

例 6.2.2   这里我们采用辛普森 3/8 公式 $I_1(c, s, F_{3n})$ 计算积分 (6.2.62). 表 6.2.2 的左侧和右侧分别表示动奇异点 $s = x_{[n/4]} + (\tau+1)\,h/2$ 和 $s = x_{n-1} + (\tau+1)\,h/2$ 的误差结果. 其中前者的奇异点 s 远离区间端点, 后者的 s 非常靠近

端点. 从表 6.2.2 可以看出, 无论在哪种情况下, 超收敛点处的收敛阶为 $O\left(h^4\right)$, 这与理论结果正好吻合. 图 6.2.2 描述了截断项对 $I_1(c, s, F_{3n})$ 计算误差的影响.

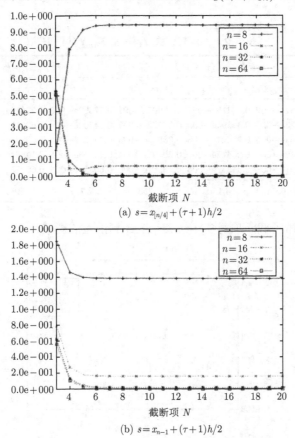

(a) $s = x_{[n/4]} + (\tau+1)h/2$

(b) $s = x_{n-1} + (\tau+1)h/2$

图 6.2.2　截断项对 $I_1(c, s, F_{3n})$ 计算误差的影响

表 6.2.2　辛普森 3/8 公式 $I_1(c, s, F_{2n})$ 的误差

n	$s = x_{[n/4]} + (\tau+1)h/2$			$s = x_{n-1} + (\tau+1)h/2$		
	$\tau = \tau_{31}^*$	$\tau = \tau_{32}^*$	$\tau = 0$	$\tau = \tau_{31}^*$	$\tau = \tau_{32}^*$	$\tau = 0$
16	0.12369e−001	0.63372e−001	0.15920e+000	0.65470e−002	0.54861e−001	0.45917e−001
32	0.80190e−003	0.40315e−002	0.17656e−001	0.33601e−003	0.34838e−002	0.10254e−001
64	0.50524e−004	0.25302e−003	0.20250e−002	0.18538e−004	0.21852e−003	0.15549e−002
128	0.31623e−005	0.15827e−004	0.24050e−003	0.10786e−005	0.13666e−004	0.21093e−003
256	0.19697e−006	0.98866e−006	0.29238e−004	0.58365e−007	0.84643e−006	0.27378e−004
h^α	3.924	3.965	3.122	4.193	3.996	2.850

例 6.2.3　采用科茨公式 $I_1(c, s, F_{4n})$ 计算积分 (6.2.62). 表 6.2.3 的左侧和右侧分别表示动奇异点 $s = x_{[n/4]} + (\tau+1)h/2$ 和 $s = x_{n-1} + (\tau+1)h/2$ 的误

差结果. 其中前者的奇异点 s 远离区间端点, 后者的奇异点 s 非常靠近端点. 从表 6.2.3 可以看出, 无论在哪种情况下, 超收敛点处的收敛阶为 $O(h^5)$, 这与理论结果正好吻合.

表 6.2.3　科茨公式 $I_1(c, s, F_{4n})$ 的误差

n	$s = x_{[n/4]} + (\tau+1)h/2$			$s = x_{n-1} + (\tau+1)h/2$		
	$\tau = \tau_{41}^*$	$\tau = \tau_{42}^*$	$\tau = 1/3$	$\tau = \tau_{41}^*$	$\tau = \tau_{42}^*$	$\tau = 1/3$
8	0.54252e−002	0.58413e−002	0.15007e−001	0.77502e−003	0.77813e−002	0.11569e+000
16	0.21323e−003	0.32394e−003	0.37528e−002	0.61500e−004	0.62915e−004	0.70550e−002
32	0.66694e−005	0.97621e−005	0.30559e−003	0.38724e−005	0.26035e−005	0.40889e−003
64	0.18979e−006	0.26417e−006	0.20999e−004	0.14478e−006	0.14464e−006	0.24239e−004
128	0.57391e−008	0.38837e−008	0.13561e−005	0.60325e−008	0.66977e−008	0.14805e−005
h^α	4.963	5.150	3.953	4.741	5.037	4.063

图 6.2.3 描述了截断项对 $I_1(c, s, F_{4n})$ 计算误差的影响.

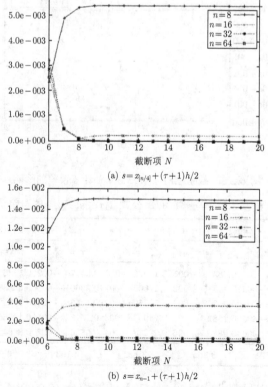

(a) $s = x_{[n/4]} + (\tau+1)h/2$

(b) $s = x_{n-1} + (\tau+1)h/2$

图 6.2.3　截断项对 $I_1(c, s, F_{4n})$ 计算误差的影响

6.3 梯形公式近似计算圆周上的三阶超奇异积分

考虑定义在圆周上的超奇异积分

$$I_p(c, s, f) = \text{f.p.} \int_c^{c+2\pi} \frac{\cos^{x(p)} \dfrac{x-s}{2} f(x)}{\sin^3 \dfrac{x-s}{2}} dx, \quad x(p) = \frac{1 + (-1)^p}{2}, \quad (6.3.1)$$

其中 $p = 1, 2, \cdots$, $f(x)$ 为密度函数, 且以 2π 为周期, c 为任意常数. 这一类积分经常在圆域或者椭圆区域上的边值问题中遇到.

对于 $p = 1$ 和 $p = 2$ 的情况, 我们给出如下定义:

$$I_1(c, s, f) = \lim_{\varepsilon \to 0} \left\{ \left(\int_c^{s-\varepsilon} + \int_{s+\varepsilon}^{c+2\pi} \right) \frac{f(x)}{\sin^2 \dfrac{x-s}{2}} dx - 4f(s) \cot \frac{\varepsilon}{2} \right\} \quad (6.3.2)$$

和

$$I_2(c, s, f) = \lim_{\varepsilon \to 0} \left\{ \left(\int_c^{s-\varepsilon} + \int_{s+\varepsilon}^{c+2\pi} \right) \frac{\cos \dfrac{x-s}{2} f(x)}{\sin^3 \dfrac{x-s}{2}} dx - \frac{2f(s)\varepsilon}{\sin^2 \dfrac{\varepsilon}{2}} \right\}. \quad (6.3.3)$$

6.3.1 积分公式的提出

设 $c = x_0 < x_1 < \cdots < x_n = c + 2\pi$ 为区间 $[c, c+2\pi]$ 上关于 $h = 2\pi/n$ 的一致剖分, $f_L(x) = F_{1n}(x)$ 表示密度函数 $f(x)$ 的梯形插值公式如下:

$$f_L(x) = \frac{x - x_{i+1}}{h} f(x_i) + \frac{x_i - x}{h} f(x_{i+1}),$$

将 (6.3.1) 中的密度函数 $f(x)$ 用 $f_L(x)$ 来代替, 得到相应的复化梯形公式

$$I_p(c, s, f_L) = \text{f.p.} \int_c^{c+2\pi} \frac{\cos^{x(p)} [(x-s)/2] f_L(x)}{\sin^3 \dfrac{x-s}{2}} dx = \sum_{i=0}^{n-1} \omega_i^p(s) f(x_i). \quad (6.3.4)$$

梯形公式近似计算黎曼积分的误差分析是经典的误差理论, 其收敛阶为 $O(h^2)$. 但对于有限部分积分, 由于其积分核的超奇异性, 其误差并非如此, 对 $p = 1$, 文献 [66] 给出了如下的误差分析

$$|I_1(c, s, f) - I_1(c, s, f_L)| \leqslant C \gamma^{-1}(\tau) h, \quad (6.3.5)$$

其中 $\gamma(\tau)$ 定义为 (4.2.6).

在 (6.3.5) 中的误差, 当奇异点位于每一个子区间的中点时, 其最优误差估计为 $O(h)$. 对于上述误差的改进在得到误差展开式的基础上, 误差泛函中的第一项等于零时, 得到收敛阶为 $O(h^2)$. 特殊函数的零点即为每一个子区间的超收敛点. 数值结果表明, 对于 $p=1$ 时的超奇异积分当奇异点的局部坐标为 $\tau = \pm 2/3$ 时, 超收敛阶可以达到 $O(h^2)$.

对于 $p=2$ 的情况收敛情况更差. 设 $f(x) = x^2, s = x_m + (\tau+1)h/2$. 根据定义 (6.3.3), 有

$$I_2(c,s,f) - I_2(c,s,f_L)$$

$$= \text{f.p.} \int_c^{c+2\pi} \frac{\cos \dfrac{x-s}{2} f(x)}{\sin^3 \dfrac{x-s}{2}} f(x)dx - \text{f.p.} \int_c^{c+2\pi} \frac{\cos \dfrac{x-s}{2} f_L(x)}{\sin^3 \dfrac{x-s}{2}} dx$$

$$= \text{f.p.} \int_c^{c+2\pi} \frac{[f(x) - f_L(x)] \cos \dfrac{x-s}{2}}{\sin^3 \dfrac{x-s}{2}} dx$$

$$= \sum_{i=0}^{n-1} \text{f.p.} \int_{x_i}^{x_{i+1}} \frac{(x-x_i)(x-x_{i+1}) \cos \dfrac{x-s}{2}}{\sin^3 \dfrac{x-s}{2}} dx$$

$$= \left(\sum_{i=0, i\neq m}^{n-1} \int_{x_i}^{x_{i+1}} + \text{f.p.} \int_{x_m}^{x_{m+1}} \right) \frac{(x-x_i)(x-x_{i+1}) \cos \dfrac{x-s}{2}}{\sin^3 \dfrac{x-s}{2}} dx$$

$$= \left(\sum_{i=0, i\neq m}^{n-1} \int_{x_i}^{x_{i+1}} + \text{f.p.} \int_{x_m}^{x_{m+1}} \right) \frac{2x - x_i - x_{i+1}}{\sin^2 \dfrac{x-s}{2}} dx$$

$$= 2h \cot \frac{x_{m+1}-s}{2} + 2h \cot \frac{x_m - s}{2} - 2 \lim_{\varepsilon \to 0} \left\{ \left(\int_{x_m}^{s-\varepsilon} + \int_{s+\varepsilon}^{x_{m+1}} \right) \cot \frac{x-s}{2} dx \right\}$$

$$+ \sum_{i=0, i\neq m}^{n-1} \int_{x_i}^{x_{i+1}} \left(2h \cot \frac{x_{i+1}-s}{2} + 2h \cot \frac{x_i - s}{2} - 2 \text{ p.v.} \int_{x_i}^{x_{i+1}} \cot \frac{x-s}{2} dx \right)$$

$$= 4h \sum_{k=1}^{\infty} \sum_{i=1}^{n} \{\sin[k(x_{i+1}-s)] + \sin[k(x_i - s)]\}$$

$$+ 4 \sum_{k=1}^{\infty} \frac{1}{k} \sum_{i=1}^{n} \{\cos[k(x_{i+1}-s)] - \cos[k(x_i - s)]\}$$

$$= 8h \sum_{k=1}^{\infty} \sum_{i=1}^{n} \sin\left[k\left(x_{i+1} - s\right)\right] = 8h \sum_{k=1}^{\infty} n \sin\left[k\left(x_{i+1} - s\right)\right]$$

$$= 16\pi \sum_{k=1}^{\infty} \sin\left[j\left(1+\tau\right)\pi\right] = 8\pi \cot \frac{\left(1+\tau\right)\pi}{2} = -8\pi \tan \frac{\tau\pi}{2}.$$

上式表明, 对于 $p = 2$ 的有限部分积分, 经典的梯形公式一般是发散的. 文献 [245] 研究了经典梯形公式近似计算密度函数为周期函数的情况, 基于正则化定义降低奇异性转化为一般积分的近似计算.

6.3.2 主要结论

通过直接计算, (6.3.4) 式得到科茨系数为

$$\omega_i^1\left(s\right) = \frac{4}{h} \ln \left| \frac{1 - \cos\left(x_i - s\right)}{\cos\left(h\right) - \cos\left(x_i - s\right)} \right| \tag{6.3.6}$$

和

$$\omega_i^2\left(s\right) = \frac{4}{h} \left[\frac{\sin\left(x_i - s\right)}{\cos h - \cos\left(x_i - s\right)} - \cot \frac{x_i - s}{2} \right]. \tag{6.3.7}$$

下面给出这一部分的主要结论, 证明过程将在后面给出.

定理 6.3.1 设 $f\left(x\right) \in C^4\left[c, c+2\pi\right]$. 对于梯形公式 $I_p\left(c, s, f_L\right)$ 定义为 (6.3.4), 存在与 h 和 s 无关的正数 C, 有

$$I_2\left(c, s, f\right) - I_2\left(c, s, f_L\right) = 4f''\left(s\right)\pi \tan\left(\tau\pi\right) + R_f\left(s\right), \tag{6.3.8}$$

其中 $s = x_m + \left(\tau + 1\right) h/2$ 和

$$\left|R_f\left(s\right)\right| \leqslant C \max_{c \leqslant x \leqslant c+2\pi} \left\{K_{2s}\left(x\right)\right\} \left(\left|\ln h\right| + \gamma^{-2}\left(\tau\right)\right) h^2. \tag{6.3.9}$$

这里 $K_{2s}\left(x\right)$ 定义为

$$K_{2s}\left(x\right) = \begin{cases} \dfrac{\left(x - s\right)^3 \cos \dfrac{x - s}{2}}{\sin^3 \dfrac{x - s}{2}}, & x \neq s, \\[4mm] 8, & x = s, \end{cases} \tag{6.3.10}$$

以及 $\gamma\left(\tau\right)$ 定义为 (4.2.6).

假设 $s \in (x_m, x_{m+1})$, 对某些 m 和 $s = x_m + (\tau + 1)h/2, \tau \in (-1, 1)$ 表示奇异点局部坐标.

在给出定理的证明之前, 首先定义 $I_{n,i}(s)$,

$$
I_{n,i}(s) = \begin{cases}
\displaystyle\int_{x_i}^{x_{i+1}} \frac{(x - x_i)(x - x_{i+1}) \cos \dfrac{x - s}{2}}{\sin^3 \dfrac{x - s}{2}} dx, & i \neq m \\[4ex]
\text{f.p.} \displaystyle\int_{x_m}^{x_{m+1}} (x - x_m)(x - x_{m+1}) \frac{\cos \dfrac{x - s}{2}}{\sin^3 \dfrac{x - s}{2}} dx, & i = m.
\end{cases}
\tag{6.3.11}
$$

于是有如下引理.

引理 6.3.1　设 $x \in (0, 2\pi)$, 则有 (见文献 [1,53,59])

$$
\frac{1}{2} \cot \frac{x}{2} = \sum_{k=1}^{\infty} \sin kx
\tag{6.3.12}
$$

和

$$
\ln\left(2 \sin \frac{x}{2}\right) = -\sum_{k=1}^{\infty} \frac{1}{k} \cos kx.
$$

引理 6.3.2　设 $s = x_m + (\tau + 1)h/2$ 及 $\tau \in (-1, 1)$. 设 $I_{n,i}(s)$ 定义为 (6.3.11), 则有下式成立:

$$
I_{n,i}(s) = 4h \sum_{k=1}^{\infty} \{\sin[k(x_{i+1} - s)] + \sin[k(x_i - s)]\}
$$

$$
+ 4 \sum_{k=1}^{\infty} \frac{1}{k} \{\cos[k(x_{i+1} - s)] - \cos[k(x_i - s)]\}.
\tag{6.3.13}
$$

证明: 当 $i = m$ 时, 有

$$
I_{n,i}(s)
$$

$$
= \lim_{\varepsilon \to 0} \left\{ \left(\int_{x_m}^{s-\varepsilon} + \int_{s+\varepsilon}^{x_{m+1}}\right) (x - x_m)(x - x_{m+1}) \frac{\cos \dfrac{x - s}{2}}{\sin^3 \dfrac{x - s}{2}} dx \right.
$$

$$
\left. - \frac{(s - x_m)(s - x_{m+1})}{\sin^2(\varepsilon/2)} \right\}
$$

$$
= -\lim_{\varepsilon \to 0} \left\{ \left(\int_{x_m}^{s-\varepsilon} + \int_{s+\varepsilon}^{x_{m+1}} \right) \frac{2x - x_m - x_{m+1}}{\sin^2 \dfrac{x-s}{2}} dx - 2 \left(2x - x_m - x_{m+1} \right) \cot \frac{\varepsilon}{2} \right\}
$$

$$
= 2h \cot \frac{x_{m+1} - s}{2} + 2h \cot \frac{x_m - s}{2} - 2 \lim_{\varepsilon \to 0} \left\{ \left(\int_{x_m}^{s-\varepsilon} + \int_{s+\varepsilon}^{x_{m+1}} \right) \cot \frac{x-s}{2} dx \right\}.
$$

$$\tag{6.3.14}$$

类似地, 当 $i \neq m$ 时, 对应于经典的黎曼积分有

$$
I_{n,i}\left(s \right) = 2h \left(\cot \frac{x_{m+1} - s}{2} + \cot \frac{x_m - s}{2} \right)
$$

$$
- 2 \lim_{\varepsilon \to 0} \left\{ \left(\int_{x_m}^{s-\varepsilon} + \int_{s+\varepsilon}^{x_{m+1}} \right) \cot \frac{x-s}{2} dx \right\}. \tag{6.3.15}
$$

根据引理 6.3.1 的等式 (6.3.12), 由 (6.3.14) 和 (6.3.15) 可以容易得到 (6.3.13). 命题得证.

引理 6.3.3 在引理 6.3.1 相同的假设条件下, 有

$$
\sum_{i=0}^{n-1} I_{n,i}\left(s \right) = -8\pi \tan \frac{\tau \pi}{2}. \tag{6.3.16}
$$

证明: 根据 (6.3.11), 有

$$
\sum_{i=0}^{n-1} I_{n,i}\left(s \right) = 4h \sum_{k=1}^{\infty} \sum_{i=1}^{n} \left\{ \sin\left[k\left(x_{i+1} - s \right) \right] + \sin\left[k\left(x_i - s \right) \right] \right\}
$$

$$
+ 4 \sum_{k=1}^{\infty} \frac{1}{k} \sum_{i=1}^{n} \left\{ \cos\left[k\left(x_{i+1} - s \right) \right] - \cos\left[k\left(x_i - s \right) \right] \right\}
$$

$$
= 4h \sum_{k=1}^{\infty} \sum_{i=1}^{n} \sin\left[k\left(x_{i+1} - s \right) \right] = 4h \sum_{k=1}^{\infty} n \sin\left[k\left(x_{i+1} - s \right) \right]
$$

$$
= 16\pi \sum_{k=1}^{\infty} \sin\left[j\left(1 + \tau \right) \pi \right] = 8\pi \cot \frac{\left(1 + \tau \right) \pi}{2} = -8\pi \tan \frac{\tau \pi}{2}.
$$

这里我们用到了

$$
\sum_{i=1}^{n} \sin\left[k\left(x_i - s \right) \right] = \begin{cases} n \sin\left[k\left(x_1 - s \right) \right], & k = nj, \\ 0, & k \neq nj. \end{cases}
$$

命题得证.

引理 6.3.4　设 $f(x) \in C^4[a, b]$ 和 $f_L(x) = F_{1n}(x)$, 有

$$
\begin{aligned}
f(x) - f_L(x) = {} & \frac{f''(x)}{2}(x - x_i)(x - x_{i+1}) \\
& + \frac{f^{(3)}(x)}{6}(x - x_i)(x - x_{i+1})(2x - x_{i+1} - x_i) \\
& + R_i^1(x) + R_i^2(x) + R_i^3(x),
\end{aligned} \tag{6.3.17}
$$

其中

$$
R_i^1(x) = \frac{(x - x_i)(x - x_{i+1})}{24h}\left[f^{(4)}(\xi_i)(x - x_i)^3 - f^{(4)}(\eta_i)(x - x_{i+1})^3\right], \tag{6.3.18}
$$

$$
R_i^2(x) = \frac{f^{(4)}(\beta_i)}{6}(x - x_i)(x - x_{i+1})(2x - x_{i+1} - x_i)(x - s), \tag{6.3.19}
$$

$$
R_i^3(x) = \frac{f^{(4)}(\alpha_i)}{4}(x - x_i)(x - x_{i+1})(x - s)^2, \tag{6.3.20}
$$

这里 $\alpha_i, \beta_i, \xi_i, \eta_i \in (x_i, x_{i+1})$, 有

$$
\left|R_i^1(x)\right| \leqslant Ch^4. \tag{6.3.21}
$$

通过泰勒公式将 $f(x_i)$, $f(x_{i+1})$ 在点 x 处展开, 引理 6.3.4 的证明可以类似于引理 5.5.3 得到.

设

$$
I_{n,i}^1(s) = \begin{cases}
\displaystyle\int_{x_i}^{x_{i+1}} \frac{(x - x_i)(x - x_{i+1})(2x - x_i - x_{i+1})\cos\dfrac{x - s}{2}}{\sin^3\dfrac{x - s}{2}}\,dx, & \\
& i \neq m, \\
\text{f.p.}\displaystyle\int_{x_m}^{x_{m+1}} \frac{(x - x_m)(x - x_{m+1})(2x - x_m - x_{m+1})\cos\dfrac{x - s}{2}}{\sin^3\dfrac{x - s}{2}}\,dx, & \\
& i = m
\end{cases} \tag{6.3.22}
$$

和

$$
I_{n,i}^2\left(s\right) =
\begin{cases}
\displaystyle \int_{x_i}^{x_{i+1}} \frac{\left(x-x_i\right)\left(x-x_{i+1}\right)\left(x-s\right)\cos\dfrac{x-s}{2}}{\sin^3\dfrac{x-s}{2}}dx, & i \neq m, \\[3em]
\displaystyle \text{f.p.}\int_{x_m}^{x_{m+1}} \frac{\left(x-x_m\right)\left(x-x_{m+1}\right)\left(x-s\right)\cos\dfrac{x-s}{2}}{\sin^3\dfrac{x-s}{2}}dx, & i = m.
\end{cases}
$$

$$(6.3.23)$$

引理 6.3.5 设 $s = x_m + (\tau+1)h/2$ 及 $\tau \in (-1,1)$. 设 $I_{n,i}^1\left(s\right)$ 和 $I_{n,i}^2\left(s\right)$ 分别定义为 (6.3.22) 和 (6.3.23), 于是有

$$
\begin{aligned}
I_{n,i}^1\left(s\right) = {} & 4h^2 \sum_{k=1}^{\infty} \left\{ -\sin\left[k\left(x_{i+1}-s\right)\right] + \sin\left[k\left(x_i-s\right)\right] \right\} \\
& + 4 \sum_{k=1}^{\infty} \frac{1}{k} \left\{ \cos\left[k\left(x_{i+1}-s\right)\right] - \cos\left[k\left(x_i-s\right)\right] \right\} \\
& + 4h \sum_{k=1}^{\infty} \left\{ \cos\left[k\left(x_{i+1}-s\right)\right] + \cos\left[k\left(x_i-s\right)\right] \right\} \\
& - 8 \sum_{k=1}^{\infty} \frac{1}{k^2} \left\{ \sin\left[k\left(x_{i+1}-s\right)\right] - \sin\left[k\left(x_i-s\right)\right] \right\}
\end{aligned}
$$

$$(6.3.24)$$

和

$$
\begin{aligned}
I_{n,i}^2\left(s\right) = {} & -h \sum_{k=1}^{\infty} \left\{ \left(x_{i+1}-s\right)\sin\left[k\left(x_{i+1}-s\right)\right] - \left(x_i-s\right)\sin\left[k\left(x_i-s\right)\right] \right\} \\
& + 2 \sum_{k=1}^{\infty} \frac{1}{k} \left\{ \cos\left[k\left(x_{i+1}-s\right)\right] - \cos\left[k\left(x_i-s\right)\right] \right\} \\
& + 4h \sum_{k=1}^{\infty} \left\{ \left(x_{i+1}-s\right)\cos\left[k\left(x_{i+1}-s\right)\right] - \left(x_i-s\right)\cos\left[k\left(x_i-s\right)\right] \right\} \\
& - 8 \sum_{k=1}^{\infty} \frac{1}{k^2} \left\{ \sin\left[k\left(x_{i+1}-s\right)\right] - \sin\left[k\left(x_i-s\right)\right] \right\}.
\end{aligned}
$$

$$(6.3.25)$$

证明: 当 $i = m$ 时, 根据有限部分积分的定义, 设 $I_m\left(x\right) = \left(x-x_m\right)\left(x-x_{m+1}\right)\left(2x-x_m-x_{m+1}\right)$, 有

$$I_{n,i}^1(s)$$

$$= \text{f.p.} \int_{x_m}^{x_{m+1}} \frac{I_m(x) \cos \dfrac{x-s}{2}}{\sin^3 \dfrac{x-s}{2}} dx$$

$$= \lim_{\varepsilon \to 0} \left\{ \left(\int_{x_m}^{s-\varepsilon} + \int_{s+\varepsilon}^{x_{m+1}} \right) \frac{I_m(x) \cos \dfrac{x-s}{2}}{\sin^3 \dfrac{x-s}{2}} dx - \frac{2\varepsilon I_m(s)}{\sin^2 [\varepsilon/2]} \right\}$$

$$= \text{f.p.} \int_{x_m}^{x_{m+1}} \frac{(2x - x_{m+1} - x_m)^2 + 2(x - x_m)(x - x_{m+1})}{\sin^2 \dfrac{x-s}{2}} dx$$

$$= 4 \, \text{f.p.} \int_{x_m}^{x_{m+1}} \frac{(x - x_m - h/2)^2}{\sin^2 \dfrac{x-s}{2}} dx + 2 \, \text{f.p.} \int_{x_m}^{x_{m+1}} \frac{(x - x_m)(x - x_{m+1})}{\sin^2 \dfrac{x-s}{2}} dx$$

$$= 4 \lim_{\varepsilon \to 0} \left\{ \left(\int_{x_m}^{s-\varepsilon} + \int_{s+\varepsilon}^{x_{m+1}} \right) \frac{(x - x_m - h/2)^2}{\sin^2 \dfrac{x-s}{2}} dx - 4(s - x_m - h/2)^2 \cot \frac{\varepsilon}{2} \right\}$$

$$+ 2 \lim_{\varepsilon \to 0} \left\{ \left(\int_{x_m}^{s-\varepsilon} + \int_{s+\varepsilon}^{x_{m+1}} \right) \frac{(x - x_m)(x - x_{m+1})}{\sin^2 \dfrac{x-s}{2}} dx \right.$$

$$\left. - 4(s - x_m)(s - x_{m+1}) \cot \frac{\varepsilon}{2} \right\}$$

$$= 4h^2 \left[-\cot \frac{x_{m+1} - s}{2} + \cot \frac{x_m - s}{2} \right]$$

$$+ 8 \lim_{\varepsilon \to 0} \left\{ \left(\int_{x_m}^{s-\varepsilon} + \int_{s+\varepsilon}^{x_{m+1}} \right) (x - x_m - h/2) \cot \frac{x-s}{2} dx \right\}$$

$$= 4h^2 \sum_{k=1}^{\infty} \{ -\sin [k(x_{i+1} - s)] + \sin [k(x_i - s)] \}$$

$$+ 4 \sum_{k=1}^{\infty} \frac{1}{k} \{ \cos [k(x_{i+1} - s)] - \cos [k(x_i - s)] \}$$

$$+ 4h \ln \left| \sin \frac{x_{m+1} - s}{2} \sin \frac{x_m - s}{2} \right| - 8 \lim_{\varepsilon \to 0} \left\{ \left(\int_{x_m}^{s-\varepsilon} + \int_{s+\varepsilon}^{x_{m+1}} \right) \ln \left| \sin \frac{x-s}{2} \right| dx \right\}$$

$$= 4h^2 \sum_{k=1}^{\infty} \{- \sin [k (x_{i+1} - s)] + \sin [k (x_i - s)]\}$$

$$+ 4 \sum_{k=1}^{\infty} \frac{1}{k} \{\cos [k (x_{i+1} - s)] - \cos [k (x_i - s)]\}$$

$$+ 4h \sum_{k=1}^{\infty} \{\cos [k (x_{i+1} - s)] + \cos [k (x_i - s)]\}$$

$$- 8 \sum_{k=1}^{\infty} \frac{1}{k^2} \{\sin [k (x_{i+1} - s)] - \sin [k (x_i - s)]\}. \tag{6.3.26}$$

这里用到了等式 (6.3.12) 和 (6.3.3). $I_{n,i}^2 (s)$ 的证明可以类似得到, 引理 6.3.5 的证明完成. 命题得证.

引理 6.3.6 在引理 6.3.5 的相同条件下, 有

$$\sum_{i=0}^{n-1} I_{n,i}^1 (s) = -8h \ln 2 \cos \frac{\tau \pi}{2} \tag{6.3.27}$$

和

$$\sum_{i=0}^{n-1} I_{n,i}^2 (s) = -4h \ln 2 \cos \frac{\tau \pi}{2}. \tag{6.3.28}$$

证明: 根据 (6.3.24), 有

$$\sum_{i=0}^{n-1} I_{n,i}^1 (s) = 4h^2 \sum_{i=0}^{n-1} \sum_{k=1}^{\infty} \{- \sin [k (x_{i+1} - s)] + \sin [k (x_i - s)]\}$$

$$+ 4 \sum_{i=0}^{n-1} \sum_{k=1}^{\infty} \frac{1}{k} \{\cos [k (x_{i+1} - s)] - \cos [k (x_i - s)]\}$$

$$+ 4h \sum_{i=0}^{n-1} \sum_{k=1}^{\infty} \frac{1}{k} \{\cos [k (x_{i+1} - s)] + \cos [k (x_i - s)]\}$$

$$- 8 \sum_{i=0}^{n-1} \sum_{k=1}^{\infty} \frac{1}{k^2} \{\sin [k (x_{i+1} - s)] - \sin [k (x_i - s)]\}$$

$$= 8h \sum_{i=0}^{n-1} \sum_{k=1}^{\infty} \frac{1}{k} \cos [k (x_i - s)] = 8h \sum_{i=0}^{n-1} \sum_{k=1}^{\infty} \frac{1}{j} \cos [nj (x_i - s)]$$

$$= 8h \sum_{i=0}^{n-1} \sum_{k=1}^{\infty} \frac{1}{j} \cos \left[j \left(1 + \tau \right) \right] = -8h \ln 2 \sin \frac{\left(1 + \tau \right) \pi}{2}$$

$$= -8h \ln 2 \cos \frac{\tau \pi}{2}, \tag{6.3.29}$$

这里用到了

$$\sum_{i=1}^{n} \cos \left[k \left(x_i - s \right) \right] = \begin{cases} n \cos \left[k \left(x_1 - s \right) \right], & k = nj, \\ 0, & k \neq nj. \end{cases} \tag{6.3.30}$$

等式 (6.3.3)、等式 (6.3.28) 的证明可以类似得到, 命题得证.

设

$$E_m \left(x \right) = f \left(x \right) - f_L \left(x \right) - \frac{f'' \left(s \right)}{2} \left(x - x_m \right) \left(x - x_{m+1} \right)$$

$$+ \frac{f^{(3)} \left(s \right)}{2} \left(x - x_m \right) \left(x - x_{m+1} \right) \left(x - s \right)$$

$$+ \frac{f^{(3)} \left(s \right)}{6} \left(x - x_m \right) \left(x - x_{m+1} \right) \left(2x - x_{m+1} - x_m \right). \tag{6.3.31}$$

引理 6.3.7　在定理 6.3.1 相同的条件下, 以及 $E_m \left(x \right)$ 定义为 (6.3.31), 有

$$\left| \text{f.p.} \int_{x_m}^{x_{m+1}} \frac{E_m \left(x \right) \cos \frac{x - s}{2}}{\sin^3 \frac{x - s}{2}} dx \right| \leqslant C \gamma^{-1} \left(\tau \right) h^2, \tag{6.3.32}$$

其中 $\gamma \left(\tau \right)$ 定义为 (4.2.6).

证明: 根据 $E_m \left(x \right)$ 的定义, 有

$$\left| E_m^{(l)} \left(x \right) \right| \leqslant C h^{4-l}, \quad l = 0, 1, 2. \tag{6.3.33}$$

由于

$$\text{f.p.} \int_{x_m}^{x_{m+1}} \frac{E_m \left(x \right) \cos \frac{x - s}{2}}{\sin^3 \frac{x - s}{2}} dx$$

$$= 8 \text{f.p.} \int_{x_m}^{x_{m+1}} \frac{E_m \left(x \right)}{\left(x - s \right)^3} dx + \text{f.p.} \int_{x_m}^{x_{m+1}} \frac{E_m \left(x \right) \left[K_{2s} \left(x \right) - 8 \right]}{\left(x - s \right)^3} dx, \tag{6.3.34}$$

根据等式

$$\text{f.p.} \int_a^b \frac{f(x)}{(x-s)^3} dx = \frac{f(s)}{2}\left[\frac{1}{(a-s)^2} - \frac{1}{(b-s)^2}\right] - \frac{(b-a)f'(s)}{(b-s)(s-a)}$$

$$+ \frac{f''(s)}{2}\ln\frac{b-s}{s-a} + \int_a^b \frac{f^{(3)}(\alpha(x))}{6}dx, \qquad (6.3.35)$$

有

$$\text{f.p.} \int_{x_m}^{x_{m+1}} \frac{E_m(x)}{(x-s)^3}dx = \frac{E_m(s)}{2}\left[\frac{1}{(x_m-s)^2} - \frac{1}{(x_{m+1}-s)^2}\right]$$

$$- \frac{hE_m'(s)}{(x_{m+1}-s)(s-x_m)}$$

$$+ \frac{E_m''(s)}{2}\ln\frac{x_{m+1}-s}{s-x_m} + \int_{x_m}^{x_{m+1}} \frac{f^{(3)}(\alpha(x))}{6}dx, \tag{6.3.36}$$

这里 $\theta(x) \in (x_m, x_{m+1})$.

由于 $E_m(x_m) = 0$, 则有

$$\left|\frac{E_m(s)}{2}\left[\frac{1}{(x_m-s)^2} - \frac{1}{(x_{m+1}-s)^2}\right]\right|$$

$$= \left|\frac{E_m(s) - E_m(x_m)}{2}\left[\frac{1}{(x_m-s)^2} - \frac{1}{(x_{m+1}-s)^2}\right]\right|$$

$$= \left|\frac{E_m'(\xi_m)(s-x_m)}{2}\left[\frac{1}{(x_m-s)^2} - \frac{1}{(x_{m+1}-s)^2}\right]\right| \leqslant C\gamma^{-1}(\tau)h^2, \tag{6.3.37}$$

这里 $\xi_m \in (x_m, x_{m+1})$ 以及 $|x_i - s| = \min\limits_{1\leqslant i\leqslant n}\{|x_i - s|\}$. 显然, $s \in (x_i, x_{i+1})$. 我们仅考虑 $s \in (x_m, x_{m+1})$ 的情况, 对于 $s \in (x_i, x_{i+1})$ 的情况可以类似得到.

$$\left|\frac{hE_m'(s)}{(x_{m+1}-s)(s-x_m)}\right| \leqslant C\gamma^{-1}(\tau)h^2, \tag{6.3.38}$$

$$\left|\frac{E_m''(s)}{2}\ln\frac{x_{m+1}-s}{s-x_m}\right| \leqslant C\left[|\ln\gamma(\tau)| + |\ln h|\right]h^2 \tag{6.3.39}$$

和

$$\left| \int_{x_m}^{x_{m+1}} \frac{f^{(3)}\left(\alpha\left(x\right)\right)}{6} dx \right| \leqslant Ch^2. \tag{6.3.40}$$

对于第二项,

$$\left| \text{f.p.} \int_{x_m}^{x_{m+1}} \frac{E_m\left(x\right)\left[K_{2s}\left(x\right)-8\right]}{\left(x-s\right)^3} dx \right|$$

$$\leqslant \max\left|E_m\left(x\right)\right| \text{f.p.} \int_{x_m}^{x_{m+1}} \frac{\left[K_{2s}\left(x\right)-8\right]}{\left|x-s\right|^3} dx$$

$$= \max\left|E_m\left(x\right)\right| \text{f.p.} \int_{x_m}^{x_{m+1}} \frac{K_{2s}\left(x\right)-8}{\left(x-s\right)^3} dx$$

$$= \max\left|E_m\left(x\right)\right| \left\{ \text{f.p.} \int_{x_m}^{x_{m+1}} \frac{\cos\dfrac{x-s}{2}}{\sin^3\dfrac{x-s}{2}} dx - \text{f.p.} \int_{x_m}^{x_{m+1}} \frac{8}{\left(x-s\right)^3} dx \right\}$$

$$\leqslant h^2 \left\{ \frac{1}{\sin^2\left[\left(x_{m+1}-s\right)/2\right]} - \frac{1}{\sin^2\left[\left(x_m-s\right)/2\right]} + \left[\frac{1}{\left(x_m-s\right)^2} - \frac{1}{\left(x_{m+1}-s\right)^2} \right] \right\}$$

$$\leqslant C\gamma^{-2}\left(\tau\right) h^2. \tag{6.3.41}$$

式 (6.3.32) 可以由 (6.3.27) 到 (6.3.41) 联立得到, 命题得证.

6.3.3　定理 6.3.1 的证明

根据 (6.3.31), 有

$$\text{f.p.} \int_{x_m}^{x_{m+1}} \frac{\left[f\left(x\right)-f_L\left(x\right)\right]\cos\dfrac{x-s}{2}}{\sin^3\dfrac{x-s}{2}} dx$$

$$= \text{f.p.} \int_{x_m}^{x_{m+1}} \frac{E_m\left(x\right)\cos\dfrac{x-s}{2}}{\sin^3\dfrac{x-s}{2}} dx$$

$$+ \frac{f''\left(s\right)}{2} \text{f.p.} \int_{x_m}^{x_{m+1}} \frac{\left(x-x_m\right)\left(x-x_{m+1}\right)\cos\dfrac{x-s}{2}}{\sin^3\dfrac{x-s}{2}} dx$$

$$+ \frac{f^{(3)}(s)}{2} \text{f.p.} \int_{x_m}^{x_{m+1}} \frac{(x - x_m)(x - x_{m+1})(x - s) \cos \frac{x - s}{2}}{\sin^3 \frac{x - s}{2}} dx$$

$$+ \frac{f^{(3)}(s)}{6} \text{f.p.} \int_{x_m}^{x_{m+1}} \frac{(x - x_m)(x - x_{m+1})(2x - x_{m+1} - x_m) \cos \frac{x - s}{2}}{\sin^3 \frac{x - s}{2}} dx,$$

$$(6.3.42)$$

于是有

$$\text{f.p.} \int_c^{c+2\pi} \frac{[f(x) - f_L(x)] \cos \frac{x - s}{2}}{\sin^3 \frac{x - s}{2}} dx$$

$$= \sum_{i=0}^{n-1} \text{f.p.} \int_{x_i}^{x_{i+1}} \frac{E_m(x) \cos \frac{x - s}{2}}{\sin^3 \frac{x - s}{2}} dx$$

$$= 4f''(s) \pi \tan \left(\frac{\tau \pi}{2} \right) - 4h f^{(3)}(s) \ln \left[2 \cos \left(\frac{\tau \pi}{2} \right) \right]$$

$$+ \frac{f^{(3)}(s)}{2} 8h f^{(3)}(s) \ln \left[2 \cos \left(\frac{\tau \pi}{2} \right) \right] + R_f(s)$$

$$= 4f''(s) \pi \tan \left(\frac{\tau \pi}{2} \right) + R_f(s), \qquad (6.3.43)$$

其中

$$R_f(s) = R^1(s) + R^2(s), \qquad (6.3.44)$$

$$R^1(s) = \text{f.p.} \int_{x_m}^{x_{m+1}} \frac{E_m(x) \cos \frac{x - s}{2}}{\sin^3 \frac{x - s}{2}} dx, \qquad (6.3.45)$$

$$R^2(s) = \sum_{i=0, i \neq m}^{n-1} \int_{x_i}^{x_{i+1}} \frac{R_i^1(x) \cos \frac{x - s}{2}}{\sin^3 \frac{x - s}{2}} dx + \sum_{i=0, i \neq m}^{n-1} \int_{x_i}^{x_{i+1}} \frac{R_i^2(x) \cos \frac{x - s}{2}}{\sin^3 \frac{x - s}{2}} dx$$

$$+ \sum_{i=0, i \neq m}^{n-1} \int_{x_i}^{x_{i+1}} \frac{R_i^3(x) \cos \frac{x - s}{2}}{\sin^3 \frac{x - s}{2}} dx. \qquad (6.3.46)$$

对于 (6.3.46) 的第一项, 有

$$
\left| \sum_{i=0,i\neq m}^{n-1} \int_{x_i}^{x_{i+1}} \frac{R_i^1(x)\cos\dfrac{x-s}{2}}{\sin^3\dfrac{x-s}{2}}dx \right|
$$

$$
= \sum_{i=0,i\neq m}^{n-1} \int_{x_i}^{x_{i+1}} \frac{(x-x_i)(x-x_{i+1})f^{(4)}(\xi_i)(x-x_i)^3\cos\dfrac{x-s}{2}}{24h\sin^3\dfrac{x-s}{2}}dx
$$

$$
- \sum_{i=0,i\neq m}^{n-1} \int_{x_i}^{x_{i+1}} \frac{(x-x_i)(x-x_{i+1})f^{(4)}(\eta_i)(x-x_{i+1})^3\cos\dfrac{x-s}{2}}{24h\sin^3\dfrac{x-s}{2}}dx
$$

$$
= \left| \sum_{i=0,i\neq m}^{n-1} \int_{x_i}^{x_{i+1}} \frac{K_{2s}(x)(x-x_i)(x-x_{i+1})\left[f^{(4)}(\xi_i)(x-x_i)^3 - f^{(4)}(\eta_i)(x-x_{i+1})^3\right]}{24h(x-s)^3}dx \right|
$$

$$
\leqslant C \max_{x_i\leqslant x\leqslant x_{i+1}}\{K_{2s}(x)\}h^4 \sum_{i=0,i\neq m}^{n-1} \int_{x_i}^{x_{i+1}} \frac{1}{|x-s|^3}dx
$$

$$
\leqslant C\gamma^{-2}(\tau)\max_{c\leqslant x\leqslant c+2\pi}\{K_{2s}(x)\}h^2. \tag{6.3.47}
$$

对于 (6.3.46) 的第二项, 有

$$
\left| \sum_{i=0,i\neq m}^{n-1} \int_{x_i}^{x_{i+1}} \frac{R_i^2(x)\cos\dfrac{x-s}{2}}{\sin^3\dfrac{x-s}{2}}dx \right|
$$

$$
= \sum_{i=0,i\neq m}^{n-1} \int_{x_i}^{x_{i+1}} \frac{f^{(4)}(\beta_i)(x-x_i)(x-x_{i+1})(2x-x_{i+1}-x_i)(x-s)\cos\dfrac{x-s}{2}}{6\sin^3\dfrac{x-s}{2}}dx
$$

$$
= \sum_{i=0,i\neq m}^{n-1} \int_{x_i}^{x_{i+1}} \frac{K_{2s}(x)f^{(4)}(\beta_i)(x-x_i)(x-x_{i+1})(2x-x_{i+1}-x_i)}{6(x-s)^2}dx
$$

$$
\leqslant C \max_{x_i\leqslant x\leqslant x_{i+1}}\{K_{2s}(x)\}h^3 \sum_{i=0,i\neq m}^{n-1} \int_{x_i}^{x_{i+1}} \frac{1}{|x-s|^2}dx
$$

$$
\leqslant C\gamma^{-1}(\tau)\max_{c\leqslant x\leqslant c+2\pi}\{K_{2s}(x)\}h^2. \tag{6.3.48}
$$

对于 (6.3.46) 的第三项, 有

$$
\left| \sum_{i=0,i\neq m}^{n-1} \int_{x_i}^{x_{i+1}} \frac{R_i^3\left(x\right)\cos\dfrac{x-s}{2}}{\sin^3\dfrac{x-s}{2}}dx \right|
$$

$$
= \left| \sum_{i=0,i\neq m}^{n-1} \int_{x_i}^{x_{i+1}} \frac{f^{(4)}\left(\alpha_i\right)\left(x-x_i\right)\left(x-x_{i+1}\right)\left(x-s\right)^2\cos\dfrac{x-s}{2}}{4\sin^3\dfrac{x-s}{2}}dx \right|
$$

$$
= \left| \sum_{i=0,i\neq m}^{n-1} \int_{x_i}^{x_{i+1}} \frac{K_{2s}\left(x\right)f^{(4)}\left(\alpha_i\right)\left(x-x_i\right)\left(x-x_{i+1}\right)}{x-s}dx \right|
$$

$$
\leqslant C \max_{x_i\leqslant x\leqslant x_{i+1}} \{K_{2s}\left(x\right)\} h^2 \sum_{i=0,i\neq m}^{n-1} \int_{x_i}^{x_{i+1}} \frac{1}{|x-s|}dx
$$

$$
\leqslant C\left[|\ln\gamma\left(\tau\right)|+|\ln h|\right] \max_{c\leqslant x\leqslant c+2\pi} \{K_{2s}\left(x\right)\} h^2. \tag{6.3.49}
$$

根据引理 6.3.5 和引理 6.3.6, 有

$$
|R_f\left(s\right)| \leqslant \left|R^1\left(s\right)\right|+\left|R^2\left(s\right)\right| \leqslant C\left[\gamma^{-2}\left(\tau\right)+|\ln h|\right] \max_{c\leqslant x\leqslant c+2\pi} \{K_{2s}\left(x\right)\} h^2. \tag{6.3.50}
$$

命题得证.

对于 $p=2$ 的情况, 根据定理 6.3.1, 我们得到如下修正梯形公式,

$$
\tilde{I}_2\left(c,s,f_L\right) = I_2\left(c,s,f_L\right) - 4f''\left(s\right)\pi\tan\left(\frac{\tau\pi}{2}\right) \tag{6.3.51}
$$

和

$$
\tilde{E}_n^2\left(f;s\right) = \text{f.p.} \int_c^{c+2\pi} \frac{f\left(x\right)\cos\dfrac{x-s}{2}}{\sin^3\dfrac{x-s}{2}}dx - \tilde{I}_2\left(c,s,f_L\right). \tag{6.3.52}
$$

则有如下推论.

推论 6.3.1 在定理 6.3.1 相同的条件下, 有

$$
\left|\tilde{E}_n^2\left(f;s\right)\right| \leqslant C \max_{c\leqslant x\leqslant c+2\pi} \{K_{2s}\left(x\right)\} \left[\gamma^{-2}\left(\tau\right)+|\ln h|\right] h^2, \tag{6.3.53}
$$

其中 $\gamma\left(\tau\right)$ 定义为 (4.2.6).

类似于定理 6.3.1 的分析, 对于 $p = 1$ 的情况, 有如下定理.

定理 6.3.2　设 $f(x) \in C^3[c, c+2\pi]$. 对定义为 (6.3.4) 的梯形公式 $I_1(c, s, f_L)$, 存在与 h 和 s 无关的正常数 C, 有

$$I_1(c, s, f) - I_1(c, s, f_L) = 4hf''(s)\ln\left[2\cos\left(\frac{\tau\pi}{2}\right)\right] + R_f(s), \tag{6.3.54}$$

其中 $s = x_m + (\tau+1)h/2, \tau \in (-1, 1)$, 以及

$$|R_f(s)| \leqslant C \max_{c \leqslant x \leqslant c+2\pi}\{K_{1s}(x)\}\left[\gamma^{-1}(\tau) + |\ln h|\right]h^2, \tag{6.3.55}$$

这里 $\gamma(\tau)$ 定义为 (4.2.6).

根据定理 6.3.2 中的误差泛函展开式 (6.3.54), 当特殊函数 $\ln 2\cos[\tau\pi/2] = 0$, 即 $\tau = \pm 2/3$ 时, 我们得到与文献 [263] 中相同的超收敛点.

根据上面的分析, 我们给出梯形公式的修正公式为

$$\tilde{I}_1(c, s, f_L) = I_1(c, s, f_L) - 4hf''(s)\ln\left[2\cos\left(\frac{\tau\pi}{2}\right)\right] \tag{6.3.56}$$

和

$$\tilde{E}_n^1(f; s) = \text{f.p.}\int_c^{c+2\pi}\frac{f(x)}{\sin^2\dfrac{x-s}{2}}dx - \tilde{I}_1(c, s, f_L). \tag{6.3.57}$$

于是有如下推论.

推论 6.3.2　在定理 6.3.2 相同的条件下, 有

$$\left|\tilde{E}_n^1(f; s)\right| \leqslant C \max_{c \leqslant x \leqslant c+2\pi}\{K_{1s}(x)\}\left[\gamma^{-1}(\tau) + |\ln h|\right]h^2, \tag{6.3.58}$$

其中 $\gamma(\tau)$ 定义为 (4.2.6).

根据上述推论, 我们知道修正梯形公式的误差阶可以达到 $O(h^2)$, 此时与黎曼积分的收敛阶一致.

6.3.4　数值算例

在这一部分, 数值结果用来检验理论分析的结论.

例 6.3.1　考虑圆周上的二阶超奇异积分

$$\text{f.p.}\int_c^{c+2\pi}\frac{f(x)\cos\dfrac{x-s}{2}}{\sin^3\dfrac{x-s}{2}}dx = g(s), \tag{6.3.59}$$

这里 $f(x) = 1 + 3\cos(2x) + 4\sin(2x)$, 其准确解为 $-8\pi\left[3\cos(2s) + 4\sin(2s)\right]$.

表 6.3.1 左边对于 $s = x_{[n/4]} + (\tau + 1)h/2$, 表示当奇异点的局部坐标为 $\tau = \pm 2/3$ 时, 收敛阶可以达到 $O\left(h^2\right)$, 对于奇异点的局部坐标不取超收敛点时, 其收敛阶为 $O(h)$, 这与理论分析是一致的, 表的右半部分说明修正的梯形公式收敛阶都是 $O\left(h^2\right)$, 这与我们的推论一致. 对于 $s = x_{[0]} + (\tau + 1)h/2$ 的情况, 表 6.3.2 说明其收敛阶与表 6.3.1 具有一样的收敛阶, 修正的公式都可以达到 $O\left(h^2\right)$, 这是因为圆周上的超奇异积分没有区间端点的影响.

表 6.3.1　当 $s = x_{[n/4]} + (\tau + 1)h/2$ 时, 梯形公式和修正梯形公式的误差

n	$I_1\left(c, s, f_L\right)$			$\tilde{I}_1\left(c, s, f_L\right)$	
	$\tau = 0$	$\tau = 2/3$	$\tau = 1/2$	$\tau = 0$	$\tau = -1/2$
32	9.2399e+0	7.4841e−1	5.1077e+0	1.1334e+0	1.7003e+0
64	3.9428e+0	1.1715e−1	2.0583e+0	2.6524e−1	4.2508e−1
128	1.8017e+0	2.0106e−2	9.1781e−1	6.3584e−2	1.0599e−1
256	8.5860e−1	3.8600e−3	4.3293e−1	1.5527e−2	2.6445e−2
512	4.1878e−1	8.1830e−4	2.1022e−1	3.8339e−2	6.6035e−3
1024	2.0677e−1	1.8610e−4	1.0358e−1	9.5238e−4	1.6499e−3
h^α	1.0964	2.3947	1.1248	2.0434	2.0018

表 6.3.2　当 $s = x_0 + (\tau + 1)h/2$ 时, 梯形公式和修正梯形公式的误差

n	$I_1\left(c, s, f_L\right)$			$\tilde{I}_1\left(c, s, f_L\right)$	
	$\tau = 0$	$\tau = 2/3$	$\tau = 1/2$	$\tau = 0$	$\tau = -1/2$
32	−9.2399e+0	−7.4841e−1	−5.1077e+0	−1.1334e+0	−1.7003e+0
64	−3.9428e+0	−1.1715e−1	−2.0583e+0	−2.6524e−1	−4.2508e−1
128	−1.8017e+0	−2.0106e−2	−9.1781e−1	−6.3584e−2	−1.0599e−1
256	−8.5860e−1	−3.8600e−3	−4.3293e−1	−1.5527e−2	−2.6445e−2
512	−4.1878e−1	−8.1830e−4	−2.1022e−1	−3.8339e−3	−6.6035e−3
1024	−2.0677e−1	−1.8610e−4	−1.0358e−1	−9.5238e−4	−1.6499e−3
h^α	1.0180	2.0212	1.0377	1.9909	1.9857

例 6.3.2　考虑圆周上的三阶超奇异积分

$$\text{f.p.} \int_c^{c+2\pi} \frac{f(x)\cos\dfrac{x-s}{2}}{\sin^3\dfrac{x-s}{2}} dx = g(s), \tag{6.3.60}$$

其中 $f(x) = \cos x + \sin x$, 其准确解为 $-4\pi\left[\sin(s) - \cos(s)\right]$.

表 6.3.3 的左边对于 $s = x_{[n/4]} + (\tau + 1)h/2$, 表示当奇异点的局部坐标为 $\tau = 0$ 时, 此时为超收敛点, 收敛阶可以达到 $O\left(h^2\right)$, 对于奇异点的局部坐标不取

超收敛点时, 其收敛阶为 $O(h)$, 这与理论分析是一致的, 表的右半部分说明修正的梯形公式收敛阶都是 $O(h^2)$, 这与我们的推论一致. 对于 $s = x_0 + (\tau+1)h/2$ 的情况, 表 6.3.4 说明其收敛阶与表 6.3.3 具有一样的收敛阶, 修正的公式都可以达到 $O(h^2)$, 这是因为圆周上的超奇异积分没有区间端点的影响.

表 6.3.3　当 $s = x_{[n/4]} + (\tau+1)h/2$ 时, 梯形公式和修正梯形公式的误差

n	$I_2(c,s,f_L)$			$\tilde{I}_2(c,s,f_L)$	
	$\tau=0$	$\tau=2/3$	$\tau=1/2$	$\tau=-2/3$	$\tau=-1/2$
32	$-4.4079\mathrm{e}{-2}$	$-1.7918\mathrm{e}{+1}$	$-1.0598\mathrm{e}{+1}$	$-1.0913\mathrm{e}{-1}$	$-8.0545\mathrm{e}{-2}$
64	$-1.0573\mathrm{e}{-2}$	$-1.9909\mathrm{e}{+1}$	$-1.1609\mathrm{e}{+1}$	$-2.7442\mathrm{e}{-2}$	$-2.0174\mathrm{e}{-2}$
128	$-2.5843\mathrm{e}{-3}$	$-2.0856\mathrm{e}{+1}$	$-1.2096\mathrm{e}{+1}$	$-6.8779\mathrm{e}{-3}$	$-5.0458\mathrm{e}{-3}$
256	$-6.3850\mathrm{e}{-4}$	$-2.1315\mathrm{e}{+1}$	$-1.2333\mathrm{e}{+1}$	$-1.7215\mathrm{e}{-3}$	$-1.2616\mathrm{e}{-3}$
512	$-1.5867\mathrm{e}{-4}$	$-2.1542\mathrm{e}{+1}$	$-1.2450\mathrm{e}{+1}$	$-4.3092\mathrm{e}{-4}$	$-3.1545\mathrm{e}{-4}$
1024	$-3.9600\mathrm{e}{-5}$	$-2.1654\mathrm{e}{+1}$	$-1.2508\mathrm{e}{+1}$	$-1.0826\mathrm{e}{-4}$	$-7.8820\mathrm{e}{-5}$
h^α	2.0241	—	—	1.9955	1.9994

表 6.3.4　当 $s = x_0 + (\tau+1)h/2$ 时, 梯形公式和修正梯形公式的误差

n	$I_2(c,s,f_L)$			$\tilde{I}_2(c,s,f_L)$	
	$\tau=0$	$\tau=2/3$	$\tau=1/2$	$\tau=-2/3$	$\tau=-1/2$
32	$3.6175\mathrm{e}{-2}$	$-2.4907\mathrm{e}{+1}$	$-1.4194\mathrm{e}{+1}$	$-3.3105\mathrm{e}{-2}$	$-3.9569\mathrm{e}{-3}$
64	$9.5827\mathrm{e}{-3}$	$-2.3443\mathrm{e}{+1}$	$-1.3437\mathrm{e}{+1}$	$-7.8364\mathrm{e}{-3}$	$-4.9524\mathrm{e}{-4}$
128	$2.4604\mathrm{e}{-3}$	$-2.2631\mathrm{e}{+1}$	$-1.3015\mathrm{e}{+1}$	$-1.9034\mathrm{e}{-3}$	$-6.1923\mathrm{e}{-5}$
256	$6.2303\mathrm{e}{-4}$	$-2.2204\mathrm{e}{+1}$	$-1.2794\mathrm{e}{+1}$	$-4.6887\mathrm{e}{-4}$	$-7.7481\mathrm{e}{-6}$
512	$1.5672\mathrm{e}{-4}$	$-2.1987\mathrm{e}{+1}$	$-1.2681\mathrm{e}{+1}$	$-1.1661\mathrm{e}{-4}$	$-1.0324\mathrm{e}{-6}$
1024	$3.9329\mathrm{e}{-5}$	$-2.1876\mathrm{e}{+1}$	$-1.2624\mathrm{e}{+1}$	$-2.9381\mathrm{e}{-5}$	$-1.2781\mathrm{e}{-7}$
h^α	1.9690			2.0276	2.9836

考虑如下三阶超奇异积分方程

$$\frac{1}{2\pi}\text{f.p.}\int_c^{c+2\pi} \frac{f(x)\cos\dfrac{x-s}{2}}{\sin^3\dfrac{x-s}{2}}dx = g(s), \quad s \in (c,c+2\pi) \tag{6.3.61}$$

满足相容性条件

$$\int_0^{2\pi} g(x)dx = 0. \tag{6.3.62}$$

在满足条件 (6.3.62) 时, (6.3.61) 存在唯一解, 详见文献 [212,217]. 为了保证解的唯一性, 密度函数满足如下周期性条件

$$\int_0^{2\pi} f(x)dx = 0. \tag{6.3.63}$$

对圆周上的三阶超奇异积分 (6.3.1) 应用复化梯形公式 $I_2\left(c, s, f_L\right)$ 来近似, 选取每一个子区间的中点 $\hat{x}_k = x_{k-1} + h/2\,(k = 1, 2, \cdots, n)$ 作为配置点, 得到如下线性方程组

$$\frac{4}{h\pi} \sum_{m=1}^{n} \left[\frac{\sin\left(\hat{x}_k - x_{m-1}\right)}{\cos h - \cos\left(\hat{x}_k - x_{m-1}\right)} - \cot \frac{\hat{x}_k - x_{m-1}}{2} \right] f_m = g\left(\hat{x}_k\right), \qquad (6.3.64)$$

表示为矩形形式

$$A_n F_n^a = G_n^e, \qquad (6.3.65)$$

其中

$$A_n = \left(a_{km}\right)_{n \times n},$$

$$a_{km} = \frac{4}{h\pi} \left[\frac{\sin\left(\hat{x}_k - x_{m-1}\right)}{\cos h - \cos\left(\hat{x}_k - x_{m-1}\right)} - \cot \frac{\hat{x}_k - x_{m-1}}{2} \right], \quad k, m = 1, 2, \cdots, n,$$

$$F_n^a = \left(f_1, f_2, \cdots, f_n\right)^{\mathrm{T}},$$

$$G_n^e = \left(g\left(\hat{x}_1\right), g\left(\hat{x}_2\right), \cdots, g\left(\hat{x}_n\right)\right)^{\mathrm{T}}. \qquad (6.3.66)$$

这里 f_k 表示函数 f 在点 $\hat{x}_k$ 处的值. 显然, 矩阵 A_n 为对称 Toeplitz 矩阵而且是循环矩阵, 对 $k = 1, 2, \cdots, n$,

$$\sum_{m=1}^{n} a_{km} = \frac{4}{h\pi} \sum_{m=1}^{n} \left[\frac{\sin\left(\hat{x}_k - x_{m-1}\right)}{\cos h - \cos\left(\hat{x}_k - x_{m-1}\right)} - \cot \frac{\hat{x}_k - x_{m-1}}{2} \right] = 0. \quad (6.3.67)$$

由式 (6.3.67) 知, 矩阵 A_n 是奇异的, 所以线性方程组 (6.3.64) 或 (6.3.65) 不能直接用来求解超奇异积分方程 (6.3.64).

为了得到条件好的线性方程组, 在 (6.3.64) 中引入正则化因子 γ_{0n} 得到如下方程组

$$\begin{cases} \gamma_{0n} + \dfrac{4}{h\pi} \displaystyle\sum_{m=1}^{n} \left[\dfrac{\sin\left(\hat{x}_k - x_{m-1}\right)}{\cos h - \cos\left(\hat{x}_k - x_{m-1}\right)} - \cot \dfrac{\hat{x}_k - x_{m-1}}{2} \right] f_m = g\left(\hat{x}_k\right), \\[2mm] \displaystyle\sum_{m=1}^{n} f_m = 0, \end{cases}$$

$$\qquad\qquad (6.3.68)$$

这里 γ_{0n} 的形式为

$$\gamma_{0n} = \frac{1}{2\pi} \sum_{k=1}^{n} g\left(\hat{x}_k\right) h. \qquad (6.3.69)$$

为了简化表示, 将线性方程组 (6.3.68) 写成矩阵的表达式

$$A_{n+1}F_{n+1}^a = G_{n+1}^e, \tag{6.3.70}$$

其中

$$A_{n+1} = \begin{pmatrix} 0 & e_n^{\mathrm{T}} \\ e_n & A_n \end{pmatrix},$$

$$F_{n+1}^a = \begin{pmatrix} \gamma_{0n} \\ F_n^a \end{pmatrix},$$

$$G_{n+1}^e = \begin{pmatrix} 0 \\ G_n^a \end{pmatrix}, \tag{6.3.71}$$

以及 $e_n = (1, 1, \cdots, 1)$.

例 6.3.3　考虑如下超奇异积分方程

$$\frac{1}{2\pi}\mathrm{f.p.}\int_c^{c+2\pi} \frac{f(x)\cos\dfrac{x-s}{2}}{\sin^3\dfrac{x-s}{2}}dx = g(s), \quad s \in (c, c+2\pi), \tag{6.3.72}$$

其中 $g(s) = \sin(s) - \cos(s)$, 其准确解为 $f(x) = \cos x + \sin x$.

表 6.3.5 的数值结果说明选取子区间的中点求解圆周上三阶超奇异积分方程的收敛阶为 $O(h^2)$, 这与梯形公式求解经典积分方程的收敛阶是一致的.

表 6.3.5　超奇异积分方程的收敛阶

n	误差	h^α
8	7.4995e$-$2	
16	1.8315e$-$2	2.0338
32	4.5523e$-$3	2.0084
64	1.1364e$-$3	2.0021
128	2.8400e$-$4	2.0005

6.4　辛普森公式近似计算圆周上三阶超奇异积分

这一部分基于辛普森公式近似计算定义在圆周上的三阶超奇异积分

$$I_2(c, s, f) = \mathrm{f.p.}\int_c^{c+2\pi} \frac{\cos\dfrac{x-s}{2}f(x)}{\sin^3\dfrac{x-s}{2}}dx. \tag{6.4.1}$$

设 $f_Q(x) = F_{2n}(x)$ 定义为密度函数 $f(x)$ 的辛普森插值, 其中 $x_i = c + (i-1)h, x_{i-1/2} = x_i - h/2$,

$$f_Q(x) = \sum_{i=0}^{2n} \phi_i(x) f(x_i),$$

$f_Q(x)$ 的定义为见 (4.2.13) 和 (4.2.16).

6.4.1 积分公式的提出

在 (6.4.1) 中将密度函数 $f(x)$ 由 $f_Q(x)$ 代替, 则有

$$I_2(c, s, f_Q) = \text{f.p.} \int_c^{c+2\pi} \frac{\cos \dfrac{x-s}{2} f_Q(x)}{\sin^3 \dfrac{x-s}{2}} dx = \sum_{i=0}^{2n} \omega_i^2(s) f(x_i), \qquad (6.4.2)$$

经过直接计算有

$$\omega_{2i}^2(s) = -\frac{4}{h^2} \left[\cot \frac{x_{i+1}-s}{2} - 4h \cot \frac{x_i-s}{2} + 8 \ln \left| \frac{\sin[(x_{i+1}-s)/2]}{\sin[(x_i-s)/2]} \right| \right]$$

和

$$\omega_{2i+1}^2(s) = \frac{1}{2h^2} \left[-2h \cot \frac{x_{i+1}-s}{2} - 6h \cot \frac{x_i-s}{2} + 8 \ln \left| \frac{\sin[(x_{i+1}-s)/2]}{\sin[(x_i-s)/2]} \right| \right]$$

$$+ \frac{1}{h^2} \left[-3h \cot \frac{x_{i+1}-s}{2} - 3h \cot \frac{x_i-s}{2} + 8 \ln \left| \frac{\sin[(x_{i+1}-s)/2]}{\sin[(x_i-s)/2]} \right| \right].$$
$$(6.4.3)$$

6.4.2 主要结论

下面给出这一部分的主要结论, 证明过程将在后面给出.

定理 6.4.1 设 $f(x) \in C^4[c, c+2\pi]$, 对定义为 (6.4.2) 的辛普森公式 $I_2(c, s, f_Q)$, 存在与 h 和 s 无关的常数 C, 有

$$I_2(c, s, f) - I_2(c, s, f_Q) = 8hf^{(3)}(s) \ln \left(2 \cos \frac{\tau\pi}{2} \right) + R_f(s), \qquad (6.4.4)$$

其中 $s = x_m + (\tau+1)h/2, m = 1, 2, \cdots, n$ 和

$$|R_f(s)| \leqslant C \left[|\ln h| + \gamma^{-2}(\tau) \right] h^2, \qquad (6.4.5)$$

以及 $\gamma(\tau)$ 定义为 (4.2.6).

6.4.3   定理 6.4.1 的证明

定义 $I_{n,i}(s)$ 如下:

$$I_{n,i}(s) = \begin{cases} \displaystyle\int_{x_i}^{x_{i+1}} \frac{(x-x_i)(x-x_{i+1})(x-x_{i+1/2})\cos\dfrac{x-s}{2}}{\sin^3\dfrac{x-s}{2}}dx, & i \neq m \\[3em] \mathrm{f.p.}\displaystyle\int_{x_m}^{x_{m+1}} \frac{(x-x_m)(x-x_{m+1})(x-x_{m+1/2})\cos\dfrac{x-s}{2}}{\sin^3\dfrac{x-s}{2}}dx, & i = m. \end{cases}$$

$$(6.4.6)$$

则有如下引理.

引理 6.4.1 设 $s = x_m + (\tau+1)h/2$ 以及 $\tau \in (-1,1)$. 设 $I_{n,i}(s)$ 定义为 (6.4.6), 有

$$I_{n,i}(s) = h^2 \sum_{k=1}^{\infty} \{\sin[k(x_{i+1}-s)] - \sin[k(x_i-s)]\}$$

$$+ 12h \sum_{k=1}^{\infty} \frac{1}{k}\{\cos[k(x_{i+1}-s)] + \cos[k(x_i-s)]\}$$

$$+ 24 \sum_{k=1}^{\infty} \frac{1}{k^2}\{\sin[k(x_{i+1}-s)] - \sin[k(x_i-s)]\}. \qquad (6.4.7)$$

证明: 当 $i = m$ 时, 设 $F_m(x) = (x-x_m)(x-x_{m+1})(x-x_{m+1/2})$, 则有

$$I_{n,m}(s) = \lim_{\varepsilon \to 0}\left\{\left(\int_{x_m}^{s-\varepsilon} + \int_{s+\varepsilon}^{x_{m+1}}\right)\frac{F_m(x)\cos\dfrac{x-s}{2}}{\sin^3\dfrac{x-s}{2}}dx - \frac{F_m(\varepsilon)}{\sin^2[\varepsilon/2]}\right\}$$

$$= -\lim_{\varepsilon \to 0}\left\{\left(\int_{x_m}^{s-\varepsilon} + \int_{s+\varepsilon}^{x_{m+1}}\right)\frac{3(x-x_m)(x-x_{m+1})-h^2/2}{\sin^2\dfrac{x-s}{2}}dx\right.$$

$$\left. - 4(2s-x_m-x_{m+1})\cot\frac{\varepsilon}{2}\right\}$$

$$= h^2\left(\cot\frac{x_{m+1}-s}{2} - \cot\frac{x_m-s}{2}\right)$$

$$+ 6 \lim_{\varepsilon \to 0} \left\{ \left(\int_{x_m}^{s-\varepsilon} + \int_{s+\varepsilon}^{x_{m+1}} \right) (x - x_{m+1/2}) \cot \frac{x-s}{2} dx \right\}. \tag{6.4.8}$$

类似地, 当 $i \neq m$ 时, 对应于经典的黎曼积分有

$$I_{n,i}(s) = h^2 \cot \frac{x_{m+1} - s}{2} - h^2 \cot \frac{x_m - s}{2} + 6 \int_{x_i}^{x_{i+1}} (x - x_{i+1/2}) \cot \frac{x-s}{2} dx.$$
$$\tag{6.4.9}$$

根据经典的公式 (见 [53])

$$\frac{1}{2} \cot \frac{x}{2} = \sum_{k=1}^{\infty} \sin kx,$$

(6.4.7) 可由 (6.4.8) 和 (6.4.9) 直接得到. 命题得证.

引理 6.4.2 在引理 6.4.1 的相同假设下, 有

$$\sum_{i=0}^{n-1} I_{n,i}(s) = 24h \ln \left(2 \cos \frac{\tau \pi}{2} \right). \tag{6.4.10}$$

证明: 根据 (6.4.6), 有

$$\sum_{i=0}^{n-1} I_{n,i}(s) = h^2 \sum_{k=1}^{\infty} \sum_{i=0}^{n-1} \left\{ \sin \left[k (x_{i+1} - s) \right] - \sin \left[k (x_i - s) \right] \right\}$$

$$+ 12h \sum_{k=1}^{\infty} \sum_{i=0}^{n-1} \frac{1}{k} \left\{ \cos \left[k (x_{i+1} - s) \right] + \cos \left[k (x_i - s) \right] \right\}$$

$$+ 24 \sum_{k=1}^{\infty} \sum_{i=0}^{n-1} \frac{1}{k^2} \left\{ \sin \left[k (x_{i+1} - s) \right] - \sin \left[k (x_i - s) \right] \right\}$$

$$= 24h \sum_{k=1}^{\infty} \sum_{i=0}^{n-1} \frac{1}{k} \cos \left[k (x_1 - s) \right] = 24h \sum_{j=1}^{\infty} n \cos \left[nj (x_1 - s) \right]$$

$$= 24\pi \sum_{k=1}^{\infty} \cos \left[j (1 + \tau) \pi \right] = 24h \ln \left(2 \sin \frac{(1 + \tau) \pi}{2} \right)$$

$$= 24h \ln \left(2 \cos \frac{\tau \pi}{2} \right),$$

这里用到了

```typeOCR

$$\sum_{i=1}^{n} \sin\left[k\left(x_i - s\right)\right] = \begin{cases} n\sin\left[k\left(x_1 - s\right)\right], & k = nj, \\ 0, & k \neq nj. \end{cases}$$

命题得证.

**引理 6.4.3**　设 $f(x) \in C^4\left[c, c+2\pi\right]$ 以及 $f_Q(x)$ 定义辛普森插值基函数, 有

$$f(x) - f_Q(x) = \frac{f^{(3)}(x)}{2}\left(x - x_i\right)\left(x - x_{i+1/2}\right)\left(x - x_{i+1}\right)$$
$$+ R_i^1(x) + R_i^2(x) + R_i^3(x) + R_i^4(x), \tag{6.4.11}$$

其中

$$R_i^1(x) = \frac{F_i(x)}{12h^2}\left(x - x_i\right)^3 f^{(4)}\left(\xi_{1i}\right),$$

$$R_i^2(x) = \frac{F_i(x)}{12h^2}\left(x - x_{i+1}\right)^3 f^{(4)}\left(\xi_{2i}\right),$$

$$R_i^3(x) = \frac{F_i(x)}{12h^2}\left(x - x_{i+1/2}\right)^3 f^{(4)}\left(\xi_{3i}\right),$$

$$R_i^3(x) = \frac{F_i(x)}{6}\left(x - s\right) f^{(4)}\left(\alpha_i\right),$$

这里 $\xi_{1i}, \xi_{2i}, \xi_{3i}, \alpha_i \in \left(x_i, x_{i+1}\right)$ 且

$$\left|R_i^j(x)\right| \leqslant Ch^4, \quad j = 1, 2, 3.$$

将 $f(x_i), f(x_{i+1}), f(x_{i+1/2})$ 在点 $x$ 处泰勒展开, 引理 6.4.3 可与引理 5.5.3 的证明类似.

定义

$$H_m(x) = f(x) - f_Q(x) - \frac{f^{(3)}(s)}{6}\left(x - x_m\right)\left(x - x_{m+1/2}\right)\left(x - x_{m+1}\right). \tag{6.4.12}$$

**引理 6.4.4**　在定理 6.4.1 的相同条件下, 以及 $H_m(x)$ 定义为 (6.4.12), 有

$$\left| \text{f.p.} \int_{x_m}^{x_{m+1}} \frac{H_m(x)\cos\dfrac{x-s}{2}}{\sin^3\dfrac{x-s}{2}} dx \right| \leqslant C\gamma^{-1}(\tau)h^2, \tag{6.4.13}$$
```

其中 $\gamma(\tau)$ 定义为 (4.2.6).

证明：根据 $H_m(x)$ 的定义, 有

$$\left|H_m^{(l)}(x)\right| \leqslant Ch^{4-l}, \quad l=0,1,2.$$

由于

$$\text{f.p.}\int_{x_m}^{x_{m+1}} \frac{H_m(x)\cos\dfrac{x-s}{2}}{\sin^3\dfrac{x-s}{2}}dx = 8\,\text{f.p.}\int_{x_m}^{x_{m+1}} \frac{H_m(x)}{(x-s)^3}dx$$

$$+ \text{f.p.}\int_{x_m}^{x_{m+1}} \frac{H_m(x)[K_{2s}(x)-8]}{(x-s)^3}dx,$$

其中 $K_{2s}(x)$ 定义为 (6.3.10), 根据等式

$$\text{f.p.}\int_a^b \frac{f(x)}{(x-s)^3}dx = \frac{f(s)}{2}\left[\frac{1}{(a-s)^2}-\frac{1}{(b-s)^2}\right]-\frac{(b-a)f'(s)}{(b-s)(s-a)}$$

$$+\frac{f''(s)}{2}\ln\frac{b-s}{s-a}+\int_a^b \frac{f^{(3)}(\alpha(x))}{6}dx, \tag{6.4.14}$$

有

$$\text{f.p.}\int_{x_m}^{x_{m+1}} \frac{H_m(x)}{(x-s)^3}dx = \frac{H_m(s)}{2}\left[\frac{1}{(x_m-s)^2}-\frac{1}{(x_{m+1}-s)^2}\right]$$

$$-\frac{hH_m'(s)}{(x_{m+1}-s)(s-x_m)}$$

$$+\frac{H_m''(s)}{2}\ln\frac{x_{m+1}-s}{s-x_m}+\int_{x_m}^{x_{m+1}} \frac{H^{(3)}(\theta(x))}{6}dx, \tag{6.4.15}$$

其中 $\theta(x)\in(x_m,x_{m+1})$.

$$\left|\frac{H_m(s)}{2}\left[\frac{1}{(x_m-s)^2}-\frac{1}{(x_{m+1}-s)^2}\right]\right|$$

$$=\left|\frac{H_m(s)-H_m(x_m)}{2}\left[\frac{1}{(x_m-s)^2}-\frac{1}{(x_{m+1}-s)^2}\right]\right|$$

$$= \left| \frac{H_m'(\xi_m)(s-x_m)}{2} \left[\frac{1}{(x_m-s)^2} - \frac{1}{(x_{m+1}-s)^2} \right] \right| \leqslant C\gamma^{-1}(\tau) h^2, \qquad (6.4.16)$$

这里 $\xi_m \in (x_m, x_{m+1})$, 以及用到了 $H_m(x_m) = 0$, 于是有

$$\left| \frac{hH_m'(s)}{(x_{m+1}-s)(s-x_m)} \right| \leqslant C\gamma^{-1}(\tau) h^2, \qquad (6.4.17)$$

$$\left| \frac{H_m''(s)}{2} \ln \frac{x_{m+1}-s}{s-x_m} \right| \leqslant C\left[|\ln\gamma(\tau)| + |\ln h| \right] h^2 \qquad (6.4.18)$$

和

$$\left| \int_{x_m}^{x_{m+1}} \frac{H^{(3)}(\alpha(x))}{6} dx \right| \leqslant Ch^2. \qquad (6.4.19)$$

对于第二项, 有

$$\left| \text{f.p.} \int_{x_m}^{x_{m+1}} \frac{H_m(x)[K_{2s}(x)-8]}{(x-s)^3} dx \right|$$

$$\leqslant \max_{x\in[x_m,x_{m+1}]} |H_m(x)| \text{f.p.} \int_{x_m}^{x_{m+1}} \frac{[K_{2s}(x)-8]}{|x-s|^3} dx$$

$$= \max_{x\in[x_m,x_{m+1}]} |H_m(x)| \text{f.p.} \int_{x_m}^{x_{m+1}} \frac{K_{2s}(x)-8}{(x-s)^3} dx$$

$$= \max_{x\in[x_m,x_{m+1}]} |H_m(x)| \left\{ \text{f.p.} \int_{x_m}^{x_{m+1}} \frac{\cos\dfrac{x-s}{2}}{\sin^3\dfrac{x-s}{2}} dx - \text{f.p.} \int_{x_m}^{x_{m+1}} \frac{8}{(x-s)^3} dx \right\}$$

$$\leqslant h^2 \left\{ \frac{1}{\sin^2[(x_{m+1}-s)/2]} - \frac{1}{\sin^2[(x_m-s)/2]} + \left[\frac{1}{(x_m-s)^2} - \frac{1}{(x_{m+1}-s)^2} \right] \right\}$$

$$\leqslant C\gamma^{-2}(\tau) h^2. \qquad (6.4.20)$$

由 (6.4.16) 到 (6.4.20) 得到 (6.4.13), 命题得证.

定理 6.4.1 的证明: 根据 (6.4.12), 有

$$\text{f.p.} \int_{x_m}^{x_{m+1}} \frac{[f(x)-f_Q(x)]\cos\dfrac{x-s}{2}}{\sin^3\dfrac{x-s}{2}} dx$$

$$= \text{f.p.} \int_{x_m}^{x_{m+1}} \frac{H_m\left(x\right)\cos\dfrac{x-s}{2}}{\sin^3\dfrac{x-s}{2}}dx$$

$$+ \frac{f^{(3)}\left(s\right)}{6}\text{f.p.} \int_{x_m}^{x_{m+1}} \frac{\left(x-x_m\right)\left(x-x_{m+1/2}\right)\left(x-x_{m+1}\right)\cos\dfrac{x-s}{2}}{\sin^3\dfrac{x-s}{2}}dx, \quad (6.4.21)$$

即

$$\text{f.p.} \int_{c}^{c+2\pi} \frac{\left[f\left(x\right)-f_Q\left(x\right)\right]\cos\dfrac{x-s}{2}}{\sin^3\dfrac{x-s}{2}}dx$$

$$= \sum_{i=0}^{n-1}\text{f.p.} \int_{x_i}^{x_{i+1}} \frac{\left[f\left(x\right)-f_Q\left(x\right)\right]\cos\dfrac{x-s}{2}}{\sin^3\dfrac{x-s}{2}}dx$$

$$= 8hf^{(3)}\left(s\right)\ln 2\cos\left(\frac{\tau\pi}{2}\right) + R_f\left(s\right), \quad (6.4.22)$$

其中

$$R_f\left(s\right) = R^1\left(s\right) + R^2\left(s\right), \quad (6.4.23)$$

$$R^1\left(s\right) = \text{f.p.} \int_{x_m}^{x_{m+1}} \frac{H_m\left(x\right)\cos\dfrac{x-s}{2}}{\sin^3\dfrac{x-s}{2}}dx, \quad (6.4.24)$$

$$R^2\left(s\right) = \sum_{i=0,i\neq m}^{n-1} \int_{x_i}^{x_{i+1}} \frac{R_i^1\left(x\right)\cos\dfrac{x-s}{2}}{\sin^3\dfrac{x-s}{2}}dx + \sum_{i=0,i\neq m}^{n-1} \int_{x_i}^{x_{i+1}} \frac{R_i^2\left(x\right)\cos\dfrac{x-s}{2}}{\sin^3\dfrac{x-s}{2}}dx$$

$$+ \sum_{i=0,i\neq m}^{n-1} \int_{x_i}^{x_{i+1}} \frac{R_i^3\left(x\right)\cos\dfrac{x-s}{2}}{\sin^3\dfrac{x-s}{2}}dx + \sum_{i=0,i\neq m}^{n-1} \int_{x_i}^{x_{i+1}} \frac{R_i^4\left(x\right)\cos\dfrac{x-s}{2}}{\sin^3\dfrac{x-s}{2}}dx.$$

$$(6.4.25)$$

对 (6.4.25) 的第一项, 有

$$\left| \sum_{i=0,i\neq m}^{n-1} \int_{x_i}^{x_{i+1}} \frac{R_i^1(x)\cos\dfrac{x-s}{2}}{\sin^3\dfrac{x-s}{2}} dx \right|$$

$$= \left| \sum_{i=0,i\neq m}^{n-1} \int_{x_i}^{x_{i+1}} \frac{F_i(x)(x-x_i)^3 f^{(4)}(\xi_{1i})\cos\dfrac{x-s}{2}}{12h^2\sin^3\dfrac{x-s}{2}} dx \right|$$

$$= \left| \sum_{i=0,i\neq m}^{n-1} \int_{x_i}^{x_{i+1}} \frac{K_{2s}(x)F_i(x)(x-x_i)^3 f^{(4)}(\xi_{1i})}{12h^2(x-s)^3} dx \right|$$

$$\leqslant C \max_{x_i\leqslant x\leqslant x_{i+1}}\{K_{2s}(x)\} h^4 \sum_{i=0,i\neq m}^{n-1} \int_{x_i}^{x_{i+1}} \frac{1}{|x-s|^3} dx$$

$$\leqslant C\gamma^{-2}(\tau)\max_{c\leqslant x\leqslant c+2\pi}\{K_{2s}(x)\} h^2. \tag{6.4.26}$$

对 (6.4.25) 的第二项, 有

$$\left| \sum_{i=0,i\neq m}^{n-1} \int_{x_i}^{x_{i+1}} \frac{R_i^2(x)\cos\dfrac{x-s}{2}}{\sin^3\dfrac{x-s}{2}} dx \right|$$

$$= \left| \sum_{i=0,i\neq m}^{n-1} \int_{x_i}^{x_{i+1}} \frac{F_i(x)(x-x_{i+1})^3 f^{(4)}(\xi_{2i})\cos\dfrac{x-s}{2}}{12h^2\sin^3\dfrac{x-s}{2}} dx \right|$$

$$= \left| \sum_{i=0,i\neq m}^{n-1} \int_{x_i}^{x_{i+1}} \frac{K_{2s}(x)F_i(x)(x-x_{i+1})^3 f^{(4)}(\xi_{2i})}{12h^2(x-s)^3} dx \right|$$

$$\leqslant C \max_{x_i\leqslant x\leqslant x_{i+1}}\{K_{2s}(x)\} h^4 \sum_{i=0,i\neq m}^{n-1} \int_{x_i}^{x_{i+1}} \frac{1}{|x-s|^3} dx$$

$$\leqslant C\gamma^{-2}(\tau)\max_{c\leqslant x\leqslant c+2\pi}\{K_{2s}(x)\} h^2. \tag{6.4.27}$$

对 (6.4.25) 的第三项, 有

$$\left| \sum_{i=0,i\neq m}^{n-1} \int_{x_i}^{x_{i+1}} \frac{R_i^3(x)\cos\dfrac{x-s}{2}}{\sin^3\dfrac{x-s}{2}} dx \right|$$

$$= \left| \sum_{i=0,i\neq m}^{n-1} \int_{x_i}^{x_{i+1}} \frac{F_i\left(x\right)\left(x - x_{i+1/2}\right)^3 f^{(4)}\left(\xi_{3i}\right)\cos\dfrac{x - s}{2}}{12h^2\sin^3\dfrac{x - s}{2}}dx \right|$$

$$= \left| \sum_{i=0,i\neq m}^{n-1} \int_{x_i}^{x_{i+1}} \frac{K_{2s}\left(x\right) F_i\left(x\right)\left(x - x_{i+1/2}\right)^3 f^{(4)}\left(\xi_{3i}\right)}{12h^2\left(x - s\right)^3}dx \right|$$

$$\leqslant C \max_{x_i\leqslant x\leqslant x_{i+1}}\left\{K_{2s}\left(x\right)\right\} h^4 \sum_{i=0,i\neq m}^{n-1}\int_{x_i}^{x_{i+1}}\frac{1}{\left|x - s\right|^3}dx$$

$$\leqslant C\gamma^{-2}\left(\tau\right)\max_{c\leqslant x\leqslant c+2\pi}\left\{K_{2s}\left(x\right)\right\} h^2. \tag{6.4.28}$$

对 (6.4.25) 的最后一项, 有

$$\left| \sum_{i=0,i\neq m}^{n-1}\int_{x_i}^{x_{i+1}}\frac{R_i^4\left(x\right)\cos\dfrac{x - s}{2}}{\sin^3\dfrac{x - s}{2}}dx \right|$$

$$= \left| \sum_{i=0,i\neq m}^{n-1}\int_{x_i}^{x_{i+1}}\frac{F_i\left(x\right)\left(x - s\right)f^{(4)}\left(\alpha_i\right)\cos\dfrac{x - s}{2}}{6\sin^3\dfrac{x - s}{2}}dx \right|$$

$$= \left| \sum_{i=0,i\neq m}^{n-1}\int_{x_i}^{x_{i+1}}\frac{K_{2s}\left(x\right) F_i\left(x\right) f^{(4)}\left(\alpha_i\right)}{6\left(x - s\right)^2}dx \right|$$

$$\leqslant C \max_{x_i\leqslant x\leqslant x_{i+1}}\left\{K_{2s}\left(x\right)\right\} h^3 \sum_{i=0,i\neq m}^{n-1}\int_{x_i}^{x_{i+1}}\frac{1}{\left|x - s\right|^2}dx$$

$$\leqslant C\gamma^{-1}\left(\tau\right)\max_{c\leqslant x\leqslant c+2\pi}\left\{K_{2s}\left(x\right)\right\} h^2. \tag{6.4.29}$$

由 (6.4.26) 到 (6.4.29) 和引理 6.4.4, 有

$$\left|R_f\left(s\right)\right|\leqslant\left|R^1\left(s\right)\right|+\left|R^2\left(s\right)\right|\leqslant C\left[\gamma^{-2}\left(\tau\right)+\left|\ln h\right|\right]\max_{c\leqslant x\leqslant c+2\pi}\left\{K_{2s}\left(x\right)\right\} h^2. \tag{6.4.30}$$

命题得证.

基于定理 6.4.1, 我们给出如下修正的辛普森公式

$$\tilde{I}_2\left(c,s,f_Q\right) = I_2\left(c,s,f_Q\right) - 8hf^{(3)}\left(s\right)\ln\left(2\cos\dfrac{\tau\pi}{2}\right) \tag{6.4.31}$$

和

$$\tilde{E}_n^2(f;s) = \text{f.p.} \int_c^{c+2\pi} \frac{f(x)\cos\frac{x-s}{2}}{\sin^3\frac{x-s}{2}} dx - \tilde{I}_2(c,s,f_Q).$$ (6.4.32)

于是有如下推论.

推论 6.4.1　在定理 6.4.1 相同假设下, 有

$$\left| \tilde{E}_n^2(f;s) \right| \leqslant C \max_{c \leqslant x \leqslant c+2\pi} \{K_{2s}(x)\} \left[\gamma^{-2}(\tau) + |\ln h| \right] h^2,$$ (6.4.33)

其中 $\gamma(\tau)$ 定义为 (4.2.6).

对 $f(x) = x^3, s = x_m + (\tau+1)h/2$. 根据有限部分积分定义, 可以证明以下结论:

$$I_2(c,s,f) - I_2(c,s,f_Q) = 24h \ln\left(2\cos\frac{\tau\pi}{2}\right).$$ (6.4.34)

6.4.4　数值算例

在这一部分, 给出数值算例检验我们的理论分析.

例 6.4.1　考虑超奇异积分

$$\text{f.p.} \int_c^{c+2\pi} \frac{f(x)\cos\frac{x-s}{2}}{\sin^3\frac{x-s}{2}} dx = g(s),$$ (6.4.35)

其中 $f(x) = 1 + \sin x + \cos x$, 其准确解为 $g(s)4\pi(\sin s - \cos s)$.

表 6.4.1 左边表明局部坐标 $\tau = \pm 2/3$, 积分公式的收敛阶可以达到 $O(h^2)$, 对于非超收敛点的情况, 其收敛阶为 $O(h)$, 这与我们的理论分析一致. 表 6.4.1 的右边表明对于修正的辛普森公式, 超收敛点和非超收敛点都可以达到 $O(h^2)$, 这与我们的推论是一致的. 对于 $s = x_{[n]} + (\tau+1)h/2$ 的情况, 表 6.4.2 表明超收敛点可以达到 $O(h^2)$, 此时与奇异点位于区间另一端点时 $s = x_0 + (\tau+1)h/2$ 的结论一致. 对于 $s = x_0 + (\tau+1)h/2$, 表 6.4.3 表明超收敛点的情况可以达到 $O(h^2)$, 这与 $s = x_{[n/4]} + (\tau+1)h/2$ 的情况一致, 也符合我们的理论分析.

表 6.4.1　动点为 $s = x_{[n]} + (\tau+1)h/2$ 时, 辛普森公式和修正辛普森公式的误差

n	$I_2(c,s,f_Q)$			$\tilde{I}_2(c,s,f_Q)$		
	$\tau=0$	$\tau=2/3$	$\tau=1/2$	$\tau=0$	$\tau=1/2$	$\tau=2/3$
32	$-5.9448\text{e}{-1}$	$-2.2314\text{e}{-2}$	$-3.1512\text{e}{-1}$	$-1.0606\text{e}{-1}$	$-8.5810\text{e}{-2}$	$-2.2314\text{e}{-2}$
64	$-2.8515\text{e}{-1}$	$-6.2555\text{e}{-3}$	$-1.4747\text{e}{-1}$	$-2.6632\text{e}{-2}$	$-2.1749\text{e}{-2}$	$-6.2555\text{e}{-3}$
128	$-1.3939\text{e}{-1}$	$-1.6441\text{e}{-3}$	$-7.0968\text{e}{-2}$	$-6.6702\text{e}{-3}$	$-5.4694\text{e}{-3}$	$-1.6441\text{e}{-3}$
256	$-6.8878\text{e}{-2}$	$-4.2073\text{e}{-4}$	$-3.4764\text{e}{-2}$	$-1.6689\text{e}{-3}$	$-1.3710\text{e}{-3}$	$-4.2073\text{e}{-4}$
512	$-3.4233\text{e}{-2}$	$-1.0638\text{e}{-4}$	$-1.7198\text{e}{-2}$	$-4.1739\text{e}{-4}$	$-3.4320\text{e}{-4}$	$-1.0638\text{e}{-4}$

续表

n	$I_2(c, s, f_Q)$			$\tilde{I}_2(c, s, f_Q)$		
	$\tau = 0$	$\tau = 2/3$	$\tau = 1/2$	$\tau = 0$	$\tau = 1/2$	$\tau = 2/3$
1024	$-1.7064\mathrm{e}{-2}$	$-2.6743\mathrm{e}{-5}$	$-8.5528\mathrm{e}{-3}$	$-1.0437\mathrm{e}{-4}$	$-8.5853\mathrm{e}{-5}$	$-2.6743\mathrm{e}{-5}$
h^α	1.0245	1.9409	1.0407	1.9978	1.9930	1.9409

表 6.4.2 动点为 $s = x_{[n/4]} + (\tau + 1)h/2$ 时，辛普森公式和修正辛普森公式的误差

n	$I_2(c, s, f_Q)$			$\tilde{I}_2(c, s, f_Q)$		
	$\tau = 0$	$\tau = 2/3$	$\tau = 1/2$	$\tau = 0$	$\tau = 1/2$	$\tau = 2/3$
32	$5.9448\mathrm{e}{-1}$	$2.2314\mathrm{e}{-2}$	$3.1512\mathrm{e}{-1}$	$1.0606\mathrm{e}{-1}$	$8.5810\mathrm{e}{-2}$	$2.2314\mathrm{e}{-2}$
64	$2.8515\mathrm{e}{-1}$	$6.2555\mathrm{e}{-3}$	$1.4747\mathrm{e}{-1}$	$2.6632\mathrm{e}{-2}$	$2.1749\mathrm{e}{-2}$	$6.2555\mathrm{e}{-3}$
128	$1.3939\mathrm{e}{-1}$	$1.6441\mathrm{e}{-3}$	$7.0968\mathrm{e}{-2}$	$6.6702\mathrm{e}{-3}$	$5.4694\mathrm{e}{-3}$	$1.6441\mathrm{e}{-3}$
256	$6.8878\mathrm{e}{-2}$	$4.2073\mathrm{e}{-4}$	$3.4764\mathrm{e}{-2}$	$1.6689\mathrm{e}{-3}$	$1.3710\mathrm{e}{-3}$	$4.2073\mathrm{e}{-4}$
512	$3.4233\mathrm{e}{-2}$	$1.0638\mathrm{e}{-4}$	$1.7198\mathrm{e}{-2}$	$4.1739\mathrm{e}{-4}$	$3.4320\mathrm{e}{-4}$	$1.0638\mathrm{e}{-4}$
1024	$1.7064\mathrm{e}{-2}$	$2.6744\mathrm{e}{-5}$	$8.5528\mathrm{e}{-3}$	$1.0437\mathrm{e}{-4}$	$8.5854\mathrm{e}{-5}$	$2.6744\mathrm{e}{-5}$
h^α	1.0245	1.9409	1.0407	1.9978	1.9930	1.9409

表 6.4.3 动点为 $s = x_0 + (\tau + 1)h/2$ 时，辛普森公式和修正辛普森公式的误差

n	$I_2(c, s, f_Q)$			$\tilde{I}_2(c, s, f_Q)$		
	$\tau = 0$	$\tau = 2/3$	$\tau = 1/2$	$\tau = 0$	$\tau = 1/2$	$\tau = 2/3$
32	$4.8788\mathrm{e}{-1}$	$-3.1837\mathrm{e}{-2}$	$2.2001\mathrm{e}{-1}$	$-1.0726\mathrm{e}{-1}$	$-8.9180\mathrm{e}{-2}$	$-3.1837\mathrm{e}{-2}$
64	$2.5844\mathrm{e}{-1}$	$-7.4543\mathrm{e}{-3}$	$1.2357\mathrm{e}{-1}$	$-2.6785\mathrm{e}{-2}$	$-2.2175\mathrm{e}{-2}$	$-7.4543\mathrm{e}{-3}$
128	$1.3271\mathrm{e}{-1}$	$-1.7942\mathrm{e}{-3}$	$6.4985\mathrm{e}{-2}$	$-6.6895\mathrm{e}{-3}$	$-5.5229\mathrm{e}{-3}$	$-1.7942\mathrm{e}{-3}$
256	$6.7208\mathrm{e}{-2}$	$-4.3952\mathrm{e}{-4}$	$3.3268\mathrm{e}{-2}$	$-1.6713\mathrm{e}{-3}$	$-1.3777\mathrm{e}{-3}$	$-4.3952\mathrm{e}{-4}$
512	$3.3815\mathrm{e}{-2}$	$-1.0873\mathrm{e}{-4}$	$1.6824\mathrm{e}{-2}$	$-4.1769\mathrm{e}{-4}$	$-3.4403\mathrm{e}{-4}$	$-1.0873\mathrm{e}{-4}$
1024	$1.6960\mathrm{e}{-2}$	$-2.7037\mathrm{e}{-5}$	$8.4593\mathrm{e}{-3}$	$-1.0441\mathrm{e}{-4}$	$-8.5958\mathrm{e}{-5}$	$-2.7037\mathrm{e}{-5}$
h^α	0.9693	2.0403	0.9402	2.0009	2.0038	2.0403

例 6.4.2 考虑三阶超奇异积分

$$\text{f.p.} \int_c^{c+2\pi} \frac{f(x) \cos \dfrac{x-s}{2}}{\sin^3 \dfrac{x-s}{2}} dx = g(s), \tag{6.4.36}$$

其中 $f(x) = 1 + \sin 2x + \cos 3x$，其准确解为 $g(s)4\pi(9\sin 3s - 4\cos 2s)$.

表 6.4.4 的左边说明当奇异点的局部坐标取 $\tau = \pm 2/3$ 时，积分公式的收敛阶可以达到 $O(h^3)$，这比 $O(h^2)$ 要高出一阶，对于局部坐标不取超收敛点时，收敛阶为 $O(h)$，这与理论分析一致，表 6.4.4 的右边说明修正的辛普森公式的收敛阶可以达到 $O(h^3)$，这与理论分析一致. 对于为 $s = x_0 + (\tau + 1)h/2$ 和 $s = x_{[n]} - (\tau + 1)h/2$ 的情况，表 6.4.5 和表 6.4.6 左边说明奇异点的局部坐标取超

收敛点的收敛阶为 $O\left(h^2\right)$, 对于局部坐标不取超收敛点时, 收敛阶为 $O(h)$, 这与理论分析一致, 表 6.4.4 的右边说明修正的辛普森公式的收敛阶可以达到 $O\left(h^2\right)$, 这与推论的结论一致.

表 6.4.4　动点为 $s = x_{[n/4]} + (\tau + 1)h/2$ 时, 辛普森公式和修正辛普森公式的误差

n	$I_2\left(c, s, f_Q\right)$			$\tilde{I}_2\left(c, s, f_Q\right)$		
	$\tau = 0$	$\tau = 2/3$	$\tau = 1/2$	$\tau = 0$	$\tau = 1/2$	$\tau = 2/3$
64	9.4168e+0	−1.6219e−1	4.6053e+0	−2.0131e−2	−5.7144e−2	−1.6219e−1
128	4.7496e+0	−2.0548e−2	2.3618e+0	−2.5977e−3	−7.2912e−3	−2.0548e−2
256	2.3800e+0	−2.5790e−3	1.1884e+0	−3.2916e−4	−9.1797e−4	−2.5790e−3
512	1.1906e+0	−3.2282e−4	5.9512e−1	−4.1403e−5	−1.1507e−4	−3.2282e−4
1024	5.9541e−1	−4.0373e−5	2.9768e−1	−5.1907e−6	−1.4401e−5	−4.0373e−5
2048	2.9771e−1	−5.0579e−6	1.4885e−1	−6.4922e−7	−1.8049e−6	−5.0579e−6
h^α	0.9966	2.9938	0.9903	2.9841	2.9901	2.9938

表 6.4.5　动点为 $s = x_{[n]} - (\tau + 1)h/2$ 时, 辛普森公式和修正辛普森公式的误差

n	$I_2\left(c, s, f_Q\right)$			$\tilde{I}_2\left(c, s, f_Q\right)$		
	$\tau = 0$	$\tau = 2/3$	$\tau = 1/2$	$\tau = 0$	$\tau = 1/2$	$\tau = 2/3$
64	−1.0890e+0	5.5584e−1	−1.1546e−1	2.4100e−4	1.5643e−1	5.5584e−1
128	−8.1702e−1	1.4048e−1	−3.0060e−1	1.3574e−4	3.9808e−2	1.4048e−1
256	−4.7658e−1	3.5067e−2	−2.1136e−1	2.7743e−5	9.9438e−3	3.5067e−2
512	−2.5526e−1	8.7448e−3	−1.2092e−1	4.1534e−6	2.4788e−3	8.7448e−3
1024	−1.3187e−1	2.1825e−3	−6.4258e−2	5.6251e−7	6.1841e−4	2.1825e−3
2048	−6.6992e−2	5.4510e−4	−3.3077e−2	7.5543e−8	1.5442e−4	5.4510e−4
h^α	0.8046	1.9988	0.9580	2.8965	1.9969	1.9988

表 6.4.6　动点为 $s = x_0 + (\tau + 1)h/2$ 时, 辛普森公式和修正辛普森公式的误差

n	$I_2\left(c, s, f_Q\right)$			$\tilde{I}_2\left(c, s, f_Q\right)$		
	$\tau = 0$	$\tau = 2/3$	$\tau = 1/2$	$\tau = 0$	$\tau = 1/2$	$\tau = 2/3$
64	−3.2405e+0	−5.1775e−1	−2.0251e+0	5.0221e−3	−1.4294e−1	−5.1775e−1
128	−1.3573e+0	−1.3569e−1	−7.8354e−1	4.7400e−4	−3.8103e−2	−1.3569e−1
256	−6.1181e−1	−3.4467e−2	−3.3245e−1	4.9159e−5	−9.7298e−3	−3.4467e−2
512	−2.8908e−1	−8.6696e−3	−1.5121e−1	5.5001e−6	−2.4520e−3	−8.6696e−3
1024	−1.4032e−1	−2.1731e−3	−7.1832e−2	6.4742e−7	−6.1506e−4	−2.1731e−3
2048	−6.9106e−2	−5.4392e−4	−3.4971e−2	7.7841e−8	−1.5400e−4	−5.4392e−4
h^α	1.1102	1.9789	1.1711	3.1955	1.9717	1.9789

第 7 章 外推法近似计算超奇异积分

众所周知, 外推法来加速收敛的技巧已经被广泛应用到计算数学的各个领域, 见文献 [142 − 146, 148 − 155, 288 − 301]. 基于多项式插值和有理函数的外推法已有很好的理论研究, 其中较为著名的是 Richardson 外推法和 Romberg 外推法, 其误差函数为

$$T(h) - a_0 = a_1 h^2 + a_2 h^4 + a_3 h^6 + \cdots,$$

其中, $T(0) = a_0, a_j$ 为与 h 无关的常数. Richardson 通过两个不同的网格消掉 h^2 项, 因此也被称为 h^2 外推, 并成功地将该方法用于积分方程和微分方程的求解. 但是对于超奇异积分的外推算法, 这方面的文献相对较少. 这一部分我们基于有限部分积分定义, 考虑区间上[117] 和圆周上[122] 的二阶超奇异积分的外推算法, 仅对密度函数进行离散, 得到相应的误差展开式, 并且构造相应的外推算法, 证明所提出外推算法的收敛性. 对于区间上三阶超奇异积分的外推算法见文献 [304], 基于中矩形公式近似计算区间上二阶超奇异积分的外推算法见文献 [305].

7.1 外推法近似计算区间上二阶超奇异积分

考虑区间上的二阶超奇异积分

$$I_1(a, b; s, f) = \lim_{\varepsilon \to 0} \left\{ \left(\int_a^{s-\varepsilon} + \int_{s+\varepsilon}^b \right) \frac{f(x)}{(x-s)^2} dx - \frac{2f(s)}{\varepsilon} \right\}, \qquad (7.1.1)$$

其中 $s \in (a, b)$ 为奇异点.

设 $f_L(x) = F_{1n}(x)$, 在 (7.1.1) 中的 $f(x)$ 用 $F_{1n}(x)$ 替换得到复化梯形公式:

$$Q_{1n}(s, f) := \text{f.p.} \int_a^b \frac{f_L(x)}{(x-s)^2} dx = \sum_{j=0}^n \omega_j(s) f(x_j)$$

$$= I_1(a, b; s, f) - E_{1n}(s, f), \qquad (7.1.2)$$

其中 $\omega_j(s)$ 为解析计算的科茨系数, 误差函数定义为

$$E_{1n}(s, f) = I_1(a, b; s, f) - Q_{1n}(s, f). \qquad (7.1.3)$$

设

$$F_i(\tau) = (\tau - 1)(\tau + 1)\left[(\tau + 1)^i - (\tau - 1)^i\right] \tag{7.1.4}$$

和

$$\phi_{i,i+1}(t) = \begin{cases} -\dfrac{1}{2}\text{p.v.}\displaystyle\int_{-1}^1 \dfrac{F_i(\tau)}{\tau - t}d\tau, & |t| < 1, \\[4mm] -\dfrac{1}{2}\displaystyle\int_{-1}^1 \dfrac{F_i(\tau)}{\tau - t}d\tau, & |t| > 1. \end{cases} \tag{7.1.5}$$

众所周知, 如果 $F_i(\tau)$ 为第一类勒让德多项式, 那么 $\phi_{i,i+1}$ 就是第二类勒让德函数. 于是有

$$\phi_{ii}(t) = \begin{cases} -\dfrac{1}{2}\text{f.p.}\displaystyle\int_{-1}^1 \dfrac{F_i(\tau)}{(\tau - t)^2}d\tau, & |t| < 1, \\[4mm] -\dfrac{1}{2}\displaystyle\int_{-1}^1 \dfrac{F_i(\tau)}{(\tau - t)^2}d\tau, & |t| > 1 \end{cases} \tag{7.1.6}$$

和

$$\phi_{ik}(t) = -\dfrac{1}{2(k-i)!}\int_{-1}^1 F_i(\tau)(\tau - t)^{k-i-2}d\tau, \quad k > i + 1 \tag{7.1.7}$$

7.1.1　主要结论

下面给出这一部分的主要结论.

定理 7.1.1　假设 $f(x) \in C^l[a,b]$, $l \geqslant 2$. 对定义为 (7.1.2) 的复化梯形公式 $Q_{1n}(s,f)$, 存在一个与 h 和 s 无关的正数 C, 以及与 h 无关的函数 $a_i(\tau)$, 有

$$E_{1n}(s,f) = \sum_{i=1}^{l-1} \dfrac{h^i}{2^i}f^{(i+1)}(s)a_i(\tau) + R_n(s), \tag{7.1.8}$$

其中 $s = x_m + (\tau + 1)h/2$, 且

$$|R_n(s)| \leqslant C\left[\gamma^{-1}(\tau) + |\ln h|\right]h^{l-1}, \tag{7.1.9}$$

$\gamma(\tau)$ 定义为 (4.2.6).

在给出定理 7.1.1 的证明之前, 首先给出一些记号. 定义

$$M_{ik}^j(x,s) = (x - x_j)(x - x_{j+1})(x - s)^{k-i}\left[(x - x_j)^i - (x - x_{j+1})^i\right]$$

$$= F_i^j(x)(x - s)^{k-i}, \quad k \geqslant i, \tag{7.1.10}$$

其中

$$F_i^j (x) = (x - x_j) (x - x_{j+1}) \left[(x - x_j)^i - (x - x_{j+1})^i \right]. \tag{7.1.11}$$

根据线性变换 (4.2.2), 有

$$\begin{aligned} M_{ik}^j (x, s) &= \frac{h^{k+2}}{2^{k+2}} (\tau^2 - 1) (\tau - c_j)^{k-i} \left[(\tau + 1)^i - (\tau - 1)^i \right] \\ &= \frac{h^{k+2}}{2^{k+2}} M_{ik}^j (\tau, c_j) = \frac{h^{k+2}}{2^{k+2}} F_i (\tau) (\tau - c_j)^{k-i}, \end{aligned} \tag{7.1.12}$$

其中, $F_i (\tau)$ 定义为 (7.1.4) 且

$$M_{ik}^j (\tau, c_j) = F_i (\tau) (\tau - c_j)^{k-i}, \quad c_j = \frac{2}{h} (s - x_j) - 1. \tag{7.1.13}$$

进一步, 定义

$$T_{ik}^{n,m} (\tau) = \phi_{ik} (\tau) + \sum_{j=1}^{n-m-1} \phi_{ik} (2j + \tau) + \sum_{j=1}^{m} \phi_{ik} (-2j + \tau), \quad k = i, i+1 \tag{7.1.14}$$

和

$$b_i^{n,m} (\tau) = \begin{cases} \dfrac{(-1)^{i-1}}{i!} T_{i-1,i}^{n,m} (\tau) + \dfrac{(-1)^i}{(i+1)!} T_{ii}^{n,m} (\tau), & i > 1, \\ -\dfrac{1}{2} T_{11}^{n,m} (\tau), & i = 1. \end{cases} \tag{7.1.15}$$

为了完成定理 7.1.1 的证明, 首先给出如下引理.

引理 7.1.1 设 $\phi_{i,i+1} (t)$ 和 $\phi_{ii} (t)$ 分别定义为 (7.1.5) 和 (7.1.6), 则有

$$\phi_{i,i+1} (t) = \begin{cases} \displaystyle\sum_{j=1}^{i_1+1} \omega_{2j-1} Q_{2j-1} (t), & i = 2i_1, \\ \displaystyle\sum_{j=0}^{i_1} \omega_{2j} Q_{2j} (t), & i = 2i_1 - 1 \end{cases} \tag{7.1.16}$$

和

$$\phi_{ii} (t) = \begin{cases} \displaystyle\sum_{j=1}^{i_1} a_j Q_{2j} (t), & i = 2i_1, \\ \displaystyle\sum_{j=1}^{i_1} b_j Q_{2j} (t), & i = 2i_1 - 1, \end{cases} \tag{7.1.17}$$

其中

$$\omega_j = \frac{2i+1}{2} \int_{-1}^{1} F_i(\tau) P_j(\tau) \, d\tau,$$

以及

$$a_j = -(4j+1) \sum_{k=1}^{j} \omega_{2k-1}, b_j = -(4j-1) \sum_{k=1}^{j} \omega_{2k-2}.$$

证明: 对 $i = 2i_1$,

$$F_i(\tau) = (\tau^2 - 1)\left[(\tau+1)^i - (\tau-1)^i\right] = 2\tau(\tau^2 - 1) \sum_{j=1}^{i_1} C_{2i_1}^{2j-1} \tau^{2j-2},$$

则多项式 $F_i(\tau)$ 为奇函数. 以勒让德多项式为基函数展开有

$$F_i(\tau) = \sum_{j=1}^{i_1+1} w_{2j-1} P_{2j-1}(\tau), \tag{7.1.18}$$

其中 $P_j(\tau)$ 为第一类勒让德多项式, w_{2j-1} 为科茨系数.

等式 (7.1.16) 的第一部分根据 $\phi_{i,i+1}(t)$ 的定义可以类似得到.

由于

$$\sum_{j=1}^{i_1+1} w_{2j-1} = \sum_{j=1}^{i_1+1} w_{2j-1} P_{2j-1}(1) = F_i(1) = 0,$$

则有

$$\phi_{i,i+1}(t) = \sum_{j=1}^{i_1} \frac{a_j}{4j+1} [Q_{2j+1}(t) - Q_{2j-1}(t)],$$

其中 $Q_j(t)$ 为第一类勒让德多项式, $a_j = -(4j+1) \sum_{k=1}^{j} \omega_{2k-1}$, 那么 (7.1.16) 的第一部分得证.

根据递推关系,

$$Q'_{l+1}(t) - Q'_{l-1}(t) = (2l+1) Q_l(t), \quad l = 1, 2, \cdots. \tag{7.1.19}$$

命题得证.

引理 7.1.2   对 $\tau \in (-1, 1)$, 存在与 h 无关的函数 $c_{ik}(\tau)$, 有

$$\lim_{n \to \infty} T_{ik}^{n,m}(\tau) = c_{ik}(\tau), \quad k = i, i+1. \tag{7.1.20}$$

证明: 考虑如下部分和

$$\sum_{j=1}^{n-m-1} Q_l\left(2j+\tau\right) + \sum_{j=1}^{m} Q_l\left(-2j+\tau\right). \tag{7.1.21}$$

根据等式

$$Q_l\left(t\right) = \frac{1}{2^{l+1}} \int_{-1}^{1} \frac{\left(1-\tau^2\right)^l}{\left(t-\tau\right)^{l+1}} d\tau, \quad |t| > 1, \quad l = 1, 2, \cdots, \tag{7.1.22}$$

有

$$\left|Q_l\left(t\right)\right| \leqslant \frac{C}{\left(|t|-1\right)^{l+1}}, \quad |t| > 1.$$

由于

$$Q_0\left(t\right) = \frac{1}{2} \ln\left|\frac{1+t}{1-t}\right|,$$

则有

$$\sum_{j=1}^{n-m-1} Q_0\left(2j+\tau\right) + \sum_{j=1}^{m} Q_0\left(-2j+\tau\right)$$

$$= \frac{1}{2} \ln \frac{2\left(n-m\right)-1+\tau}{2m+1-\tau} = \frac{1}{2} \ln \frac{b-s}{s-a}, \quad n \to \infty,$$

其中 $m = \dfrac{s-a}{b-s} n + \dfrac{1-\tau}{2}$. 根据 (7.1.21) 和 (7.1.22), 有

$$\left|\phi_{ik}\left(t\right)\right| \leqslant \frac{C}{\left(|t|-1\right)^{2+\left[1+(-1)^i\right]/2}}, \quad |t| > 2.$$

命题得证.

引理 7.1.3 设 $s \in (x_m, x_{m+1})$ 和某些 m, c_j $(0 \leqslant j \leqslant n-1)$ 定义为 (7.1.13). 那么对 $i = 1, 2, \cdots, l-1$ 和 $k = i$, 有

$$\phi_{ik}\left(c_j\right) = \begin{cases} -\dfrac{2^k}{h^{k+1}} \mathrm{f.p.} \displaystyle\int_{x_j}^{x_{j+1}} \frac{M_{ik}^j\left(x,s\right)}{\left(x-s\right)^2} dx, & j = m, \\[4mm] -\dfrac{2^k}{h^{k+1}} \displaystyle\int_{x_j}^{x_{j+1}} \frac{M_{ik}^j\left(x,s\right)}{\left(x-s\right)^2} dx, & j \neq m, \end{cases} \tag{7.1.23}$$

和

$$\text{f.p.} \int_{-1}^{1} \frac{F_i(\tau)}{(\tau - c_m)^2} d\tau$$

$$= \begin{cases} 2 \displaystyle\sum_{j=1}^{k_1} C_{2k_1}^{2j-1} \text{f.p.} \int_{-1}^{1} \frac{\tau^{2j-1}(\tau^2-1)}{(\tau-c_m)^2} d\tau, & i = 2k_1, \\[3mm] 2 \displaystyle\sum_{j=0}^{k_1} C_{2k_1+1}^{2j} \int_{-1}^{1} \frac{\tau^{2j}(\tau^2-1)}{(\tau-c_m)^2} d\tau, & i = 2k_1+1. \end{cases} \tag{7.1.24}$$

证明: 对 $j = m$, 根据定义 (7.1.1) 及 $k = i$, 有

$$\text{f.p.} \int_{x_m}^{x_{m+1}} \frac{M_{ik}^j(x,s)}{(x-s)^2} dx$$

$$= \text{f.p.} \int_{x_m}^{x_{m+1}} \frac{F_i^j(x)}{(x-s)^2} dx$$

$$= \lim_{\varepsilon \to 0} \left\{ \left(\int_{x_{m-1}}^{s-\varepsilon} + \int_{s+\varepsilon}^{x_m} \right) \frac{F_i^j(x)}{(x-s)^2} dx - \frac{2F_i^j(s)}{\varepsilon} \right\}$$

$$= \frac{h^{k+1}}{2^{k+1}} \lim_{\varepsilon \to 0} \left\{ \left(\int_{-1}^{c_m - \frac{2\varepsilon}{h}} + \int_{c_m + \frac{2\varepsilon}{h}}^{1} \right) \frac{F_i(\tau)}{(\tau - c_m)^2} d\tau - \frac{h F_i^j(c_m)}{\varepsilon} \right\}$$

$$= \frac{h^{k+1}}{2^{k+1}} \int_{-1}^{1} \frac{F_i(\tau)}{(\tau - c_m)^2} d\tau = -\frac{h^{k+1}}{2^k} \phi_{ii}(c_m).$$

当 $j \neq m$ 时的情况可以类似得到.

对于 (7.1.24), 如果 $i = 2k_1$, 有

$$\text{f.p.} \int_{-1}^{1} \frac{F_i(\tau)}{(\tau - c_m)^2} d\tau$$

$$= \lim_{\varepsilon \to 0} \left\{ \left(\int_{-1}^{c_m - \varepsilon} + \int_{c_m + \varepsilon}^{1} \right) \frac{F_i(\tau)}{(\tau - c_m)^2} d\tau - \frac{2 F_i(c_m)}{\varepsilon} \right\}$$

$$= 2 \sum_{j=1}^{k_1} C_{2k_1}^{2j-1} \lim_{\varepsilon \to 0} \left\{ \left(\int_{-1}^{c_m - \varepsilon} + \int_{c_m + \varepsilon}^{1} \right) \frac{\tau^{2j-1}(\tau^2-1)}{(\tau - c_m)^2} d\tau - \frac{2 c_m^{2j-1}(c_m^2 - 1)}{\varepsilon} \right\}$$

$$= 2 \sum_{j=1}^{k_1} C_{2k_1}^{2j-1} \int_{-1}^{1} \frac{\tau^{2j-1}(\tau^2-1)}{(\tau - c_m)^2} d\tau.$$

这里用到了等式

$$(\tau + 1)^{2k_1} - (\tau - 1)^{2k_1} = 2 \sum_{j=1}^{k_1} C_{2k_1}^{2j-1} \tau^{2j-1}.$$

对 $i = 2k_1 + 1$ 的情况可以类似得到. 命题得证.

引理 7.1.4 在引理 7.1.3 相同的条件下, 对 $k = i + 1$, 有

$$\phi_{ik}(c_j) = \begin{cases} -\dfrac{2^k}{h^{k+1}} \text{f.p.} \displaystyle\int_{x_j}^{x_{j+1}} \dfrac{M_{ik}^j(x,s)}{(x-s)^2} dx, & j = m, \\[4mm] -\dfrac{2^k}{h^{k+1}} \displaystyle\int_{x_j}^{x_{j+1}} \dfrac{M_{ik}^j(x,s)}{(x-s)^2} dx, & j \neq m \end{cases} \tag{7.1.25}$$

和

$$\text{p.v.} \int_{-1}^{1} \frac{F_i(\tau)}{\tau - c_m} d\tau$$

$$= \begin{cases} 2 \displaystyle\sum_{j=1}^{k_1} C_{2k_1}^{2j-1} \text{p.v.} \int_{-1}^{1} \dfrac{\tau^{2j-1}(\tau^2 - 1)}{(\tau - c_m)^2} d\tau, & i = 2k_1, \\[5mm] 2 \displaystyle\sum_{j=0}^{k_1} C_{2k_1+1}^{2j} \int_{-1}^{1} \dfrac{\tau^{2j}(\tau^2 - 1)}{(\tau - c_m)^2} d\tau, & i = 2k_1 + 1. \end{cases} \tag{7.1.26}$$

证明: 对 $j = m$, 根据柯西主值积分的定义, 有

$$\text{p.v.} \int_{x_m}^{x_{m+1}} \frac{M_{ik}^j(x,s)}{(x-s)^2} dx = \text{p.v.} \int_{x_m}^{x_{m+1}} \frac{F_i^j(x)}{x-s} dx$$

$$= \lim_{\varepsilon \to 0} \left\{ \left(\int_{x_{m-1}}^{s-\varepsilon} + \int_{s+\varepsilon}^{x_m} \right) \frac{F_i^j(x)}{x-s} dx \right\}$$

$$= \frac{h^{k+1}}{2^{k+1}} \lim_{\varepsilon \to 0} \left\{ \left(\int_{-1}^{c_m - \frac{2\varepsilon}{h}} + \int_{c_m + \frac{2\varepsilon}{h}}^{1} \right) \frac{F_i(\tau)}{\tau - c_m} d\tau \right\}$$

$$= \frac{h^{k+1}}{2^{k+1}} \text{p.v.} \int_{-1}^{1} \frac{F_i(\tau)}{\tau - c_m} d\tau = -\frac{h^{k+1}}{2^k} \phi_{ik}(c_m).$$

等式 (7.1.25) 的第二部分可以类似证明. 命题得证.

引理 7.1.5 在引理 7.1.3 相同的条件下, 对 $k > i + 1$ 有

$$\phi_{ik}(c_j) = -\frac{2^k}{h^{k+1}} \int_{x_j}^{x_{j+1}} \frac{M_{ik}^j(x,s)}{(k-i)!(x-s)^2} dx \tag{7.1.27}$$

和

$$\int_{-1}^{1} \frac{F_i\left(\tau\right)\left(\tau - c_m\right)^{k-i-2}}{(k-i)!} d\tau$$

$$= \begin{cases} 2 \displaystyle\sum_{j=1}^{k_1} C_{2k_1}^{2j-1} \int_{-1}^{1} \frac{\tau^{2j-1}\left(\tau^2 - 1\right)\left(\tau - c_m\right)^{k-i-2}}{(k-i)!} d\tau, & i = 2k_1, \\ 2 \displaystyle\sum_{j=0}^{k_1} C_{2k_1+1}^{2j} \int_{-1}^{1} \frac{\tau^{2j}\left(\tau^2 - 1\right)\left(\tau - c_m\right)^{k-i-2}}{(k-i)!} d\tau, & i = 2k_1 + 1. \end{cases} \tag{7.1.28}$$

证明类似引理 7.1.4.

引理 7.1.6　设 $f\left(x\right) \in C^l\left[a, b\right], l \geqslant 2$. 若 $s \neq x_j$, 对任意的 $j = 0, 1, \cdots, n-1$, 有

$$f\left(x\right) - f_L\left(x\right)$$

$$= \sum_{i=1}^{l-1} \sum_{k=i}^{l-1} \frac{(-1)^{i+1} f^{(i+1)}\left(s\right)}{h\left(i+1\right)!} \frac{M_{ik}^j\left(x, s\right)}{(k-i)!}$$

$$+ \sum_{i=1}^{l-2} \frac{(-1)^{i+1}}{h\left(i+1\right)!} \frac{f^{(l)}\left(\xi_{ij}\right) - f^{(l)}\left(s\right)}{(k-i)!} M_{i,l-1}^j\left(x, s\right) + \frac{(-1)^l}{hl!} \tilde{M}_l^j\left(x, s\right), \tag{7.1.29}$$

其中

$$\tilde{M}_l^j\left(x, s\right) = \left(x - x_{j+1}\right)\left(x - x_j\right) \left[f^{(l)}\left(\eta_j\right)\left(x - x_{j+1}\right)^{l-1} - f^{(l)}\left(\varsigma_j\right)\left(x - x_j\right)^{l-1}\right]$$

$$- f^{(l)}\left(s\right) M_{l-1,l-1}^j\left(x, s\right), \quad \eta_j, \varsigma_j \in \left(x_j, x_{j+1}\right). \tag{7.1.30}$$

证明: 将函数 $f\left(x_j\right)$ 和 $f\left(x_{j+1}\right)$ 在点 x 处泰勒展开, 由于 $f\left(x\right) \in C^l\left[a, b\right]$, 有

$$f\left(x_{j+1}\right) = f\left(x\right) + \sum_{i=1}^{l-1} \frac{f^{(i)}\left(x\right)}{i!}\left(x_{j+1} - x\right)^i + \frac{f^{(l)}\left(\eta_j\right)}{l!}\left(x_{j+1} - x\right)^l$$

和

$$f\left(x_j\right) = f\left(x\right) + \sum_{i=1}^{l-1} \frac{f^{(i)}\left(x\right)}{i!}\left(x_j - x\right)^i + \frac{f^{(l)}\left(\varsigma_j\right)}{l!}\left(x_j - x\right)^l,$$

其中 $\eta_j, \varsigma_j \in \left(x_j, x_{j+1}\right)$. 则有

$$f\left(x\right) - f_L\left(x\right)$$

$$= (x - x_j)(x - x_{j+1}) \sum_{i=1}^{l-2} \frac{(-1)^{i+1} f^{(i+1)}(x)}{h(i+1)!} \left[(x - x_j)^i - (x - x_{j+1})^i \right]$$

$$+ (x - x_j)(x - x_{j+1}) \frac{(-1)^l}{hl!} \left[f^{(l)}(\eta_j)(x - x_j)^{l-1} - f^{(l)}(\varsigma_j)(x - x_{j+1})^{l-1} \right]. \tag{7.1.31}$$

另一方面, 对 $i = 0, 1, \cdots, l-2$, 有

$$f^{(i+1)}(x)$$

$$= f^{(i+1)}(s) + f^{(i+2)}(s)(x - s) + \cdots + \frac{f^{(l)}(\xi_{ij})}{(l - i - 1)!}(x - s)^{l-i-1}$$

$$= \sum_{k=i}^{l-1} \frac{f^{(k+1)}(s)}{(k - i)!}(x - s)^{k-i} + \frac{f^{(l)}(\xi_{ij}) - f^{(l)}(s)}{(l - i - 1)!}(x - s)^{k-i-1}, \tag{7.1.32}$$

其中 $\xi_{ij} \in [x_j, s]$ 或者 $[s, x_j]$. 联立方程 (7.1.31) 和 (7.1.32), 这里用到了 $M_{ik}^j(x, s)$, 命题得证.

定义

$$H_m(x) = f(x) - f_L(x) - \sum_{i=1}^{l-1} \sum_{k=i}^{l-1} \frac{(-1)^{i+1} f^{(i+1)}(s)}{h(i+1)!} \frac{M_{ik}^j(x, s)}{(k - i)!}. \tag{7.1.33}$$

引理 7.1.7 在定理 7.1.1 相同的条件下, 有

$$\left| \text{f.p.} \int_{x_m}^{x_{m+1}} \frac{H_m(x)}{(x - s)^2} dx \right| \leqslant C \left| \ln \gamma(\tau) \right| h^{l-1}, \tag{7.1.34}$$

其中 $\gamma(\tau)$ 定义为 (4.2.6).

证明: 由于 $f(x) \in C^l[a, b]$, 根据泰勒展开式, 有

$$\left| H_m^{(i)}(x) \right| \leqslant C h^{l-i}, \quad i = 0, 1, 2.$$

根据有限部分积分定义, 有

$$\text{f.p.} \int_{x_m}^{x_{m+1}} \frac{H_m(x)}{(x - s)^2} dx$$

$$= \frac{h H_m(s)}{(x_{m+1} - s)(s - x_m)} + H_m'(s) \ln \frac{x_{m+1} - s}{s - x_m}$$

$$+\int_{x_m}^{x_{m+1}} \frac{H_m(x) - H_m(s) - H'_m(s)(x-s)}{(x-s)^2} dx. \tag{7.1.35}$$

依次估计 (7.1.35) 的每一项, 由于 $H_m(x_m) = 0$, 有

$$\left| \frac{hH_m(s)}{(x_{m+1}-s)(s-x_m)} \right| = \left| \frac{h[H_m(s) - H_m(x_m)]}{(x_{m+1}-s)(s-x_m)} \right| = \left| \frac{hH'_m(\varsigma_m)}{s-x_m} \right| \leqslant Ch^{l-1},$$
$$\tag{7.1.36}$$

$$\left| H'_m(s) \ln \frac{x_{m+1}-s}{s-x_m} \right| \leqslant C |\ln \gamma(\tau)| h^{l-1} \tag{7.1.37}$$

和

$$\left| \int_{x_m}^{x_{m+1}} \frac{H_m(x) - H_m(s) - H'_m(s)(x-s)}{(x-s)^2} dx \right|$$
$$= \left| \int_{x_m}^{x_{m+1}} \frac{1}{2} H''_m(\eta_m) dx \right| \leqslant Ch^{l-1}, \tag{7.1.38}$$

其中 $\varsigma_m \in (s, x_{m+1}), \eta_m \in (x_m, x_{m+1})$, 联立方程 (7.1.36),(7.1.37) 和 (7.1.38) 得到 (7.1.34), 命题得证.

引理 7.1.8　在定理 7.1.1 相同的条件下, 有

$$\left| \sum_{j=0,j\neq m}^{n-1} \frac{(-1)^l}{hl!} \int_{x_j}^{x_{j+1}} \frac{\tilde{M}_l^j(x)}{(x-s)^2} dx \right| \leqslant C\gamma^{-1}(\tau) \frac{h^{l-1}}{l!} \tag{7.1.39}$$

和

$$\left| \sum_{i=1}^{l-2} \frac{(-1)^{i+1}}{h(i+1)!} \sum_{j=0,j\neq m}^{n-1} \int_{x_j}^{x_{j+1}} \frac{f^{(l)}(\xi_{ij}) - f^{(l)}(s)}{(k-i)!} \frac{M_{i,l-1}^j(x,s)}{(x-s)^2} dx \right|$$
$$\leqslant \begin{cases} C\dfrac{h^{l-1}}{(l-1)!}[|\ln \gamma(\tau)| + |\ln h|], & i = l-2, \\ C\dfrac{h^{l-1}}{(l-i-1)!}, & i < l-2. \end{cases} \tag{7.1.40}$$

证明: 根据 (7.1.39) 有 $\left| \tilde{M}_l^j(x) \right| \leqslant Ch^{l+1}$, 以及

$$\left| \sum_{j=0,j\neq m}^{n-1} \frac{(-1)^l}{hl!} \int_{x_j}^{x_{j+1}} \frac{\tilde{M}_l^j(x)}{(x-s)^2} dx \right| \leqslant C\frac{h^l}{l!} \sum_{j=0,j\neq m}^{n-1} \int_{x_j}^{x_{j+1}} \frac{1}{(x-s)^2} dx$$

$$= C\frac{h^l}{l!}\left(\frac{1}{s-x_m}-\frac{1}{s-a}+\frac{1}{s-b}-\frac{1}{s-x_{m+1}}\right) \leqslant C\gamma^{-1}(\tau)\frac{h^l}{l!}.$$

当 $i = l - 2$ 时, 对 (7.1.40) 有

$$\left|\sum_{i=1}^{l-2}\frac{(-1)^{i+1}}{h(i+1)!}\sum_{j=0,j\neq m}^{n-1}\int_{x_j}^{x_{j+1}}\frac{f^{(l)}(\xi_{ij})-f^{(l)}(s)}{(k-i)!}\frac{M_{i,l-1}^j(x,s)}{(x-s)^2}dx\right|$$

$$\leqslant C\frac{h^{l-1}}{(l-1)!}\left|\sum_{i=1}^{l-2}\sum_{j=0,j\neq m}^{n-1}\int_{x_j}^{x_{j+1}}\frac{1}{|x-s|}dx\right|$$

$$\leqslant C\frac{h^{l-1}}{(l-1)!}\left(\int_a^{x_m}\frac{dx}{s-x}+\int_{x_{m+1}}^b\frac{dx}{x-s}\right)$$

$$= C\frac{h^{l-1}}{(l-1)!}\ln\frac{(b-s)(s-a)}{(x_{m+1}-s)(s-x_m)}$$

$$\leqslant C\frac{h^{l-1}}{(l-1)!}\left[|\ln\gamma(\tau)|+|\ln h|\right].$$

如果 $i < l - 2$, 对 (7.1.40) 有

$$\left|\sum_{i=1}^{l-2}\frac{(-1)^{i+1}}{h(i+1)!}\sum_{j=0,j\neq m}^{n-1}\int_{x_j}^{x_{j+1}}\frac{f^{(l)}(\xi_{ij})-f^{(l)}(s)}{(k-i)!}\frac{M_{i,l-1}^j(x,s)}{(x-s)^2}dx\right|$$

$$= \left|\sum_{j=0,j\neq m}^{n-1}\frac{(-1)^{i+1}h^l}{2^{l+1}(i+1)!}\int_{-1}^1\frac{f^{(l)}(\xi_{ij})-f^{(l)}(s)}{(l-i-1)!}F_i(\tau)(\tau-c_j)^{l-i-3}d\tau\right|$$

$$\leqslant C\frac{h^{l-1}}{(l-i-1)!}.$$

命题得证.

7.1.2 定理 7.1.1 的证明

根据引理 7.1.6, 有

$$\left(\int_a^{x_m}+\int_{x_{m+1}}^b\right)\frac{f(x)-f_L(x)}{(x-s)^2}dx$$

$$= \sum_{j=0,j\neq m}^{n-1}\int_{x_j}^{x_{j+1}}\frac{f(x)-f_L(x)}{(x-s)^2}dx$$

$$= \sum_{i=1}^{l-1} \sum_{k=i}^{l-1} \frac{(-1)^{i+1} f^{(i+1)}(s)}{h(i+1)!(k-i)!} \sum_{j=0, j\neq m}^{n-1} \int_{x_j}^{x_{j+1}} \frac{M_{ik}^j(x,s)}{(x-s)^2} dx$$

$$+ \sum_{i=1}^{l-2} \frac{(-1)^{i+1}}{h(i+1)!} \sum_{j=0, j\neq m}^{n-1} \int_{x_j}^{x_{j+1}} \frac{f^{(l)}(\xi_{ij}) - f^{(l)}(s)}{(k-i)!} \frac{M_{i,l-1}^j(x,s)}{(x-s)^2} dx$$

$$+ \sum_{j=0, j\neq m}^{n-1} \frac{(-1)^l}{hl!} \int_{x_j}^{x_{j+1}} \frac{\tilde{M}_l^j(x)}{(x-s)^2} dx. \tag{7.1.41}$$

根据 $H_m(x)$ 的定义, 有

$$\text{f.p.} \int_{x_m}^{x_{m+1}} \frac{f(x) - f_L(x)}{(x-s)^2} dx$$

$$= \text{f.p.} \int_{x_m}^{x_{m+1}} \frac{H_m(x)}{(x-s)^2} dx$$

$$+ \sum_{i=1}^{l-1} \sum_{k=i}^{l-1} \frac{(-1)^{i+1} f^{(i+1)}(s)}{h(i+1)!(k-i)!} \text{f.p.} \int_{x_m}^{x_{m+1}} \frac{M_{ik}^m(x,s)}{(x-s)^2} dx, \tag{7.1.42}$$

联立方程 (7.1.41) 和 (7.1.42), 有

$$\text{f.p.} \int_a^b \frac{f(x) - f_L(x)}{(x-s)^2} dx$$

$$= \sum_{i=1}^{l-1} \sum_{k=i}^{l-1} \frac{(-1)^{i+1} f^{(i+1)}(s)}{h(i+1)!(k-i)!} \sum_{j=0}^{n-1} \int_{x_j}^{x_{j+1}} \frac{M_{ik}^m(x,s)}{(x-s)^2} dx$$

$$+ \sum_{i=1}^{l-2} \frac{(-1)^{i+1}}{h(i+1)!} \sum_{j=0, j\neq m}^{n-1} \int_{x_j}^{x_{j+1}} \frac{f^{(l)}(\xi_{ij}) - f^{(l)}(s)}{(k-i)!} \frac{M_{i,l-1}^j(x,s)}{(x-s)^2} dx$$

$$+ \sum_{j=0, j\neq m}^{n-1} \frac{(-1)^l}{hl!} \int_{x_j}^{x_{j+1}} \frac{\tilde{M}_l^j(x)}{(x-s)^2} dx + \text{f.p.} \int_{x_m}^{x_{m+1}} \frac{H_m(x)}{(x-s)^2} dx$$

$$:= \sum_{i=1}^{l-1} \sum_{k=i}^{l-1} \frac{(-1)^i h^k f^{(i+1)}(s)}{h(i+1)!(k-i)!} \sum_{j=0}^{n-1} \phi_{ik}(c_j) + R_n(s), \tag{7.1.43}$$

其中

$$R_n(s) = R_n^{(1)}(s) + R_n^{(2)}(s)$$

和

$$R_n^{(1)}(s) = \int_{x_m}^{x_{m+1}} \frac{H_m(x)}{(x-s)^2} dx,$$

$$R_n^{(2)}(s) = \sum_{j=0,j\neq m}^{n-1} \frac{(-1)^l}{hl!} \int_{x_j}^{x_{j+1}} \frac{\tilde{M}_l^j(x)}{(x-s)^2} dx$$

$$+ \sum_{i=1}^{l-2} \frac{(-1)^{i+1}}{h(i+1)!} \sum_{j=0,j\neq m}^{n-1} \int_{x_j}^{x_{j+1}} \frac{f^{(l)}(\xi_{ij}) - f^{(l)}(s)}{(k-i)!} \frac{M_{i,l-1}^j(x,s)}{(x-s)^2} dx.$$

根据引理 7.1.7 和引理 7.1.8, 有

$$|R_n(s)| \leqslant C\left(|\ln h| + \gamma^{-1}(\tau)\right) h^l,$$

对 $\phi_{ik}(c_j), k > i+1$, 根据引理 7.1.5, 其余部分都是没有奇异性的黎曼积分.

当 $k = i, i+1$ 时, 根据 $b_i^{n,m}(\tau)$ 的定义, 由引理 7.1.1 和引理 7.1.2, 存在函数 $a_i(\tau)$,

$$a_i(\tau) = \lim_{n\to\infty} b_i^{n,m}(\tau) = \begin{cases} \dfrac{(-1)^{i-1}}{i!} c_{i-1,i}(\tau) + \dfrac{(-1)^i}{(i+1)!} c_{ii}(\tau), & i > 1, \\ \dfrac{1}{2} c_{11}(\tau), & i = 1. \end{cases} \tag{7.1.44}$$

命题得证.

7.1.3 外推算法

根据定理 7.1.1, 梯形公式计算积分 (7.1.2) 的误差函数中的奇异部分具有如下的渐近展开式

$$E_{1n}(s,f) = \sum_{i=1}^{l-1} \frac{h^i}{2^i} f^{(i+1)}(s) a_i(\tau) + R_n(s). \tag{7.1.45}$$

由此可知, 误差函数中的 $a_i(\tau)$ 对积分计算值的影响较大.

首先给出如下引理.

引理 7.1.9 如果 $f(x) \in C^l[a,b], l \geqslant 2$. 对 $I_1(a,b;s,f)$ 定义为 (7.1.1), 则有 $I_1(a,b;s,f) \in C^{l-2}(a,b)$.

众所周知, 超奇异积分算子是拟微分算子, Hadamard 有限部分积分算子是 $+1$ 阶拟微分算子, 即对函数 $f(x) \in C^l[a,b]$, 则有 $I_1(a,b;s,f) \in C^{l-1}(a,b)$. 引理仅证明了 $I_1(a,b;s,f) \in C^{l-2}(a,b)$. 对于 $I_1(a,b;s,f) \in C^{l-1}(a,b)$, 有待于进一步研究.

对于给定奇异点 s, 给出如下算法.

假设存在整数 n_0 使得

$$m_0 := \frac{n_0(s-a)}{b-a}$$

是一个整数. 首先, 将区间 $[a, b]$ 等分成 n_0 个子区间, 记为 Π_1, 其步长为 $h_1 = (s - a)/n_0$; 然后对 Π_1 再次加密得到 Π_2, 其步长为 $h_2 = h_1/2$; 依次重复这一过程, 得到序列 $\{\Pi_j\}\,(j = 1, 2, \cdots)$; 其中 Π_j 由 Π_{j-1} 加密得到, 步长为 h_j. 由此得到外推算法, 见表 7.1.1.

$$\textbf{表 7.1.1}\quad \textbf{外推格式 } T_i^{(j)}$$

$T(h_1) = T_1^{(1)}$				
$T(h_2) = T_1^{(2)}$	$T_2^{(1)}$			
$T(h_3) = T_1^{(3)}$	$T_2^{(2)}$	$T_3^{(1)}$		
$T(h_4) = T_1^{(4)}$	$T_2^{(3)}$	$T_3^{(2)}$	$T_4^{(1)}$	
$T(h_5) = T_1^{(5)}$	$T_2^{(4)}$	$T_3^{(3)}$	$T_4^{(2)}$	$T_5^{(1)}$
$\vdots$	$\vdots$	$\vdots$	$\vdots$	$\vdots$

对于给定的 $\tau \in (-1, 1)$, 定义

$$s_j = s + \frac{\tau + 1}{2} h_j, \quad j = 1, 2, \cdots \tag{7.1.46}$$

和

$$T(h_j) = I_{2^{j-1} n_0}(f, s_j). \tag{7.1.47}$$

于是得到外推算法步骤如下.

首先,

$$T_1^{(j)} = T(h_j), \quad j = 1, \cdots, m;$$

其次,

$$T_i^{(j)} = T_{i-1}^{(j+1)} + \frac{T_{i-1}^{(j+1)} - T_{i-1}^{(j)}}{2^{i-1} - 1}, \quad i = 2, \cdots, m, \quad j = 1, \cdots, m - i.$$

定理 7.1.2 在定理 7.1.1 的条件下, 对于给定的 τ 和定义为 (7.1.46) 的逼近序列, 有

$$\left| I_1(a, b; s, f) - T_i^{(j)} \right| \leqslant Ch^i, \tag{7.1.48}$$

以及后验误差估计为

$$\left| \frac{T_{i-1}^{(j+1)} - T_{i-1}^{(j)}}{2^{i-1} - 1} \right| \leqslant Ch^{i-1}.$$

证明: 根据 (7.1.45), 对于给定的 τ, 有

$$I_1(a, b; s, f) - T(h_j)$$

$$= I_1(a, b; s, f) - I_1(a, b; s_j, f) + I_1(a, b; s_j, f) - T(h_j)$$

$$= I_1(a, b; s, f) - I_1(a, b; s_j, f) + \sum_{i=1}^{l-1} \frac{h_j^i}{2^i} f^{(i+1)}(s) a_i(\tau) + O\left(h_j^{l-1}\right). \quad (7.1.49)$$

根据泰勒定理将 $I_1(a, b; s_j, f)$ 在点 s 处展开, 有

$$I_1(a, b; s_j, f) = I_1(a, b; s, f) + I_1'(a, b; s_j, f) \frac{\tau+1}{2} h_j + \cdots$$

$$+ \frac{I_1^{(l-2)}(a, b; s_j, f)}{(l-2)} \left(\frac{\tau+1}{2} h_j\right)^{l-2} + O\left(h_j^{l-2}\right), \quad (7.1.50)$$

这里用到了引理 7.1.9.

类似地, 将 $f^{(i+1)}(s_j)$ 在点 s 处泰勒展开, 有

$$f^{(i+1)}(s_j) = f^{(i+1)}(s) + f^{(i+2)}(s) \frac{\tau+1}{2} h_j + \cdots$$

$$+ \frac{f^{(l-1)}(s)}{(l-i-1)!} \left(\frac{\tau+1}{2} h_j\right)^{l-i-1} + O\left(h_j^{l-i-1}\right). \quad (7.1.51)$$

联立方程 (7.1.50) 和 (7.1.51), 有

$$I_1(a, b; s, f) - T(h_j) = \sum_{i=1}^{l-2} b_i(s, \tau) h_j^i + O\left(h_j^{l-1}\right), \quad (7.1.52)$$

其中

$$b_i(s, \tau) = f^{(i+1)}(s) \sum_{k=1}^{i} \frac{a_k(\tau)}{2^k} \left(\frac{\tau+1}{2}\right)^{i-k} \frac{1}{(i-k)!} - \frac{(\tau+1)^i}{2^i i!} I_1^{(i)}(a, b; s, f),$$

$$(7.1.53)$$

当 τ 给定时, 则 $b_i(s, \tau)$ 为常数. 由 (7.1.52), 则有

$$I_1(a, b; s, f) - T(h_{j+1}) = \sum_{i=1}^{l-2} b_i(s, \tau) h_{j+1}^i + O\left(h_{j+1}^{l-1}\right). \quad (7.1.54)$$

根据 (7.1.52) 和 (7.1.54), 当 $h_j = 2h_{j+1}$ 时, 有

$$I_1(a, b; s, f) = 2T(h_{j+1}) - T(h_j) + \sum_{i=1}^{l-2} b_i(s, \tau) \left(\frac{1}{2^{i-1}} - 1\right) h_j^i + O\left(h_j^{l-1}\right)$$

$$= T_2^{(j)} + \sum_{i=2}^{l-2} b_i\left(s,\tau\right) \left(\frac{1}{2^{i-1}} - 1\right) h_j^i + O\left(h_j^{l-1}\right), \tag{7.1.55}$$

即

$$I_1\left(a,b;s,f\right) - T_2^{(j)} = \sum_{i=2}^{l-2} b_i\left(s,\tau\right) \left(\frac{1}{2^{i-1}} - 1\right) h_j^i + O\left(h_j^{l-1}\right) \tag{7.1.56}$$

和

$$T_2^{(j)} = 2T\left(h_{j+1}\right) - T\left(h_j\right), \tag{7.1.57}$$

于是有

$$T\left(h_{j+1}\right) - T\left(h_j\right) = \sum_{i=2}^{l-2} b_i\left(s,\tau\right) \left(\frac{1}{2^{i-1}} - 1\right) h_j^i + O\left(h_j^{l-1}\right). \tag{7.1.58}$$

重复这一过程, 命题得证.

7.1.4 数值算例

在这一部分, 给出数值算例来验证上述的理论分析.

例 7.1.1 考虑超奇异积分, 其密度函数 $f(x) = x^4 + 1$, 则有

$$I_1\left(a,b;s,x^4+1\right) = 4s^2 + 2s + \frac{4}{3} + \frac{s+1}{s\left(s-1\right)} + 4s^3\ln\frac{1-s}{s}.$$

设 $s = 0.25$ 和 $s = 0.9$. 选取逼近序列 $s_j = s + (\tau + 1)h_j/2$, 其中 $\tau = 0, \pm 2/3$ 以及 s_j 定义为 (7.1.46).

表 7.1.2—表 7.1.4 分别给出了当 $s = 0.25$ 时外推值、外推误差和外推的后验误差, 这与我们的定理 7.1.2 是一致的.

表 7.1.5 给出了 $s = 0.9$ 时, 逼近序列 $s_j = s + (\tau + 1)h_j/2(\tau = 0, \pm 2/3)$ 的误差估计, 其收敛阶为 $O(h)$.

表 7.1.6—表 7.1.8 给出了当 $s = 0.9$ 时, 外推值、外推误差和外推后验误差, 收敛阶分别为 h, h^2 和 h^3, 这与理论分析相一致.

表 7.1.2 当 $s = 0.25$ 时, 外推值

n	$\tau = -2/3$	h^2-外推	h^3-外推
32	−4.427994656e+0		
64	−4.470949523e+0	−4.513904391e+0	
128	−4.492714408e+0	−4.514479293e+0	−4.514670927e+0
256	−4.503668423e+0	−4.514622438e+0	−4.514670154e+0
512	−4.509163295e+0	−4.514658166e+0	−4.514670075e+0

表 7.1.3　当 $s = 0.25$ 时, 梯形公式的误差

n	$\tau = -2/3$	h^2-外推	h^3-外推
32	$-8.667540960e-2$		
64	$-4.372054216e-2$	$-7.656747194e-4$	
128	$-2.195565741e-2$	$-1.907726621e-4$	$8.613570168e-7$
256	$-1.100164219e-2$	$-4.762696573e-5$	$8.826638886e-8$
512	$-5.506770788e-3$	$-1.189938672e-5$	$9.806290002e-9$

表 7.1.4　当 $s = 0.25$ 时, 梯形公式的后验误差

n	后验误差	h^2-后验误差	h^3-后验误差
32			
64	$-4.295486744e-2$		
128	$-2.176488475e-2$	$-1.916340191e-4$	
256	$-1.095401522e-2$	$-4.771523212e-5$	$-1.104415183e-7$
512	$-5.494871401e-3$	$-1.190919300e-5$	$-1.120858555e-8$

表 7.1.5　当 $s_j = s + (\tau + 1) h_j/2$ 时, 梯形公式的误差

n	$\tau = -2/3$	$\tau = 2/3$	$\tau = 0$
100	$4.135192716e-1$	$2.200095045e+0$	$1.345661969e+0$
200	$2.047486574e-1$	$1.055159313e+0$	$6.570399556e-1$
400	$1.018774233e-1$	$5.170413867e-1$	$3.247134719e-1$
800	$5.081520627e-2$	$2.559654336e-1$	$1.614220085e-1$
1600	$2.537681635e-2$	$1.273534599e-1$	$8.047938958e-2$

表 7.1.6　当 $s = 0.9$ 时, 外推值

n	$\tau = -2/3$	h^2-外推	h^3-外推
100	$-2.155840392e+1$		
200	$-2.134963330e+1$	$-2.114086269e+1$	
400	$-2.124676207e+1$	$-2.114389083e+1$	$-2.114490022e+1$
800	$-2.119569985e+1$	$-2.114463763e+1$	$-2.114488657e+1$
1600	$-2.117026146e+1$	$-2.114482307e+1$	$-2.114488488e+1$

表 7.1.7　当 $s = 0.9$ 时, 梯形公式的误差

n	$\tau = -2/3$	h^2-外推	h^3-外推
100	$4.135192716e-1$		
200	$2.047486574e-1$	$-4.021956765e-3$	
400	$1.018774233e-1$	$-9.938107202e-4$	$1.557129472e-5$
800	$5.081520627e-2$	$-2.470107994e-4$	$1.922507508e-6$
1600	$2.537681635e-2$	$-6.157357297e-5$	$2.388358382e-7$

对于给定的奇异点 s, 理论上可以找到初始网格 n_0. 但是在实际计算中, 如果初始网格 n_0 取值较大, 那么外推算法的计算量就会较大. 例如, 当 $s = 1/\sqrt{2}$ 时,

就很难选取适当的初始网格. 有许多方法可以解决这个难题, 这里采用的方法是移动一下网格, 使得奇异点正好可以落在剖分节点上. 事实上, 对于拟一致剖分的情况, 不难证明定理 7.1.1 仍然成立.

表 7.1.8   当 $s = 0.9$ 时, 梯形公式的后验误差

n	后验误差	h^2-后验误差	h^3-后验误差
100			
200	$-2.087706142e-1$		
400	$-1.028712341e-1$	$3.028146045e-3$	
800	$-5.106221707e-2$	$7.467999207e-4$	$-1.364878721e-5$
1600	$-2.543838992e-2$	$1.854372264e-4$	$-1.683671670e-6$

例 7.1.2   该例中仍然考虑上述超奇异积分, 为了使奇异点 s 总是位于剖分节点上, 实际计算中对于初始网格稍做移动, 这样除了区间的两端不相等, 其余的都是一致剖分. 然后依次加密拟一致剖分, 便有如下结论.

表 7.1.9 给出了当 $s = 1/\sqrt{2}$ 时, $s_j = s + (\tau + 1)h_j/2, \tau = 0, \pm 2/3$ 的误差估计, 其收敛阶为 $O(h)$.

表 7.1.9   当 $s_j = s + (\tau + 1)h_j/2$ 时, 梯形公式的误差

n	$\tau = -2/3$	$\tau = 2/3$	$\tau = 0$
32	$1.431192486e-1$	$7.611952535e-1$	$5.727236676e-1$
64	$6.931541967e-2$	$3.571260464e-1$	$2.761101316e-1$
128	$3.410556423e-2$	$1.730661634e-1$	$1.355831409e-1$
256	$1.691584560e-2$	$8.520188248e-2$	$6.718450459e-2$
512	$8.423825331e-3$	$4.227332480e-2$	$3.344182282e-2$

表 7.1.10、表 7.1.11 和表 7.1.12 分别给出了外推值、外推误差和外推的后验误差, 其收敛阶分别为 h, h^2 和 h^3, 这与我们的理论分析相一致.

表 7.1.10   当 $s = 1/\sqrt{2}$ 时, 外推值

n	$\tau = -2/3$	h^2-外推	h^3-外推
32	$-4.884663520e+0$		
64	$-4.810859691e+0$	$-4.737055862e+0$	
128	$-4.775649836e+0$	$-4.740439980e+0$	$-4.741568020e+0$
256	$-4.758460117e+0$	$-4.741270399e+0$	$-4.741547205e+0$
512	$-4.749968097e+0$	$-4.741476077e+0$	$-4.741544636e+0$

以上表格说明, 外推方法不仅可以用较少的计算量得到较高的收敛阶, 而且可以得到后验误差, 这在实际计算中非常有用, 因为在很多情况下, 密度函数一般都是未知的. 数值结果说明上述理论分析是正确的.

表 7.1.11 当 $s = 1/\sqrt{2}$ 时, 梯形公式的外推误差

n	$\tau = -2/3$	h^2-外推	h^3-外推
32	1.431192486e$-$1		
64	6.931541967e$-$2	-4.488409286e-3	
128	3.410556423e$-$2	-1.104291206e-3	2.374815431e-5
256	1.691584560e$-$2	-2.738730250e-4	2.933035312e-6
512	8.423825331e$-$3	-6.819494059e-5	3.644208721e-7

表 7.1.12 当 $s = 1/\sqrt{2}$ 时, 梯形公式的外推后验误差

n	后验误差	h^2-后验误差	h^3-后验误差
32			
64	7.380382896e$-$2		
128	3.520985544e$-$2	-3.384118080e-3	
256	1.718971863e$-$2	-8.304181809e-4	2.081511899e-5
512	8.492020272e$-$3	-2.056780844e-4	2.568614440e-6

7.2 外推法近似计算圆周上二阶超奇异积分

这一部分考虑圆周上的二阶超奇异积分

$$I_1\left(c, s, f\right) = \text{f.p.} \int_c^{c+2\pi} \frac{f\left(x\right)}{\sin^2 \dfrac{x-s}{2}} dx, \quad s \in \left(c, c+2\pi\right), \tag{7.2.1}$$

其中 s 为奇异点.

采用如下定义

$$\text{f.p.} \int_c^{c+2\pi} \frac{f\left(x\right) dx}{\sin^2 \dfrac{x-s}{2}} = \lim_{\varepsilon \to 0} \left\{ \left(\int_c^{s-\varepsilon} + \int_{s+\varepsilon}^{c+2\pi} \right) \frac{f\left(x\right) dx}{\sin^2 \dfrac{x-s}{2}} - 4f\left(s\right) \cot \frac{\varepsilon}{2} \right\}, \tag{7.2.2}$$

其中 $f\left(x\right)$ 称为关于核函数 $1 \big/ \sin^2 \dfrac{x-s}{2}$ 的密度函数.

7.2.1 主要结论

在 (7.2.1) 中的 $f\left(x\right)$ 由 $f_L\left(x\right)$ 替换得到复化梯形公式:

$$I_1\left(c, s, f_L\right) = \text{f.p.} \int_c^{c+2\pi} \frac{f_L\left(x\right)}{\sin^2 \dfrac{x-s}{2}} dx$$

$$= \sum_{j=0}^{n-1} \omega_j\left(s\right) f\left(x_j\right) = I_1\left(c, s, f\right) - E_{1n}\left(c, s, f\right), \tag{7.2.3}$$

其中 $f_L(x) = F_{1n}(x)$ 为线性插值, $\omega_j(s)$ 表示科茨系数, 定义为

$$\omega_j(s) = \frac{4}{h} \ln \left| \frac{1 - \cos(x_j - s)}{\cosh - \cos(x_j - s)} \right|. \tag{7.2.4}$$

在给出主要结论之前, 首先定义 $K_{1s}(x)$ 如下:

$$K_{1s}(x) = \begin{cases} \dfrac{(x - s)^2}{\sin^2 \dfrac{x - s}{2}}, & x \neq s, \\[4mm] 4, & x = s. \end{cases} \tag{7.2.5}$$

定理 7.2.1　假设 $f(x) \in C^l[a, b], l \geqslant 2$. 对定义为 (7.2.3) 的复化梯形公式 $I_1(c, s, f_L)$, 存在一个与 h 和 s 无关的正常数 C, 以及与 h 无关的函数 $a_i(\tau)$, 有

$$E_{1n}(c, s, f) = \sum_{i=1}^{l-1} \frac{h^i}{2^i} f^{(i+1)}(s) a_i(\tau) + R_n(s), \tag{7.2.6}$$

这里 $s = x_m + (\tau + 1)h/2$, $K_{1s}(x)$ 定义为 (7.2.5), 而且

$$|R_n(s)| \leqslant C \max_{x \in (c, c+2\pi)} \{K_{1s}(x)\} \left[|\ln h| + \gamma^{-1}(\tau) \right] h^{l-1},$$

以及 $\gamma(\tau)$ 定义为 (4.2.6).

引理 7.2.1　设 $K_{1s}(x)$ 定义为 (7.2.5). 对任意的 $x \in (x_j, x_{j+1})$, 由线性变换 (4.2.1) 有

$$K_{1s}(x) = K_{c_j}(\tau),$$

其中

$$K_{c_j}(\tau) = 4 + 4 \sum_{l=1}^{\infty} \frac{(\tau - c_j)^2}{(\tau - c_j - 2nl)^2} + 4 \sum_{l=1}^{\infty} \frac{(\tau - c_j)^2}{(\tau - c_j + 2nl)^2},$$

这里 c_j 定义为 (7.1.13).

证明: 根据等式见文献 [1, 53]

$$\frac{\pi^2}{\sin^2 \pi t} = \sum_{l=-\infty}^{l=\infty} \frac{1}{(t + l)^2}, \tag{7.2.7}$$

则有

$$\frac{1}{\sin^2 \dfrac{x - s}{2}} = \frac{4}{(x - s)^2} + \sum_{l=1}^{\infty} \frac{4}{(x - s - 2l\pi)^2} + \sum_{l=1}^{\infty} \frac{4}{(x - s + 2l\pi h)^2} \tag{7.2.8}$$

和

$$K_{1s}(x) = \frac{(x-s)^2}{\sin^2 \dfrac{x-s}{2}} = 4 + 4\sum_{l=1}^{\infty} \frac{(\tau-c_j)^2}{(\tau-c_j-4l\pi/h)^2} + 4\sum_{l=1}^{\infty} \frac{(\tau-c_j)^2}{(\tau-c_j+4l\pi/h)^2}$$

$$= 4 + 4\sum_{l=1}^{\infty} \frac{(\tau-c_j)^2}{(\tau-c_j-2nl)^2} + 4\sum_{l=1}^{\infty} \frac{(\tau-c_j)^2}{(\tau-c_j+2nl)^2} = K_{c_j}(\tau).$$

命题得证.

引理 7.2.2 设 $s \in (x_m, x_{m+1})$, 对某些 m 和定义为 (7.2.13) 的 c_j 以及 $k = i$, 有

$$\phi_{ik}(c_j) = \begin{cases} -\dfrac{2^k}{h^{k+1}} \text{f.p.} \displaystyle\int_{x_j}^{x_{j+1}} \frac{M_{ik}^j(x,s)}{\sin^2 \dfrac{x-s}{2}} dx, & j = m, \\[4mm] -\dfrac{2^k}{h^{k+1}} \displaystyle\int_{x_j}^{x_{j+1}} \frac{M_{ik}^j(x,s)}{\sin^2 \dfrac{x-s}{2}} dx, & j \neq m. \end{cases} \tag{7.2.9}$$

证明: 根据 (7.2.2), 有

$$\text{f.p.} \int_{x_m}^{x_{m+1}} \frac{M_{ik}^j(x,s)}{\sin^2 \dfrac{x-s}{2}} dx = \text{f.p.} \int_{x_m}^{x_{m+1}} \frac{F_i^j(x) K_{1s}(x)}{(x-s)^2} dx$$

$$= \lim_{\varepsilon \to 0} \left\{ \left(\int_{x_m}^{s-\varepsilon} + \int_{s+\varepsilon}^{x_{m+1}} \right) \frac{F_i^j(x) K_{1s}(x)}{(x-s)^2} dx - \frac{2F_i^j(s) K_{1s}(s)}{\varepsilon} \right\}$$

$$= \frac{h^{k+1}}{2^{k+1}} \lim_{\varepsilon \to 0} \left\{ \left(\int_{-1}^{c_m-\frac{2\varepsilon}{h}} + \int_{c_m+\frac{2\varepsilon}{h}}^{1} \right) \frac{F_i(\tau) K_{c_j}(\tau)}{(\tau-c_m)^2} d\tau - \frac{hF_i^j(c_m) K_{c_j}(\tau)}{\varepsilon} \right\}$$

$$= \frac{h^{k+1}}{2^{k+1}} \text{f.p.} \int_{-1}^{1} \frac{F_i(\tau) K_{c_j}(\tau)}{(\tau-c_m)^2} d\tau = -\frac{h^{k+1}}{2^k} \phi_{ii}(c_m). \tag{7.2.10}$$

那么 (7.2.9) 的第一部分得证. 第二个等式类似得到. 命题得证.

引理 7.2.3 在引理 7.2.2 的条件下, 当 $k = i+1$ 时, 有

$$\phi_{ik}(c_j) = \begin{cases} -\dfrac{2^k}{h^{k+1}} \text{f.p.} \displaystyle\int_{x_j}^{x_{j+1}} \frac{M_{ik}^j(x,s)}{\sin^2 \dfrac{x-s}{2}} dx, & j = m, \\[4mm] -\dfrac{2^k}{h^{k+1}} \displaystyle\int_{x_j}^{x_{j+1}} \frac{M_{ik}^j(x,s)}{\sin^2 \dfrac{x-s}{2}} dx, & j \neq m. \end{cases} \tag{7.2.11}$$

证明：对 $j = m$, 根据柯西主值积分的定义, 有

$$\text{f.p.} \int_{x_m}^{x_{m+1}} \frac{M_{ik}^j(x,s)}{\sin^2 \dfrac{x-s}{2}} dx$$

$$= \text{p.v.} \int_{x_m}^{x_{m+1}} \frac{F_i^j(x) K_{1s}(x)}{x-s} dx$$

$$= \lim_{\varepsilon \to 0} \left\{ \left(\int_{x_m}^{s-\varepsilon} + \int_{s+\varepsilon}^{x_{m+1}} \right) \frac{F_i^j(x) K_{1s}(x)}{x-s} dx \right\}$$

$$= \frac{h^{k+1}}{2^{k+1}} \lim_{\varepsilon \to 0} \left\{ \left(\int_{-1}^{c_m - \frac{2\varepsilon}{h}} + \int_{c_m + \frac{2\varepsilon}{h}}^{1} \right) \frac{F_i(\tau) K_{c_j}(\tau)}{\tau - c_m} d\tau \right\}$$

$$= \frac{h^{k+1}}{2^{k+1}} \text{p.v.} \int_{-1}^{1} \frac{F_i(\tau) K_{c_j}(\tau)}{\tau - c_m} d\tau = -\frac{h^{k+1}}{2^k} \phi_{i,i+1}(c_m). \qquad (7.2.12)$$

引理 7.2.3 的第二部分可以类似得到. 命题得证.

引理 7.2.4　在引理 7.2.2 的条件下, 当 $k > i + 1$ 时, 有

$$\phi_{ik}(c_j) = -\frac{2^k}{h^{k+1}} \int_{x_j}^{x_{j+1}} \frac{M_{ik}^j(x,s)}{\sin^2 \dfrac{x-s}{2}} dx. \qquad (7.2.13)$$

证明类似引理 7.2.2.

引理 7.2.5　设 $f(x) \in C^l[a,b], l \geqslant 2$. 若 $s \neq x_j$, 对任意的 $j = 0, 1, \cdots, n-1$, 有

$$f(x) - f_L(x)$$

$$= \sum_{i=1}^{l-1} \sum_{k=i}^{l-1} \frac{(-1)^{i+1} f^{(i+1)}(s)}{h(i+1)!} \frac{M_{ik}^j(x,s)}{(k-i)!}$$

$$+ \sum_{i=1}^{l-2} \frac{(-1)^{i+1}}{h(i+1)!} \frac{f^{(l)}(\xi_{ij}) - f^{(l)}(s)}{(k-i)!} M_{i,l-1}^j(x,s) + \frac{(-1)^l}{hl!} \tilde{M}_l^j(x,s), \qquad (7.2.14)$$

其中

$$\tilde{M}_l^j(x,s) = (x - x_{j+1})(x - x_j) \left[f^{(l)}(\eta_j)(x - x_{j+1})^{l-1} - f^{(l)}(\varsigma_j)(x - x_j)^{l-1} \right]$$

$$- f^{(l)}(s) M_{l-1,l-1}^j(x,s), \quad \eta_j, \varsigma_j \in (x_j, x_{j+1}). \qquad (7.2.15)$$

定义

$$H_m(x) = f(x) - f_L(x) - \sum_{i=1}^{l-1} \sum_{k=i}^{l-1} \frac{(-1)^{i+1} f^{(i+1)}(s)}{h(i+1)!} \frac{M_{ik}^j(x,s)}{(k-i)!}. \tag{7.2.16}$$

引理 7.2.6 在定理 7.2.1 相同的条件下, 有

$$\left| \text{f.p.} \int_{x_m}^{x_{m+1}} \frac{H_m(x)}{\sin^2 \dfrac{x-s}{2}} dx \right| \leqslant C |\ln \gamma(\tau)| h^{l-1}. \tag{7.2.17}$$

证明: 由 $f(x) \in C^l[a,b]$, 根据泰勒展开式, 有

$$\left| H_m^{(i)}(x) \right| \leqslant C h^{l-i}, \quad i = 0, 1, 2.$$

由于

$$\text{f.p.} \int_{x_m}^{x_{m+1}} \frac{H_m(x)}{\sin^2 \dfrac{x-s}{2}} dx$$

$$= \text{f.p.} \int_{x_m}^{x_{m+1}} \frac{H_m(x)[K_{1s}(x) - 4]}{(x-s)^2} dx + 4 \, \text{f.p.} \int_{x_m}^{x_{m+1}} \frac{H_m(x)}{(x-s)^2} dx, \tag{7.2.18}$$

依次估计 (7.2.18) 的每一项, 有

$$\text{f.p.} \int_{x_m}^{x_{m+1}} \frac{H_m(x)[K_{1s}(x) - 4]}{(x-s)^2} dx$$

$$\leqslant C \max |H_m(x)| \, \text{f.p.} \int_{x_m}^{x_{m+1}} \frac{K_{1s}(x) - 4}{(x-s)^2} dx$$

$$\leqslant C \max |H_m(x)| \left\{ \text{f.p.} \int_{x_m}^{x_{m+1}} \frac{1}{\sin^2 \dfrac{x-s}{2}} dx - \text{f.p.} \int_{x_m}^{x_{m+1}} \frac{4}{(x-s)^2} dx \right\}$$

$$\leqslant C \max |H_m(x)| \left\{ -2\cot \frac{s - x_m}{2} - 2\cot \frac{x_{m+1} - s}{2} + \frac{4h}{(x_{m+1} - s)(s - x_m)} \right\}$$

$$\leqslant C \gamma^{-1}(\tau) h^{l-1}. \tag{7.2.19}$$

对 (7.2.18) 的每二项, 根据等式有

$$\text{f.p.} \int_{x_m}^{x_{m+1}} \frac{H_m(x)}{(x-s)^2} dx = \frac{h H_m(s)}{(x_{m+1} - s)(s - x_m)} + H_m'(s) \ln \frac{x_{m+1} - s}{s - x_m}$$

$$+ \int_{x_m}^{x_{m+1}} \frac{H_m(x) - H_m(s) - H'_m(s)(x-s)}{(x-s)^2} dx.$$

$$(7.2.20)$$

对 (7.2.20) 依次有, 根据 $H_m(x_m) = 0$, 有

$$\left| \frac{h H_m(s)}{(x_{m+1}-s)(s-x_m)} \right| = \left| \frac{h[H_m(s) - H_m(x_m)]}{(x_{m+1}-s)(s-x_m)} \right| = \left| \frac{h H'_m(\varsigma_m)}{s - x_m} \right| \leqslant C h^{l-1},$$

$$(7.2.21)$$

$$\left| H'_m(s) \ln \frac{x_{m+1}-s}{s-x_m} \right| \leqslant C \left| \ln \gamma(\tau) \right| h^{l-1} \tag{7.2.22}$$

和

$$\left| \int_{x_m}^{x_{m+1}} \frac{H_m(x) - H_m(s) - H'_m(s)(x-s)}{(x-s)^2} dx \right|$$

$$= \left| \int_{x_m}^{x_{m+1}} \frac{1}{2} H''_m(\eta_m) dx \right| \leqslant C h^{l-1}, \tag{7.2.23}$$

这里 $\varsigma_m \in (s, x_{m+1}), \eta_m \in (x_m, x_{m+1})$. 联立上式, 命题得证.

引理 7.2.7 在定理 7.2.1 相同的条件下, 有

$$\left| \sum_{j=0, j \neq m}^{n-1} \frac{(-1)^l}{h l!} \int_{x_j}^{x_{j+1}} \frac{\tilde{M}_l^j(x)}{\sin^2 \frac{x-s}{2}} dx \right| \leqslant C \max_{x \in (c, c+2\pi)} \{K_{1s}(x)\} \gamma^{-1}(\tau) \frac{h^{l-1}}{l!},$$

$$(7.2.24)$$

有

$$\left| \sum_{i=1}^{l-2} \frac{(-1)^{i+1}}{h(i+1)!} \sum_{j=0, j \neq m}^{n-1} \int_{x_j}^{x_{j+1}} \frac{f^{(l)}(\xi_{ij}) - f^{(l)}(s)}{(k-i)!} \frac{M_{i,l-1}^j(x,s)}{\sin^2 \frac{x-s}{2}} dx \right|$$

$$\leqslant C \max_{x \in (c, c+2\pi)} \{K_{1s}(x)\} \left[\left| \ln h \right| + \left| \ln \gamma(\tau) \right| \right] \frac{h^{l-1}}{(l-1)!}. \tag{7.2.25}$$

证明: 根据 (7.2.15), 有 $\left| \tilde{M}_l^j(x) \right| \leqslant C h^{l+1}$, 则有

$$\left| \sum_{j=0, j \neq m}^{n-1} \frac{(-1)^l}{h l!} \int_{x_j}^{x_{j+1}} \frac{\tilde{M}_l^j(x)}{\sin^2 \frac{x-s}{2}} dx \right|$$

$$= \left| \sum_{j=0,j\neq m}^{n-1} \frac{(-1)^l}{hl!} \int_{x_j}^{x_{j+1}} \frac{\tilde{M}_l^j(x) K_{1s}(x)}{(x-s)^2} dx \right|$$

$$\leqslant C \max_{x\in(c,c+2\pi)} \{K_{1s}(x)\} \frac{h^l}{l!} \sum_{j=0,j\neq m}^{n-1} \int_{x_j}^{x_{j+1}} \frac{dx}{(x-s)^2}$$

$$\leqslant C \max_{x\in(c,c+2\pi)} \{K_{1s}(x)\} \gamma^{-1}(\tau) \frac{h^l}{l!}.$$

对 (7.2.25), 有

$$\left| \sum_{i=1}^{l-2} \frac{(-1)^{i+1}}{h(i+1)!} \sum_{j=0,j\neq m}^{n-1} \int_{x_j}^{x_{j+1}} \frac{f^{(l)}(\xi_{ij}) - f^{(l)}(s)}{(k-i)!} \frac{M_{i,l-1}^j(x,s)}{\sin^2 \dfrac{x-s}{2}} dx \right|$$

$$= \left| \sum_{i=1}^{l-2} \frac{(-1)^{i+1}}{h(i+1)!} \max_{x\in(c,c+2\pi)} \{K_{1s}(x)\} \right.$$

$$\left. \times \sum_{j=0,j\neq m}^{n-1} \int_{x_j}^{x_{j+1}} \frac{f^{(l)}(\xi_{ij}) - f^{(l)}(s)}{(k-i)!} \frac{M_{i-2,l-1}^j(x,s)}{(x-s)^2} dx \right|$$

$$\leqslant C \max_{x\in(c,c+2\pi)} \{K_{1s}(x)\} \frac{h^{l-1}}{(l-1)!} \sum_{j=0,j\neq m}^{n-1} \int_{x_j}^{x_{j+1}} \left| \frac{1}{x-s} \right| dx$$

$$\leqslant C \max_{x\in(c,c+2\pi)} \{K_{1s}(x)\} [|\ln h| + |\ln \gamma(\tau)|] \frac{h^{l-1}}{(l-1)!}.$$

命题得证.

引理 7.2.8 在定理 7.2.1 相同的条件下, 当 $k=i, i+1$ 时, 有

$$T_{ik}(\tau) = 4 \sum_{j=-\infty}^{\infty} \varphi_{ik}(2j+\tau), \tag{7.2.26}$$

其中

$$\phi_{ik}(t) = \begin{cases} \text{f.p.} \displaystyle\int_{-1}^{1} \frac{M_{ik}(\tau,t)}{(\tau-t)^2} d\tau, & |t| < 1, \\ \displaystyle\int_{-1}^{1} \frac{M_{ik}(\tau,t)}{(\tau-t)^2} d\tau, & |t| > 1. \end{cases}$$

证明: 根据 (7.2.3), 有

$$\text{f.p.} \int_{-1}^{1} \frac{M_{ik}(\tau,t)}{\sin^2 \dfrac{\tau-t}{2}} d\tau = \text{f.p.} \int_{-1}^{1} \frac{4M_{ik}(\tau,t)}{(\tau-t)^2} d\tau + \sum_{l=1}^{\infty} \int_{-1}^{1} \frac{4M_{ik}(\tau,t)}{(\tau-t-2l\pi)^2} d\tau$$

$$+ \sum_{l=1}^{\infty} \int_{-1}^{1} \frac{4M_{ik}(\tau, t)}{(\tau - t + 2l\pi h)^2} d\tau, \tag{7.2.27}$$

即

$$T_{ik}(\tau) = \sum_{i=1}^{n} \varphi_{ik}(t)$$

$$= 4 \sum_{i=1}^{n} \phi_{ik}(2(m-i)+\tau) + 4 \sum_{i=1}^{n} \sum_{l=1}^{\infty} \phi_{ik}(2(m-i-nl)+\tau)$$

$$+ 4 \sum_{i=1}^{n} \sum_{l=1}^{\infty} \phi_{ik}(2(m-i+nl)+\tau)$$

$$= 4 \sum_{i=1}^{n} \sum_{l=-\infty}^{l=\infty} \phi_{ik}(2(m-i-nl)+\tau)$$

$$= 4 \left[\phi_{ik}(\tau) + \sum_{l=1}^{\infty} \phi_{ik}(2l+\tau) + \sum_{l=1}^{\infty} \phi_{ik}(-2l+\tau) \right], \tag{7.2.28}$$

其中

$$\phi_{ik}(t) = \begin{cases} \text{f.p.} \displaystyle\int_{-1}^{1} \frac{M_{ik}(\tau, t)}{(\tau - t)^2} d\tau, & |t| < 1, \\[3mm] \displaystyle\int_{-1}^{1} \frac{M_{ik}(\tau, t)}{(\tau - t)^2} d\tau, & |t| > 1. \end{cases} \tag{7.2.29}$$

$M_{ik}(\tau, t)$ 定义为 (7.1.13). 由于

$$Q_0(t) = \frac{1}{2} \ln \left| \frac{1+t}{1-t} \right|,$$

则有

$$\sum_{j=0}^{\infty} Q_0(2j+\tau) + \sum_{j=1}^{\infty} Q_0(-2j+\tau) = \frac{1}{2} \lim_{k \to \infty} \sum_{j=-k}^{k} \ln \frac{2k+1+\tau}{2k+1-\tau} = 0.$$

命题得证.

7.2.2　定理 7.2.1 的证明

根据引理 7.2.5, 有

$$\left(\int_{c}^{x_m} + \int_{x_{m+1}}^{c+2\pi} \right) \frac{f(x) - f_L(x)}{\sin^2 \dfrac{x-s}{2}} dx$$

$$= \sum_{j=0, j \neq m}^{n-1} \int_{x_j}^{x_{j+1}} \frac{f(x) - f_L(x)}{\sin^2 \dfrac{x-s}{2}} dx$$

$$= \sum_{i=1}^{l-1} \sum_{k=i}^{l-1} \frac{(-1)^{i+1} f^{(i+1)}(s)}{h(i+1)!(k-i)!} \sum_{j=0, j \neq m}^{n-1} \int_{x_j}^{x_{j+1}} \frac{M_{ik}^j(x,s)}{\sin^2 \dfrac{x-s}{2}} dx$$

$$+ \sum_{i=1}^{l-2} \frac{(-1)^{i+1}}{h(i+1)!} \sum_{j=0, j \neq m}^{n-1} \int_{x_j}^{x_{j+1}} \frac{f^{(l)}(\xi_{ij}) - f^{(l)}(s)}{(k-i)!} \frac{M_{i,l-1}^j(x,s)}{\sin^2 \dfrac{x-s}{2}} dx$$

$$+ \sum_{j=0, j \neq m}^{n-1} \frac{(-1)^l}{hl!} \int_{x_j}^{x_{j+1}} \frac{\tilde{M}_l^j(x)}{\sin^2 \dfrac{x-s}{2}} dx.$$

根据 $H_m(x)$ 的定义 (7.2.16), 有

$$\text{f.p.} \int_{x_m}^{x_{m+1}} \frac{f(x) - f_L(x)}{\sin^2 \dfrac{x-s}{2}} dx$$

$$= \text{f.p.} \int_{x_m}^{x_{m+1}} \frac{H_m(x)}{\sin^2 \dfrac{x-s}{2}} dx + \sum_{i=1}^{l-1} \sum_{k=i}^{l-1} \frac{(-1)^{i+1} f^{(i+1)}(s)}{h(i+1)!(k-i)!} \text{f.p.} \int_{x_m}^{x_{m+1}} \frac{M_{ik}^m(x,s)}{\sin^2 \dfrac{x-s}{2}} dx,$$

$$(7.2.30)$$

即

$$\text{f.p.} \int_c^{c+2\pi} \frac{f(x) - f_L(x)}{\sin^2 \dfrac{x-s}{2}} dx$$

$$= \sum_{i=1}^{l-1} \sum_{k=i}^{l-1} \frac{(-1)^{i+1} f^{(i+1)}(s)}{h(i+1)!(k-i)!} \sum_{j=0}^{n-1} \text{f.p.} \int_{x_j}^{x_{j+1}} \frac{M_{ik}^m(x,s)}{\sin^2 \dfrac{x-s}{2}} dx$$

$$+ \sum_{i=1}^{l-2} \frac{(-1)^{i+1}}{h(i+1)!} \sum_{j=0, j \neq m}^{n-1} \int_{x_j}^{x_{j+1}} \frac{f^{(l)}(\xi_{ij}) - f^{(l)}(s)}{(k-i)!} \frac{M_{i,l-1}^j(x,s)}{\sin^2 \dfrac{x-s}{2}} dx$$

$$+ \sum_{j=0, j \neq m}^{n-1} \frac{(-1)^l}{hl!} \int_{x_j}^{x_{j+1}} \frac{\tilde{M}_l^j(x)}{\sin^2 \dfrac{x-s}{2}} dx + \text{f.p.} \int_{x_m}^{x_{m+1}} \frac{H_m(x)}{\sin^2 \dfrac{x-s}{2}} dx$$

$$:= \sum_{i=1}^{l-1} \sum_{k=i}^{l-1} \frac{(-1)^i h^k f^{(i+1)}(s)}{h(i+1)!(k-i)!} \sum_{j=0}^{n-1} \phi_{ik}(c_j) + R_n(s), \qquad (7.2.31)$$

其中

$$a_i\left(\tau\right)=\begin{cases}\displaystyle\sum_{k=i-1}^{i}\frac{(-1)^{k+1}}{(k+1)!}T_{ki}\left(\tau\right), & i>1,\\[3mm]\displaystyle\frac{1}{2}T_{11}\left(\tau\right), & i=1,\end{cases}\tag{7.2.32}$$

$$R_n\left(s\right)=R_n^{(1)}\left(s\right)+R_n^{(2)}\left(s\right)$$

和

$$R_n^{(1)}\left(s\right)=\text{f.p.}\int_{x_m}^{x_{m+1}}\frac{H_m\left(x\right)}{\sin^2\dfrac{x-s}{2}}dx,$$

$$R_n^{(2)}\left(s\right)=\sum_{j=0,j\neq m}^{n-1}\frac{(-1)^l}{hl!}\int_{x_j}^{x_{j+1}}\frac{\tilde{M}_l^j\left(x\right)}{\sin^2\dfrac{x-s}{2}}dx$$

$$+\sum_{i=1}^{l-2}\frac{(-1)^{i+1}}{h\left(i+1\right)!}\sum_{j=0,j\neq m}^{n-1}\int_{x_j}^{x_{j+1}}\frac{f^{(l)}\left(\xi_{ij}\right)-f^{(l)}\left(s\right)}{(k-i)!}\frac{M_{i,l-1}^j\left(x,s\right)}{\sin^2\dfrac{x-s}{2}}dx.\tag{7.2.33}$$

根据引理 7.2.7 和引理 7.2.8, 有

$$|R_n\left(s\right)|\leqslant C\max_{x\in(c,c+2\pi)}\left\{K_{1s}\left(x\right)\right\}\left[|\ln h|+\gamma^{-1}\left(\tau\right)\right]h^{l-1}.$$

命题得证.

通过直接计算有

$$a_i\left(\tau\right)=\frac{1}{2}T_{11}\left(\tau\right)\ln\left(2\cos\frac{\tau\pi}{2}\right),$$

详细的推导过程见引理 6.1.2. 当 $a_i\left(\tau\right)=0$ 时, 便得到超收敛点为 $\tau=\pm2/3$.

7.2.3　外推算法

根据定理 7.2.1, 梯形公式近似计算积分 (7.2.1) 的误差函数中的奇异积分部分具有如下的渐近展开式

$$E_{1n}\left(c,s,f\right)=\sum_{i=1}^{l-1}\frac{h^i}{2^i}f^{(i+1)}\left(s\right)a_i\left(\tau\right)+R_n\left(s\right).\tag{7.2.34}$$

由此可知, 误差函数中的 $a_i(\tau)$ 对积分计算值的影响较大.

首先给出如下引理.

引理 7.2.9 如果 $f(x) \in C^l[a,b], l \geqslant 2$. 对定义为 (7.2.1) 的 $I_1(c,s,f)$, 则有 $I_1(c,s,f) \in C^{l-2}(a,b)$.

众所周知, 与区间上的超奇异积分算子一样, 圆周上的超奇异积分算子也是 +1 阶拟微分算子, 即对密度函数 $f(x) \in C^l[a,b]$, 则有 $I_1(c,s,f) \in C^{l-1}(a,b)$. 引理仅证明了 $I_1(c,s,f) \in C^{l-2}(a,b)$. 对于 $I_1(c,s,f) \in C^{l-1}(a,b)$, 有待于进一步研究.

对于给定奇异点 s, 给出如下算法.

假设存在整数 n_0 使得

$$m_0 := \frac{n_0(s-a)}{b-a}$$

是一个整数. 首先, 将区间 $[a,b]$ 等分成 n_0 个子区间, 记为 Π_1, 其步长为 $h_1 = (s-a)/n_0$; 然后对 Π_1 再次加密得到 Π_2, 其步长为 $h_2 = h_1/2$; 依次重复这一过程, 得到序列 $\{\Pi_j\}(j=1,2,\cdots)$; 其中 Π_j 由 Π_{j-1} 加密得到, 步长为 h_j. 由此得到外推算法, 见表 7.2.1.

表 7.2.1 外推格式 $T_i^{(j)}$

$T(h_1) = T_1^{(1)}$				
$T(h_2) = T_1^{(2)}$	$T_2^{(1)}$			
$T(h_3) = T_1^{(3)}$	$T_2^{(2)}$	$T_3^{(1)}$		
$T(h_4) = T_1^{(4)}$	$T_2^{(3)}$	$T_3^{(2)}$	$T_4^{(1)}$	
$T(h_5) = T_1^{(5)}$	$T_2^{(4)}$	$T_3^{(3)}$	$T_4^{(2)}$	$T_5^{(1)}$
$\vdots$	$\vdots$	$\vdots$	$\vdots$	$\vdots$

对于给定的 $\tau \in (-1,1)$, 定义

$$s_j = s + \frac{\tau+1}{2}h_j, \quad j = 1,2,\cdots \tag{7.2.35}$$

和

$$T(h_j) = I_{2^{j-1}n_0}(c,s_j,f_L). \tag{7.2.36}$$

于是得到外推算法步骤如下.

首先计算

$$T_1^{(j)} = T(h_j), \quad j = 1,\cdots,m;$$

其次

$$T_i^{(j)} = T_{i-1}^{(j+1)} + \frac{T_{i-1}^{(j+1)} - T_{i-1}^{(j)}}{2^{i-1}-1}, \quad i = 2,\cdots,m, \quad j = 1,\cdots,m-i.$$

定理 7.2.2　在定理 7.2.1 的条件下, 对于给定的 τ 和定义为 (7.2.34) 的逼近序列 s_j, 有

$$\left| I_1\left(c, s, f\right) - T_i^{(j)} \right| \leqslant Ch^i, \tag{7.2.37}$$

以及后验误差估计为

$$\left| \frac{T_{i-1}^{(j+1)} - T_{i-1}^{(j)}}{2^{i-1} - 1} \right| \leqslant Ch^{i-1}.$$

证明过程与区间上外推方法类似. 详细的过程参考定理 7.1.2.

7.2.4　数值算例

下面给出数值算例来验证上述的理论分析.

例 7.2.1　考虑圆周上的二阶超奇异积分, 密度函数为 $f(x) = \cos x$, $a = -\pi$, $b = \pi$. 显然密度函数 $f(x) = \cos x$ 足够光滑, 根据 (7.2.2) 有

$$\text{f.p.} \int_{-\pi}^{\pi} \frac{f(x)}{\sin^2 \dfrac{x-s}{2}} dx = -4\pi \cos s.$$

在表 7.2.2 和表 7.2.3 中给出了动点 $s = x_{[n/2]} + (1+\tau)h/2$ 和 $s = x_0 + (1+\tau)h/2$ 时的超收敛现象; 当局部坐标取超收敛点 $\tau = \pm 2/3$ 时, 其收敛阶可以达到 $O\left(h^2\right)$; 当奇异点的局部坐标不取超收敛点 $\tau \neq \pm 2/3$ 时, 其收敛阶为 $O(h)$, 这与理论分析一致.

表 7.2.2　动点 $s = x_{[n/2]} + (1+\tau)h/2$ 时, 梯形公式 $I_1(c, s, f_L)$ 的误差

n	$\tau = 0$	$\tau = -2/3$	$\tau = 2/3$	$\tau = 1/2$
32	$-5.8085\mathrm{e}{-1}$	$-3.9180\mathrm{e}{-2}$	$-4.3528\mathrm{e}{-2}$	$-3.1165\mathrm{e}{-1}$
64	$-2.8182\mathrm{e}{-1}$	$-9.9484\mathrm{e}{-3}$	$-1.0527\mathrm{e}{-2}$	$-1.4611\mathrm{e}{-1}$
128	$-1.3856\mathrm{e}{-1}$	$-2.5055\mathrm{e}{-3}$	$-2.5798\mathrm{e}{-3}$	$-7.0564\mathrm{e}{-2}$
512	$-6.8673\mathrm{e}{-2}$	$-6.2862\mathrm{e}{-4}$	$-6.3804\mathrm{e}{-4}$	$-3.4655\mathrm{e}{-2}$
1024	$-3.4182\mathrm{e}{-2}$	$-1.5742\mathrm{e}{-4}$	$-1.5861\mathrm{e}{-4}$	$-1.7170\mathrm{e}{-2}$
2048	$-1.7052\mathrm{e}{-2}$	$-3.9345\mathrm{e}{-5}$	$-3.9493\mathrm{e}{-5}$	$-8.5456\mathrm{e}{-3}$

表 7.2.3　动点 $s = x_0 + (1+\tau)h/2$ 时, 梯形公式 $I_1(c, s, f_L)$ 的误差

n	$\tau = 0$	$\tau = -2/3$	$\tau = 2/3$	$\tau = 1/2$
32	$5.8085\mathrm{e}{-1}$	$3.9180\mathrm{e}{-2}$	$4.3528\mathrm{e}{-2}$	$3.1165\mathrm{e}{-1}$
64	$2.8182\mathrm{e}{-1}$	$9.9484\mathrm{e}{-3}$	$1.0527\mathrm{e}{-2}$	$1.4611\mathrm{e}{-1}$
128	$1.3856\mathrm{e}{-1}$	$2.5055\mathrm{e}{-3}$	$2.5798\mathrm{e}{-3}$	$7.0564\mathrm{e}{-2}$
512	$6.8673\mathrm{e}{-2}$	$6.2862\mathrm{e}{-4}$	$6.3804\mathrm{e}{-4}$	$3.4655\mathrm{e}{-2}$
1024	$3.4182\mathrm{e}{-2}$	$1.5742\mathrm{e}{-4}$	$1.5861\mathrm{e}{-4}$	$1.7170\mathrm{e}{-2}$
2048	$1.7052\mathrm{e}{-2}$	$3.9345\mathrm{e}{-5}$	$3.9493\mathrm{e}{-5}$	$8.5456\mathrm{e}{-3}$

例 7.2.2 考虑圆周上的二阶超奇异积分, 密度函数为 $f(x) = 1 + 2\cos x + 2\cos 2x, a = -\pi, b = \pi$. 显然密度函数 $f(x)$ 足够光滑, 根据 (7.2.2), 有

$$\text{f.p.} \int_{-\pi}^{\pi} \frac{f(x)}{\sin^2 \dfrac{x-s}{2}} dx = -8\pi \left(\cos s + 2\cos 2s\right).$$

逼近序列选取为 $s_j = s + \dfrac{\tau+1}{2} h_j$, 来分别近似奇异点 $s = -\pi/2$ 和 $s = -\pi$. 根据表 7.2.4 和表 7.2.7 知, 当 $\tau = 0, \pm 2/3$ 或 $\tau = 1/2$ 时, 其收敛阶都为 $O(h)$. 对于表 7.2.5 和表 7.2.8, 分别给出了局部坐标为 $\tau = 0$ 时, 奇异点取 $s = -\pi/2$ 和 $s = -\pi$ 的外推误差, 其收敛阶为 h^2, h^3 和 h^4, 这与理论分析一致. 对于表 7.2.6 和表 7.2.9, 分别给出了局部坐标为 $\tau = 0$ 时, 奇异点取 $s = -\pi/2$ 和 $s = -\pi$ 的外推后验误差, 其收敛阶为 h^2, h^3 和 h^4, 这也与理论分析一致.

表 7.2.4 动点 $s_j = s + (\tau+1)h_j/2$ 时, 梯形公式 $I_1(c, s, f_L)$ 的误差

n	$\tau = 0$	$\tau = 2/3$	$\tau = -2/3$	$\tau = 1/2$
32	8.1836e+0	7.5238e+0	1.4834e+0	8.5833e+0
64	3.7710e+0	2.9101e+0	5.8207e-1	3.6292e+0
128	1.7978e+0	1.2409e+0	2.4898e-1	1.6433e+0
512	8.7613e-1	5.6713e-1	1.1373e-1	7.7836e-1
1024	4.3227e-1	2.7027e-1	5.4144e-2	3.7831e-1
2048	2.1467e-1	1.3182e-1	2.6388e-2	1.8643e-1

表 7.2.5 当 $s_j = s + (\tau+1)h_j/2$ 时, 梯形公式 $I_1(c, s, f_L)$ 的外推误差

n	$\tau = 0$	h^2-外推	h^3-外推	h^4-外推
32	8.1836e+0			
64	3.7710e+0	−6.4164e-1		
128	1.7978e+0	−1.7536e-1	−1.9940e-2	
512	8.7613e-1	−4.5544e-2	−2.2699e-3	2.5439e-4
1024	4.3227e-1	−1.1587e-2	−2.6881e-4	1.7053e-5
2048	2.1467e-1	−2.9214e-3	−3.2661e-5	1.0752e-6

表 7.2.6 当 $s_j = s + (\tau+1)h_j/2$ 时, 梯形公式 $I_1(c, s, f_L)$ 的后验外推误差

n	$\tau = 0$	h^2-外推	h^3-外推	h^4-外推
32				
64	4.4126e+0			
128	1.9732e+0	−1.5542e-1		
512	9.2167e-1	−4.3274e-2	−2.5243e-3	
1024	4.4386e-1	−1.1319e-2	−2.8587e-4	1.5822e-5
2048	2.1760e-1	−2.8887e-3	−3.3736e-5	1.0652e-6

对于给定的奇异点 s, 理论上可以找到初始网格 n_0. 但是在实际计算中, 如果

初始网格 n_0 取值较大, 那么外推算法的计算量就会较大. 例如, 当 $s = 1/\sqrt{2}$ 时, 就很难选取适当的初始网格. 有许多方法可以解决这个难题, 这里采用的方法是移动一下网格, 使得奇异点正好可以落在剖分节点上. 事实上, 对于拟一致剖分的情况, 不难证明定理 7.2.1 仍然成立.

表 7.2.7　当 $s_j = s + (\tau+1)h_j/2$ 时, 梯形公式 $I_1(c, s, f_L)$ 的误差

n	$\tau = 0$	$\tau = 2/3$	$\tau = -2/3$	$\tau = 1/2$
32	$-4.5518e+0$	$-2.9711e+0$	$-6.2152e-1$	$-4.0474e+0$
64	$-1.9715e+0$	$-7.4038e-1$	$-1.6037e-1$	$-1.4303e+0$
128	$-9.0311e-1$	$-1.8405e-1$	$-4.0670e-2$	$-5.6247e-1$
512	$-4.3016e-1$	$-4.5836e-2$	$-1.0237e-2$	$-2.4275e-1$
1024	$-2.0964e-1$	$-1.1434e-2$	$-2.5676e-3$	$-1.1173e-1$
2048	$-1.0345e-1$	$-2.8552e-3$	$-6.4289e-4$	$-5.3452e-2$

表 7.2.8　当 $s_j = s + (\tau+1)h_j/2$ 时, 梯形公式 $I_1(c, s, f_L)$ 的外推误差

n	$\tau = 0$	h^2-外推	h^3-外推	h^4-外推
32	$-4.5518e+0$			
64	$-1.9715e+0$	$6.0874e-1$		
128	$-9.0311e-1$	$1.6531e-1$	$1.7498e-2$	
512	$-4.3016e-1$	$4.2802e-2$	$1.9665e-3$	$-2.5230e-4$
1024	$-2.0964e-1$	$1.0874e-2$	$2.3104e-4$	$-1.6885e-5$
2048	$-1.0345e-1$	$2.7394e-3$	$2.7950e-5$	$-1.0634e-6$

表 7.2.9　当 $s_j = s + (\tau+1)h_j/2$ 时, 梯形公式 $I_1(c, s, f_L)$ 的后验外推误差

n	$\tau = 0$	h^2-外推	h^3-外推	h^4-外推
32				
64	$-2.5803e+0$			
128	$-1.0684e+0$	$1.4781e-1$		
512	$-4.7296e-1$	$4.0835e-2$	$2.2188e-3$	
1024	$-2.2051e-1$	$1.0643e-2$	$2.4793e-4$	$-1.5694e-5$
2048	$-1.0619e-1$	$2.7115e-3$	$2.9013e-5$	$-1.0548e-6$

例 7.2.3　依旧考虑圆周上的二阶超奇异积分, 密度函数为 $f(x) = 1 + 2\cos x + 2\cos 2x, a = -\pi, b = \pi$. 显然密度函数 $f(x)$ 足够光滑, 根据 (7.2.2) 有

$$\text{f.p.} \int_{-\pi}^{\pi} \frac{f(x)}{\sin^2 \dfrac{x-s}{2}} dx = -8\pi(\cos s + 2\cos 2s).$$

逼近序列选取为 $s_j = s + \dfrac{\tau+1}{2} h_j$, 来近似奇异点 $s = -\pi/\sqrt{2}$. 根据表 7.2.10 知, 当 $\tau = 0, \pm 2/3$ 或 $1/2$ 时, 其收敛阶都为 $O(h)$. 对于表 7.2.11, 给出了局部坐

标为 $\tau = 0$ 时, 奇异点取 $s = -\pi/2$ 和 $s = -\pi$ 的外推误差, 其收敛阶为 h^2, h^3 和 h^4, 这与理论分析一致. 对于表 7.2.12, 给出了局部坐标为 $\tau = 0$ 时, 奇异点取 $s = -\pi/\sqrt{2}$ 的外推后验误差, 其收敛阶为 h^2, h^3 和 h^4, 这也与理论分析一致.

表 7.2.10 当 $s_j = s + (\tau+1)h_j/2$ 时, 梯形公式 $I_1(c, s, f_L)$ 的误差

n	$\tau = 0$	$\tau = 2/3$	$\tau = -2/3$	$\tau = 1/2$
32	$-4.3141\mathrm{e}{+0}$	$-1.1288\mathrm{e}{+1}$	$-1.8853\mathrm{e}{+0}$	$-8.8513\mathrm{e}{+0}$
64	$-2.5250\mathrm{e}{+0}$	$-6.0289\mathrm{e}{+0}$	$-1.1030\mathrm{e}{+0}$	$-4.8591\mathrm{e}{+0}$
128	$-1.3496\mathrm{e}{+0}$	$-3.0879\mathrm{e}{+0}$	$-5.9072\mathrm{e}{-1}$	$-2.5222\mathrm{e}{+0}$
512	$-6.9584\mathrm{e}{-1}$	$-1.5594\mathrm{e}{+0}$	$-3.0503\mathrm{e}{-1}$	$-1.2822\mathrm{e}{+0}$
1024	$-3.5308\mathrm{e}{-1}$	$-7.8321\mathrm{e}{-1}$	$-1.5491\mathrm{e}{-1}$	$-6.4613\mathrm{e}{-1}$
2048	$-1.7782\mathrm{e}{-1}$	$-3.9243\mathrm{e}{-1}$	$-7.8051\mathrm{e}{-2}$	$-3.2429\mathrm{e}{-1}$

表 7.2.11 当 $s_j = s + (\tau+1)h_j/2$ 时, 梯形公式 $I_1(c, s, f_L)$ 的外推误差

n	$\tau = 0$	h^2-外推	h^3-外推	h^4-外推
32	$-4.3141\mathrm{e}{+0}$			
64	$-2.5250\mathrm{e}{+0}$	$-7.3601\mathrm{e}{-1}$		
128	$-1.3496\mathrm{e}{+0}$	$-1.7410\mathrm{e}{-1}$	$1.3198\mathrm{e}{-2}$	
512	$-6.9584\mathrm{e}{-1}$	$-4.2095\mathrm{e}{-2}$	$1.9073\mathrm{e}{-3}$	$2.9432\mathrm{e}{-4}$
1024	$-3.5308\mathrm{e}{-1}$	$-1.0334\mathrm{e}{-2}$	$2.5371\mathrm{e}{-4}$	$1.7484\mathrm{e}{-5}$
2048	$-1.7782\mathrm{e}{-1}$	$-2.5589\mathrm{e}{-3}$	$3.2626\mathrm{e}{-5}$	$1.0435\mathrm{e}{-6}$

表 7.2.12 当 $s_j = s + (\tau+1)h_j/2$ 时, 梯形公式 $I_1(c, s, f_L)$ 的后验外推误差

n	$\tau = 0$	h^2-外推	h^3-外推	h^4-外推
32				
64	$-1.7890\mathrm{e}{+0}$			
128	$-1.1755\mathrm{e}{+0}$	$-1.8730\mathrm{e}{-1}$		
512	$-6.5374\mathrm{e}{-1}$	$-4.4003\mathrm{e}{-2}$	$1.6129\mathrm{e}{-3}$	
1024	$-3.4275\mathrm{e}{-1}$	$-1.0587\mathrm{e}{-2}$	$2.3622\mathrm{e}{-4}$	$1.8455\mathrm{e}{-5}$
2048	$-1.7526\mathrm{e}{-1}$	$-2.5915\mathrm{e}{-3}$	$3.1583\mathrm{e}{-5}$	$1.0961\mathrm{e}{-6}$

第 8 章　配置法求解区间上和圆周上的超奇异积分方程

许多无界区域上的偏微分方程问题可以归化为边界上的积分方程, 而自然边界归化得到的都是超奇异积分方程, 求解超奇异积分方程的方法众多, 如奇异核级数展开法求解自然边界积分方程就是一种有效的方法, 详细的介绍见本书的第一作者余德浩教授的著作 [212, 217] 等. 本章介绍工程中应用广泛的配置法求解区间上和圆周上的超奇异积分方程, 与经典的配置法的配点一般取为剖分节点不同, 基于超收敛点的配置法求解超奇异积分方程的配置点一般取为每一个子区间的超收敛点, 如果超收敛点为剖分节点, 则配置点取为节点, 大多数情况下超收敛点不是剖分节点, 这是与经典的配置法配置点的选取的不同之处. 本章主要由两部分内容组成: 第一部分介绍基于中矩形公式的配置法求解区间上超奇异积分方程, 详见文献 [197]; 第二部分介绍基于中矩形公式的配置法求解圆周上超奇异积分方程, 详见文献 [52].

8.1　基于中矩形公式的配置法求解区间上的超奇异积分方程

考虑定义在区间上的二阶超奇异积分方程

$$I_1(a,b;s,u) := \text{f.p.} \int_a^b \frac{u(x)}{(x-s)^2} dx = g(s), \tag{8.1.1}$$

其中 $u(x)$ 为密度函数. 超奇异积分采用如下定义:

$$\text{f.p.} \int_a^b \frac{u(x)}{(x-s)^2} dx = \lim_{\varepsilon \to 0} \left\{ \left(\int_a^{s+\varepsilon} + \int_{s+\varepsilon}^b \right) \frac{u(x)}{(x-s)^2} dx - \frac{2u(s)}{\varepsilon} \right\}. \tag{8.1.2}$$

8.1.1　积分公式的提出

设 $a = x_0 < x_1 < \cdots < x_{n-1} < x_n = b$ 为区间 $[a,b]$ 上关于步长 $h = (b-a)/n$ 的均匀剖分, $u_0^I(x)$ 为密度函数 $u(x)$ 的分片常数插值, 定义为

$$u_0^I(x) = \sum_{i=1}^n u(\hat{x}_i) \varphi_i(x), \tag{8.1.3}$$

其中 $\hat{x}_i = (x_i + x_{i-1})/2$, 以及

$$\varphi_i(x) = \begin{cases} 1, & x \in [x_{i-1}, x_i], \\ 0, & \text{其他.} \end{cases} \tag{8.1.4}$$

在 (8.1.1) 中用 $u_0^I(x)$ 代替密度函数 $u(x)$ 得到复化矩形公式

$$Q_{0n}(s, u) := \text{f.p.} \int_a^b \frac{u_0^I(x)}{(x-s)^2} dx = \sum_{i=1}^n \omega_i^0(s) u(\hat{x}_i)$$

$$= \text{f.p.} \int_a^b \frac{u(x)}{(x-s)^2} dx - E_{0n}(s, u), \tag{8.1.5}$$

其中 $\omega_i^0(s)\,(1 \leqslant i \leqslant n)$ 表示科茨系数, 以及 $E_{0n}(s, u)$ 为误差泛函.

通过计算有

$$\omega_i^0(s) = \frac{1}{x_{i-1} - s} - \frac{1}{x_i - s}. \tag{8.1.6}$$

假设 $s \in (x_{m-1}, x_m)$ 以及 $\tau \in (-1, 1)$, 设 $s = x_{m-1} + (\tau + 1)h/2$. 定义 $\gamma(\tau) = \gamma(h, s) = \min_{0 \leqslant i \leqslant n} |s - x_i|/h = (1 - |\tau|)/2$, 为 (4.2.6).

设 $Q_k(x)$ 为与第一类勒让德多项式 $P_k(x)$ 相联系的第二类勒让德多项式, 定义为

$$Q_k(x) = \begin{cases} \dfrac{1}{2} \text{p.v.} \displaystyle\int_{-1}^1 \frac{P_k(x)}{x-t} dt, & |x| < 1, \\[3mm] \dfrac{1}{2} \displaystyle\int_{-1}^1 \frac{P_k(x)}{x-t} dt, & |x| > 1. \end{cases} \tag{8.1.7}$$

基于上述定义有

$$Q_0(x) = \frac{1}{2} \ln \left| \frac{1+x}{1-x} \right|, \quad Q_1(x) = x Q_0(x) - 1,$$

$$Q_{k+1}(x) = \frac{2k+1}{k+1} Q_k(x) - \frac{k}{k+1} Q_{k-1}(x), \quad k = 1, 2, \cdots.$$

于是有

$$Q_k(x) = \frac{1}{2^{k+1}} \int_{-1}^1 \frac{(1-t^2)^k}{(x-t)^{k+1}} dt, \quad |x| > 1, \quad k = 1, 2, \cdots.$$

则有

$$|Q_k'(x)| = \left| \frac{k+1}{2^{k+1}} \int_{-1}^1 \frac{(1-t^2)^k}{(x-t)^{k+2}} dt \right| \leqslant \frac{1}{(|x|-1)^{k+2}}, \quad |x| > 1. \tag{8.1.8}$$

以下分析中, C 为与 h 和 s 无关的正常数, 在不同的位置其值可能不同. 定义算子 W, 有

$$W\left(f_{0};\tau\right) = f_{0}\left(\tau\right) + \sum_{i=1}^{\infty}\left[f_{0}\left(2i+\tau\right) + f_{0}\left(-2i+\tau\right)\right], \quad \tau \in (-1,1), \quad (8.1.9)$$

显然算子 W 为关于函数 $f(x)$ 的线性算子, 有

$$\begin{aligned}
W\left(Q_{0};\tau\right) &= \frac{1}{2}\ln\frac{1+\tau}{1-\tau} + \sum_{i=1}^{\infty}\left(\frac{1}{2}\ln\frac{1+2i+\tau}{1-2i-\tau} + \frac{1}{2}\ln\frac{1-2i-\tau}{1+2i+\tau}\right) \\
&= \lim_{i\to\infty}\ln\frac{1+2i+\tau}{1+2i-\tau} = 0
\end{aligned}$$

和

$$\begin{aligned}
W\left(xQ_{0};\tau\right) &= \frac{\tau}{1-\tau^{2}} + \sum_{i=1}^{\infty}\left[\frac{2i+\tau}{\left(2i+\tau\right)^{2}-1} + \frac{-2i+\tau}{\left(-2i+\tau\right)^{2}-1}\right] \\
&= \sum_{i=1}^{\infty}\left(\frac{1}{2i-\tau-1} + \frac{1}{-2i-\tau+1}\right) \\
&= \frac{1}{2}\lim_{i\to\infty}\sum_{k=-n}^{k=n}\frac{1}{k+0.5-0.5\tau} = \frac{\pi}{2}\tan\frac{\tau\pi}{2}.
\end{aligned}$$

这里用到了等式

$$\lim_{n\to\infty}\sum_{k=-n}^{n}\frac{1}{k+0.5-x} = \pi\tan\tau\pi,$$

于是有

$$W\left(Q_{1}';\tau\right) = W\left(Q_{0}+xQ_{0}';\tau\right) = \frac{\pi}{2}\tan\frac{\tau\pi}{2}.$$

设 $s = x_{m-1} + (\tau+1)h/2$ 以及 $\tau \in (-1,1)$, 误差泛函 $E_{0n}\left(s,u\right)$ 定义为

$$\begin{aligned}
E_{0n}\left(s,u\right) &:= \left(\text{f.p.}\int_{x_{m-1}}^{x_m} + \sum_{i=1,i\neq m}^{n}\int_{x_{i-1}}^{x_i}\right)\frac{x-\hat{x}_i}{\left(x-s\right)^{2}}dx \\
&= \sum_{i=1}^{n}\left[\ln\left|\frac{x_i-s}{x_{i-1}-s}\right| + \frac{\left(s-\hat{x}_i\right)h}{\left(x_i-s\right)\left(x_{i-1}-s\right)}\right] \\
&= -2\sum_{i=1}^{n}Q_{1}'\left(2\left(m-i\right)+\tau\right)
\end{aligned}$$

$$= -\pi \tan \frac{\tau\pi}{2} + 2\sum_{i=m}^{\infty} Q_1'(2i+\tau) + 2\sum_{i=n-m+1}^{\infty} Q_1'(-2i+\tau).$$

对于后两项有

$$\lim_{n\to\infty}\left[\sum_{i=m}^{\infty} Q_1'(2i+\tau) + \sum_{i=n-m+1}^{\infty} Q_1'(-2i+\tau)\right] = 0,$$

则有

$$E_{0n}(s,u) = -\pi \tan \frac{\tau\pi}{2},$$

整体而言是发散的.

8.1.2 主要结论

这一部分根据误差展开式提出修正的复化梯形公式, 定义为

$$\hat{Q}_{0n}(s,u) = Q_{0n}(s,u) - \pi u'(s)\tan\frac{\pi\tau}{2}, \tag{8.1.10}$$

这里 τ 为奇异点的局部坐标, 对修正的积分公式 (8.1.10) 有如下误差分析.

定理 8.1.1 设函数 $u(x) \in C^{2+\alpha}[a,b]\,(0 < \alpha \leqslant 1)$ 和对任意的 $i = 1, 2, \cdots,$ $n-1, s \neq x_i$, 以及修正的积分公式 (8.1.10) 和 (8.1.4), 有

$$\left| \text{f.p.} \int_a^b \frac{u(x)\,dx}{(x-s)^2} - \hat{Q}_{0n}(s,u) \right|$$

$$\leqslant \begin{cases} C\left[\gamma^{-1}(\tau) + \eta^2(s)h^{1-\alpha}\right]h^{1+\alpha}, & 0 < \alpha < 1, \\ C\left[\gamma^{-1}(\tau) + |\ln h| + \eta^2(s)\right]h^2, & \alpha = 1, \end{cases} \tag{8.1.11}$$

其中 $\gamma(\tau)$ 定义为 (4.2.6) 以及 $\eta(s)$ 定义为 (5.1.11).

证明: 设 $s = x_{m-1} + (\tau+1)h/2, 1 \leqslant m \leqslant n, \tau \in (-1,1)$, 以及 $u_q^I(x)$ 为 $u(x)$ 的二次插值,

$$u_q^I(x) = \frac{2(x-x_i)(x-\hat{x}_i)}{h^2}u(x_{i-1}) - \frac{4(x-x_i)(x-x_{i-1})}{h^2}u(\hat{x}_i)$$

$$+ \frac{2(x-\hat{x}_i)(x-x_{i-1})}{h^2}u(x_i), \tag{8.1.12}$$

其中 $x \in [x_{i-1} - x_i]$. 那么误差可以分为

$$\text{f.p.} \int_a^b \frac{u(x)}{(x-s)^2}dx - \hat{Q}_{0n}(s,u)$$

$$= \text{f.p.} \int_a^b \frac{u(x) - u_q^I(x)}{(x-s)^2} dx + \text{f.p.} \int_a^b \frac{u_q^I(x) - u(\hat{x}_i)}{(x-s)^2} dx + \pi u'(s) \tan \frac{\tau\pi}{2}. \quad (8.1.13)$$

对于 (8.1.13) 的第一项, 有

$$\left| \text{f.p.} \int_a^b \frac{u(x) - u_q^I(x)}{(x-s)^2} dx \right| \leqslant C\gamma^{-1}(\tau) h^{1+\alpha}. \quad (8.1.14)$$

对于 (8.1.13) 的第二项, 根据定义, 有

$$u_q^I(x) - u(\hat{x}_i) = \alpha_i (x - \hat{x}_i)^2 + \beta_i (x - \hat{x}_i),$$

其中

$$\alpha_i = \frac{2u(x_{i-1}) + 2u(x_i) - 4u(\hat{x}_i)}{h^2}$$

$$= \frac{u''(\eta_i) + u''(\xi_i) - 2u''(\hat{x}_i)}{4} + \frac{u''(\hat{x}_i) - u''(s)}{2} + \frac{u''(s)}{2},$$

$$\beta_i = \frac{u(x_{i-1}) - u(\hat{x}_i)}{h}$$

$$= \frac{u''(\eta_i) - u''(\xi_i)}{8} h + [u'(\hat{x}_i) - u'(s)] + u'(s),$$

这里 $\xi_i, \eta_i \in (x_{i-1}, x_i)$, 通过直接计算有

$$\left(\text{f.p.} \int_{x_{m-1}}^{x_m} + \sum_{i=1, i\neq m}^n \int_{x_{i-1}}^{x_i} \right) \frac{u_q^I(x) - u(\hat{x}_i)}{(x-s)^2} dx + \pi u'(s) \tan \frac{\tau\pi}{2}$$

$$= \left(\text{f.p.} \int_{x_{m-1}}^{x_m} + \sum_{i=1, i\neq m}^n \int_{x_{i-1}}^{x_i} \right) \frac{\alpha_i (x - \hat{x}_i)^2 + \beta_i (x - \hat{x}_i)}{(x-s)^2} dx + \pi u'(s) \tan \frac{\tau\pi}{2}$$

$$= \sum_{i=1}^n \alpha_i \left[h + 2(s - \hat{x}_i) \ln \left| \frac{x_i - s}{x_{i-1} - s} \right| + \frac{h(\hat{x}_i - s)^2}{(x_i - s)(x_{i-1} - s)} \right]$$

$$+ \sum_{i=1}^n \beta_i \left[\ln \left| \frac{x_i - s}{x_{i-1} - s} \right| + \frac{h(s - \hat{x}_i)}{(x_i - s)(x_{i-1} - s)} \right] + \pi u'(s) \tan \frac{\tau\pi}{2}$$

$$= -\frac{h}{3} \sum_{i=1}^n \alpha_i [2Q_2'(2(m-i) + \tau) + Q_0'(2(m-i) + \tau)]$$

$$- 2 \sum_{i=1}^n \beta_i Q_1'(2(m-i) + \tau) + \pi u'(s) \tan \frac{\tau\pi}{2}$$

$$:= R_1 + R_2 + R_3 + R_4 + R_5 + R_6,$$

其中

$$R_1 = -\frac{h}{3} \sum_{i=1}^{n} \frac{u''(\eta_i) + u''(\xi_i) - 2u''(\hat{x}_i)}{4}$$
$$\times \left[2Q_2'(2(m-i)+\tau) + Q_0'(2(m-i)+\tau) \right],$$

$$R_2 = = -\frac{h}{3} \sum_{i=1}^{n} \frac{u''(\hat{x}_i) - u''(s)}{2} \left[2Q_2'(2(m-i)+\tau) + Q_0'(2(m-i)+\tau) \right],$$

$$R_3 = = -\frac{hu''(s)}{6} \sum_{i=1}^{n} \left[2Q_2'(2(m-i)+\tau) + Q_0'(2(m-i)+\tau) \right],$$

$$R_4 = -h \sum_{i=1}^{n} \frac{u''(\eta_i) - u''(\xi_i)}{4} Q_1'(2(m-i)+\tau),$$

$$R_5 = -2 \sum_{i=1}^{n} \left[u'(\hat{x}_i) - u'(s) \right] Q_1'(2(m-i)+\tau),$$

$$R_6 = -2u'(s) \left[\sum_{i=1}^{n} Q_1'(2(m-i)+\tau) - \frac{\pi}{2} \tan \frac{\tau\pi}{2} \right].$$

下面依次对 R_i $(1 \leqslant i \leqslant 6)$ 进行估计, 对第一项, 根据 (8.1.8), 有

$$\sum_{i=1}^{n} |2(m-i)+\tau|^{\alpha} |Q_k'(2(m-i)+\tau)|$$

$$\leqslant C |\tau|^{\alpha} + C \sum_{i=1,i\neq m}^{n} \frac{|2(m-i)+\tau|^{\alpha}}{(|2(m-i)+\tau|-1)^{k+2}}$$

$$\leqslant \begin{cases} C, & 0 < \alpha < 1, \\ C, & \alpha = 1, k > 0, \\ C \ln h, & \alpha = 1, k = 0, \end{cases}$$

以及

$$\sum_{i=1}^{n} |Q_k'(2(m-i)+\tau)| \leqslant C |Q_k'(\tau)| + \sum_{i=1,i\neq m}^{n} \frac{C}{(|2(m-i)+\tau|-1)^{k+2}} \leqslant C.$$

根据上述不等式有

$$|R_1| \leqslant Ch^{1+\alpha}, \quad |R_4| \leqslant Ch^{1+\alpha} \tag{8.1.15}$$

和

$$|R_2| \leqslant \begin{cases} Ch^{1+\alpha}, & 0 < \alpha < 1, \\ Ch^2 \ln h, & \alpha = 1. \end{cases} \tag{8.1.16}$$

根据等式

$$2Q_2'(x) + Q_0'(x) - 6xQ_1'(x) = \frac{3}{x^2 - 1},$$

有

$$R_3 - 2u''(s) \sum_{i=1}^{n} (\hat{x}_i - s) Q_1'(2(m-i) + \tau)$$

$$= -\frac{hu''(s)}{6} \sum_{i=1}^{n} [2Q_2'(2(m-i) + \tau) + Q_0'(2(m-i) + \tau)]$$

$$\qquad - 6(2(m-i) + \tau) \sum_{i=1}^{n} Q_1'(2(m-i) + \tau),$$

$$= -\frac{hu''(s)}{2} \sum_{i=1}^{n} \frac{1}{(2(m-i) + \tau)^2 - 1}$$

$$= \frac{hu''(s)}{4} \sum_{i=1}^{n} \left[\frac{1}{2m - 1 + \tau} + \frac{1}{2(n-m) + 1 - \tau} \right],$$

则有

$$\left| R_3 - 2u''(s) \sum_{i=1}^{n} (\hat{x}_i - s) Q_1'(2(m-i) + \tau) \right| \leqslant C\eta(s) h^2. \tag{8.1.17}$$

进一步地, 有

$$\left| R_5 + 2u''(s) \sum_{i=1}^{n} (\hat{x}_i - s) Q_1'(2(m-i) + \tau) \right|$$

$$= \left| \sum_{i=1}^{n} [u''(s) - u''(\hat{x}_i)] (\hat{x}_i - s) Q_1'(2(m-i) + \tau) \right|$$

$$\leqslant C \sum_{i=1}^{n} |\hat{x}_i - s|^{1+\alpha} |Q_1'(2(m-i) + \tau)|$$

$$\leqslant Ch^{1+\alpha} \left\{ |\tau|^{1+\alpha} |Q_1'(\tau)| + \sum_{i=1, i \neq m}^{n} \frac{|2(m-i) + \tau|^{1+\alpha}}{[|2(m-i) + \tau| - 1]^3} \right\}$$

$$\leqslant \begin{cases} Ch^{1+\alpha}, & 0 < \alpha < 1, \\ Ch^2 \left| \ln h \right|, & \alpha = 1. \end{cases} \tag{8.1.18}$$

联立方程 (8.1.17) 和 (8.1.18), 有

$$|R_3 + R_5| \leqslant \begin{cases} C\left[1 + \eta\left(s\right)h^{1-\alpha}\right]h^{1+\alpha}, & 0 < \alpha < 1, \\ C\left[\left|\ln h\right| + \eta\left(s\right)\right]h^2, & \alpha = 1. \end{cases} \tag{8.1.19}$$

对于 R_6, 根据 (8.1.9), 有

$$\sum_{i=1}^{n} Q_1'\left(2\left(m-i\right)+\tau\right) - \frac{\pi}{2}\tan\frac{\tau\pi}{2} = -\sum_{i=m}^{\infty} Q_1'\left(2i+\tau\right) - \sum_{i=n-m+1}^{\infty} Q_1'\left(-2i+\tau\right).$$

根据 (8.1.8), 有

$$\begin{aligned} |R_6| &\leqslant \left[\sum_{i=m}^{\infty} \frac{1}{\left(\left|2i+\tau\right|-1\right)^3} + \sum_{i=n-m+1}^{\infty} \frac{1}{\left(\left|2i-\tau\right|-1\right)^3} \right] \\ &\leqslant C\left[\sum_{i=m}^{\infty} \frac{1}{m^2} + \sum_{i=n-m+1}^{\infty} \frac{1}{\left(n-m+1\right)^2} \right] \\ &\leqslant C\eta^2\left(s\right)h^2. \end{aligned} \tag{8.1.20}$$

根据三角不等式, 显然有

$$\eta\left(s\right) \leqslant \left(b-s\right)\eta^2\left(s\right),$$

于是有

$$\left| \text{f.p.} \int_a^b \frac{u_q^I\left(x\right) - u\left(\hat{x}_i\right)}{\left(x-s\right)^2} dx + \pi u'\left(s\right)\tan\frac{\tau\pi}{2} \right|$$

$$\leqslant \begin{cases} C\left[1 + \eta^2\left(s\right)h^{1-\alpha}\right]h^{1+\alpha}, & 0 < \alpha < 1, \\ C\left[\left|\ln h\right| + \eta^2\left(s\right)\right]h^2, & \alpha = 1. \end{cases} \tag{8.1.21}$$

联立上式, 命题得证.

8.1.3 配置法求解区间上的超奇异积分方程

取每个子区间的中点为配置点构造配置格式, 于是有如下代数方程组

$$A_n U_a = F_n, \tag{8.1.22}$$

其中

$$A_n = (w_{ij})_{n \times n}, \quad w_{ij} = \frac{1}{x_{j-1} - x_i} - \frac{1}{x_j - x_i} = \frac{4}{\left[4\left(j-i\right)^2 - 1\right]h},$$

$$U_a = (u_1, u_2, \cdots, u_n)^{\mathrm{T}}, \quad F_n = (f_1, f_2, \cdots, f_n)^{\mathrm{T}}. \tag{8.1.23}$$

这里 $u_i = u(x_i)$ 为 $u(x)$ 在点 x_i 处的近似解.

引理 8.1.1　设 δ_{ik} 为 Kronecker 记号. 对任意的 $k = 1, 2, \cdots, n$, 线性方程组的解

$$\begin{cases} \sum_{j=0}^{n} \frac{\xi_j^{(k)}}{\hat{x}_i - x_j} = \frac{\delta_{ij}}{h}, \quad i = 1, 2, \cdots, n, \\ \sum_{j=0}^{n} \xi_j^{(k)} = 0 \end{cases} \tag{8.1.24}$$

具有如下表达式:

$$\xi_j^{(k)} = -\frac{h\left(x_k - x_0\right) l_{nj}\left(\hat{x}_{j+1}\right) l_{nk}\left(\hat{x}_k\right)}{4\left(\hat{x}_{j+1} - x_k\right)\left(\hat{x}_{j+1} - x_0\right)}, \tag{8.1.25}$$

其中 $j = 0, 1, \cdots, n$, 以及

$$l_{ni}(x) = \frac{\prod\limits_{j=0, j \neq i}^{n} (x - x_j)}{\prod\limits_{j=0, j \neq i}^{n} (x_i - x_j)}. \tag{8.1.26}$$

证明：为简化起见, 引入如下记号

$$\Delta_{n+1}\left(\hat{x}_1, \hat{x}_2, \cdots, \hat{x}_n; x_0, x_1, x_2, \cdots, x_n\right) = \begin{vmatrix} \dfrac{1}{\hat{x}_1 - x_0} & \dfrac{1}{\hat{x}_1 - x_1} & \cdots & \dfrac{1}{\hat{x}_1 - x_n} \\ \dfrac{1}{\hat{x}_2 - x_0} & \dfrac{1}{\hat{x}_2 - x_1} & \cdots & \dfrac{1}{\hat{x}_2 - x_n} \\ \vdots & \vdots & & \vdots \\ \dfrac{1}{\hat{x}_n - x_0} & \dfrac{1}{\hat{x}_n - x_1} & \cdots & \dfrac{1}{\hat{x}_n - x_n} \\ 1 & 1 & \cdots & 1 \end{vmatrix},$$

$$\tag{8.1.27}$$

于是有

$$\Delta_{n+1}\left(\hat{x}_1, \hat{x}_2, \cdots, \hat{x}_n; x_0, x_1, x_2, \cdots, x_n\right)$$

$$= \prod_{i=1}^{n-1}\left(\hat{x}_n - \hat{x}_i\right) \prod_{i=0}^{n-1} \frac{\left(x_i - x_n\right)}{\left(\hat{x}_{i+1} - x_n\right)\left(\hat{x}_n - x_i\right)}$$

$$\times \Delta_n\left(\hat{x}_1, \hat{x}_2, \cdots, \hat{x}_{n-1}; x_0, x_1, x_2, \cdots, x_{n-1}\right). \tag{8.1.28}$$

依次递推, 有

$$\Delta_{n+1}\left(\hat{x}_1, \hat{x}_2, \cdots, \hat{x}_n; x_0, x_1, x_2, \cdots, x_n\right)$$

$$= \prod_{1 \leqslant i < l \leqslant n}\left(\hat{x}_l - \hat{x}_i\right) \prod_{0 \leqslant i < l \leqslant n}\left(x_i - x_l\right) \prod_{1 \leqslant i < l \leqslant n} \frac{1}{\left(\hat{x}_i - x_l\right)} \prod_{0 \leqslant i < l \leqslant n} \frac{1}{\left(\hat{x}_l - x_i\right)}. \tag{8.1.29}$$

类似地求解有

$$\Delta_n^{kj} := \Delta_n\left(\hat{x}_1, \hat{x}_2, \cdots, \hat{x}_{k-1}, \hat{x}_{k+1}, \cdots, \hat{x}_n; x_0, x_1, x_2, \cdots, x_{j-1}, x_{j+1}, \cdots, x_n\right)$$

$$= \prod_{1 \leqslant i < l \leqslant n, l \neq k}\left(\hat{x}_l - \hat{x}_i\right) \prod_{0 \leqslant i < l \leqslant n, l \neq j}\left(x_i - x_l\right) \prod_{\substack{1 \leqslant i < l \leqslant n \\ i \neq k, l \neq j}} \frac{1}{\left(\hat{x}_i - x_l\right)} \prod_{\substack{0 \leqslant i < l \leqslant n \\ i \neq k, j \neq j}} \frac{1}{\left(\hat{x}_l - x_i\right)}. \tag{8.1.30}$$

由于对任意的 $k = 1, 2, \cdots, n, j = 0, 1, \cdots, n$, 有

$$\frac{\displaystyle\prod_{1 \leqslant i < l \leqslant n, i, l \neq k}\left(\hat{x}_l - \hat{x}_i\right)}{\displaystyle\prod_{1 \leqslant i < l \leqslant n}\left(\hat{x}_l - \hat{x}_i\right)} = \frac{1}{(-1)^{n-k} \displaystyle\prod_{1 \leqslant i \leqslant n, i \neq k}\left(\hat{x}_k - \hat{x}_i\right)},$$

$$\frac{\displaystyle\prod_{0 \leqslant i < l \leqslant n, i, l \neq j}\left(x_i - x_l\right)}{\displaystyle\prod_{0 \leqslant i < l \leqslant n}\left(x_i - x_l\right)} = \frac{1}{(-1)^j \displaystyle\prod_{1 \leqslant i \leqslant n, i \neq j}\left(x_j - x_i\right)},$$

$$\frac{\displaystyle\prod_{1 \leqslant i < l \leqslant n}\left(\hat{x}_i - x_l\right)}{\displaystyle\prod_{1 \leqslant i < l \leqslant n, i \neq k, l \neq j}\left(\hat{x}_i - x_l\right)} = \prod_{k \leqslant i \leqslant n}\left(\hat{x}_k - x_i\right) \prod_{1 \leqslant i \leqslant j, i \neq k}\left(\hat{x}_i - x_j\right),$$

$$\frac{\displaystyle\prod_{0 \leqslant i < l \leqslant n}\left(\hat{x}_l - x_i\right)}{\displaystyle\prod_{0 \leqslant i < l \leqslant n, l \neq k, i \neq j}\left(\hat{x}_l - x_i\right)} = \prod_{0 \leqslant i < k}\left(\hat{x}_l - x_i\right) \prod_{j < i \leqslant n, i \neq k}\left(\hat{x}_i - x_j\right),$$

根据克拉默法则, 有

$$
\begin{aligned}
\xi_j^{(k)} &= \frac{(-1)^{k+j+1}}{h} \frac{\Delta_n^{k,j}}{\Delta_{n+1}\left(\hat{x}_1, \hat{x}_2, \cdots, \hat{x}_n; x_0, x_1, x_2, \cdots, x_n\right)} \\
&= \frac{(-1)^{k+j+1}}{h} \frac{\displaystyle\prod_{0 \leqslant i \leqslant n}(\hat{x}_k - x_i) \prod_{1 \leqslant i \leqslant n, i \neq k}(\hat{x}_i - x_j)}{(-1)^{n-k+j} \displaystyle\prod_{1 \leqslant i \leqslant n, i \neq k}(\hat{x}_k - \hat{x}_i) \prod_{0 \leqslant i \leqslant n, i \neq j}(x_j - x_i)} \\
&= \frac{\displaystyle\prod_{0 \leqslant i < n}(\hat{x}_k - x_i) \prod_{0 \leqslant i \leqslant n, i \neq k}(\hat{x}_{j+1} - x_i)}{h \displaystyle\prod_{1 \leqslant i \leqslant n, i \neq k}(x_k - x_i) \prod_{0 \leqslant i \leqslant n, i \neq j}(x_j - x_i)} \\
&= \frac{(x_k - x_0)(\hat{x}_k - x_k)(\hat{x}_{j+1} - x_j) \displaystyle\prod_{0 \leqslant i \leqslant n, i \neq k}(\hat{x}_k - x_i) \prod_{0 \leqslant i \leqslant n, i \neq j}(\hat{x}_{j+1} - x_i)}{h(\hat{x}_{j+1} - x_0)(\hat{x}_{j+1} - x_k) \displaystyle\prod_{0 \leqslant i \leqslant n, i \neq k}(x_k - x_i) \prod_{0 \leqslant i \leqslant n, i \neq j}(x_j - x_i)} \\
&= -\frac{h(x_k - x_0) l_{nj}(\hat{x}_{j+1}) l_{nk}(\hat{x}_k)}{4(\hat{x}_{j+1} - x_k)(\hat{x}_{j+1} - x_0)}. \tag{8.1.31}
\end{aligned}
$$

命题得证.

对于定义为 (8.1.26) 的表达式 $l_{ni}(x)$, 正好是拉格朗日多项式的基函数, 满足

$$
l_{ni}(x_j) = \delta_{ij}.
$$

引理 8.1.2　对于定义为 (8.1.26) 的表达式 $l_{ni}(x)$, 有

$$
0 < l_{ni}(\hat{x}_i) \leqslant C\sqrt{\frac{n-i+1}{i}}, \quad 1 \leqslant i \leqslant n \tag{8.1.32}
$$

和

$$
0 < l_{ni}(\hat{x}_{i+1}) \leqslant C\sqrt{\frac{i+1}{n-i}}, \quad 0 \leqslant i \leqslant n-1. \tag{8.1.33}
$$

证明: 根据定义有

$$
l_{ni}(\hat{x}_i) = \frac{\displaystyle\prod_{j=0, j \neq i}^{n}(\hat{x}_i - x_j)}{x_i - x_j} = \prod_{j=1}^{i}\left(1 - \frac{1}{2j}\right) \prod_{j=1}^{n-i}\left(1 + \frac{1}{2j}\right).
$$

对 $1 \leqslant i < n$, 有

$$l_{ni}(\hat{x}_i) = \prod_{j=1}^{i}\left(1 - \frac{1}{2j}\right).$$

当 $i = n$ 时, 根据等式

$$\prod_{j=1}^{n}\left(1 + \frac{\beta}{n}\right) = \frac{n^{\beta}}{\Gamma(1+\beta)} + O\left(n^{\beta-1}\right), \tag{8.1.34}$$

不等式 (8.1.32) 得证, (8.1.33) 可以类似得证. 命题得证.

引理 8.1.3 设 A_n 是定义为 (8.1.23) 的矩阵, 则有

(1) A_n 为对称 Toeplitz 矩阵, 而且 A_n 为严格主对角占优的, 因此线性方程组 (8.1.22) 有唯一解;

(2) $-A_n$ 为 M 矩阵;

(3) A_n 为广义对称矩阵, 即

$$A_n = E_n A_n^{\mathrm{T}} E_n, \tag{8.1.35}$$

其中

$$E_n = \begin{pmatrix} 0 & 0 & \cdots & 0 & 1 \\ 0 & 0 & \cdots & 1 & 0 \\ \vdots & \vdots & & \vdots & \vdots \\ 1 & 0 & \cdots & 0 & 0 \end{pmatrix}.$$

证明: 显然 A_n 为对称 Toeplitz 矩阵. 根据 (8.1.23), 有

$$a_{ii} = -\frac{4}{h} < 0, \tag{8.1.36}$$

对 $i \neq j$, 有

$$a_{ij} = \frac{4}{\left[4(j-i)^2 - 1\right]h} > 0. \tag{8.1.37}$$

进一步地, 有

$$\sum_{j=1}^{n} a_{ij} = \sum_{j=1}^{n}\left(\frac{1}{x_{j-1}-\hat{x}_i} - \frac{1}{x_j-\hat{x}_i}\right) = \frac{b-a}{(b-\hat{x}_i)(a-\hat{x}_i)} < 0. \tag{8.1.38}$$

因此矩阵 A_n 为严格对角占优的, 命题得证.

引理 8.1.4 设 $A_n^{-1} = (b_{ij})_{n \times n}$ 是定义为 (8.1.6) 的矩阵 A_n 的逆矩阵, 则有

$$|b_{ik}| \leqslant Ch \min \{\ln (k+1), \ln (n-k+1)\}. \tag{8.1.39}$$

证明: 将线性方程组 (8.1.22) 重新写为

$$\begin{cases} \displaystyle\sum_{j=0}^{n} -\frac{u_{j+1} - u_j}{h} \frac{1}{\hat{x}_i - x_j} = \frac{f(\hat{x}_i)}{h}, & i = 1, 2, \cdots, n, \\ \displaystyle\sum_{j=0}^{n} -\frac{u_{j+1} - u_j}{h} = 0, \end{cases}$$

这里用到了 $u_{n+1} = u_0 = 0$. 根据引理 8.1.1, 线性方程组可以表示为

$$-\frac{u_{j+1} - u_j}{h} = -\sum_{k=1}^{n} f(\hat{x}_k) \frac{h(x_k - x_0) l_{nj}(\hat{x}_{j+1}) l_{nk}(\hat{x}_k)}{4(\hat{x}_{j+1} - x_k)(\hat{x}_{j+1} - x_0)}, \quad j = 0, 1, \cdots, n.$$

根据

$$u_i = \sum_{j=0}^{i-1} \frac{u_{j+1} - u_j}{h} h,$$

则有

$$u_i = \sum_{j=0}^{i-1} \sum_{k=1}^{n} f(\hat{x}_k) \frac{h^2 (x_k - x_0) l_{nj}(\hat{x}_{j+1}) l_{nk}(\hat{x}_k)}{4(\hat{x}_{j+1} - x_k)(\hat{x}_{j+1} - x_0)}, \quad i = 1, \cdots, n \tag{8.1.40}$$

和

$$b_{ik} = \sum_{j=0}^{i-1} \frac{h^2 (x_k - x_0) l_{nj}(\hat{x}_{j+1}) l_{nk}(\hat{x}_k)}{4(\hat{x}_{j+1} - x_k)(\hat{x}_{j+1} - x_0)},$$

简记为

$$b_{ik} = h \sum_{j=0}^{i-1} \frac{k l_{nj}(\hat{x}_{j+1}) l_{nk}(\hat{x}_k)}{(2j-1-2k)(2j+1)}. \tag{8.1.41}$$

根据引理 8.1.2, 对 $i \leqslant k$, 有

$$|b_{ik}| = -b_{ik} = h \sum_{j=0}^{i-1} \frac{k l_{nj}(\hat{x}_{j+1}) l_{nk}(\hat{x}_k)}{(2j-1-2k)(2j+1)} \tag{8.1.42}$$

和

$$|b_{ik}| \leqslant Ch \sum_{j=0}^{i-1} \left\{ \frac{k}{(2j-1-2k)(2j+1)} \sqrt{\frac{n-k+1}{k}} \sqrt{\frac{j+1}{n-j}} \right\}$$

$$\leqslant Ch \sum_{j=0}^{i-1} \frac{k}{(2j-1-2k)(2j+1)}$$

$$\leqslant Ch \sum_{j=0}^{i-1} \left(\frac{1}{2j-2k-1} + \frac{1}{2j+1} \right)$$

$$\leqslant Ch \left(1 + \frac{1}{3} + \cdots + \frac{1}{2k-1} \right). \tag{8.1.43}$$

根据不等式

$$\frac{1}{2(k+1)} \leqslant \sum_{i=1}^{k} \frac{1}{i} - \ln k - \gamma < \frac{1}{2k}, \tag{8.1.44}$$

其中 γ 为欧拉常数, 则有

$$|b_{ik}| \leqslant Ch \ln(k+1), \quad i \leqslant k \tag{8.1.45}$$

当 $i > k$ 时,

$$-b_{ik} = h \sum_{j=0}^{k-1} \frac{k l_{nj}(\hat{x}_{j+1}) l_{nk}(\hat{x}_k)}{(2j-1-2k)(2j+1)} - h \sum_{j=k}^{i-1} \frac{k l_{nj}(\hat{x}_{j+1}) l_{nk}(\hat{x}_k)}{(2j+1-2k)(2j+1)}$$

$$\leqslant Ch \sum_{j=0}^{i-1} \frac{k l_{nj}(\hat{x}_{j+1}) l_{nk}(\hat{x}_k)}{(2j-1-2k)(2j+1)} \leqslant Ch \ln(k+1). \tag{8.1.46}$$

由于 $-A_n$ 为 M 矩阵, 所以非奇异 M 矩阵的逆矩阵是正定的, 因此 $-A_n^{-1} \geqslant 0$, 即对任意的 i, k 有 $b_{ik} \leqslant 0$. 根据 (8.1.46), 有

$$|b_{ik}| = -b_{ik} \leqslant Ch \ln(k+1), \quad i > k. \tag{8.1.47}$$

联立方程 (8.1.46) 和 (8.1.47), 对任意的 i, k, 有

$$|b_{ik}| \leqslant Ch \ln(k+1), \tag{8.1.48}$$

于是

$$A_n^{-1} = E_n A_n^{-1} E_n,$$

即

$$b_{ik} = b_{n+1-k, n+1-i}. \tag{8.1.49}$$

由于 A_n^{-1} 是对称的, 由 (8.1.48) 和 (8.1.49), 有

$$|b_{ik}| = |b_{n+1-k, n+1-i}| \leqslant Ch \ln(n-k+2). \tag{8.1.50}$$

命题得证.

定理 8.1.2　设函数 $u(x) \in C^{2+\alpha}[a,b]$ $(0 < \alpha < 1)$ 为超奇异积分方程 (8.1.1) 的解, 那么对于线性方程组 (8.1.22), 如下误差估计成立

$$\max_{1 \leqslant i \leqslant n} |u(\hat{x}_i) - u_i| \leqslant Ch. \tag{8.1.51}$$

证明：设 $U_e = (u_1(x), u_2(x), \cdots, u_n(x))^{\mathrm{T}}$ 为准确解向量. 根据

$$U_e - U_a = A_n^{-1}(A_n U_e - F_e), \tag{8.1.52}$$

有

$$u(\hat{x}_i) - u(x_i) = \sum_{i=1}^{n} b_{ik} E_{0n}(\hat{x}_i, u), \quad 1 \leqslant i \leqslant n, \tag{8.1.53}$$

其中, (b_{ik}) 为 A_n 的逆矩阵; $E_{0n}(\hat{x}_i, u)$ 为矩形公式的误差函数. 由定理 8.1.1, 有

$$|E_{0n}(\hat{x}_i, u)| \leqslant C\left[1 + \eta^2(\hat{x}_i)h^{1-\alpha}\right]h^2,$$

则有

$$|u(\hat{x}_i) - u(x_i)|$$

$$\leqslant Ch^{1+\alpha} \sum_{i=1}^{n} |b_{ik}| \left[1 + \eta^2(\hat{x}_i)h^{1-\alpha}\right]$$

$$\leqslant Ch^{2+\alpha} \sum_{i=1}^{n} \min\{\ln(k+1), \ln(n-k+2)\}$$

$$+ Ch \sum_{i=1}^{n} \left[\frac{h^2}{(\hat{x}_i - a)^2} + \frac{h^2}{(b - \hat{x}_i)^2}\right] \min\{\ln(k+1), \ln(n-k+2)\}$$

$$\leqslant Ch^{1+\alpha}|\ln h| + Ch \sum_{i=1}^{n} \left[\frac{\ln(k+1)}{(2k-1)^2} + \frac{\ln(n-k+2)}{(n-k+2)^2}\right]$$

$$\leqslant Ch. \tag{8.1.54}$$

命题得证.

8.1.4　数值算例

例 8.1.1　考虑有限部分积分的密度函数 $u(x) = x^3, a = 0, b = 1$. 根据定义 (8.1.1), 其准确解为

$$\frac{3}{2} + 3s + \frac{1}{s-1} + 3s^2 \ln\frac{1-s}{s}.$$

表 8.1.1 给出动点 $s = x_{[n]/4} + (\tau + 1)\, h/2$ 的情况, 表 8.1.2 给出动点 $s = x_{[n-1]} + (\tau + 1)\, h/2$ 的情况. 表 8.1.1 的左边给出了修正矩形公式 $\hat{Q}_{0n}(s, u)$ 的收敛阶都为 $O(h^2)$; 表 8.1.1 的右半部分给出矩形公式 $Q_{0n}(s, u)$ 超收敛情况, 只有当 $\tau = 0$ 时收敛阶为 $O(h^2)$, 其他情况 $(\tau \neq 0)$ 是发散的. 表 8.1.2 给出了动点 $s = x_{[n-1]} + (\tau + 1)\, h/2$ 时的误差分析, 在端点时由于 $\eta^2(s)$ 的影响, 无论是修正矩形公式 $\hat{Q}_{0n}(s, u)$ 的还是矩形公式 $Q_{0n}(s, u)$ 的积分公式都是发散的, 这与我们的理论分析一致.

表 8.1.1 当 $s = x_{[n]/4} + (\tau + 1)h/2$ 时矩形公式的误差

n	$\hat{Q}_{0n}(s, u)$			$Q_{0n}(s, u)$		
	$\tau = -1/3$	$\tau = 0$	$\tau = 1/3$	$\tau = -1/3$	$\tau = 0$	$\tau = 1/3$
32	9.5426e−4	4.9886e−4	4.3517e−5	3.0546e+1	4.9886e−4	3.3277e+1
64	2.3609e−4	1.2381e−4	1.1535e−5	3.2257e+1	1.2381e−4	3.3649e+1
128	5.8706e−5	3.0833e−5	2.9597e−6	3.3128e+1	3.0833e−5	3.3830e+1
256	1.4636e−5	7.6928e−6	7.4907e−7	3.3567e+1	7.6928e−6	3.3920e+1
512	3.6541e−6	1.9212e−6	1.8839e−7	3.3788e+1	1.9212e−6	3.3964e+1
1024	9.1289e−7	4.8006e−7	4.7236e−8	3.3898e+1	4.8006e−7	3.3987e+1
h^{α}	1.988	1.987	1.953	—	1.987	—

表 8.1.2 当 $s = x_{[n-1]} + (\tau + 1)h/2$ 时矩形公式的误差

n	$\hat{Q}_{0n}(s, u)$			$Q_{0n}(s, u)$		
	$\tau = -1/3$	$\tau = 0$	$\tau = 1/3$	$\tau = -1/3$	$\tau = 0$	$\tau = 1/3$
32	5.0507e−1	8.3440e−1	1.6392e+0	5.7149e+0	8.3440e−1	3.6858e+0
64	4.9623e−1	8.2233e−1	1.6193e+0	5.8231e+0	8.2233e−1	3.7647e+0
128	4.9215e−1	8.1660e−1	1.6096e+0	5.8766e+0	8.1660e−1	3.8032e+0
256	4.9020e−1	8.1381e−1	1.6049e+0	5.9032e+0	8.1381e−1	3.8223e+0
512	4.8924e−1	8.1244e−1	1.6026e+0	5.9164e+0	8.1244e−1	3.8317e+0
1024	4.8877e−1	8.1176e−1	1.6014e+0	5.9231e+0	8.1176e−1	3.8364e+0
h^{α}	—	—	—	—	—	—

例 8.1.2 考虑密度函数正则性低的情况, 设 $a = -b = -1, s = 0$ 以及密度函数为

$$u(x) = 2 + x + (2 + x\,|x|)\,|x|^{p+\alpha}, \quad p = 1, 2, 3.$$

显然 $u(x) \in C^{p+\alpha}[-1, 1], p = 1, 2, 3$. 该超奇异积分的准确解为

$$2 + \frac{4}{\alpha + p - 1}.$$

对于正则性较低的情况采用两种积分公式进行计算, 表 8.1.3 的左半部分给出了修正公式 $\hat{Q}_{0n}(s, u)\,(\tau = -1/3)$ 的收敛阶, 当 $p = 3$ 时, 收敛阶可以达到 $O(h^2)$;

对于正则性较低的情况 $p = 1, 2$, 收敛阶为 $O\left(h^{p+\alpha-1}\right)$. 表 8.1.3 右半部分给出了一致网格下矩形公式 $Q_{0n}(s, u)(\tau = 0)$ 的收敛阶, 与表的左半部分一致. 这也与定理 8.1.1 相吻合, 说明超收敛存在时, 密度函数的正则性不能降低.

表 8.1.3 当 $s = x_{[n-1]} + (\tau + 1)h/2$ 时矩形公式的误差

n	$\hat{Q}_{0n}(s, u)(\tau = -1/3)$			$Q_{0n}(s, u)(\tau = 0)$		
	$p = 3$	$p = 2$	$p = 1$	$p = 3$	$p = 2$	$p = 1$
255	1.5347e−4	1.0082e−3	4.9298e−1	7.0683e−5	1.3328e−3	3.6778e−1
511	3.8807e−5	3.6503e−4	3.4824e−1	1.8056e−5	4.8626e−4	2.5978e−1
1023	9.7860e−6	1.3127e−4	2.4612e−1	4.5850e−6	1.7576e−4	1.8359e−1
2047	2.4623e−6	4.6975e−5	1.7399e−1	1.1592e−6	6.3119e−5	1.2979e−1
4095	6.1846e−7	1.6752e−5	1.2302e−1	2.9216e−7	2.2563e−5	9.1761e−2
8191	1.5514e−7	5.9589e−6	8.6980e−2	7.3462e−8	8.0396e−6	6.4881e−2
h^α	1.988	1.479	0.500	1.980	1.473	0.500

例 8.1.3 考虑定义在区间上的超奇异积分方程 (8.1.1), 基于配置格式 (8.1.22) 进行求解. 设 $a = 0, b = 1$ 以及

$$f(s) = \frac{6}{5} + \frac{3s}{2} + 2s^2 + 3s^3 + 6s^4 + \frac{1}{s-1} + 6s^5 \ln \frac{1-s}{s}.$$

考虑最大点的截断误差和最大模误差, 分别定义为

$$e_\infty = \max_{1 \leqslant i \leqslant n} |u(\hat{x}_i) - u(x_i)|, \quad \text{trunc} - e_\infty = \max_{1 \leqslant i \leqslant n} |E_{0n}(\hat{x}_i, u)|,$$

数值结果在表 8.1.4 中给出, 超奇异积分方程最大点误差的收敛阶为 $O(h)$. 这与定理 8.1.2 的结论是一致的.

表 8.1.4 超奇异积分方程的收敛阶

n	e_∞	$\text{trunc} - e_\infty$
32	1.7408e+0	1.9082e−2
64	1.6797e+0	9.2449e−3
128	1.6502e+0	4.5444e−3
256	1.6360e+0	2.2522e−3
512	1.6290e+0	1.1210e−3
h^α	—	1.022

8.2 基于中矩形公式的配置法求解圆周上的超奇异积分方程

这一部分考虑圆周上的二阶超奇异积分方程, 密度函数用分片常数来逼近, 首先在每个子区间的中点得到超收敛现象, 然后构造相应的配置方法求解超奇异积

分方程, 在引进一个正则化因子的条件下, 可以简单有效地求解超奇异积分方程, 并且证明算法的收敛性.

考虑定义在圆周上的二阶超奇异积分

$$I_1(c, s, u) := \text{f.p.} \int_0^{2\pi} \frac{u(x)}{\sin^2 \dfrac{x-s}{2}} dx, \quad s \in (0, 2\pi), \tag{8.2.1}$$

采用如下定义:

$$\text{f.p.} \int_0^{2\pi} \frac{u(x)}{\sin^2 \dfrac{x-s}{2}} dx = \lim_{\varepsilon \to 0} \left\{ \left(\int_0^{s+\varepsilon} + \int_{s+\varepsilon}^{2\pi} \right) \frac{u(x)}{\sin^2 \dfrac{x-s}{2}} dx - \frac{8u(s)}{\varepsilon} \right\},$$

如果关于超奇异积分核 $\sin^2 \dfrac{x-s}{2}$ 右端积分存在, $u(x)$ 称为有限部分可积的.

8.2.1 积分公式的提出

设 $0 = x_0 < x_1 < \cdots < x_{n-1} < x_n = 2\pi$ 为区间 $[0, 2\pi]$ 上关于步长 $h = 2\pi/n$ 的均匀剖分, $u_0^I(x)$ 为密度函数 $u(x)$ 的分片常数插值, 定义为

$$u_0^I(x) = \sum_{i=1}^{n} u(\hat{x}_i) \varphi_i(x),$$

其中 $\hat{x}_i = (x_i + x_{i-1})/2$, 以及

$$\varphi_i(x) = \begin{cases} 1, & x \in [x_{i-1}, x_i], \\ 0, & \text{其他}. \end{cases}$$

在 (8.2.1) 中用 $u_0^I(x)$ 代替密度函数 $u(x)$ 得到复化矩形公式

$$Q_{0n}(s, u) := \text{f.p.} \int_0^{2\pi} \frac{u_0^I(x)}{\sin^2 \dfrac{x-s}{2}} dx = \sum_{i=1}^{n} \omega_i^0(s) u(\hat{x}_i)$$

$$= \text{f.p.} \int_0^{2\pi} \frac{u(x)}{\sin^2 \dfrac{x-s}{2}} dx - E_{0n}(s, u), \tag{8.2.2}$$

其中 $\omega_i^0(s) (1 \leqslant i \leqslant n)$ 表示科茨系数, 以及 $E_{0n}(s, u)$ 为误差泛函. 通过直接计算, 有

$$\omega_i^0(s) = 2 \left(\cot \frac{x_{i-1} - s}{2} - \cot \frac{x_i - s}{2} \right), \tag{8.2.3}$$

以下分析中, 假设 $s \in (x_{m-1}, x_m)$ 以及对 $\tau \in (-1, 1)$ 和 $s = x_{m-1} + (\tau + 1) h/2$, 定义

$$K_{1s}(x) = \begin{cases} \dfrac{(x-s)^2}{\sin^2 \dfrac{x-s}{2}}, & x \neq s, \\ 4, & x = s. \end{cases}$$

$$\text{f.p.} \int_{x_{m-1}}^{x_m} \frac{u(x)}{\sin^2 \dfrac{x-s}{2}} dx = \lim_{\varepsilon \to 0} \left\{ \left(\int_{x_{m-1}}^{s-\varepsilon} + \int_{s+\varepsilon}^{x_m} \right) \frac{u(x)}{\sin^2 \dfrac{x-s}{2}} dx - \frac{8u(s)}{\varepsilon} \right\}$$

和

$$I_{n,i}(s) = \begin{cases} \displaystyle\int_{x_{i-1}}^{x_i} \frac{x - \hat{x}_i}{\sin^2 \dfrac{x-s}{2}} dx, & i \neq m, \\ \text{f.p.} \displaystyle\int_{x_{m-1}}^{x_m} \frac{x - \hat{x}_m}{\sin^2 \dfrac{x-s}{2}} dx, & i = m. \end{cases} \tag{8.2.4}$$

引理 8.2.1　对 $\tau \in (-1, 1)$, 设 $s = x_{m-1} + (\tau + 1) h/2$. $I_{n,i}(s)$ 如 (8.2.4) 定义, 有

$$I_{n,i}(s) = -2h \sum_{k=1}^{\infty} \{\sin[k(x_i - s)] + \sin[k(x_{i-1} - s)]\}$$

$$- 4 \sum_{k=1}^{\infty} \frac{1}{k} \{\cos[k(x_i - s)] - \cos[k(x_{i-1} - s)]\}.$$

证明: 对 $i = m$, 有

$$I_{n,m}(s) = \lim_{\varepsilon \to 0} \left\{ \left(\int_{x_{m-1}}^{s-\varepsilon} + \int_{s+\varepsilon}^{x_m} \right) \frac{x - \hat{x}_m}{\sin^2 \dfrac{x-s}{2}} dx - \frac{8(s - \hat{x}_m)}{\varepsilon} \right\}$$

$$= -h \cot \frac{x_m - s}{2} - h \cot \frac{x_{m-1} - s}{2}$$

$$+ 2 \lim_{\varepsilon \to 0} \left\{ \left(\int_{x_{m-1}}^{s-\varepsilon} + \int_{s+\varepsilon}^{x_m} \right) \cot \frac{x-s}{2} dx \right\}. \tag{8.2.5}$$

类似地, 对于 $i \neq m$, 根据相应的黎曼积分的分部积分, 有

$$I_{n,i}(s) = -h \cot \frac{x_i - s}{2} - h \cot \frac{x_{i-1} - s}{2} + 2 \int_{x_{i-1}}^{x_i} \cot \frac{x-s}{2} dx. \tag{8.2.6}$$

根据等式,

$$\frac{1}{2} \cot \frac{t}{2} = \sum_{k=1}^{\infty} \sin kt, \tag{8.2.7}$$

由 (8.2.6) 和 (8.2.7) 可以得到等式 (8.2.4), 命题得证.

引理 8.2.2 在引理 8.2.1 的相同的条件下, 有

$$\sum_{i=1}^{n} I_{n,i}(s) = -4\pi \tan \frac{\tau\pi}{2}. \tag{8.2.8}$$

证明：根据 (8.2.5), 有

$$\sum_{i=1}^{n} I_{n,i}(s) = -2h \sum_{k=1}^{\infty} \sum_{i=1}^{n} \{\sin[k(x_i - s)] + \sin[k(x_{i-1} - s)]\}$$

$$-4 \sum_{k=1}^{\infty} \sum_{i=1}^{n} \frac{1}{k} \{\cos[k(x_i - s)] - \cos[k(x_{i-1} - s)]\}.$$

$$= -4h \sum_{k=1}^{\infty} \sum_{i=1}^{n} \sin[k(x_i - s)] = -4h \sum_{j=1}^{\infty} n \sin[nj(x_1 - s)]$$

$$= 8\pi \sum_{j=1}^{\infty} \sin[j(1 + \tau)\pi] = 4\pi \cot \frac{(1 + \tau)\pi}{2}$$

$$= -4\pi \tan \frac{\tau\pi}{2}, \tag{8.2.9}$$

这里用到了

$$\sum_{i=1}^{n} \sin[k(x_i - s)] = \begin{cases} n \sin[k(x_1 - s)], & k = nj, \\ 0, & \text{其他}. \end{cases} \tag{8.2.10}$$

命题得证.

说明：如果对 $u(x) = x$ 的特殊情况, 有 $E_{0n}(s, u) = -4\pi \tan \frac{\tau\pi}{2}$, 说明一般的矩形公式通常是发散的, 不能直接用于计算.

8.2.2 主要结论

这一部分给出矩形公式的超收敛阶结果, 并根据误差泛函提出修正的矩形公式. 在给出主要结果之前, 首先给出如下引理.

引理 8.2.3 在引理 8.2.1 相同的条件下, 有

$$\sum_{i=1,i\neq m,m+1}^{n} [u'(\eta_i) - u'(s)] I_{n,i}(s)$$

$$\leqslant \begin{cases} C \max\limits_{0\leqslant x\leqslant 2\pi}\{K_{2s}(x)\}h^{1+\alpha}, & u(x)\in C^{2+\alpha}[0,2\pi], \\ C \max\limits_{0\leqslant x\leqslant 2\pi}\{K_{2s}(x)\}h^2|\ln h|, & u(x)\in C^3[0,2\pi], \\ C \max\limits_{0\leqslant x\leqslant 2\pi}\{K_{2s}(x)\}h^2, & u(x)\in C^{3+\alpha}[0,2\pi], \end{cases} \quad (8.2.11)$$

其中 $\eta_i\in[x_{i-1},x_i]$, $0<\alpha<1$, 以及 $K_{2s}(x)$ 定义为 (6.3.10).

证明: 设 x_m 为剖分节点. 定义 $|x_m-s|=\min\limits_{1\leqslant i\leqslant n-1}\{|x_i-s|\}$, 于是存在 $\tilde{x}_i\in(x_{i-1},x_i)$, 使得

$$I_{n,i}(s)=\frac{h^3\cos\dfrac{\tilde{x}_i-s}{2}}{12\sin^3\dfrac{\tilde{x}_i-s}{2}}, \quad i\neq m, m+1. \quad (8.2.12)$$

如果 $u(x)\in C^{2+\alpha}[0,2\pi]\,(0<\alpha\leqslant 1)$, 有

$$\left|\sum_{i=1,i\neq m,m+1}^{n}[u'(\eta_i)-u'(s)]I_{n,i}(s)\right|$$

$$\leqslant C\sum_{i=1,i\neq m,m+1}^{n}\frac{h^3|\eta_i-s|}{12|\tilde{x}_i-s|^3}\frac{|\tilde{x}_i-s|^3}{\left|\sin^3\dfrac{\tilde{x}_i-s}{2}\right|}\left|\cos\frac{\tilde{x}_i-s}{2}\right|$$

$$\leqslant C\max_{0\leqslant x\leqslant 2\pi}\{K_{2s}(x)\}\left[\sum_{i=1}^{m-1}\frac{h^3(s-x_{i-1})^{1+\alpha}}{12|s-x_i|^3}+\sum_{i=m+2}^{n}\frac{h^3(x_i-s)^{1+\alpha}}{12|x_{i-1}-s|^3}\right], \quad (8.2.13)$$

其中 $K_{2s}(x)$ 定义为 (6.3.10). 由于 $s=x_{m-1}+(\tau+1)h/2$, 则

$$\sum_{i=1}^{m-1}\frac{h^3(s-x_{i-1})^{1+\alpha}}{12|s-x_i|^3}\leqslant\sum_{i=1}^{m-1}\frac{h^{4+\alpha}+h^3(s-x_{i-1})^{1+\alpha}}{12(s-x_i)^3}$$

$$\leqslant\frac{h^{1+\alpha}}{12}\sum_{i=1}^{m-1}\frac{1+\left(m-1+\dfrac{1+\tau}{2}-i\right)^{1+\alpha}}{\left(m-1+\dfrac{1+\tau}{2}-i\right)^3}$$

$$\leqslant\begin{cases} Ch^{1+\alpha}, & 0<\alpha<1, \\ Ch^2|\ln h|, & \alpha=1 \end{cases} \quad (8.2.14)$$

和

$$\sum_{i=m+2}^{n}\frac{h^3(x_i-s)^{1+\alpha}}{12|x_{i-1}-s|^3}\leqslant\begin{cases} Ch^{1+\alpha}, & 0<\alpha<1, \\ Ch^2|\ln h|, & \alpha=1. \end{cases} \quad (8.2.15)$$

类似地, 如果 $u(x) \in C^{3+\alpha}[0, 2\pi] \, (0 < \alpha \leqslant 1)$, 有

$$\left| \sum_{i=1, i \neq m, m+1}^{n} [u'(\eta_i) - u'(s)] I_{n,i}(s) \right|$$

$$\leqslant C \max_{0 \leqslant x \leqslant 2\pi} \{K_{2s}(x)\} \left[\sum_{i=1}^{m-1} \frac{h^3 (s - x_{i-1})^{2+\alpha}}{12 |s - x_i|^3} + \sum_{i=m+2}^{n} \frac{h^3 (x_i - s)^{2+\alpha}}{12 |x_{i-1} - s|^3} \right] \quad (8.2.16)$$

和

$$\sum_{i=1}^{m-1} \frac{h^3 (s - x_{i-1})^{2+\alpha}}{12 |s - x_i|^3} \leqslant \sum_{i=1}^{m-1} \frac{h^{5+\alpha} + h^3 (s - x_{i-1})^{2+\alpha}}{12 (s - x_i)^3}$$

$$\leqslant \frac{h^{2+\alpha}}{12} \sum_{i=1}^{m-1} \frac{1 + \left(m - 1 + \dfrac{1+\tau}{2} - i \right)^{1+\alpha}}{\left(m - 1 + \dfrac{1+\tau}{2} - i \right)^3}$$

$$- \frac{h^{2+\alpha}}{12} \sum_{i=1}^{m-1} \left\{ \frac{1}{\left(m - 1 + \dfrac{1+\tau}{2} - i \right)^3} + \frac{1}{i^{1-\alpha}} \right\}$$

$$\leqslant Ch^2, \quad (8.2.17)$$

以及

$$\sum_{i=m+2}^{n} \frac{h^3 (x_i - s)^{1+\alpha}}{12 |x_{i-1} - s|^3} \leqslant Ch^2. \quad (8.2.18)$$

联立上式, 命题得证.

下面的定理给出主要结论.

定理 8.2.1 设在均匀网格下定义为 (8.2.2) 的 $Q_{0n}(s, u)$, 则有

$$I_1(c, s, u) - Q_{0n}(s, u) = -4\pi u'(s) \tan \frac{\tau \pi}{2} + R(s), \quad (8.2.19)$$

其中

$$|R(s)| \leqslant \begin{cases} C \max\limits_{0 \leqslant x \leqslant 2\pi} \{K_{2s}(x)\} \gamma^{-1}(\tau) h^{1+\alpha}, & u(x) \in C^{2+\alpha}[0, 2\pi], \\ C \max\limits_{0 \leqslant x \leqslant 2\pi} \{K_{2s}(x)\} \gamma^{-1}(\tau) h^2 |\ln h|, & u(x) \in C^3[0, 2\pi], \\ C \max\limits_{0 \leqslant x \leqslant 2\pi} \{K_{2s}(x)\} \gamma^{-1}(\tau) h^2, & u(x) \in C^{3+\alpha}[0, 2\pi], \end{cases}$$

$$(8.2.20)$$

这里 $0 < \alpha < 1$ 以及 $K_{2s}(x)$ 定义为 (6.3.10).

证明：由泰勒展开式，存在 $\xi_i \in (x_{i-1}, x_i)$，使得

$$u(x) - u(\hat{x}_i) = u'(\xi_i)(x - \hat{x}_i), \quad x \in [x_{i-1}, x_i], \quad i \neq m, m+1,$$

于是根据中值定理和引理 8.2.3, 有

$$\left(\int_c^{x_{m-1}} + \int_{x_{m+1}}^{c+2\pi} \right) \frac{u(x) - u(\hat{x}_i)}{\sin^2 \dfrac{x-s}{2}} dx$$

$$= \sum_{\substack{i=1, \\ i \neq m, m+1}}^{n} \int_{x_{i-1}}^{x_i} \frac{u'(\xi_i)(x - \hat{x}_i)}{\sin^2 \dfrac{x-s}{2}} dx$$

$$= \sum_{\substack{i=1, \\ i \neq m, m+1}}^{n} \int_{x_{i-1}}^{x_i} \frac{u'(\xi_i)(x - x_{i-1})}{\sin^2 \dfrac{x-s}{2}} dx - \frac{h}{2} \sum_{\substack{i=1, \\ i \neq m, m+1}}^{n} \int_{x_{i-1}}^{x_i} \frac{u'(\xi_i)}{\sin^2 \dfrac{x-s}{2}} dx$$

$$= \sum_{\substack{i=1, \\ i \neq m, m+1}}^{n} u'(\eta_i) \int_{x_{i-1}}^{x_i} \frac{(x - x_{i-1})}{\sin^2 \dfrac{x-s}{2}} dx - \frac{h}{2} \sum_{\substack{i=1, \\ i \neq m, m+1}}^{n} u'(\zeta_i) \int_{x_{i-1}}^{x_i} \frac{1}{\sin^2 \dfrac{x-s}{2}} dx$$

$$= \sum_{\substack{i=1, \\ i \neq m, m+1}}^{n} u'(\eta_i) I_{n,i}(s) - \frac{h}{2} \sum_{\substack{i=1, \\ i \neq m, m+1}}^{n} [u'(\eta_i) - u'(\zeta_i)] \int_{x_{i-1}}^{x_i} \frac{1}{\sin^2 \dfrac{x-s}{2}} dx$$

$$= \sum_{\substack{i=1, \\ i \neq m, m+1}}^{n} [u'(\eta_i) - u'(s)] I_{n,i}(s)$$

$$- u'(s) I_{n,m}(s) - u'(s) I_{n,m+1}(s) - 4\pi u'(s) \tan \frac{\tau\pi}{2}$$

$$+ h \sum_{\substack{i=1, \\ i \neq m, m+1}}^{n} [u'(\eta_i) - u'(\zeta_i)] \left(\cot \frac{x_i - s}{2} - \cot \frac{x_{i-1} - s}{2} \right), \tag{8.2.21}$$

其中 $\eta_i, \zeta_i \in [x_{i-1}, x_i]$. 假设

$$H_i(x) = u(x) - u(\hat{x}_i) - u'(s)(x - \hat{x}_i), \quad i \neq m, m+1,$$

则有

$$\text{f.p.} \int_{x_{m-1}}^{x_m} \frac{u(x) - u(\hat{x}_m)}{\sin^2 \dfrac{x-s}{2}} dx$$

$$= \text{f.p.} \int_{x_{m-1}}^{x_m} \frac{H_m(x)}{\sin^2 \dfrac{x-s}{2}} dx + u'(s) I_{n,m}(s)$$

$$= 4 \text{ f.p.} \int_{x_{m-1}}^{x_m} \frac{H_m(x)}{(x-s)^2} dx$$

$$+ \text{f.p.} \int_{x_{m-1}}^{x_m} \frac{H_m(x)[K_{1s}(x) - 4]}{(x-s)^2} dx + u'(s) I_{n,m}(s) \qquad (8.2.22)$$

和

$$\int_{x_m}^{x_{m+1}} \frac{u(x) - u(\hat{x}_{m+1})}{\sin^2 \dfrac{x-s}{2}} dx = \int_{x_m}^{x_{m+1}} \frac{H_{m+1}(x)}{\sin^2 \dfrac{x-s}{2}} dx + u'(s) I_{n,m+1}(s). \qquad (8.2.23)$$

联立 (8.2.21), (8.2.22) 和 (8.2.23), 有

$$R(s) = 4R^{(1)}(s) + R^{(2)}(s) + R^{(3)}(s) + R^{(4)}(s) + R^{(5)}(s),$$

$$R^{(1)}(s) = \text{f.p.} \int_{x_{m-1}}^{x_m} \frac{H_m(x)}{(x-s)^2} dx,$$

$$R^{(2)}(s) = \text{f.p.} \int_{x_{m-1}}^{x_m} \frac{H_m(x)[K_{1s}(x) - 4]}{(x-s)^2} dx,$$

$$R^{(3)}(s) = \sum_{\substack{i=1, \\ i \neq m, m+1}}^{n} [u'(\eta_i) - u'(\zeta_i)] I_{n,i}(s),$$

$$R^{(4)}(s) = h \sum_{\substack{i=1, \\ i \neq m, m+1}}^{n} [u'(\eta_i) - u'(\zeta_i)] \left(\cot \frac{x_i - s}{2} - \cot \frac{x_{i-1} - s}{2} \right)$$

$$R^{(5)}(s) = \int_{x_m}^{x_{m+1}} \frac{H_{m+1}(x)}{\sin^2 \dfrac{x-s}{2}} dx.$$

下面依次估计 $R(s)$ 如下, 如果 $u(x) \in C^{2+\alpha}[0, 2\pi]$ $(0 < \alpha \leqslant 1)$, 有

$$\left| H_m^{(i)}(x) \right| \leqslant Ch^{2-i+\alpha}, \quad i = 0, 1, \cdots. \qquad (8.2.24)$$

根据等式

$$\text{f.p.} \int_a^b \frac{u(x)}{(x-s)^2} dx = \frac{(b-a) u(s)}{(b-s)(s-a)} + u'(s) \ln \frac{b-s}{s-a}$$

$$+ \int_a^b \frac{u(x) - u(s) - u'(s)(x-s)}{(x-s)^2} dx,$$

有

$$\left|R^{(1)}\left(s\right)\right| \leqslant \left|\frac{hH_m\left(s\right)}{\left(x_m-s\right)\left(s-x_{m-1}\right)}\right| + \left|H_m'\left(s\right)\ln\frac{x_m-s}{s-x_{m-1}}\right|$$

$$+\left|\int_{x_{m-1}}^{x_m}\frac{H_m\left(x\right)-H_m\left(s\right)-H_m'\left(s\right)\left(x-s\right)}{\left(x-s\right)^2}dx\right| \leqslant C\gamma^{-1}\left(\tau\right)h^{1+\alpha}.$$

对第二项有

$$\left|R^{(2)}\left(s\right)\right|$$

$$\leqslant \max_{x\in[x_{m-1},x_m]}\left\{H_m\left(x\right)\right\}\left\{\text{f.p.}\int_{x_{m-1}}^{x_m}\frac{K_{1s}\left(x\right)-4}{\left(x-s\right)^2}dx\right\}$$

$$\leqslant \max_{x\in[x_{m-1},x_m]}\left\{H_m\left(x\right)\right\}\left\{\text{f.p.}\int_{x_{m-1}}^{x_m}\frac{1}{\sin^2\dfrac{x-s}{2}}dx - \text{f.p.}\int_{x_{m-1}}^{x_m}\frac{1}{\left(x-s\right)^2}dx\right\}$$

$$= \max_{x\in[x_{m-1},x_m]}\left\{H_m\left(x\right)\right\}\left\{-2\cot\frac{s-x_{m-1}}{2}-2\cot\frac{x_m-s}{2}+\frac{hH_m\left(s\right)}{\left(x_m-s\right)\left(s-x_{m-1}\right)}\right\}$$

$$\leqslant C\gamma^{-1}\left(\tau\right)h^{1+\alpha}.$$

对第三项 $R^{(3)}\left(s\right)$, 由引理 8.2.3 直接得到.

对于第四项, 由于 $u\left(x\right)\in C^{2+\alpha}\left[0,2\pi\right]\left(0<\alpha\leqslant1\right)$, 有

$$\left|R^{(4)}\left(s\right)\right| \leqslant Ch^{2+\alpha}.$$

对于最后一项, 有

$$\left|R^{(5)}\left(s\right)\right| \leqslant C\max_{0\leqslant x\leqslant 2\pi}\left\{K_{2s}\left(x\right)\right\}h^{1+\alpha}\int_{x_{m-1}}^{x_m}\frac{1}{\left(x-s\right)^2}dx$$

$$\leqslant C\max_{0\leqslant x\leqslant 2\pi}\left\{K_{2s}\left(x\right)\right\}\gamma^{-1}\left(\tau\right)h^{1+\alpha},$$

以及

$$\left|H_m^{(i)}\left(x\right)\right| \leqslant Ch^{3-i+\alpha}, \quad i=0,1,2.$$

对于 $u\left(x\right)\in C^{3+\alpha}\left[0,2\pi\right]\left(0<\alpha<1\right)$, 可以类似证明. 命题得证.

对于复化矩形公式 $Q_{0n}\left(s,u\right)$ 有如下推论.

推论 8.2.1　对于复化矩形公式 $Q_{0n}\left(s,u\right)$ 由 (8.2.2) 计算, 以及 $s=\hat{x}_m(1\leqslant$

$m \leqslant n)$, 有

$$|I_1\left(c,s,u\right)-Q_{0n}\left(s,u\right)| \leqslant \begin{cases} Ch^{1+\alpha}, & u\left(x\right)\in C^{2+\alpha}\left[0,2\pi\right], \\ Ch^2\left|\ln h\right|, & u\left(x\right)\in C^3\left[0,2\pi\right], \\ Ch^2, & u\left(x\right)\in C^{3+\alpha}\left[0,2\pi\right], \end{cases} \quad (8.2.25)$$

其中 $0<\alpha<1$.

这里我们提出修正的矩形公式 $\hat{Q}_{0n}\left(s,u\right)$, 定义为

$$\hat{Q}_{0n}\left(s,u\right)=Q_{0n}\left(s,u\right)-4\pi u'\left(s\right)\tan\frac{\tau\pi}{2}. \quad (8.2.26)$$

推论 8.2.2 设 $\hat{Q}_{0n}\left(s,u\right)$ 定义为 (8.2.26), 有

$$\left|I_1\left(c,s,u\right)-\hat{Q}_{0n}\left(s,u\right)\right|$$

$$\leqslant \begin{cases} C\max\limits_{0\leqslant x\leqslant 2\pi}\{K_{2s}\left(x\right)\}\gamma^{-1}\left(\tau\right)h^{1+\alpha}, & u\left(x\right)\in C^{2+\alpha}\left[0,2\pi\right], \\ C\max\limits_{0\leqslant x\leqslant 2\pi}\{K_{2s}\left(x\right)\}\gamma^{-1}\left(\tau\right)h^2\left|\ln h\right|, & u\left(x\right)\in C^3\left[0,2\pi\right], \\ C\max\limits_{0\leqslant x\leqslant 2\pi}\{K_{2s}\left(x\right)\}\gamma^{-1}\left(\tau\right)h^2, & u\left(x\right)\in C^{3+\alpha}\left[0,2\pi\right], \end{cases} \quad (8.2.27)$$

其中 $0<\alpha<1$.

8.2.3 配置法求解圆周上的超奇异积分

考虑如下圆周上的超奇异积分方程

$$\frac{1}{4\pi}\mathrm{f.p.}\int_0^{2\pi}\frac{u\left(x\right)}{\sin^2\dfrac{x-s}{2}}dx=f\left(s\right), \quad s\in\left(0,2\pi\right), \quad (8.2.28)$$

以及相容性条件

$$\int_0^{2\pi}f\left(x\right)dx=0, \quad (8.2.29)$$

为了保证 (8.2.28) 解的存在唯一性, 对密度函数需要满足周期性条件

$$\int_0^{2\pi}u\left(x\right)dx=0. \quad (8.2.30)$$

使用复化矩形公式 $Q_{0n}\left(s,u\right)$ 近似计算超奇异积分 (8.2.1), 选每个子区间的中点 $\hat{x}_k=x_{k-1}+h/2\,(k=1,2,\cdots,n)$ 为配置点得到线性方程组如下

$$\frac{1}{2\pi}\sum_{m=1}^n\left(\cot\frac{\hat{x}_k-x_m}{2}-\cot\frac{\hat{x}_k-x_{m-1}}{2}\right)u_m=f\left(\hat{x}_k\right), \quad k=1,2,\cdots,n,$$

$$(8.2.31)$$

记为

$$A_n U_n^a = F_n^a, \tag{8.2.32}$$

其中

$$A_n = (a_{km})_{n \times n},$$

$$a_{km} = \frac{1}{2\pi} \left(\cot \frac{\hat{x}_k - x_m}{2} - \cot \frac{\hat{x}_k - x_{m-1}}{2} \right), \quad k, m = 1, 2, \cdots, n, \tag{8.2.33}$$

$$U_n^a = (u_1, u_2, \cdots, u_n)^{\mathrm{T}}, \quad F_n^a = (f(\hat{x}_1), f(\hat{x}_2), \cdots, f(\hat{x}_n))^{\mathrm{T}}.$$

这里 $u_k\,(k = 1, 2, \cdots, n)$ 表示密度函数 u 在点 $\hat{x}_k$ 处的数值解. 显然, 矩阵 A_n 是对称 Toeplitz 矩阵而且是循环矩阵; 对任意的 $k = 1, 2, \cdots, n$, 有

$$\sum_{m=1}^n a_{km} = \frac{1}{2\pi} \sum_{m=1}^n \left(\cot \frac{\hat{x}_k - x_m}{2} - \cot \frac{\hat{x}_k - x_{m-1}}{2} \right) = 0. \tag{8.2.34}$$

由 (8.2.34) 知, 矩阵 A_n 是奇异的, 因此, 线性方程组 (8.2.31) 不能直接用来求解方程 (8.2.28).

为了得到条件数好的方程组, 在线性方程组 (8.2.31) 中, 引进正则化因子 γ_{0n},

$$\begin{cases} \gamma_{0n} + \dfrac{1}{2\pi} \sum\limits_{m=1}^n \left(\cot \dfrac{\hat{x}_k - x_m}{2} - \cot \dfrac{\hat{x}_k - x_{m-1}}{2} \right) u_m = f(\hat{x}_k), \quad k = 1, 2, \cdots, n, \\ \sum\limits_{m=1}^n u_m = 0, \end{cases}$$
$$\tag{8.2.35}$$

其中 γ_{0n} 具有如下结构

$$\gamma_{0n} = \frac{1}{2\pi} \sum_{k=1}^n h f(\hat{x}_k). \tag{8.2.36}$$

为了简化, 将方程组 (8.2.36) 记为矩阵的形式

$$A_{n+1} U_{n+1}^a = F_{n+1}^e, \tag{8.2.37}$$

其中

$$A_{n+1} = \begin{pmatrix} 0 & e_n^{\mathrm{T}} \\ e_n & A_n \end{pmatrix}, \tag{8.2.38}$$

$$U_{n+1}^a = \begin{pmatrix} \gamma_{0n} \\ U_n^a \end{pmatrix}, \quad F_{n+1}^e = \begin{pmatrix} 0 \\ F_n^e \end{pmatrix}.$$

这里 $e_n = \underbrace{(1, 1, \cdots, 1)}_{n}$. 将线性方程组 (8.2.35) 写为

$$\begin{cases} \gamma_{0n} + \dfrac{1}{2\pi} \sum_{m=1}^{n} -\dfrac{u_{m+1} - u_m}{h} \cot \dfrac{\hat{x}_k - x_m}{2} h = f(\hat{x}_k), & k = 1, 2, \cdots, n, \\[3mm] -\dfrac{1}{2\pi} \sum_{m=1}^{n} \dfrac{u_{m+1} - u_m}{h} h = 0, \end{cases}$$

$$(8.2.39)$$

这里用到了 $u_1 = u_{n+1}$. 设 $v_m = -(u_{m+1} - u_m)/h$, 有

$$\begin{cases} \gamma_{0n} + \dfrac{1}{2\pi} \sum_{m=1}^{n} v_m \cot \dfrac{\hat{x}_k - x_m}{2} h = f(\hat{x}_k), & k = 1, 2, \cdots, n, \\[3mm] \dfrac{1}{2\pi} \sum_{m=1}^{n} v_m h = 0. \end{cases}$$

$$(8.2.40)$$

在给出主要结论之前, 先引入如下引理.

引理 8.2.4 对于线性方程组 (8.2.39), 其解为

$$v_m = -\frac{h}{2\pi} \sum_{m=1}^{n} \cot \frac{x_m - \hat{x}_k}{2} f(\hat{x}_k). \qquad (8.2.41)$$

引理 8.2.5 设 $B_{n+1} = (b_{ij})_{(n+1) \times (n+1)}$ 为矩阵 A_{n+1} 的逆矩阵, 定义为 (8.2.42), 那么

(1) 矩阵 B_{n+1} 具有如下结构

$$B_{n+1} = \begin{pmatrix} b_{00} & B_1 \\ B_2 & B_n \end{pmatrix}, \qquad (8.2.42)$$

其中

$$B_1 = (b_{01}, b_{02}, \cdots, b_{0n}), \quad B_2 = (b_{10}, b_{20}, \cdots, b_{n0})^{\mathrm{T}},$$

$$b_{0i} = b_{i0} = \frac{1}{n}, \quad 1 \leqslant i \leqslant n,$$

$$b_{ik} = \frac{h^2}{2\pi} \left(\sum_{m=i}^{n-1} \cot \frac{\hat{x}_k - x_m}{2} - \frac{1}{n} \sum_{m=1}^{n-1} m \cot \frac{\hat{x}_k - x_m}{2} \right),$$

$$1 \leqslant i \leqslant n-1, \quad 1 \leqslant k \leqslant n,$$

$$b_{nk} = -\frac{h^2}{2n\pi} \sum_{m=1}^{n-1} m \cot \frac{\hat{x}_k - x_m}{2}, \quad 1 \leqslant k \leqslant n; \tag{8.2.43}$$

(2) 矩阵 B_n 是对称 Toeplitz 矩阵而且是循环矩阵;

(3) 对 $i = 1, 2, \cdots, n$, 存在常数 C 有

$$\sum_{k=1}^{n} |b_{ik}| \leqslant C. \tag{8.2.44}$$

证明: (1) 根据方程组 (8.2.40) 的第二个方程, 有

$$0 = \sum_{m=1}^{n} u_m = -h \sum_{m=1}^{n-1} m \frac{u_{m-1} - u_m}{h} + n u_n = h \sum_{m=1}^{n-1} m v_m + n u_n.$$

根据 (8.2.40), 有

$$u_n = -\frac{h}{n} \sum_{m=1}^{n-1} m v_m = -\frac{h^2}{2n\pi} \sum_{m=1}^{n-1} \sum_{k=1}^{n} m \cot \frac{\hat{x}_k - x_m}{2} f(\hat{x}_k). \tag{8.2.45}$$

再次根据 (8.2.40), 有

$$
\begin{aligned}
u_i &= h \sum_{m=i}^{n-1} v_m + u_n \\
&= \frac{h^2}{2\pi} \sum_{m=i}^{n-1} \sum_{k=1}^{n} \cot \frac{\hat{x}_k - x_m}{2} f(\hat{x}_k) - \frac{h^2}{2n\pi} \sum_{m=1}^{n-1} \sum_{k=1}^{n} m \cot \frac{\hat{x}_k - x_m}{2} f(\hat{x}_k) \\
&= \frac{h^2}{2\pi} \sum_{k=1}^{n} \left(\sum_{m=1}^{n-1} \cot \frac{\hat{x}_k - x_m}{2} - \frac{1}{n} \sum_{m=1}^{n-1} m \cot \frac{\hat{x}_k - x_m}{2} \right) f(\hat{x}_k). \tag{8.2.46}
\end{aligned}
$$

(2) 由于

$$-\frac{1}{n} \sum_{m=1}^{n-1} m \cot \frac{\hat{x}_{k+1} - x_m}{2}$$

$$= -\frac{1}{n} \sum_{m=1}^{n-1} m \cot \frac{\hat{x}_k - x_{m-1}}{2}$$

$$= -\frac{1}{n} \sum_{m=1}^{n-1} (m+1) \cot \frac{\hat{x}_k - x_m}{2}$$

$$= -\frac{1}{n}\left(\sum_{m=1}^{n-2} m\cot\frac{\hat{x}_k - x_m}{2} + \sum_{m=0}^{n-2}\cot\frac{\hat{x}_k - x_m}{2}\right)$$

$$= -\frac{1}{n}\left(\sum_{m=1}^{n-1} m\cot\frac{\hat{x}_k - x_m}{2} + \sum_{m=0}^{n-1}\cot\frac{\hat{x}_k - x_m}{2} - n\cot\frac{\hat{x}_k - x_{n-1}}{2}\right)$$

$$= \cot\frac{\hat{x}_k - x_{n-1}}{2} - \frac{1}{n}\sum_{m=1}^{n-1} m\cot\frac{\hat{x}_k - x_m}{2}, \tag{8.2.47}$$

因此对 $i = 1, 2, \cdots, n-2$, 有

$$b_{i+1,k+1} = \frac{h^2}{2\pi}\left(\sum_{m=i+1}^{n-1}\cot\frac{\hat{x}_{k+1} - x_m}{2} - \frac{1}{n}\sum_{m=1}^{n-1} m\cot\frac{\hat{x}_{k+1} - x_m}{2}\right)$$

$$= \frac{h^2}{2\pi}\left(\sum_{m=i}^{n-2}\cot\frac{\hat{x}_k - x_m}{2} + \cot\frac{\hat{x}_k - x_{n-1}}{2} - \frac{1}{n}\sum_{m=1}^{n-1} m\cot\frac{\hat{x}_k - x_m}{2}\right)$$

$$= b_{ik}, \tag{8.2.48}$$

这里用到了

$$\sum_{m=0}^{n-1}\cot\frac{\hat{x}_k - x_m}{2} = 0, \tag{8.2.49}$$

进一步地, 有

$$b_{n,k+1} = b_{n-1,k}, \quad k = 1, 2, \cdots, n-1. \tag{8.2.50}$$

联立方程 (8.2.48) 和 (8.2.50) 知, 矩阵 B_n 是 Toeplitz 矩阵, 而且有

$$b_{1k} = \frac{h^2}{2\pi}\left(\sum_{m=1}^{n-1}\cot\frac{\hat{x}_k - x_m}{2} - \frac{1}{n}\sum_{m=1}^{n-1} m\cot\frac{\hat{x}_k - x_m}{2}\right)$$

$$= \frac{h^2}{2\pi}\left(\sum_{m=1}^{n}\cot\frac{\hat{x}_k - x_m}{2} - \frac{1}{n}\sum_{m=1}^{n} m\cot\frac{\hat{x}_k - x_m}{2}\right)$$

$$= -\frac{h^2}{2n\pi}\sum_{m=1}^{n} m\cot\frac{\hat{x}_k - x_m}{2} \tag{8.2.51}$$

和

$$b_{n,k-1} = -\frac{h^2}{2n\pi}\sum_{m=1}^{n-1}\cot\frac{\hat{x}_{k-1} - x_m}{2}$$

$$= -\frac{h^2}{2n\pi} \sum_{m=1}^{n-1} \cot \frac{\hat{x}_k - x_{m+1}}{2}$$

$$= -\frac{h^2}{2n\pi} \sum_{m=1}^{n-1} (m+1) \cot \frac{\hat{x}_k - x_{m+1}}{2} + \frac{h^2}{2n\pi} \sum_{m=1}^{n-1} \cot \frac{\hat{x}_k - x_{m+1}}{2}$$

$$= -\frac{h^2}{2n\pi} \sum_{m=2}^{n} m \cot \frac{\hat{x}_k - x_m}{2} + \frac{h^2}{2n\pi} \sum_{m=2}^{n} \cot \frac{\hat{x}_k - x_m}{2}$$

$$= -\frac{h^2}{2n\pi} \sum_{m=1}^{n} m \cot \frac{\hat{x}_k - x_m}{2} + \frac{h^2}{2n\pi} \sum_{m=1}^{n} \cot \frac{\hat{x}_k - x_m}{2}$$

$$= -\frac{h^2}{2n\pi} \sum_{m=1}^{n} m \cot \frac{\hat{x}_k - x_m}{2}, \tag{8.2.52}$$

则有 $b_{n,k-1} = b_{1k}, k = 2, 3, \cdots, n$, 矩阵 B_n 是对称 Toeplitz 矩阵而且是循环矩阵.

由于 B_{n+1} 为 A_{n+1} 的逆矩阵, 而 A_{n+1} 是对称的, 则 B_{n+1} 也是对称的. 对任意的 $j = 1, 2, \cdots, n$, 有

$$b_{j0} = b_{0j}. \tag{8.2.53}$$

将 B_{n+1} 的 i 列乘以 A_{n+1} 矩阵的 j 行, 有

$$b_{i0} + \sum_{j=1}^{n} b_{ij} a_{ji} = 1, \quad 1 \leqslant i \leqslant n,$$

于是有

$$b_{i0} = 1 - \sum_{j=1}^{n} b_{ij} a_{ji}, \quad 1 \leqslant i \leqslant n. \tag{8.2.54}$$

矩阵 B_{n+1} 的第一列乘以矩阵 A_{n+1} 的第一行, 有

$$\sum_{j=1}^{n} b_{0j} = 1. \tag{8.2.55}$$

联立方程 (8.2.53), (8.2.54) 和 (8.2.55) 得到 $b_{i0} = b_{0k} = 1/n$.

(3) 由于矩阵 B_n 是对称 Toeplitz 矩阵而且是循环矩阵, 这里我们仅考虑 $k = n$ 的情况, 通过直接计算有

$$b_{nk} = \frac{1}{2n\pi} \sum_{m=1}^{n} (\hat{x}_m - x_{k-1}) \cot \frac{\hat{x}_m - x_{k-1}}{2} h + \frac{h}{n} \cot \frac{x_{k-1} - \hat{x}_n}{2}. \tag{8.2.56}$$

由 (8.2.56) 知, 其第一项当 $s = x_{k-1}$ 时, 中矩形公式的误差

$$\frac{1}{2n\pi} \int_0^{2\pi} (x - s) \cot \frac{x - s}{2} ds = \frac{1}{2n\pi} \left[J_1 (2\pi - s) + J_1 (s) \right], \qquad (8.2.57)$$

这里用到了

$$J_1 (s) = \int_0^s t \cot \frac{t}{2} dt = 2s \ln \left(2 \sin \frac{s}{2} \right) + 2\mathrm{Cl}_2 (s) \qquad (8.2.58)$$

和

$$\mathrm{Cl}_2 (s) = - \int_0^s \ln \left(2 \sin \frac{s}{2} \right) dt = \sum_{k=1}^\infty \frac{\sin ks}{k^2}. \qquad (8.2.59)$$

上述积分除了在可去间断点 s 处不连续外, 都是连续的. 根据黎曼积分的中矩形公式的误差分析有

$$\frac{1}{2n\pi} \sum_{m=1}^n (\hat{x}_m - x_{k-1}) \cot \frac{\hat{x}_m - x_{k-1}}{2h}$$

$$= \frac{1}{2n\pi} \left[J_1 (2\pi - x_{k-1}) + J_1 (x_{k-1}) \right] + O\left(h^3\right),$$

对任意的 $k = 1, 2, \cdots, n$, 有 $J_1 (s)$ 是连续的,

$$|b_{nk}| \leqslant \frac{1}{2n\pi} |J_1 (2\pi - x_{k-1})| + |J_1 (x_{k-1})| + O\left(h^3\right) + \frac{h}{n} \cot \frac{h}{4} \leqslant \frac{C}{n}, \qquad (8.2.60)$$

这里用到了不等式

$$\left| \cot \frac{x_{k-1} - \hat{x}_m}{2} \right| \leqslant \cot \frac{h}{4}, \quad k = 1, 2, \cdots, n.$$

命题得证.

下面给出求解超积分方程的主要结论.

定理 8.2.2 设 $u(x)$ 是超奇异积分方程 (8.2.28) 的解, 且 $u(x) \in C^{3+\alpha}[0, 2\pi]$. 对于线性方程组 (8.2.35) 或 (8.2.37), 则有如下误差

$$\max_{1 \leqslant i \leqslant n} |u(\hat{x}_i) - u_i| \leqslant Ch^2. \qquad (8.2.61)$$

证明: 设 $U_{n+1}^e = (0, u(\hat{x}_1), u(\hat{x}_2), \cdots, u(\hat{x}_n))^{\mathrm{T}}$ 为解向量, 由 (8.2.37) 有

$$U_{n+1}^e - U_{n+1}^a = B_{n+1} \left(A_{n+1} U_{n+1}^e - F_{n+1}^e \right), \qquad (8.2.62)$$

则有

$$u\left(\hat{x}_i\right) - u_i = b_{i0} \sum_{m=1}^{n} u\left(\hat{x}_m\right) + \sum_{k=1}^{n} b_{ik} E_{0n}\left(\hat{x}_k, u\right), \quad i = 1, 2, \cdots, n, \qquad (8.2.63)$$

其中 (b_{ik}) 为矩阵 B_{n+1} 的元素. $E_{0n}\left(\hat{x}_k, u\right)$ 为矩形公式的误差泛函, 定义为 (8.2.2). 根据推论 8.2.1 有

$$\left|u\left(\hat{x}_i\right) - u_i\right| \leqslant \frac{1}{2\pi} \left|\sum_{m=1}^{n} u\left(\hat{x}_m\right) h\right| + \sum_{k=1}^{n} |b_{ik}| \left|E_{0n}\left(\hat{x}_k, u\right)\right|$$

$$\leqslant Ch^2 + Ch^2 \sum_{k=1}^{n} |b_{ik}| \leqslant Ch^2,$$

这里用到了 $\sum_{m=1}^{n} u\left(\hat{x}_m\right) h$ 为黎曼积分的矩形公式的误差 $O\left(h^2\right)$. 命题得证.

8.2.4　数值算例

在这一部分给出数值算例以检验上述理论分析.

例 8.2.1　考虑圆周上的超奇异积分 (8.2.1), 其密度函数为 $u\left(x\right) = 2\cos x + 2\sin x$, 其准确解为 $-8\pi\left(\cos s + \sin s\right)$. 这里采用矩形公式 $Q_{0n}\left(s, u\right)$ 和修正矩形公式 $\hat{Q}_{0n}\left(s, u\right)$ 来计算, 表 8.2.1 给出动点 $s = x_{[n]/4} + \left(\tau + 1\right) h/2$ 的情况, 表 8.2.2 给出动点 $s = x_{[n-1]} + \left(\tau + 1\right) h/2$ 的情况. 表 8.2.1 的左边给出了修正矩形公式 $\hat{Q}_{0n}\left(s, u\right)$ 的收敛阶都为 $O\left(h^2\right)$; 表的右边分给出矩形公式 $Q_{0n}\left(s, u\right)$ 超收敛情况, 只有当 $\tau = 0$ 时收敛阶为 $O\left(h^2\right)$, 其他 $\tau \neq 0$ 是发散的. 表 8.2.2 的分析与表 8.2.1 具有类似的结果, 这与上述推论一致.

表 8.2.1　当 $s = x_{[n]/4} + (\tau + 1)h/2$ 时矩形公式的误差

n	$\hat{Q}_{0n}\left(s, u\right)$			$Q_{0n}\left(s, u\right)$		
	$\tau = -1/3$	$\tau = 0$	$\tau = 1/3$	$\tau = -1/3$	$\tau = 0$	$\tau = 1/3$
32	1.2856e−02	3.6204e−02	6.0881e−02	1.5441e+01	3.6204e−02	1.6219e+01
64	3.7422e−03	9.5846e−03	1.5606e−02	1.4981e+01	9.5846e−03	1.5413e+01
128	1.0012e−03	2.4605e−03	3.9430e−03	1.4747e+01	2.4605e−03	1.4973e+01
256	2.5847e−04	6.2303e−04	9.9053e−04	1.4629e+01	6.2303e−04	1.4745e+01
512	6.5636e−05	1.5674e−04	2.4820e−04	1.4570e+01	1.5674e−04	1.4628e+01
1024	1.6536e−05	3.9305e−05	6.2121e−05	1.4540e+01	3.9305e−05	1.4570e+01
h^α	1.9205	1.9694	1.9873	—	1.9694	

例 8.2.2　考虑圆周上的超奇异积分

$$\text{f.p.} \int_{-\pi}^{\pi} \frac{\left|x(x^2 - \pi^2)\right|^{p+\alpha}}{\sin^2 \dfrac{x - s}{2}} dx, \quad p = 1, 2, 3$$

密度函数的正则性较低的情况, 其中奇异点 $s = 0$.

表 8.2.3 给出了相应的矩形公式 $Q_{0n}(s, u)$ 近似计算的收敛阶为 $O\left(h^{p-1+\alpha}\right)$, 也就是说超收敛存在正则性要求不能降低; 当 $p = 3$ 时, 收敛阶为 $O\left(h^2\right)$.

表 8.2.2 当 $s = x_{[n-1]} + (\tau + 1)h/2$ 时矩形公式的误差

n	$\hat{Q}_{0n}(s, u)$			$Q_{0n}(s, u)$		
	$\tau = -1/3$	$\tau = 0$	$\tau = 1/3$	$\tau = -1/3$	$\tau = 0$	$\tau = 1/3$
32	6.0881e−02	3.6204e−02	1.2856e−02	1.5441e+01	3.6204e−02	1.5441e+01
64	1.5606e−02	9.5846e−03	3.7422e−03	1.5413e+01	9.5846e−03	1.4981e+01
128	3.9430e−03	2.4605e−03	1.0012e−03	1.4973e+01	2.4605e−03	1.4747e+01
256	9.9053e−04	6.2303e−04	2.5847e−04	1.4745e+01	6.2303e−04	1.4629e+01
512	2.4820e−04	1.5674e−04	6.5636e−05	1.4628e+01	1.5674e−04	1.4570e+01
1024	6.2121e−05	3.9305e−05	1.6537e−05	1.4570e+01	3.9305e−05	1.4540e+01
h^α	1.9873	1.9694	1.9205	—	1.9694	—

表 8.2.3 当 $s = x_{[n]/2} + (\tau + 1)h/2$ 时矩形公式的误差

n	$p = 1$	$p = 2$	$p = 3$
255	0.40065e+02	0.44184e+01	0.76389e+01
511	0.28182e+02	0.16280e+01	0.19534e+01
1023	0.19806e+02	0.59330e+00	0.49892e+00
2047	0.13891e+02	0.21526e+00	0.12916e+00
4095	0.97112e+01	0.78501e−01	0.35602e−01
h^α	0.512	1.452	1.934

例 8.2.3 考虑形如 (8.2.28) 的超奇异积分方程, 用配置格式 (8.2.35) 求解. 设右端项 $f(s) = -2(\cos 2s + \sin 2s)$, 准确解为 $u(x) = \cos 2x + \sin 2x$. 考虑最大点的截断误差和最大模误差分别定义为

$$e_\infty = \max_{1 \leqslant i \leqslant n} |u(\hat{x}_i) - u(x_i)|, \quad \text{trunc} - e_\infty = \max_{1 \leqslant i \leqslant n} |E_{0n}(\hat{x}_i, u)|.$$

数值结果在表 8.2.4 中给出, 最大点的截断误差和最大模误差都是 $O\left(h^2\right)$. 这与定理 8.2.5 的结论是一致的.

表 8.2.4 超奇异积分方程的收敛阶

n	e_∞	trunc-e_∞
32	0.89527e−02	0.22356E+00
64	0.22634e−02	0.56793e−01
128	0.56742e−03	0.14255e−01
256	0.14195e−03	0.35673e−02
512	0.35494e−04	0.89205e−03
h^α	1.993	1.995

参 考 文 献

[1] Andrews G E, Askey R, Roy R. Special Functions of Mathematics and Engineers. 2nd ed. New York: McGraw-Hill, Inc., 1999.

[2] Andrews G E, Askey R, Roy R. Special Functions. Cambridge: Cambridge University Press, 1999.

[3] Arnold D N, Wendland W L. On the asymptotic convergence of collocation methods. Mathematics of Computation, 1983, 41(164): 349-381.

[4] Arnold D N, Wendland W L. The convergence of spline collocation for strongly elliptic equations on curves. Numerische Mathematik, 1985, 47(3): 317-341.

[5] Babuška I, Yu D H. Asymptotically exact a posteriori error estimator for biquadratic elements. Finite Elements in Analysis and Design, 1987, 3(4): 341-354.

[6] Bao G, Sun W W. A fast algorithm for the electromagnetic scattering from a large cavity. SIAM J. Sci. Comput., 2005, 27(2): 553-574.

[7] Brebbia C A. Recent Advances in Boundary Element Methods. London: Pentech Press, 1978.

[8] Brebbia C A. New Developments in Boundary Element Methods. London: CML Publication, 1980.

[9] Brebbia C A. The Boundary Element Method for Engineers. London: Pentech Press, 1980.

[10] Chen H B, Yu D H, Schnack E. A simple a-posteriori error estimation for adaptive BEM in elasticity. Computational Mechanics, 2003, 30(5): 343-354.

[11] Chen H B, Guo X F, Yu D H. Regularized hyper-singular boundary integral equations for error estimation and adaptive mesh refinement. Building Research Journal, 2005, 53(1): 33-44.

[12] Chen Y P, Huang Y Q, Yu D H. A two-grid method for expanded mixed finite-element solution of semilinear reaction-diffusion equations. Inter. J. Numer. Methods Engrg., 2003, 57(2): 193-209.

[13] Chen Y P, Yu D H. Super convergence of least-squares mixed finite element for second order elliptic problems. J. Comput. Math., 2003, 21(6): 825-832.

[14] Chen J T, Kuo S R, Lin J H. Analytical study and numerical experiments for degenerate scale problems in the boundary element method for two dimensional elasticity. International Journal for Numerical Methods in Engineering, 2002, 54(12): 1669-1681.

[15] Chen J T, Hong H K. Review of dual boundary element methods with emphasis on hypersingular integrals and divergent series. Appl. Mech. Rev., 1999, 52(1): 17-33.

[16] Chen J T, Lin J H, Kuo S R. Analytical study and numerical experiments for degenerate scale problems in boundary element method using degenerate kernels and circulants. Engineering Analysis with Boundary Elements, 2001, 25(9): 819-828.

[17] Choi U J, Kim S W, Yun B I. Improvement of the asymptotic behaviour of the Euler-Maclaurin formula for Cauchy principal value and Hadamard finite-part integrals. Inter. J. Numer. Meth. Engng., 2004, 61(4): 496-513.

[18]　Cvijović D. Closed-form evaluation of some families of cotangent and cosecant integrals. Integr. Transf. Spec. Func., 2008, 19(2): 147-155.

[19]　Du Q K. Evaluations of certain hypersingular integrals on interval. Inter. J. Numer. Methods Engng., 2001, 51(10): 1195-1210.

[20]　杜其奎, 余德浩. 抛物型初边值问题的有限元与边界积分耦合的离散化及其误差分析. 计算数学, 1999, 21(2): 199-208.

[21]　Du Q K, Yu D H. On a class of coupled variational formulations for a nonlinear parabolic equation. Northeast. Math. J., 1999, 15(3): 332-340.

[22]　杜其奎, 余德浩. 抛物型初边值问题的自然积分方程及其数值解法. 计算数学, 1999, 21(4): 495-506.

[23]　杜其奎, 余德浩. 非线性抛物方程耦合的离散化及其误差分析. 高等学校计算数学学报, 2000, 22(2): 159-168.

[24]　杜其奎, 余德浩. 扩散问题的一种非重叠型区域分解算法. 重庆建筑大学学报, 2000, 22(6): 7-11.

[25]　杜其奎, 余德浩. 抛物方程基于自然边界归化的耦合法. 计算物理, 2000, 17(6): 593-601.

[26]　杜其奎, 余德浩. 关于二维双曲型初边值问题的自然积分方程. 应用数学学报, 2001, 24(1): 17-26.

[27]　杜其奎, 余德浩. 波动方程基于自然边界归化的区域分解算法. 计算物理, 2001, 18(5): 417-422.

[28]　Du Q K, Yu D H. Natural boundary element method for elliptic boundary value problems in domain with concave angle. J. Mar. Sci. Tech., 2001, 9(2): 75-83.

[29]　Du Q K, Yu D K. A domain decomposition method based on natural boundary reduction for nonlinear time-dependent exterior wave problems. Computing, 2002, 68(2): 111-129.

[30]　Du Q K, Yu D H. The natural integral equation for initial boundary value problem of parabolic equation and its numerical implementation. Chinese J. Numer. Math. & Appl., 2000, 22(1): 88-101.

[31]　Du Q K, Yu D H. Schwarz alternating method based on natural boundary reduction for time-dependent problems on unbounded domains. Comm. Numer. Meth. Engrg., 2004, 20(5): 363-378.

[32]　Du Q K, Yu D H. Dirichlet-Neumann alternating algorithm based on the natural boundary reduction for time-dependent problems over an unbounded domain. Appl. Numer. Math., 2003, 44(4): 471-486.

[33]　杜其奎, 余德浩. 凹角型区域椭圆边值问题的自然边界归化. 计算数学, 2003, 25(1): 85-98.

[34]　Du Q K, Yu D H. Natural boundary reduction for some elliptic boundary value problems with concave angle domains. Chinese J. Numer. Math. & Appl., 2003, 25(2): 10-27.

[35]　杜其奎, 陈金如. 发展方程边界元法及其应用. 北京: 科学出版社, 2013.

[36]　杜庆华. 边界积分方程方法——边界元法. 北京: 高等教育出版社, 1989.

[37]　杜庆华. 第一届工程中的边界元法会议论文集. 北京: 中国力学学会, 1985.

[38]　杜庆华, 姚振汉. 边界积分方程—边界元法的基本理论及其在弹性力学方面的若干工程应用. 固体力学学报, 1982, (1): 1-22.

[39] 杜庆华, 嵇醒. 弹性与弹塑性边界元应力分析的若干最近成果. 应用力学学报, 1985, 2(2): 1-15.

[40] 杜金元. 奇异积分方程的数值解法 (I). 数学物理学报, 1987, (2): 169-189.

[41] De Klerk J H. Cauchy Principal Value and Hypersingular Integrals. Potchefstroom: North West University, 2011.

[42] 董正筑, 李顺才, 余德浩. 圆内平面弹性问题的边界积分公式. 应用数学和力学, 2005, 26(5): 556-560.

[43] Dong Z Z, Li S C, Yu D H. Boundary integral formula of elastic problems in circle plane. Appl. Math. Mech., 2005, 26(5): 604-608.

[44] 董正筑, 李顺才, 余德浩. 圆外平面弹性问题的边界积分公式. 应用数学和力学, 2006, 27(7): 867-873.

[45] Dong Z Z, Li S C, Yu D H. Boundary integral formulas for elastic plane problem of exterior circular domain. Appl. Math. Mech., 2006, 27(7): 993-1000.

[46] Elliott D, Venturino E. Sigmoidal transformations and the Euler-Maclaurin expansion for evaluating certain Hadamard finite-part integrals. Numer. Math., 1997, 77(44): 453-465.

[47] Elliott D. The Euler-Maclaurin formula revisited. J. Austral. Math. Soc. B., 1998, 40(40): 27-76.

[48] Elliott D. Sigmoidal-trapezoidal quadrature for ordinary and Cauchy principal value integrals. The ANZIAM J., 2004, 46(5): 1-69.

[49] Feng K. Finite element method and natural boundary reduction. Proceeding of the International Congress of Mathematicians. Warszawa: Polish Academy Press, 1983: 1439-1453.

[50] Feng K, Yu D H. Canonical integral equations of elliptic boundary value problems and their numerical solutions. Proceedings of China-France Symposium on the Finite Element Method (1982, Beijing). Beijing: Science Press, 1983: 211-252.

[51] 冯康. 冯康文集. 北京: 国防工业出版社, 1994.

[52] Feng H, Zhang X P, Li J. Numerical solution of a certain hypersingular integral equation of the first kind. BIT, 2011, 51(3): 609-630.

[53] 齐民友. 广义函数与数学物理方法. 北京: 高等教育出版社, 1989.

[54] Frangi A, Guiggiani M. A direct approach for boundary integral equations with high-order singularities. Int. J. Numer. Meth. Engng., 2000, 49: 871-898.

[55] Ganesh M, Steinbach O. The numerical solution of a nonlinear hypersingular boundary integral equation. J. Comput. Appl. Math., 2001, 131(1-2): 267-280.

[56] 高效伟, 彭海峰, 杨恺, 等. 高等边界元法——理论与程序. 北京: 科学出版社, 2015.

[57] Guiggiani M, Casalini P. Direct computation of Cauchy principal value integrals in advanced boundary elements. Int. J. Numer. Meth. Engng., 1987, 24(9): 1711-1720.

[58] Guiggiani M, Krishnasamy G, Rudolphi T J, et al. General algorithm for numerical solution of hypersingular boundary integral equations. ASME J. Appl. Mech., 1992, 29: 604-614.

[59] Gelfand I M, Shilov G E. Generalized Functions. New York: Academic Press, 1964.

[60] Hadamard J. Lectures on Cauchy's Problem in Linear Partial Differential Equations. New York: Dover, 1952.

[61] Hasegawa T. Uniform approximations to finite Hilbert transform and its derivative. J. Comput. Appl. Math., 2004, 163(1): 127-138.

[62] Han H D, Wu X N. Approximation of infinite boundary condition and its application to finite element methods. J. Comp. Math., 1985, 3(2): 179-192.

[63] 韩厚德, 巫孝南. 人工边界方法: 无界区域上的偏微分方程数值解. 北京: 清华大学出版社, 2009.

[64] 韩厚德, 应隆安. 大单元和局部有限元方法. 应用数学学报, 1980, 3(3): 237-249.

[65] 韩厚德. 椭圆型边值问题的边界积分-微分方程和它们的数值解. 中国科学 A, 1988, 2: 136-145.

[66] 韩厚德, 李應德, 殷东生, 等. 一种第一类 Fredholm 积分方程组解的存在唯一性的充分必要条件. 中国科学: 数学, 2015, 45(8): 1231-1248.

[67] Han H D, Wu X N. Artificial Boundary Method. Beijing: Tsinghua University Press, 2012.

[68] Han H D. The numerical solutions of interface problems by infinite element method. Numer. Math., 1982, 39(1): 39-50.

[69] Hsiao G C, Wendland W L. Boundary Integral Equations. Berlin, Heidelberg: Springer, 2008.

[70] Hsiao G C. A Neumann series representation for solutions to the exterior boundary value problems of elasticity//Function Theoretic Methods for Partial Differential Equations. Lecture Notes in Mathematics 561. Berlin: Springer-Verlag, 1976: 252-260.

[71] Hsiao G C. On the stability of integral equations of the first kind with logarithmic kernels. Archive Rat. Mech. Anal., 1986, 94: 179-192.

[72] Hsiao G C, Kopp P, Wendland W L. A Galerkin-collocation method for some integral equations of the first kind. Computing, 1980, 25: 89-130.

[73] Hsiao G C, Kopp P, Wendland W L. Some applications of a Gaierkin-collocation method for boundary integral equations of the first kind. Math. Methods Appl. Sci., 1984, 6(1): 280-325.

[74] Hsiao G C, MacCamy R C. Solution of boundary value problems by integral equations of the first kind. SIAM Rev., 1973, 15: 687-705.

[75] Hsiao G C, MacCamy R C. Singular perturbations for the two-dimensional viscous flow problem//Lecture Notes in Math. 942. Berlin: Springer-Verlag, 1982: 229-244, 138.

[76] Hsiao G C, Wendland W L. A finite element method for some integral equations of the first kind. J. Math. Anal. Appl., 1977, 58: 449-481.

[77] Hsiao G C, Wendland W L. Boundary element methods for exterior problems in elasticity and fluid mechanics// The Mathematics of Finite Elements and Applications IV. London: Academic Press, 1988: 323-341.

[78]   Hsiao G C, Wendland W L. Boundary integral methods in low frequency acoustics. J. Chinese Inst. Engineers, 2000, 23: 369-375.

[79]   Hsiao G C, Wendland W L. Boundary element methods: Foundation and error analysis// Encyclopaedia of Computational Mechanics. Chichester: John Wiley & Sons Publ., 2004, 1: 339-373.

[80]   Hsiao G C, Wendland W L. On a boundary integral method for some exterior problems in elasticity. Proc. Tbilissi Univ. (Trudy Tbiliskogo Ordena Trud. Krasn. Znam. Gosud. Univ.) UDK 539.3, Mat. Mech. Astron., 1985, 257(18): 31-60.

[81]   Hsiao G C, Stephan E P, Wendland W L. On the integral equation method for the plane mixed boundary value problem of the Laplacian. Math. Methods Appl. Sci., 1979, 1(3): 265-321.

[82]   Hsiao G C, Stephan E P, Wendland W L. On the Dirichlet problem in elasticity for a domain exterior to an arc. J. Comp. Appl. Math., 1991, 34(1): 1-19.

[83]   Hsiao G C, Wendland W L. Boundary Integral Equations. Berlin: Springer, 2008.

[84]   Hu Q Y, Shi Z C, Yu D H. Efficient solvers for saddle-point problems arising from domain decompositions with Lagrange multipliers. SIAM J. Numer. Anal., 2004, 42(3): 905-933.

[85]   Hu Q Y, Yu D H. Iteratively solving a kind of signorini transmission problem in a unbounded domain. ESIAM: Math. Model. And Numer. Anal., 2005, 39(4): 715-726.

[86]   Hu Q Y, Yu D H. A preconditioner for a kind of coupled FEM-BEM variational inequality. Sci. China Math., 2010, 53(11): 2811-2830.

[87]   Hu Q Y, Yu D H. A coupling of FEM-BEM for a kind of Signorini contact problem. Science in China Series A: Mathematics, 2001, 44(7): 895-906.

[88]   Hui C Y, Shia D. Evaluations of hypersingular integrals using Gaussian quadrature. Int. J. Numer. Meth. Engng., 1999, 44(2): 205-214.

[89]   Huang H Y, Yu D H. Natural boundary element method for three dimensional exterior harmonic problem with an inner prolate spheroid boundary. J. Comput. Math., 2006, 24(2): 193-208.

[90]   Huang H Y, Yang J E, Yu D H. A coupling of local discontinuous Galerkin and natural boundary element method for exterior problems. J. Sci. Comput., 2012, 53(3): 512-527.

[91]   Huang H Y, Yu D H. The ellipsoid artificial boundary method for three-dimensional unbounded domains. J. Comput. Math., 2009, 27(21): 196-214.

[92]   Huang H Y, Liu D J, Yu D H. Solution of exterior problem using ellipsoidal artificial boundary. J. of Comput. & Appl. Math., 2009, 231(1): 434-446.

[93]   Kim P, Choi U J. Two trigonometric quadrature formulae for evaluating hypersingular integrals. Inter. J. Numer. Meth. Engng., 2003, 56(3): 469-486.

[94]   Ioakimidis N I. On the numerical evaluation of derivatives of Cauchy principal value integrals. Computing, 1981, 27(1): 81-88.

[95]   Ioakimidis N I. On the uniform convergence of Gaussian quadrature rules for Cauchy principal value integrals and their derivatives. Math. Comp., 1985, 44(169): 191-198.

[96] 姜礼尚, 庞之垣. 有限元方法及其理论基础. 北京: 人民教育出版社, 1979.

[97] Jia Z P, Wu J M, Yu D H. The coupling natural boundary-finite element method for solving 3-D exterior Helmholtz problem. Chinese J. Numer. Math. & Appl., 2001, 23(4): 79-93.

[98] 贾祖朋, 余德浩. 二维 Helmholtz 方程外问题基于自然边界归化的重叠型区域分解算法. 数值计算与计算机应用, 2001, 22(4): 241-253.

[99] Jia Z P, Yu D H. The overlapping DDM based on natural boundary reduction for 2-D exterior Helmholtz problem. Chinese J. Numer. Math. & Appl., 2002, 24(1): 1-15.

[100] Karami G, Derakhshan D. An efficient method to evaluate hypersingular and supersingular integrals in boundary integral equations analysis. Engng. Anal. Bound. Elem., 1999, 23(4): 317-326.

[101] Kaya A C, Erdogan F. On the solution of integral equations with strongly singular kernels. Quart. Appl. Math., 1987, 45(1): 105-122.

[102] Keller J B, Givoli D. Exact non-reflecting boundary conditions. J. Comput. Physics., 1989, 82(1): 172-192.

[103] 康彤, 余德浩. 一维 Burgers 方程的 FD-SD 法的后验误差估计及空间网格调节技术. 工程数学学报, 2001, 18(4): 49-54.

[104] 康彤, 余德浩. 一阶双曲问题的间断流线扩散法的后验误差估计. 应用数学和力学, 2002, 23(6): 653-660.

[105] Kang T, Yu D H. Some a posteriori error estimates of the finite-difference streamline-diffusion method for convection-dominated diffusion equations. Adv. Comput. Math., 2001, 15(1): 193-218.

[106] Kang T, Wu Z P, Yu D H. An H-based A-ϕ method with a nonmatching grid for eddy current problem with discontinuous coefficients. J. Comput. Math., 2004, 22(6): 881-894.

[107] 康彤, 吴正朋, 余德浩. 无界区域涡流问题计算磁场的非重叠区域分解算法. 北京广播学院学报, 2004, 11(4): 12-17.

[108] 康彤, 余德浩. 发展型对流占优扩散方程的 FD-SD 法的后验误差估计及空间网格调节技术. 数值计算与计算机应用, 2000, 21(3): 194-207.

[109] 康彤, 余德浩. 二维发展型对流占优扩散方程的 FD-SD 法的后验误差估计. 计算数学, 2000, 22(4): 487-500.

[110] Kang T, Yu D H. A posteriori error estimate of FD-SD method for two-dimensional time-dependent convection-dominated diffusion equation. Chinese J. Numer. Math. & Appl., 2001, 23(1): 93-107.

[111] Kang T, Yu H D. A posteriori error estimate of FD-SD method for time-dependent convection-dominated diffusion equation and adjustment technique of space mesh. Chinese J. Numer. Math. & Appl., 2000, 22(4): 76-90.

[112] Koyama D. Error estimates of the DtN finite element method for the exterior Helmholtz problem. J. Comput. Appl. Math., 2007, 200(1): 21-31.

[113] Kress R. On the numerical solution of a hypersingular integral equation in scattering

theory. J. Comp. Appl. Math., 1995, 61(3): 345-360.

[114]　Kress R, Lee K M. Integral equation methods for scattering from an impedance crack. J. Comput. Appl. Math., 2003, 161(1): 161-177.

[115]　Kress R. Linear Integral Equations. Berlin: Springer-Verlag, 1989.

[116]　Li R X. On the coupling of BEM and FEM for exterior problems for the Helmholtz equation. Math. Comput., 1999, 68(227): 945-953.

[117]　Li J, Wu J M, Yu D H. Generalized extrapolation for computation of hypersingular integrals in boundary element methods. Computer Modeling in Engineering & Sciences, 2009, 42(2): 151-175.

[118]　Li J, Zhang X P, Yu D H. Superconvergence and ultraconvergence of Newton-Cotes rules for supersingular integrals. J. Comput. & Appl. Math., 2010, 233(11): 2841-2854.

[119]　李金, 余德浩. 牛顿-科茨公式计算超奇异积分的误差估计. 计算数学, 2011, 33(1): 77-86.

[120]　Li J, Yu D H. The superconvergence of certain two-dimensional Cauchy principal value integrals. Comput. Model. Eng. Sci., 2011, 71(4): 331-346.

[121]　Li J, Yu D H. The superconvergence of certain two-dimensional Hilbert singular integrals. Comput. Model. Eng. Sci., 2011, 82(3-4): 233-252.

[122]　Li J, Zhang X P, Yu D H. Extrapolation methods to compute hypersingular integral in boundary element methods. Sci. China Math., 2013, 56(8): 1647-1660.

[123]　Li J, Yu D H. Error expansion of classical trapezoidal rule for computing Cauchy principal value integral. Comput. Model. Eng. Sci., 2013, 93(1): 47-67.

[124]　Li J, Yang J E, Yu D H. Error expansion of classical mid-point rectangle rule for computing Cauchy principal value integrals on an interval. Inter. J. Comput. Math., 2014, 91(10): 2294-2306.

[125]　Li J, Rui H X, Yu D H. Composite Simpson's rule for computing supersingular integral on circle. Comput. Model. Eng. Sci., 2014, 97(6): 463-481.

[126]　Li J. The trapezoidal rule for computing Cauchy principal value integral on circle. Mathematical Problems in Engineering, Volume 2015. Article ID 918083, http://dx.doi.org/10.1155/2015/918083.

[127]　Li J, Rui H X, Yu D H. Trapezoidal rule for computing supersingular integral on a circle. J. Sci. Comput., 2016, 66(2): 740-760.

[128]　Li J, Huang H Y, Zhao Q L. The superconvergence of certain two-dimensional Cauchy principal value integrals. Computers and Mathematics with Applications, 2016, 72(9): 2119-2142.

[129]　李金, 余德浩. 边界元方法中超奇异积分的计算方法　献给林群教授 80 华诞. 中国科学: 数学, 2015, 45(7): 857-872.

[130]　李顺才, 董正筑, 赵慧明. 弹性薄板弯曲及平面问题的自然边界元方法. 北京: 科学出版社, 2011.

[131]　Lifanov I K, Poltavskii L N, Vainikko G M. Hypersingular Integral Equations and Their Applications. New York: CRC Press, 2004.

[132] Lifanov I K, Poltavskii L N. Spaces of fractional quotients, discrete operators, and their applications. I. Sbornik Mathematics, 1999, 190(9): 41-98.

[133] Lifanov I K. Method of Singular Integral Equations and Numerical Experiment. Moscow: Yanus, 1995.

[134] Liu D J, Yu D H. The coupling method of natural boundary element and finite element for KPZ equation in unbounded domains. J. Univ. Sci. Technol. China, 2007, 37(11): 1363-1368, 1372.

[135] Liu D J, Yu D H. A FEM-BEM formulation for an exterior quasilinear elliptic problem in the plane. J. Comput. Math., 2008, 26(3): 378-389.

[136] Liu D J, Yu D H. The coupling method of natural boundary element and mixed finite element for stationary N-S equation in unbounded domains. Comput. Model. Eng. & Sci., 2008, 37(3): 305-330.

[137] Liu D J, Wu J M, Yu D H. The superconvergence of the Newton-Cotes rule for Cauchy principal value integrals. J. Comput. & Appl. Math., 2010, 235: 696-707.

[138] Liu D J, Wu J M, Zhang X P. The adaptive composite trapezoidal rule for Hadamard finite-part integrals on an interval. J. Comput. Appl. Math., 2017, 325(1): 165-174.

[139] Liu Y, Hu Q Y, Yu D H. A non-overlapping domain decomposition for low-frequency time-harmonic Maxwell's equations in unbounded domains. Adv. in Comput. Math., 2008, 28(4): 355-382.

[140] 刘阳. 自然边界元和区域分解法在一些电磁场问题中的应用. 中科院数学与系统科学研究院博士学位论文, 2007.

[141] Linz P. On the approximate computation of certain strongly singular integrals. Computing, 1985, 35(3-4): 345-353.

[142] 吕涛, 石济民, 林振宝. 分裂外推与组合技巧: 并行解多维问题的新技术. 北京: 科学出版社, 1998.

[143] 吕涛, 黄晋. 解第一类边界积分方程的高精度机械求积法与外推. 计算数学, 2000, 22(1): 59-72.

[144] 吕涛, 黄晋. 积分方程的高精度算法. 北京: 科学出版社, 2013.

[145] 吕涛. 高精度解多维问题的外推法. 北京: 科学出版社, 2015.

[146] 吕涛. 超奇异积分的外推法. 中国科学, 2015, 45(8): 1345-1360.

[147] 黄晋. 多维奇异积分的高精度算法. 北京: 科学出版社, 2017.

[148] Lyness J N. The Euler Maclaurin expansion for the Cauchy principal value integral. Numer. Math., 1985, 46: 611-622.

[149] Lyness J N. Applications of extrapolation techniques to multidimensional quadrature of some integrand functions with a singularity. J. Comp. Phys., 1976, 20(3): 346-364.

[150] Lyness J N. Finite-part integrals and the Euler-Maclaurin expansion// Zahar R V M. Approximation and Computation. Boston: Birkhäuser, 1994: 397-407.

[151] Lyness J N. The calculation of Fourier coefficients by the Möbius inversion of the Poisson summation formula. Part III. Functions having Algebraic Singularities. Math. Comput., 1971, 25: 483-493.

[152] Lyness J N, Puri K K. The Euler-Maclaurin expansion for the simplex. Comput. Math., 1973, 27(122): 273-293.

[153] Lyness J N. The Euler Maclaurin expansion for the Cauchy principal value integral. Numer. Math., 1985, 46: 611-622.

[154] Lyness J N, McHugh B J J. On the remainder term in the N-dimensional Euler-Maclaurin expansion. Numer, Math., 1970, 15: 333-334.

[155] Lyness J N, Monegato G. Asymptotic expansions for two-dimensional hypersingular integrals. Numer, Math., 2005, 100: 293-329.

[156] Martin P A, Rizzo F J. Hypersingular integrals: How smooth must the density be? Int. J. Numer. Methods. Engng., 1996, 39(4): 687-704.

[157] Mastronardi N, Occorsio D. Some numerical algorithms to evaluate Hadamard finite-part integrals. J. Comp. Appl. Math., 1996, 70(1): 75-93.

[158] Nedelec J C. Curved finite element methods for the solution of singular integral equations on surfaces in R^3. Comput. Methods Appl. Mech. Engrg., 1976, 9: 191-216.

[159] Nedelec J C. Approximation des Equationes Integrales en Mecanique et en Physique. Lecture Notes, Centre de Mathematiques Appliquees, Ecole Polytechnique, Palaiseau, France, 1977.

[160] Nedelec J C. Resolution par potential de double cuche du probleme de Neumann exterieur. Comp. Rendus Acad. Sci. Paris, Ser. I., 1978, 286: 103-106.

[161] Nedelec J C. Integral equations with non integrable kernels. Integral Eqs. Operator Theory, 1982, 5(1): 562-572.

[162] Moore M N J, Gray L J, Kaplan T. Evaluation of supersingular integrals: second-order boundary derivatives. Int. J. Numer. Met. Engng., 2007, 69(9): 1930-1947.

[163] Monegato G. Definitions, properties and applications of finite part integrals. J. Comput. Appl. Math., 2009, 229(2): 425-439.

[164] Aimi A, Diligenti M, Monegato G. Numerical integration schemes for the BEM solution of hypersingular integral equations. Int. J. Numer. Meth. Engng., 1999, 45(12): 1807-1830.

[165] Moffatt H K, Sellier A. Migration of an insulating particle under the action of uniform ambient electric and magnetic fields, Part I. General theory. J. Fluid Mech., 2002, 464: 279-286.

[166] 彭维红, 董正筑. 自然边界元法在力学中的应用. 杭州: 浙江大学出版社, 2010.

[167] Kutt H R. On the numerical evaluation of finite-part integrals involving an algebraic singularity. CSIR Special Report WISK 179, National Research Institute for Mathematical Sciences, Pretoria, 1975.

[168] Paget D F. The numerical evaluation of Hadamard finite-part integrals. Numer. Math., 1981, 36(4): 447-453.

[169] Shen Y J, Lin W. The natural integral equations of plane elasticity problem and its wavelet methods. Appl. Math. Comput., 2004, 150: 417-438.

[170] Sidi A. Practical Extrapolation Methods Theory and Applications. Cambridge: Cambridge University Press, 2003.

[171] Tadeu A, António J. Use of constant, linear and quadratic boundary elements in 3D wave diffraction analysis. Engng. Anal. Bound. Elem., 2000, 24(2): 131-144.

[172] Tanaka M, Sladek V, Sladek J. Regularization techniques applied to boundary element methods. Appl. Mech. Review, 1994, 47: 457-499.

[173] Tsamasphyros G, Dimou G. Gauss quadrature rules for finite part integrals. Int. J. Numer. Meth. Engng., 1990, 30(1): 13-26.

[174] Sellier A. On the computation of the derivatives of potentials on a boundary by using boundary-integral equations. Comp. Meth. Appl. Mech. Engng., 2006, 196(1-3): 489-501.

[175] Vainikko G M, Lifanov I K. On the notion of the finite part of divergent integrals in integral equations differ. Uravn., 2002, 38(9): 1233-1226.

[176] Weisstein E W. Clausen function//MathWorld: A Wolfram Web Resource. https://mathworld.wolfram.com/ClausenFunction.html.

[177] Wu J, Zhang X, Liu D. An efficient calculation of the Clausen functions $Cl_n(\theta)(n \geqslant 2)$. Bit. Numer. Math., 2010, 50: 193-206.

[178] Wendland W L, Yu D H. A-posteriori local error estimates of boundary element methods with some pseudo-differential equations on closed curves. J. Comp. Math., 1992, 10(3): 273-289.

[179] Wendland W L, Zhu J. The boundary element method for three-dimensional stokes flows exterior to an open surface. Math. Comput. Modelling, 1991, 15(3-5): 325.

[180] Wu Z P, Kang T, Yu D H. On the coupled NBEM and FEM for a class of nonlinear exterior Dirichlet problem in R^2. Sci. China. Ser. A, 2004, 47(z1): 181-189.

[181] Wu J M, Dai Z H, Zhang X P. The superconvergence of the composite midpoint rule for the finite-part integral. J. Comput. Appl. Math., 2010, 233(8): 1954-1968.

[182] 邬吉明, 余德浩. 区间上强奇异积分的一种近似计算方法. 数值计算与计算机应用, 1998, 19(2): 118-126.

[183] Wu J M, Yu D H. An approximate computation of hypersingular integrals on an interval. Chinese J. Numer. Math. & Appl., 1999, 21(1): 25-33.

[184] 邬吉明, 余德浩. 三维调和问题的自然积分方程及其数值解. 计算数学, 1998, 20(4): 419-430.

[185] Wu J M, Yu D H. The natural integral equations of 3-D harmonic problems and their numerical solutions. Chinese J. Numer. Math. & Appl., 1999, 21(1): 73-85.

[186] Wu J M, Yu D H. The overlapping domain decomposition method for harmonic equation over exterior 3-D domain. J. Comp. Math., 2000, 18(1), 83-94.

[187] 邬吉明, 余德浩. 椭圆外区域上的自然边界元法. 计算数学, 2000, 22(3): 355-368.

[188] 邬吉明, 余德浩. 三维 Helmholtz 方程外问题的自然积分方程及其数值解. 计算物理, 1999, 16(5): 449-456.

[189] Wu J M, Yu D H. The natural boundary element method for exterior elliptic domain. Chinese J. Numer. Math. & Appl., 2000, 22(4): 91-104.

[190] Sun W W, Wu J M. Newton-Cotes formulae for the numerical evaluation of certain hypersingular integrals. Computing, 2005, 75(4): 297-309.

[191] Sun W W, Wu J M. Interpolatory quadrature rules for Hadamard finite-part integrals and their superconvergence. IMA J. Numer. Anal., 2008, 28(3): 580-597.

[192] Wu J M, Wang Y X, Li W, et al. Toeplitz-type approximations to the Hadamard integral operator and their applications to electromagnetic cavity problems. Appl. Numer. Math., 2008, 58(2): 101-121.

[193] Wu J M, Sun W W. The superconvergence of the composite trapezoidal rule for Hadamard finite part integrals. Numer. Math., 2005, 102(2): 343-363.

[194] Wu J M, Sun W W. The superconvergence of Newton-Cotes rules for the Hadamard finite-part integral on an interval. Numer. Math., 2008, 109(1): 143-165.

[195] Wu J M, Lu Y. A superconvergence result for the second-order Newton-Cotes formula for certain finite-part integrals. IMA J. Numer. Anal., 2005, 25(2): 253-263.

[196] Wu J M, Dai Z H. Zhang X P. The superconvergence of the composite midpoint rule for the finite-part integral. J. Comput. Appl. Math., 2010, 233(8): 1954-1968.

[197] Wu Z P, Kang T, Yu D H. On the coupled NBEM and FEM for a class of nonlinear exterior Dirichlet problem in R^2. Sci. China Ser. A, 2004, 47: 181-189.

[198] 吴正朋, 李琳, 余德浩. 椭圆边界问题的基于自然边界归化的重叠型区域分解算法. 北京广播学院学报, 2004, 11(1): 10-12.

[199] 余德浩. 自然边界积分方法及其应用. 北京: 科学出版社, 2017.

[200] Yu D H. Numerical solutions of harmonic and biharmonic canonical integral equations in interior or exterior circular domains. J. Comp. Math., 1983, 1: 52-62.

[201] Yu D H. Coupling canonical boundary element method with FEM to solve harmonic problem over cracked domain. J. Comp. Math., 1983, 1(3): 195-202.

[202] Yu D H. Canonical boundary element method for plane elasticity problems. J. Comp. Math., 1984, 2(2): 180-189.

[203] Yu D H. Approximation of boundary conditions at infinity for a harmonic equation. J. Comp. Math., 1985, 3(3): 219-227.

[204] Yu D H. Canonical integral equations of Stokes problem. J. Comp. Math., 1986, 4(1): 62-73.

[205] Yu D H. A system of plane elasticity canonical integral equations and its application. J. Comp. Math., 1986, 4(3): 200-211.

[206] Yu D H. Self-adaptive boundary element methods. Z. Angew. Math. Mech., 1988, 68(5): 435-437.

[207] Yu D H. Mathematical foundation of adaptive boundary element methods. Comp. Meth. in Appl. Mech. Engrg., 1991, 91(s1-3): 1237-1243.

[208] Yu D H. The approximate computation of hypersingular integrals on interval. Numer. Math. J. Chinese Univ., 1992, 1(1): 114-127.

[209] Yu D H. A direct and natural coupling of BEM and FEM//Brebbia C A, Gipson G S. Boundary Elements XIII. Southampton: Computational Mechanics Publications, 1991: 995-1004.

[210] Yu D H. Domain decomposition methods for unbounded domains. Proc. of 8th Inter. Conf. on DDM (1995, Beijing). New York: John Wiley & Sons Ltd., 1997: 125-132.

[211] Yu D H. The numerical computation of hypersingular integrals and its application in BEM. Adv. Engng. Softw., 1993, 18(2): 103-109.

[212] Yu D H. Natural boundary integrals method and its applications. Beijing: Science Press, 2002.

[213] Yu D H, Zhao L H. Analysis of hypersingular residuals and a posteriori error estimates in boundary element methods. Boundary Element Techniques, Proc. of 3rd Inter. Conf. on BoundaryElement Techniques. Beijing: Tsinghua University Press, 2002: 261-266.

[214] Yu D H, Zhao L H. Natural boundary integral method and related numerical methods. Engrg. Anal. Bound. Elem., 2004, 28(8): 937-944.

[215] Yu D H, Zhao L H. Boundary integral equations and a posteriori error estimates. Tsinghua Sci. Technol., 2005, 10(1): 35-42.

[216] Yu D H, Wu J M. A nonoverlapping domain decomposition method for exterior 3-D problem. J. Comput. Math., 2001, 19(1): 77-86.

[217] 余德浩. 自然边界元方法的数学理论. 北京: 科学出版社, 1993.

[218] 余德浩. 无界区域上 Stokes 问题的自然边界元与有限元耦合法. 计算数学, 1992, 14(3): 371-378.

[219] 余德浩. 无界区域上基于自然边界归化的一种区域分解算法. 计算数学, 1995, 17(4): 448-459.

[220] 余德浩. 有限元与自然边界元交替的区域分解算法// 第 4 届全国工程中的边界元法会议论文集. 南京: 河海大学出版社, 1994: 1-5.

[221] 余德浩. 圆周上超奇异积分计算及其误差估计. 高等学校计算数学学报, 1994, 16(4): 332-337.

[222] 余德浩. 重调和椭圆边值问题的正则积分方程. 计算数学, 1982, 4(3), 330-336.

[223] 余德浩. 断裂及凹角扇形域上调和正则积分方程的数值解. 数值计算与计算机应用, 1983, 4(3): 183-188.

[224] 余德浩. 双偶次有限元的渐近准确误差估计. 计算数学, 1991, 13(1): 89-101.

[225] 余德浩. 双奇次有限元的渐近准确误差估计. 计算数学, 1991, 13(3): 307-314.

[226] 余德浩. 泊松方程及平面弹性问题有限元方法中求高阶导数的提取法. 计算数学, 1992, 14(1): 107-117.

[227] 余德浩. Stokes 问题有限元逼近中求导数的提取法. 计算数学, 1992, 14(2): 184-193.

[228] Yu D H. A domain decomposition method based on the natural boundary reduction over unbounded domain. Chinese J. Num. Math. Appl., 1995, 17(1): 95-105.

[229] 余德浩. Steklov-Poincaré 算子与自然积分算子及 Green 函数间的关系. 计算数学, 1995, 17(3): 331-341.

[230] Yu D H. Discretization of non-overlapping domain decomposition method for unbounded domain and its convergence. Chinese J. Numer. Math. Appl., 1996, 18(4): 93-102.

[231] Yu D H, Huang H Y. The artificial boundary method for a nonlinear interface problem on unbounded domain. Computer Modeling in Engineering & Sciences, 2008, 35(3): 227-252.

[232] Yu D H, Zhao L H. Boundary integral equations and a posteriori error estimates. Tsinghua Sci. Technol., 2005, 10(1): 35-42.

[233] 余德浩. 有限元、自然边界元与辛几何算法——冯康学派对计算数学发展的重要贡献. 高等数学研究, 2001, 4(4): 5-10.

[234] Hu Q Y, Yu D H. A preconditioner for coupling system of natural boundary element and composite grid finite. J. Comput. Math., 2002, 20(2): 165-174.

[235] 余德浩. 计算数学与科学工程计算及其在中国的若干发展. 数学进展, 2002, 31(1): 1-6.

[236] Yu D H, Wu J M. A nonoverlapping domain decomposition method for exterior 3-D problem. J. Comput. Math., 2001, 19(1): 77-86.

[237] 余德浩, 贾祖朋. 二维 Helmholtz 方程外问题基于自然边界归化的非重叠型区域分解算法. 计算数学, 2000, 22(2): 227-240.

[238] Yu D H, Jia Z P. The non-overlapping DDM based on natural boundary reduction for 2-D exterior Helmholtz problem. Chinese J. Numer. Math. & Appl., 2000, 22(3): 55-72.

[239] 余德浩. 无界区域 D-N 区域分解算法的松弛因子选取与收敛速率. 计算物理, 1998, 15(1): 54-58.

[240] Yu D H, Zhao L H. Natural boundary integral method and related numerical methods. Engrg. Anal. Bound. Elem., 2004, 28(8): 937-944.

[241] 余德浩. 自然边界积分方程及相关计算方法. 燕山大学学报, 2004, 28(2): 111-113.

[242] Yu D H, Du Q K. The coupling of natural boundary element and finite element method for 2D hyperbolic equations. J. Comput. Math., 2003, 21(5): 585-594.

[243] Yu D H. Natural boundary integral method and its new development. J. Comput. Math., 2004, 22(2): 309-318.

[244] 余德浩, 贾祖朋. 椭圆边界上的自然积分算子及各向异性外问题的耦合算法. 计算数学, 2002, 24(3): 375-384.

[245] Yang C X. A unified approach with spectral convergence for the evaluation of hypersingular and supersingular integrals with a periodic kernel. J. Comput. Appl. Math., 2013, 239: 322-332.

[246] 蔚喜军, 余德浩, 包玉珍. 自适应有限元方法和后验误差估计. 计算物理, 1998, 15(5): 3-20.

[247] 郑权, 余德浩. 基于半平面上自然边界归化的无界区域上的 Schwarz 交替法及其离散化. 计算数学, 1997, 19(2): 205-218.

[248] Zheng Q, Yu D H. A Schwarz alternating method for unbounded domains and its discretization based on natural boundary reduction over half-plane. Chin. J. Numer. Math. and Appl., 1997, 19(3): 78-93.

[249] 郑权, 余德浩. 无界区域上基于自然边界归化的双调和方程的一种重叠型区域分解法. 计算数学, 1997, 19(4): 438-448.

[250] Zheng Q, Yu D H. An overlapping domain decomposition method based on the natural boundary reduction for biharmonic boundary value problems over unbounded domains. Chinese J. Numer. Math. & Appl., 1998, 20(1): 89-101.

[251] 郑权, 余德浩. 无穷扇形区域调和边值问题的重叠型区域分解法. 数值计算与计算机应用, 1998, 19(1): 64-73.

[252] 郑权, 王冲冲, 余德浩. 无界区域 Stokes 问题非重叠型区域分解算法及其收敛性. 计算数学, 2010, 32(2): 113-124.

[253] 郑权, 余德浩. 平面弹性方程外问题的非重叠型区域分解算法. 数值计算与计算机应用, 2000, 21(1): 11-21.

[254] 郑权, 余德浩. 利用自然边界归化求解平面弹性方程外边值问题的 Schwarz 算法. 高等学校计算数学学报, 2000, 22(3): 222-231.

[255] Zheng Q, Yu D H. A nonoverlapping domain decomposition method for the exterior problem of the plane elasticity equation. Chinese J. Numer. Math. & Appl., 2000, 22(3): 12-24.

[256] Zhang S, Yu D H. A mortar element method for coupling natural boundary element method and finite element method for unbounded domain problem. //Shi Z C. Contemporary Mathematics, 383, Recent Advances in Adaptive Computation. Beijing: Amer. Math. Soc., 2005: 361-374.

[257] Zhang S, Yu D H. Multigrid algorithm for the coupling system of natural boundary element method and finite element method for unbounded domain problems. J. Comput. Math., 2007, 25(1): 13-26.

[258] 张辉, 吴正朋, 余德浩. 各项异性问题的基于自然边界归化的重叠型区域分解算法. 首都师范大学学报, 2004, 25(3): 18-20.

[259] Zhang X P, Wu J M, Yu D H. Superconvergence of the composite Simpson's rule for a certain finite-part integral and its applications. J. Comput. Appl. Math., 2009, 223(2): 598-613.

[260] Zhang X P, Wu J M, Yu D H. The superconvergence of composite Newton-Cotes rules for Hadamard finite-part integral on a circle. Computing, 2009, 85(3): 219-244.

[261] Zhang X P, Wu J M, Yu D H. The superconvergence of composite trapezoidal rule for Hadamard finite-part integral on a circle and its application. Inter. J. Computer Math., 2009, 87(4): 855-876.

[262] Zhang X P, Gunzburger M, Ju L. Quadrature rules for finite element approximations of 1D nonlocal problems. J. Comput. Phys., 2016, 310: 213-236.

[263] Zhang X P, Gunzburger M, Ju L. Nodal-type collocation methods for hypersingular integral equations and nonlocal diffusion problems. Comput. Method. Appl. Mech. Engng., 2016, 299: 401-420.

[264] 张晓平. 超奇异积分数值计算及其应用. 中国科学院数学与系统科学研究院博士学位论文, 2009.

[265] Zhang X S, Zhang Z X. Evaluation of second-order derivative of potential on boundary by discontinuous boundary element with exact integrations. Comm. Numer. Meth. Engng., 2008, 26(8): 1016-1029.

[266] Zhou Y T, Li X, Yu D H. Integral method for contact problem of bonded plane material with arbitrary cracks. Computer Modeling in Engineering & Sciences, 2008, 36(2): 147-172.

[267] Zhou Y T, Li X, Yu D H. Transient thermal response of a partially insulated crack in an orthotropic functionally graded strip under convective heat supply. Comput. Model. Eng. Sci., 2009, 43(3): 191-221.

[268] Zhou Y T, Li X, Yu D H. Integral methods for smooth contact problem of bounded plane material with cracks. Recent Studied in Meshless Methods, 2009: 143-151.

[269] Zhou Y T, Li X, Yu D H. A partially insulated interface crack between a graded orthotropic coating and a homogeneous orthotropic substrate under heat flux supply. Inter. J. Solids Struct., 2010, 47(6): 768-778.

[270] Zhou Y T, Li J, Yu D H, et al. Numerical solution of hypersingular equation using recursive wavelet on invariant set. Appl. Math. Comput., 2010, 217(2): 861-868.

[271] 徐利治, 周蕴时. 高维数值积分. 北京: 科学出版社, 1980.

[272] Yang J E, Yu D H. Domain decomposition with nonmatching grids for exterior transmission problems via FEM and DtN mapping. J. Comput. Math., 2006, 24(3): 323-342.

[273] Yang J E, Huang H Y, Yu D H. A domain decomposition method based on natural BEM and mixed FEM for stationary Stokes equations on unbounded domains. Comput. Model. Eng. Sci., 2012, 85(4): 347-366.

[274] Yang J E, Yu D H. The coupling FEM and natural BEM for a certain nonlinear interface problem with non-matching grids. Comput. Model. Eng. Sci., 2011, 73(3): 311-329.

[275] Yang J E, Hu Q Y, Yu D H. Domain decomposition with non-matching grids for coupling of FEM and natural BEM. J. Syst. Sci. Complex., 2005, 18(4): 529-542.

[276] 姚振汉, 杜庆华. 边界元法应用的若干近期研究及国际新进展. 清华大学学报, 2001, 41(4-5): 89-93.

[277] 姚振汉, 王海涛. 边界元法. 北京: 高等教育出版社, 2010.

[278] 应隆安. 偏微分方程外问题——理论和数值方法. 北京: 科学出版社, 2013.

[279] Ying L A. On the viscosity splitting method for initial boundary value problems of the naviar-stokes equations, Chinese Annals of Math. B, 1989, 10(4): 487-512.

[280] Ying L A. The infinite similar element method for calculating stress intensity factors. Science in China Ser. A, 1978 , 21(1): 19-43.

[281] Ying L A. Numerical Methods for Exterior Problems. Singapore: World Scientific, 2006.

[282] 祝家麟, 袁政强. 边界元分析. 北京: 科学出版社, 2009.

[283] 祝家麟. 定常 Stokes 问题的边界积分方程法. 计算数学, 1986, 8(3): 281-289.

[284] 祝家麟. 用边界积分方程法解平面双调和方程的 Dirichlet 问题. 计算数学, 1984, 6(3): 278-288.

[285] 祝家麟. 椭圆边值问题的边界元分析. 北京: 科学出版社, 1991.

[286] 申光宪, 肖宏, 陈一鸣. 边界元法. 北京: 机械工业出版社, 1998.

[287] 申光宪, 刘德义, 于春肖. 多极边界元法和轧制工程. 北京: 科学出版社, 2005.

[288] Sidi A. A new variable transformation for numerical integration//Brass H, Hammerlin G, eds. Numerical Integration IV ISNM. Basel: Birkhäuser, 1993: 359-373.

[289] Sidi A. A novel class of symmetric and nonsymmetric periodizing variable transformations for numerical integration. J. Sci. Comput., 2007, 31(3): 391-417.

[290] Sidi A. Compact numerical quadrature formulas for hypersingular integrals and integral equations. J. Sci. Comput., 2013, 54(1): 145-176.

[291] Sidi A. Comparison of some numerical quadrature formulas for weakly singular periodic Fredholm integral equations. Computing, 1989, 43(2): 159-170.

[292] Sidi A. Euler-Maclaurin expansions for integrals with arbitrary algebraic endpoint singularities. Math. Comput., 2012, 81: 2159-2173.

[293] Sidi A. Euler-Maclaurin expansions for integrals with arbitrary algebraic-logarithmic endpoint singularities. Constr. Approx., 2012, 36(3): 331-352.

[294] Sidi A. Euler-Maclaurin expansions for integrals with endpoint singularities: A new perspective. Numer. Math., 2004, 98(2): 371-387.

[295] Sidi A. Extension of a class of periodizing variable transformations for numerical integration. Math. Comput., 2006, 75(253): 327-343.

[296] Sidi A. Further extension of a class of periodizing variable transformations for numerical integration. J. Comput. Appl. Math., 2008, 221(1): 132-149.

[297] Sidi A, Israeli M. Quadrature methods for periodic singular and weakly singular Fredholm integral equations. J. Sci. Comput., 1988, 3(2): 201-231.

[298] Sidi A. Practical Extraolation Methods, Theory and Applications. Cambridge: Cambridge University Press, 2003.

[299] Sid A. A simple approach to asymptotic expansions for Fourier integrals of singular functions. Appl. Math. Comput., 2010, 216(11): 3378-3385.

[300] Sidi A. Richardson extrapolation on some recent numerical quadrature formulas for singular and hypersingular integrals and its study of stability. J. Sci. Comput., 2014, 60(1): 141-159.

[301] Sidi A. Euler-Maclaurin expansions for integrals over triangles and squares of functions having algebraic/logarithmic singularities along an edge. J. Approx. Theory, 1983, 39(1): 39-53.

[302] 刘阳, 李金, 胡齐芽, 等. 边界元方法的一些研究进展. 计算数学, 2020, 42(3): 330-348.

[303] Li J, Cheng Y L. Superconvergence of the composite rectangle rule for computing hypersingular integral on interval. Numerical Mathematics: Theory, Methods and Applications, 2020, 13(3): 770-787.

[304] Li J. The Extrapolation methods based on Simpson's rule for computing supersingular integral on interval. Appl. Math. Comput., 2017, 310: 204-214.

[305] Li J, Rui H X. Extrapolation methods for computing hadamard finite-part integral on interval. J. Comput. Math., 2019, 37(2): 261-277.